战略性新兴领域“十四五”高等教育系列教材

智能制造工艺技术

主　编　黄卫东
副主编　曾寿金　许明三
参　编　张　炜　梁家彬　叶建华

机械工业出版社

本书是为了满足智能制造工程专业技术人才培养的需要而编写的，主要内容包括：绪论，智能制造装备基础，智能制造工艺基础，机械加工质量的智能监测、诊断与控制，智能工艺系统设计，智能加工技术。本书根据当前的智能制造人才需求，涵盖基础制造技术、智能制造工艺、智能制造加工技术等方面内容，对智能制造工艺技术进行了较为全面、深入浅出的介绍，较好地契合了智能制造工程专业人才培养的要求。

本书可作为高等学校智能制造工程专业的教材，也可作为从事智能制造技术研究的工程技术人员的参考用书。

图书在版编目（CIP）数据

智能制造工艺技术 / 黄卫东主编. -- 北京 : 机械工业出版社，2024. 12. -- (战略性新兴领域“十四五”高等教育系列教材). -- ISBN 978-7-111-76797-8

Ⅰ. TH166

中国国家版本馆 CIP 数据核字第 2024B1Z677 号

机械工业出版社（北京市百万庄大街22号　邮政编码100037）

策划编辑：余　皞　　责任编辑：余　皞　戴　琳

责任校对：闫玥红　宋　安　　封面设计：严娅萍

责任印制：单爱军

保定市中画美凯印刷有限公司印刷

2024年12月第1版第1次印刷

184mm×260mm・15.5印张・373千字

标准书号：ISBN 978-7-111-76797-8

定价：59.00 元

电话服务　　网络服务

客服电话：010-88361066　　机　工　官　网：www.cmpbook.com

010-88379833　　机　工　官　博：weibo.com/cmp1952

010-68326294　　金　书　网：www.golden-book.com

　　机工教育服务网：www.cmpedu.com

前　言

本书是教育部“战略性新兴领域‘十四五’高等教育系列教材”（高端装备制造领域）之一。

智能制造技术是现代制造技术、人工智能技术与计算机科学技术发展的必然结果，也是三者融合的产物。智能制造一般是指综合集成信息技术、先进制造技术和智能自动化技术，在制造企业的各个环节（如经营决策、采购、产品设计、生产计划、制造、装配、质量保证、市场销售和售后服务等）融合应用，实现企业研发、制造、服务、管理全过程的精确感知、自动控制、自主分析和综合决策，具有高度感知化、物联化和智能化特征的一种新型制造模式。

本书是根据当前的智能制造人才需求编写的，涵盖基础制造技术、智能制造工艺、智能制造加工技术等方面内容，对智能制造工艺技术进行了较为全面、深入浅出的介绍，较好地契合了智能制造工程专业人才培养的要求。

本书由福建理工大学黄卫东教授任主编，曾寿金教授、许明三教授任副主编。第1、3章由黄卫东教授编写，第2章由许明三教授编写，第4章由梁家彬博士编写，第5章由张炜副教授编写，第6章由曾寿金教授、叶建华副教授编写。全书由黄卫东教授统稿。

本书配有电子教学课件，使用本书教学的老师可以在机械工业出版社机工教育服务网（http://www. cmpedu.com）以教师身份注册后，免费下载。

智能制造技术作为制造业重点发展和主攻的新兴技术，涉及面广，由于编者的水平有限，编写时间又较紧迫，本书中难免有错漏及不当之处，诚恳希望各位读者给予批评指正。

编　者

目 录

课程大纲

第 1 章 绪论

PPT 课件

课程视频

1.1 制造业、制造技术和智能制造技术

1.1.1 制造业、制造技术和智能制造技术的概念

制造是人类最主要的生产活动之一。它是指人类按照所需要的目的，运用主观掌握的知识和技能，应用可利用的设备和工具，采用有效的方法，将原材料转化为有使用价值的物质产品并投放市场的全过程。

制造业是指机械工业时代将某种资源（物料、能源、设备、工具、资金、技术、信息和人力等），按照市场要求，通过制造过程，转化为可供人们使用和利用的大型工具、工业品与生活消费产品的行业。制造业是国民经济的主体，是立国之本、兴国之器、强国之基，它直接体现了一个国家的生产力水平，是区别发展中国家和发达国家的重要因素。制造业在诸多国家尤其是发达国家的国民经济中占有十分重要的位置，是国民经济的支柱产业和物质基础，是国家综合竞争力的重要标志和社会进步的根本，是国家安全的基本保证。制造业的技术水平、生产规模和生产能力，决定了一个国家的产品竞争能力，决定其是否成为一个工业大国和强国，并进一步决定其经济实力和国防实力。据统计，工业化国家中以各种形式从事制造活动的人员约占全国从业人数的 1/4。美国财富的 68% 来自制造业，日本国民经济生产总值的约 50% 由制造业创造，我国的制造业产值在工业总产值中占了约 40%。图 1-1 显示了当今制造业的社会功能。

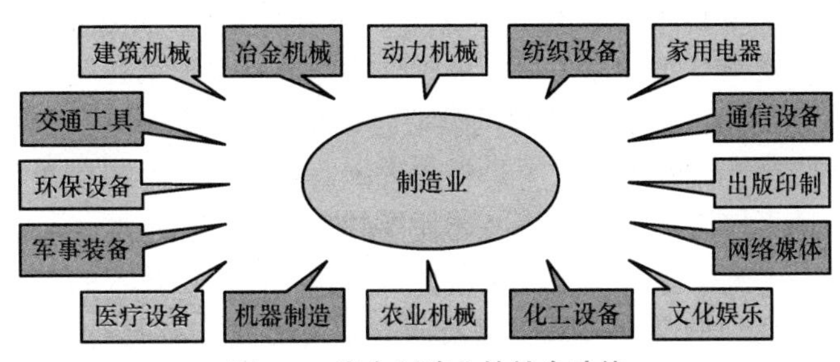

图 1-1 当今制造业的社会功能

制造技术是完成制造活动所施行的一切手段的总和。这些手段包括运用一定的知识、技能，操纵可以利用的物质、工具，采取各种有效的方法等。制造技术是制造企业的技术支柱，是制造企业持续发展的根本动力。制造技术的发展是由社会、政治、经济等多方面因素决定的，但纵观其发展历程，影响制造技术发展的主要因素是技术推动与市场牵引。科学技术的每次革命，必然引起制造技术的发展，也推动了制造业的不断发展。随着人类社会的不断进步，人类的需求不断发生变化，因而从另一方面推动了制造业的不断发展，促进了制造技术的不断进步。同时制造过程和制造技术作为科学技术的物化基础，又反过来极大地促进了科技进步和社会发展。

世界现代制造业的发展、客户需求变化、全球市场竞争和社会可持续发展的需求使得制造环境发生了根本性转变。制造系统的追求目标从 20 世纪 60 年代的大规模生产、70 年代的低成本制造、80 年代的产品质量、90 年代的市场响应速度、21 世纪的知识和服务，更新为如今因德国“工业 4.0”而兴起的泛在感知和深入智能化。信息技术、网络技术、管理技术和其他相关技术的发展有力地推动了制造系统追求目标的实现，生产过程从手工化、机械化、刚性化逐步过渡到柔性化、服务化、智能化。制造业已从传统的劳动和装备密集型，逐渐向信息、知识和服务密集型转变。随着科学技术的发展，制造技术经历了蒸汽时代（工业 1.0）、电气时代（工业 2.0）、自动化时代（工业 3.0）、智能时代（工业 4.0）四次工业革命，如图 1-2 所示。

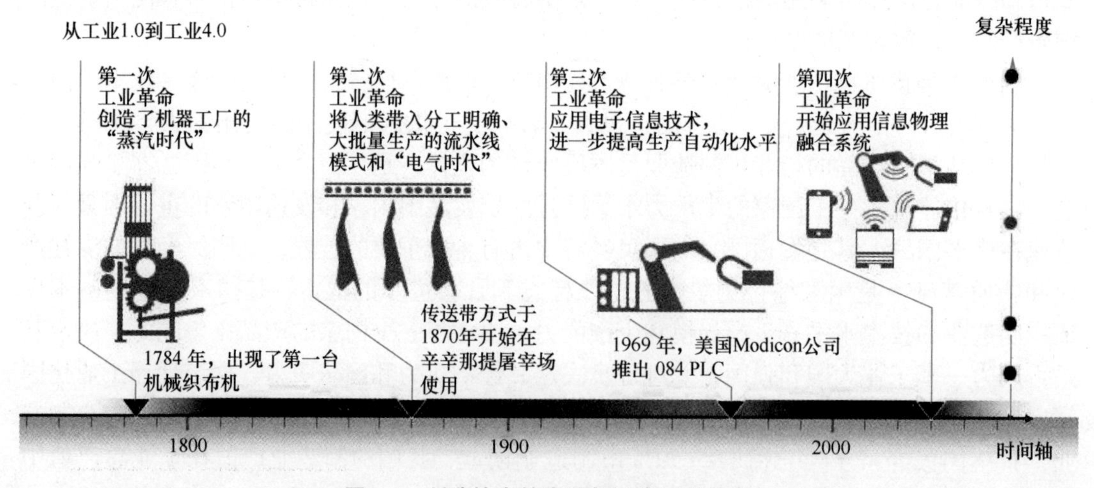

图 1-2　制造技术的发展与四次工业革命

当前，信息技术、新能源、新材料、生物技术等重要领域和前沿方向的革命性突破和交叉融合，正在引发新一轮产业变革。英国学者保罗·麦里基在《制造业和创新：第三次工业革命》中认为，新一轮工业革命的核心是以机器人、3D 打印机和新材料等为代表的智能制造业。智能制造，顾名思义，是将先进的信息技术与制造技术深度融合，实现制造过程的智能化。这不仅提高了生产率，还使得制造过程更加精准、灵活和可持续。广义而论，智能制造是一个大概念，是先进制造技术与新一代信息技术的深度融合，贯穿于产品、制造、服务全生命周期各个环节，以及制造系统集成，实现制造业数字化、网络化、智能化，不断提升企业产品质量、效益、服务水平，推动制造业创新、绿色、协调、开放、共享发展。所谓智能制造技术，是指在现代传感技术、网络技术、自动化技术、拟人化智能技术等先进制造技术的基础上，通过智能化感知、人机交互、决策和执行技术，实现设计过程、制造过程和制造装备智能化，是信息技术和智能技术与装备制造过程技术的深度融合与集成。智能制造技术是现代制造技术、人工智能技术与计算机科学技术发展的必然结果，也是三者结合的产物。人工智能技术和计算机科学技术是推动智能制造技术形成与发展的重要因素。

当今，智能制造一般指综合集成信息技术、先进制造技术和智能自动化技术，在制造企业的各个环节（如经营决策、采购、产品设计、生产计划、制造、装配、质量保证、市场销售和售后服务等）融合应用，实现企业研发、制造、服务、管理全过程的精确感知、自动控制、自主分析和综合决策，具有高度感知化、物联化和智能化特征的一种新型制造模式。

1.1.2 我国机械制造业和制造技术的现状与发展前景

新中国成立以来，我国的机械制造业与制造技术得到了长足发展，已经形成了一个门类比较齐全、具有相当规模和一定技术水平的机械制造工业体系。特别是改革开放以来，我国机械制造业充分利用国内外的资金和技术，引导企业走依靠科技进步的道路，进行了较大规模的技术改造，使制造技术、产品质量和水平及经济效益发生了显著变化，为繁荣国内市场、扩大出口创汇、推动国民经济的发展做出了很大贡献，“中国制造”正在世界范围内重新崛起。2010 年，我国的制造业总产值达到 1.955 万亿美元（占全球制造业总产值的 19.8%），并首次超过美国（其制造业总产值占全球制造业总产值的 19.4%），成为世界第一制造大国，自此以后连续 14 年稳居世界第一。2023 年，我国制造业增加值 33 万亿元，占世界的份额达到 30%，已经成为名副其实的世界制造大国。我国是全世界拥有联合国产业分类中所列全部工业门类的国家，有 220 多种工业产品产量居世界第一位，如轿车、载货汽车、摩托车、发电设备、输变电设备、变压器、电动机、数控机床、内燃机、矿山机械、起重设备、拖拉机、联合收割机、混凝土机械、挖掘机、装载机、铲土运输机械、水泵、风机、气体分离设备、塑料机械、数码相机、复印机等，为国民经济发展和世界机械工业发展做出了重要贡献。总体来看，机械工业企业开展国际产能和装备制造合作的意识、能力和水平不断增强，已经成为国际市场竞争中的一支劲旅。但与工业发达国家相比，我国制造业的水平还存在较大的差距，主要表现在：制造业大而不强，自主创新能力弱，关键核心技术与高端装备对外依存度高，以企业为主体的制造业创新体系不完善；产品档次不高，缺乏世界知名品牌；资源能源利用效率低，环境污染问题较为突出；产业结构不合理，高端装备制造业和生产性服务业发展滞后；信息化水平不高，与工业化融合深度不够；产业国际化程度不高，企业全球化经营能力不足。

随着科技、经济、社会的日益进步和快速发展，日趋激烈的国际竞争及不断提高的人民生活水平对机械产品在性能、价格、质量、服务、环保及多样性、可靠性等多方面提出的要求越来越高，对先进的生产技术装备、科技与国防装备的需求越来越大，机械制造业面临着新的发展机遇和挑战。

现代机械制造技术发展总的趋势是机械制造技术与材料科学、电子科学、信息科学、生命科学、环保科学、管理科学等的交叉、融合，向自动化、最优化、柔性化、集成化、精密化、高速化、清洁化和智能化方向进展。

1.1.3　智能制造技术的应用与发展

智能制造技术是备受瞩目的一个领域。智能制造技术是指通过智能化的技术手段来提高生产制造的效率，减少人工干预，提高制造的质量和精度。智能制造是实现整个制造业价值链的智能化和创新，是信息化与工业化深度融合的进一步提升。智能制造技术融合了信息技术、先进制造技术、自动化技术和人工智能技术。智能制造技术可以应用于诸多领域，包括农业、工业、服务业等。随着科技的快速发展，智能制造技术也不断地发展和演进。

智能制造包括开发智能产品、应用智能装备、自底向上建立智能产线、构建智能车间、打造智能工厂、践行智能研发、形成智能物流和供应链体系、开展智能管理、推进智能服务、最终实现智能决策。

在智能制造的关键应用技术中，智能产品与智能服务可以帮助企业实现商业模式的创新；智能装备、智能产线、智能车间到智能工厂，可以帮助企业实现生产模式的创新；智能研发、智能管理、智能物流和供应链则可以帮助企业实现运营模式的创新；而智能决策可以帮助企业实现科学决策。

1. 智能产品

智能产品通常包括机械、电气和嵌入式软件，具有记忆、感知、计算和传输功能。典型的智能产品包括智能手机、智能可穿戴设备（图 1-3）、无人机、智能汽车、智能家电、智能售货机等。智能装备也是一种智能产品。企业应该思考如何在产品上加入智能化的单元，提升产品的附加值。

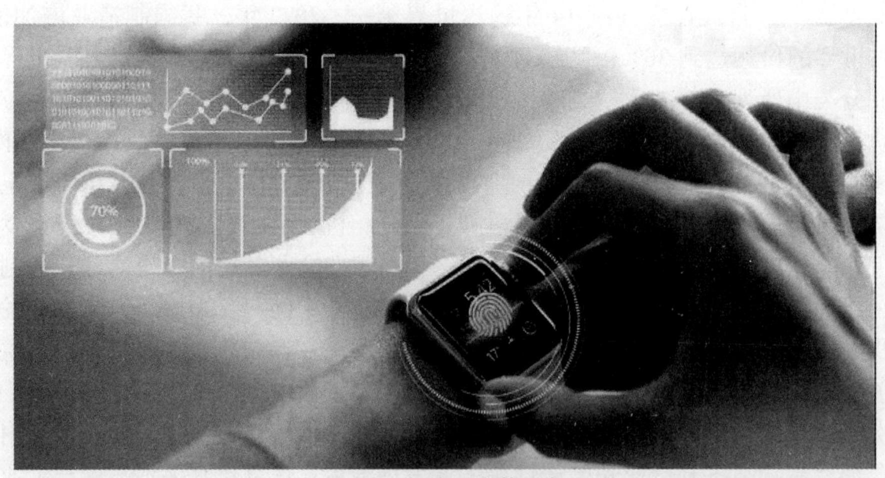

图 1-3　智能可穿戴设备

2. 智能服务

智能服务基于传感器和物联网（Internet of Things，IoT），可以感知产品的状态，从而进行预防性维修维护，及时帮助客户更换备品备件，甚至可以通过了解产品运行的状态，给客户带来商业机会；还可以采集产品运营的大数据，辅助企业进行市场营销的决策。此外，企业通过开发面向客户服务的 APP，也是一种智能服务的手段，可以针对客户购买的产品提供有针对性的服务，从而锁定客户，开展服务营销。

3. 智能装备

制造装备经历了机械装备到数控装备，目前正在逐步发展为智能装备（图 1-4）。智能装备具有检测功能，可以实现在机检测，从而补偿加工误差，提高加工精度，还可以对热变形进行补偿。以往一些精密装备对环境的要求很高，现在由于有了闭环的检测与补偿，可以降低对环境的要求。

图 1-4 智能装备

4. 智能产线

很多行业的企业高度依赖智能产线（图 1-5），如钢铁、化工、制药、食品饮料、烟草、芯片制造、电子组装、汽车整车和零部件制造等企业，实现自动化的加工、装配和检测，一些机械标准件生产也应用了智能产线，如轴承的生产。但是，装备制造企业目前还是以离散制造为主。很多企业的技术改造重点就是建立智能产线、装配线和检测线。

图 1-5 智能产线

5. 智能车间

一个车间通常有多条生产线，这些生产线要么生产相似零件或产品，要么有上下游的装配关系。要实现车间的智能化，需要对生产状况、设备状态、能源消耗、生产质量、物料消耗等信息进行实时采集和分析，进行高效排产和合理排班，显著提高设备综合效率（Overall Equipment Effectiveness，OEE）。因此，无论什么制造行业，制造执行系统（Manufacturing Execution System，MES）（图 1-6）成为企业的必然选择。

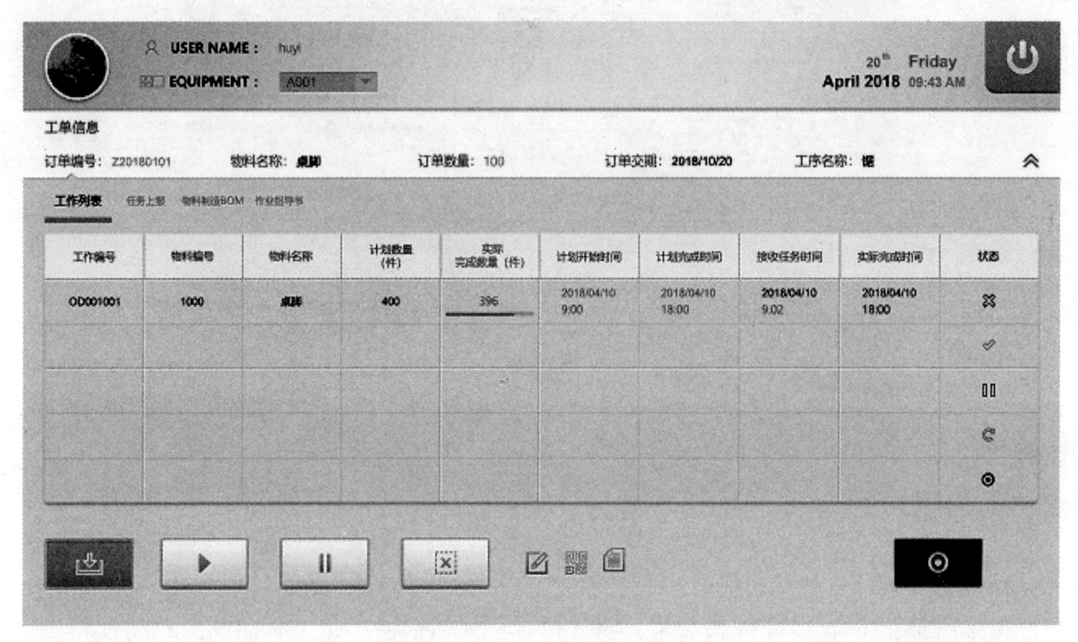

图 1-6　制造执行系统（MES）

目前国内比较领先的几家 MES 供应商自主研发的系统，已经在国内的诸多制造企业中得到广泛的运用。不久的将来，MES 也必定会得到全面普及。

6. 智能工厂

一个工厂通常由多个车间组成，大型企业有多个工厂。作为智能工厂（图 1-7），不仅生产过程应实现自动化、透明化、可视化、精益化，同时，产品检测、质量检验和分析、生产物流也应与生产过程实现闭环集成。一个工厂的多个车间之间要实现信息共享、准时配送、协同作业。一些离散制造企业也建立了类似流程制造企业那样的生产指挥中心，对整个工厂进行指挥和调度，及时发现和解决突发问题，这也是智能工厂的重要标志。

智能工厂必须依赖无缝集成的信息系统支撑。大型企业的智能工厂需要应用企业资源计划（Enterprise Resource Planning，ERP）系统制定多个车间的生产计划，并由 MES 根据各个车间的生产计划进行详细排产。

7. 智能研发

离散制造企业在产品研发方面，已经应用了 CAD/CAM/CAE/CAPP 等工具软件和产品数据管理 / 产品全生命周期管理系统，但是很多企业应用这些软件的水平并不高。企业要开发智能产品，需要机电软多学科的协同配合；要缩短产品研发周期，需要深入应用仿真技术，建立虚拟数字化样机，实现多学科仿真，通过仿真减少实物试验；需要贯彻标准化、系列化、模块化的思想，以支持大批量客户定制或产品个性化定制；需要将仿真技术与试验管理结合起来，以提高仿真结果的置信度。流程制造企业已开始应用产品全生命周期管理（Product Life-cycle Management，PLM）系统实现工艺管理和配方管理，实验室信息管理系统的应用比较广泛。

图 1-7 智能工厂

8. 智能管理

制造企业核心的运营管理系统还包括人力资产管理系统、客户关系管理系统、企业资产管理系统、能源管理系统（Energy Management System，EMS）、供应链关系管理系统、企业门户、业务流程管理系统等。国内企业把办公自动化也作为一个核心信息系统。为了统一管理企业的核心主数据，近年来主数据管理也在大型企业开始部署应用。实现智能管理和智能决策，最重要的条件是基础数据准确和主要信息系统无缝集成。

9. 智能物流与供应链

制造企业内部的采购、生产、销售流程都伴随着物料的流动，因此，越来越多的制造企业在重视生产自动化的同时，也越来越重视物流自动化，自动化立体仓库、自动引导车（Automatic Guided Vehicle，AGV）、智能吊挂系统得到了广泛的应用；而在制造企业和物流企业的物流中心，智能分拣系统、堆垛机器人、自动辊道系统的应用日趋普及。仓储管理系统（Warehouse Management System，WMS）和运输管理系统（Transport Management System，TMS）也受到制造企业和物流企业的普遍关注。

10. 智能决策

企业在运营过程中，产生了大量的数据。一方面是来自各个业务部门和业务系统产生的核心业务数据，如与合同、回款、费用、库存、现金、产品、客户、投资、设备、产量、交货期等相关的数据，这些数据一般是结构化的数据，可以进行多维度的分析和预测，这就是业务智能（Business Intelligence，BI）技术的范畴，也被称为管理驾驶舱或决策支持系统。同时，企业可以应用这些数据提炼出企业的关键绩效指标，并与预设的目标进行对比，同时，对关键绩效指标进行层层分解，来对干部和员工进行考核，这就是企业绩效管理（Enterprise Performance Management，EPM）的范畴。从技术角度来看，内存计算是BI的重要支撑。

新一代智能制造技术的理论研究尚处于起步阶段，但国内外已经有许多企业或研究单位对这些制造模式进行了初步应用。

1.2 制造过程

1.2.1 制造活动定义

制造的英文为manufacture，起源于拉丁文manus（手）和factus（做），它准确反映了人们对制造的理解，即用手来做。

从系统工程的观点看，产品的制造是物料转变（物料流）、能量转化（能量流）和信息传递（信息流）的过程，如图1-8所示。物料流是指物料经过制造过程产生形貌和位置的转变。例如工件经过加工改变形状、尺寸，经过运输改变工位等。能量流是指在制造过程中将能量施加于加工对象并产生相应的变换。信息流是指将要求得到的形状、尺寸、性能等信息向被加工物料传递的过程。对一个产品的制造活动来说，它可能是产品装配图、零件图或CAD文件、工艺文件、CAM文件或CNC软件代码；对于成形过程，如铸造、模锻、冲压、注塑等加工来说，模具则是信息的载体。物料、能量、信息三者的关系是在信息控制下，由能量起作用，对物料加工而使之形成产品。人和设备是制造活动的支撑条件，政策与法规是约束条件，即制造活动要符合国家的产业政策，符合环保、劳动保护等法规。

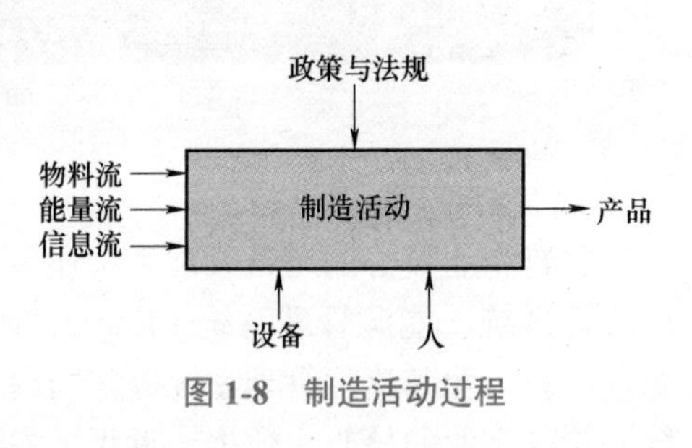

图1-8　制造活动过程

1.2.2 产品生产过程

产品的生产过程是将原材料转变成成品的全过程。它包括生产技术准备、毛坯制造、机械加工、热处理、装配、调试检验及油漆包装等过程。上述过程中凡使被加工对象的尺寸、形状或性能产生一定变化的均称为直接生产过程。而工艺装备的制造、原材料的供应、工件及材料的运输和储存、设备的维修及动力供应等过程，不会使加工对象产生直接的变化，但也是非常必要的，因此称为辅助生产过程。产品的生产过程是由直接生产过程和辅助生产过程组成的。

在生产过程中直接改变生产对象的形状、尺寸、相对位置和性质（物理、化学、力学性能）等，使其成为合格产品的过程称为工艺过程，如毛坯制造、机械加工、热处理、装配等，它是生产过程中的重要组成部分。工艺过程包括热加工工艺过程（铸造、锻造、焊接、热处理及表面处理等），机械加工工艺过程（冷加工）和装配工艺过程。

随着产品复杂程度的不同，其生产过程可以是由一个车间或一个工厂完成，也可以由多个车间或工厂协作完成。

1.2.3 生产纲领、生产类型与生产组织模式

机械产品的制造不仅与产品的结构、技术要求有很大关系，而且与企业的生产类型有很大关系。生产类型是指产品生产的专业化程度。生产类型是由生产纲领所决定的。

1. 生产纲领

生产纲领是企业在计划期内产品的产量。计划期为一年的生产纲领（N）可按下式计算：

$$N=Qn(1+\alpha\%+\beta\%)$$

式中 Q——产品的年产量；

n——每台产品中该零件的数量；

$\alpha\%$——备品的百分率；

$\beta\%$——废品的百分率。

2. 生产类型

生产类型是指企业（或车间、工段、班组、工作地）生产专业化程度的分类。根据产品的生产纲领、尺寸大小和复杂程度，生产类型一般分为单件生产、成批生产、大量生产三种类型，成批生产又可分为小批生产、中批生产和大批生产。生产纲领与生产类型的关系见表 1-1。

表 1-1 生产纲领与生产类型的关系

生产类型	零件年生产纲领（件 / 年）		
	大型零件	中型零件	小型零件
单件生产	≤ 5	≤ 20	≤ 100
小批生产	(5~100]	(20~200]	(100~500]
中批生产	(100~300]	(200~500]	(500~5000]
大批生产	(300~1000]	(500~5000]	(5000~50000]
大量生产	>1000	>5000	>50000

产品的用途不同，决定了其市场需求量是不同的，因此形成了不同的生产类型。例如家电产品的市场需求可能是几千万台，而专用模具、巨型发电机组等的需求则往往只是单件。生产类型决定了机械加工专业化和自动化的程度，决定了所应选用的加工工艺方法和工艺装备。各种生产类型的工艺特点见表 1-2。

表 1-2 各种生产类型的工艺特点

工艺特点	单件小批生产	中批生产	大批量生产
零件的互换性	一般是配对制造，没有互换性，广泛采用钳工修配	大部分有互换性，少数用钳工修配	全部有互换性，精度高的配合件用分组装配法和调整法
毛坯的制造方法及加工余量	采用木模手工造型或自由锻。毛坯精度低，加工余量大	部分采用金属模铸造或模锻。毛坯精度和加工余量中等	广泛采用金属模机器造型、模锻及其他高效毛坯制造方法。毛坯精度高，加工余量小
机床设备及其布置形式	采用通用机床，按机群式排列，部分采用数控机床或加工中心	采用部分通用机床和高效机床、数控机床、加工中心，按零件类别分工段排列	广泛采用高效自动机床、专用机床、数控机床，按自动线或流水线排列

（续）

工艺特点	单件小批生产	中批生产	大批量生产
工艺装备及达到精度的方法	采用通用夹具、标准附件、通用刀具和万能量具，靠划线和试切法达到精度要求	采用专用及成组夹具、专用刀具及量具，主要使用调整法达到精度要求	采用高效专用夹具、复合刀具、专用量具、自动检测装置，使用调整法及自动控制达到精度要求
对工人的要求	需要技术熟练的工人	需要具有一定技术水平的工人	对操作工人的技术要求较低，对调整工人的技术水平要求较高
工艺文件	有简单的工艺过程卡，关键工序有工序卡	有详细的工艺规程，关键零件有工序卡	有详细的工艺规程和工序卡，关键工序有调整卡、检验卡

在一定的范围内，各生产类型之间并没有十分严格的界限。单件生产和小批生产的工艺特点相近，一般合称单件小批生产，大批生产和大量生产的工艺特点相近，一般合称大批量生产。

3. 生产组织模式

企业组织产品的生产可以有以下几种模式：

1）生产全部零部件、组装机器。

2）生产一部分关键的零部件，进行整机装配，其余的零部件由其他企业供应。

3）完全不生产零部件，只负责设计与销售。

第一种模式的企业，必须拥有加工所有零件的设备，形成大而全、小而全的工厂。当市场发生变化时，很难及时调整产品结构，适应性差。

许多产品复杂的大工业多采用第二种模式，如汽车制造业。其关键在于应自己掌握核心技术和工艺，或自己生产高附加值的零部件。例如汽车生产厂家只控制整车、车身和发动机的设计和制造及整车装配，而汽车零配件的生产由许多中小企业承担。

第三种模式具有占地少、固定设备投入少、转产容易等优点，较适宜市场变化快的产品生产。

针对不同产品选用生产模式及制造技术的准则是质量、成本、生产率，通常被称为评价机电产品制造过程的三准则。由表 1-2 中可知，大批量生产可以获得较高的生产率和较低的生产成本，显示了巨大的优越性，与中小批量相比，大批量生产有明显的经济效益，这就是所谓的“批量法则”。然而随着技术的飞速发展及人们消费水平的提高，消费的个性化及制造业的竞争日趋激烈，使大批量生产类型越来越被多品种、小批量所取代。据统计，近年来在国外制造业中，产品的 70%~75% 已按多品种、小批量的生产方式组织生产。

上述第一种模式投资大，效率低，管理困难，经济效益差。究其原因，这种全能工厂模式不符合“批量法则”。为扩大生产批量，应改进产品设计，加强产品及零部件系列化、标准化、通用化工作，并积极开展和大力推进工业生产的专业化协作（即第二种模式的生产），包括产品专业化、零部件专业化、工艺专业化和辅助生产专业化等多种形式的生产协作。此外，采用成组技术，按零件结构、材料、工艺的相似性，组织同类型零件的集中生产，实施成组工艺，将小批量生产转化为批量较大的生产类型，是提高多品种、中小批量生产经济效益的有效途径。近年来，柔性加工系统的出现，为单件小批量生产提供了高效的先进设备，是机械制造的一个重要发展方向。许多高新技术开发区“产品设计、销售在内，产品加工、装配在外”的企业是第三种生产模式。国外敏捷制造中的动态联盟，其实质即是在互联网信息技术支持下，在全球范围内实现这一生产模式。这种组织方式更显示出知识在现代制造业的突出作用和地位，实际上是制造业由资金密集型向知识密集型过渡的模式。

1.2.4 智能制造模式

智能制造是一种新型生产方式，几乎涉及制造业所有领域。不同行业、企业在智能制造实施过程中会呈现出不同的特征、做法和成效，形成不同的制造和商业模式，这些模式可统称为智能制造典型模式。工业和信息化部持续组织实施了智能制造试点示范专项行动，遴选出一批先行先试的试点示范项目，有效带动了我国智能制造发展。赛迪研究院装备工业研究所对 2015—2016 年全国 109 个智能制造试点示范项目进行了梳理，归纳出 8 种典型的智能制造模式，分别适用于不同的领域。

1. 大规模个性化定制：满足用户个性化需求

在服装、纺织、家居、家电等消费品领域，探索形成了以满足用户个性化需求为引领的大规模个性化定制模式，主要做法是实现产品模块化设计、构建产品个性化定制服务平台和个性化产品数据库，实现定制服务平台与企业研发设计、计划排程、供应链管理、售后服务等信息系统的协同与集成。比如，青岛红领集团以超过 200 万名顾客的版型数据为基础，利用专用数据模型，建立了由 540 个大类、3144 个小类、1 万多个设计要素组成的工艺数据库。通过服装个性化定制服务平台与终端消费者直接互动，公司净利润率从 2011 年的 2.8% 上升至 2015 年的 27%。

2. 产品全生命周期数字一体化：缩短产品研制周期

在航空装备、汽车、船舶、工程机械等装备制造领域，探索形成了以缩短产品研制周期为核心的产品全生命周期数字一体化模式，主要做法是应用基于模型定义技术进行产品研发、建设产品全生命周期管理系统（PLM）等。比如，商飞公司围绕 C919 飞机的研制，建立了基于模型的数字化产品研发平台和智能制造平台，实现数字化、网络化、智能化产品研发，支持三维制造数据向生产车间发布，以确保设计、工艺、制造技术状态的一致性，最终促使产品研制周期缩短 20%、产品不良品率降低 25%、运营成本降低 20%。

3. 柔性制造：快速响应多样化市场需求

在铸造、服装等领域，探索形成了快速响应多样化市场需求的柔性制造模式，主要做法是实现生产线可同时加工多种产品 / 零部件，车间物流系统实现自动配料，构建高级排产系统，并实现工控系统、制造执行系统（MES）、企业资源计划（ERP）系统之间的高效协同与集成。比如，宁夏共享集团应用数字化技术实现了对生产全过程的仿真模拟，以及设计、铸造、质量、基础信息的有效传递；基于三维组态技术和智能体技术，实现了工厂设备、生产、绩效评价等全流程数据采集和分析；基于企业资源计划、实验室信息管理等系统，实现了生产计划、车间作业计划、质量检验等集成闭环控制；基于物联网技术和智能装备，在关键工序建立通信管理、人机交互等系统。该项目的实施，使企业每年增加利润3000万元左右，生产效率较之前提高3倍以上，产品合格率达98%。

4. 互联工厂：打通企业运营的“信息孤岛”

在石化、钢铁、电子、家电等领域，探索形成了打通企业运营“信息孤岛”为核心的互联工厂模式，主要做法是应用物联网技术实现产品、物料等的唯一身份标识，生产和物流装备具备数据采集和通信等功能，构建生产数据采集系统、MES和ERP，并实现这些系统之间的协同与集成。比如，海尔集团应用物联网技术实现了从企业、工厂、车间到设备的“物物互联”，应用数据采集与监视控制系统实时采集生产设备数据，构建海尔iMES和ERP系统等。近两年来，生产率提升20%，质量问题减少10%，库存天数下降9%，人员数量减少30%，交货周期由21天缩短到10天。

5. 产品全生命周期可溯：提升产品质量管控能力

在食品、制药等领域，探索形成了以质量管控为核心的产品全生命周期可追溯模式，主要做法是让产品在全生命周期具有唯一标识，应用传感器、智能仪器仪表、工控系统等自动采集质量管理所需数据，通过MES开展质量判异和过程判稳等在线质量检测和预警等。比如，蒙牛乳业集团利用信息系统与数据采集技术，形成从原料、半成品、成品到销售终端的全链条“端到端”互联互通，随时可以查询物料走向和状态，实现质量报告自动生成，产品质量一键追溯。通过近1年的努力，生产率提升19.6%，产品不良品率降低11.4%，运营成本降低20%，能源利用率提升16.7%。

6. 全生产过程能源优化管理：提高能源资源利用率

在石化化工、有色金属、钢铁等行业，探索形成了以提高能源资源利用率为核心的全过程能源优化管理模式，主要做法是通过MES采集关键装备、生产过程能源供给等环节的能效数据，构建EMS或MES中的能源管理模块，基于实时采集的能源数据对生产过程、设备、能源供给及人员等进行优化。比如，九江石化公司构建了能源综合监测系统，覆盖能源供、产、转、输、耗全流程；建立生产与能耗预测模型、产能优化模型；针对高附加值用能，建立氢气和瓦斯产耗平衡模型和优化系统；建立一体化能源管控中心平台，实现能源计划、能源生产、能源优化、能源评价的闭环管控。通过近3年的努力，生产率提高20%，能源利用率提高4%。

7. 网络协同制造：供应链上下游协同优化

在航空航天、汽车等领域，探索形成了以供应链优化为核心的网络协同制造模式，主要做法是建设跨企业制造资源协同平台，实现企业间研发、管理和服务系统的集成和对接，为接入企业提供研发设计、运营管理、数据分析、知识管理、信息安全等服务，开展制造服务和资源的动态分析和柔性配置等。比如，西飞公司构建的飞机协同开发与云制造平台，实现了10家参研厂所和60多家供应商的协同开发。新一代涡桨支线飞机研制周期缩短20%，生产率提高20%。

8. 远程运维服务：提高装备/产品运维服务水平

在动力装备、电力装备、工程机械、汽车、家电等领域，探索形成了基于工业互联网的远程运维服务模式。比如，金风科技集团建立的风机远程运维服务平台，实现了风机和风电场的智能监控、故障诊断、预测性维护和远程专家支持，共管理超过1.5万台风机，维护成本比用传统方法减少20%~25%，故障预警准确率达91%以上，发电效益提高10%~15%。

1.3 智能制造系统

1.3.1 智能制造系统架构

智能制造系统是一种由智能机器和人类专家共同组成的人机一体化智能系统，它在制造过程中能进行智能活动，诸如分析、推理、判断、构思和决策等。通过人与智能机器的合作共事，去扩大、延伸和部分地取代人类专家在制造过程中的脑力劳动。它把制造自动化的概念更新、扩展到柔性化、智能化和高度集成化。

我国于 2015 年提出《国家智能制造标准体系建设指南》，并且在 2021 年重新发布和更新。其中，对我国的智能制造做出了更加精准的定义：智能制造是基于先进制造技术与新一代信息技术深度融合，贯穿于设计、生产、管理、服务等产品全生命周期，具有自感知、自决策、自执行、自适应、自学习等特征，旨在提高制造业质量、效率效益和柔性的先进生产方式。

国家对智能制造系统架构做了清晰的定义和解析。智能制造系统架构（图 1-9）从生命周期、系统层级和智能特征 3 个维度对智能制造所涉及的要素、装备、活动等内容进行描述，主要用于明确智能制造的标准化对象和范围。其目标是到 2025 年，逐步构建起适应技术创新趋势、满足产业发展需求、对标国际先进水平的智能制造标准体系。

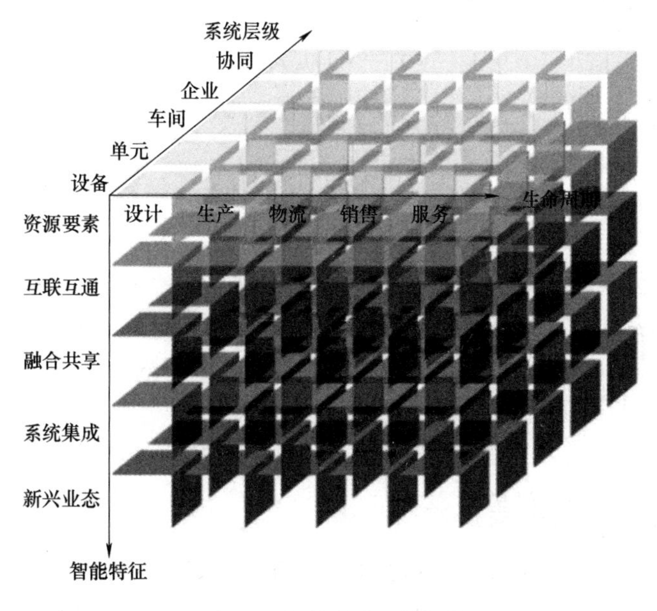

图 1-9 智能制造系统架构

1. 生命周期

生命周期涵盖从产品原型研发到产品回收再制造的各个阶段，包括设计、生产、物流、销售、服务等一系列相互联系的价值创造活动。生命周期的各项活动可进行迭代优化，具有可持续性发展等特点，不同行业的生命周期构成和时间顺序不尽相同。

1）设计是指根据企业的所有约束条件以及所选择的技术来对需求进行实现和优化的过程。

2）生产是指将物料进行加工、运送、装配、检验等活动创造产品的过程。

3）物流是指物品从供应地向接收地的实体流动过程。

4）销售是指产品或商品等从企业转移到客户手中的经营活动。

5）服务是指产品提供者与客户接触过程中所产生的一系列活动的过程及其结果。

2. 系统层级

系统层级是指与企业生产活动相关的组织结构的层级划分，包括设备层、单元层、车间层、企业层和协同层。

1）设备层是指企业利用传感器、仪器仪表、机器、装置等，实现实际物理流程并感知和操控物理流程的层级。

2）单元层是指用于企业内处理信息、实现监测和控制物理流程的层级。

3）车间层是实现面向工厂或车间的生产管理的层级。

4）企业层是实现面向企业经营管理的层级。

5）协同层是企业实现其内部和外部信息互联和共享，实现跨企业间业务协同的层级。

3. 智能特征

智能特征是指制造活动具有的自感知、自决策、自执行、自学习、自适应之类功能的表征，包括资源要素、互联互通、融合共享、系统集成和新兴业态等智能化要求。

1）资源要素是指企业从事生产时所需要使用的资源或工具及其数字化模型所在的层级。

2）互联互通是指通过有线或无线网络、通信协议与接口，实现资源要素之间的数据传递与参数语义交换的层级。

3）融合共享是指在互联互通的基础上，利用云计算、大数据等新一代信息通信技术，实现信息协同共享的层级。

4）系统集成是指企业实现智能制造过程中的装备、生产单元、生产线、数字化车间、智能工厂之间，以及智能制造系统之间的数据交换和功能互连的层级。

5）新兴业态是指基于物理空间不同层级资源要素和数字空间集成与融合的数据、模型及系统，建立的涵盖了认知、诊断、预测及决策等功能，且支持虚实迭代优化的层级。

1.3.2 智能制造涉及的主要技术

智能制造主要由通用技术、智能制造平台技术、泛在网络技术、产品生命周期智能制造技术及支撑技术组成，如图 1-10 所示。

（1）通用技术　通用技术主要包括智能制造体系结构技术、软件定义网络系统体系结构技术、空地系统体系结构技术、智能制造服务的业务模型、企业建模与仿真技术、系统开发与应用技术、智能制造安全技术、智能制造评价技术、智能制造标准化技术。

（2）智能制造平台技术　智能制造平台技术主要包括面向智能制造的大数据网络互联技术，智能资源及能力传感和物联网技术，智能资源及虚拟能力和服务技术，智能服务、环境建设、管理、操作、评价技术，智能知识、模型、大数据管理、分析与挖掘技术，智能人机交互技术及群体智能设计技术，基于大数据和知识的智能设计技术，智能人机混合生产技术，虚拟现实结合智能实验技术，自主决策智能管理技术和在线远程支持服务的智能保障技术。

（3）泛在网络技术　泛在网络技术主要由集成融合网络技术和空间空地网络技术组成。

（4）产品生命周期智能制造技术　产品生命周期智能制造技术主要由智能云创新设计技术、智能云产品设计技术、智能云生产设备技术、智能云操作与管理技术、智能云仿真与实验技术、智能云服务保障技术组成。

（5）支撑技术　支撑技术主要包括AI2.0技术、信息通信技术（如基于大数据的技术、云计算技术、建模与仿真技术）、新型制造技术（如3D打印技术、电化学加工等）、制造应用领域的专业技术（航空、航天、造船、汽车等行业的专业技术）。

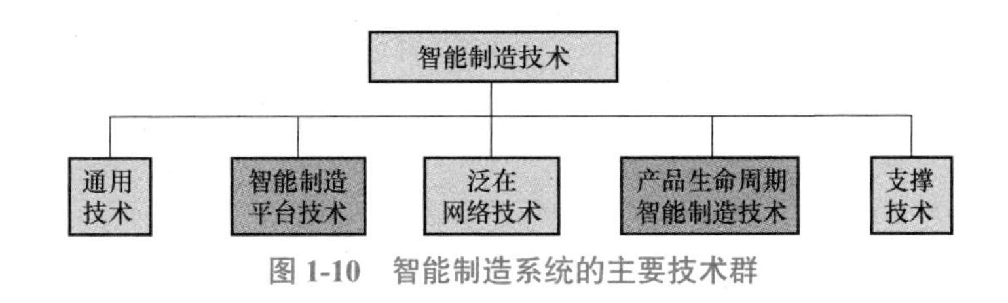

图1-10　智能制造系统的主要技术群

1.4 本课程性质、研究内容、特点与学习方法

本课程是机械类（机械设计制造及自动化、机械电子、机械工程、智能制造等）专业的一门主干专业技术基础课程。本课程主要介绍智能制造技术模式和体系、智能制造装备（数控机床、机器人、刀具、夹具）的基本知识、智能加工工艺和装配工艺规程设计、智能工艺系统设计、机械加工质量的智能监测与控制及智能加工技术等。

通过本课程的学习，要求学生对智能制造工艺技术有一个总体的了解和把握，初步掌握金属切削过程的基本规律和机械加工的基本知识，能选择机械加工方法与机床、刀具、夹具及切削加工参数，初步具备制定机械加工工艺规程和数控加工工艺规程的能力，了解智能工艺系统设计，掌握机械加工质量的智能监测与控制技术，掌握智能加工技术，初步具备分析和解决现场工艺问题的能力。

本课程的特点是涉及面广，综合性强，灵活性大，实践性强。它与有关智能制造的许多基础知识和基本理论都有联系，内容丰富，融会贯通；工艺理论和工艺方法的应用灵活多变，与实际生产联系密切。学习本课程应理论联系实践，重视实践性教学环节，通过工程训练、生产实习、课程实验、课程设计及工厂调研等更好地体会、加深理解。学习的关键是要理解和掌握智能制造的基本概念及其在实际生产中的应用，同时要用辩证的思想，实事求是地对具体情况进行具体分析，灵活处理质量、生产率和成本之间的辩证关系，以求在保证质量的前提下，获得好的经济效益。

思考与练习题

1-1 什么是制造、制造技术和智能制造技术？

1-2 机械制造业在国民经济中有何地位？为什么说机械制造业是国民经济的基础？

1-3 什么是机械制造工艺过程？机械制造工艺过程主要包括哪些内容？

1-4 什么是生产纲领？如何确定企业的生产纲领？

1-5 什么是生产类型？如何划分生产类型？各生产类型有什么工艺特点？

1-6 企业组织产品的生产有几种模式？各有什么特点？

1-7 我国智能制造模式主要有哪些种类？

1-8 简要阐述智能制造技术系统的构成。

第 2 章

智能制造装备基础

PPT 课件

课程视频

2.1 智能加工设备

2.1.1 概述

制造系统从微观到宏观有不同的层次，如制造装备、制造单元、生产线、制造车间、制造工厂和制造生态系统等，其构成包括产品、制造资源、各种过程活动以及运行与管理模式。智能工厂是实现智能制造的载体。在智能工厂中，通过生产管理系统、计算机辅助工具和智能装备的集成与互操作来实现智能化、网络化分布式管理，进而实现企业业务流程、工艺流程及资金流程的协同，以及生产资源（材料、能源等）在企业内部及企业之间的动态配置；借助于各种生产管理工具、软件、系统和智能设备，打通企业从设计、生产到销售、维护的各个环节，实现产品仿真设计、生产自动排程、信息上传下达、生产过程监控、质量在线监测、物料自动配送等智能化生产。

实现智能制造的利器就是数字化、网络化的工具软件和制造装备，包括以下类型：

1）计算机辅助工具，如计算机辅助设计（Computer Aided Design，CAD）、计算机辅助工程（Computer Aided Engineering，CAE）、计算机辅助工艺设计（Computer Aided Process Planning，CAPP）、计算机辅助制造（Computer Aided Manufacturing，CAM）、计算机辅助测试（Computer Aided Testing，CAT，如信息测试、功能测试）等。

2）计算机仿真工具，如物流仿真、工程物理仿真（包括结构分析、声学分析、流体分析、热力学分析、运动分析、复合材料分析等多物理场仿真）、工艺仿真等。

3）工厂 / 车间业务与生产管理系统，如企业资源计划（ERP）、制造执行系统（MES）、产品全生命周期管理（PLM）、产品数据管理（Product Data Management，PDM）等。

4）智能装备，如高档数控机床与机器人、增材制造装备（3D 打印机）、智能传感与控制装备、智能检测与装配装备、智能物流与仓储装备等。

5）新一代信息技术，如物联网、云计算、大数据等。

2.1.2 常用普通机床

我国是世界第一机床制造大国，同时也是世界第一机床进口国。本章先从常用的普通机床讲起。

金属切削机床是用刀具切削的方法将金属毛坯加工成机器零件的机器，是制造机器的机器，习惯上简称为机床。机床的品种规格繁多，为了便于区别、使用和管理，国家制定了标准对机床进行分类和编制型号。

1. 机床的分类

机床的传统分类方法，主要是按加工性质和所用的刀具进行分类。根据国家制定的机床型号编制方法，目前将机床分为11个大类：车床、钻床、镗床、磨床、齿轮加工机床、螺纹加工机床、铣床、刨插床、拉床、锯床和其他机床。在每一类机床中，又按工艺范围、布局形式和结构，分为若干组，每一组又细分为若干系（系列）。

在上述基本分类方法的基础上，还根据机床的其他特征进一步区分。

1）同类型机床按应用范围（通用性程度）可分为：通用机床、专门化机床、专用机床。

① 通用机床。它可用于多种零件不同工序的加工，加工范围较广，通用性较强。这种机床主要适用于单件小批生产，如卧式车床、万能升降台铣床等。

② 专门化机床。它的工艺范围较窄，专门用于某一类或几类零件某一道（或几道）特定工序的加工，如丝杠车床、曲轴车床、凸轮轴车床等。

③ 专用机床。它的工艺范围最窄，只能用于某一种零件某一道特定工序的加工，适用于大批量生产，如机床主轴箱的专用镗床、机床导轨的专用磨床等。各种组合机床也属于专用机床。

2）同类型机床按工作精度可分为：普通精度机床、精密机床和高精度机床。

3）机床按自动化程度可分为：手动机床、机动机床、半自动机床和自动机床。

4）机床按质量与尺寸可分为：仪表机床、中型机床（一般机床）、大型机床（10~30t）、重型机床（30~100t）和超重型机床（大于100t）。

5）机床按主要工作部件的数目可分为：单轴机床和多轴机床或单刀机床和多刀机床等。

一般情况下，机床根据加工性质分类，再按机床的某些特点加以进一步描述，如高精度万能外圆磨床、立式钻床等。

随着机床的发展，其分类方法也将不断发展。现代机床正向数控化方向发展。数控机床的功能日趋多样化，工序更加集中。现在一台数控机床集中了越来越多的传统机床的功能。例如，数控车床在普通车床的基础上，又集中了转塔车床、仿形车床、自动车床等多种车床的功能。车削中心出现以后，在数控车床功能的基础上，又加入了钻、铣、镗等类型机床的功能。又如，具有自动换刀功能的数控镗铣床（习惯上称为加工中心），集中钻、铣、镗等多种类型机床的功能，有的加工中心的主轴既能呈立式又能呈卧式，即集中了立式加工中心和卧式加工中心的功能。由此可见，机床数控化引起了机床分类方法的变化，使得机床品种趋于综合。

2. 机床的型号

机床型号是机床产品的代号，用以简明地表示机床的类型、通用和结构特性、主要技术参数等。我国2008年颁布的《金属切削机床　型号编制方法》（GB/T 15375—2008）规定：机床的型号由汉语拼音字母和阿拉伯数字按一定规律排列组成，适用于各类通用机床和专用机床（组合机床除外）。

通用机床型号的表示方法如图 2-1 所示。

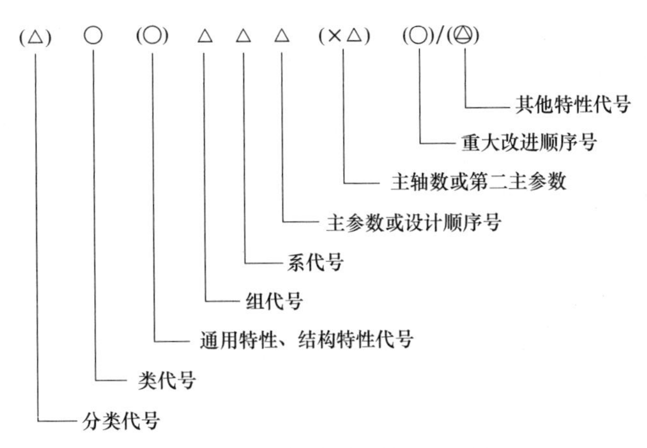

图 2-1　通用机床型号的表示方法

注：1. 有“( )”的代号或数字，若无内容，则不表示；若有内容，则不带括号。
2. 有“○”符号的，为大写的汉语拼音字母。
3. 有“△”符号的，为阿拉伯数字。
4. 有“◎”符号的，为大写的汉语拼音字母，或阿拉伯数字，或两者兼有之。

（1）机床的类代号　机床的类代号用汉语拼音字母（大写）表示。例如：“车床”的汉语拼音是“Che chuang”，所以用“C”表示，读作“车”。当需要时，每一类又可以分为若干分类。其表示方法是在类代号之前用阿拉伯数字表示，但当分类是“1”时不予表示。例如，磨床类分为 M、2M、3M 三个分类。机床的类代号见表 2-1。

表 2-1　机床的类代号

类别	车床	钻床	镗床	磨床			齿轮加工机床	螺纹加工机床	铣床	刨插床	拉床	锯床	其他机床
代号	C	Z	T	M	2M	3M	Y	S	X	B	L	G	Q
读音	车	钻	镗	磨	2 磨	3 磨	牙	丝	铣	刨	拉	割	其

（2）机床的特性代号　机床的特性代号表示机床所具有的特殊性能，它包括通用特性和结构特性。

1）通用特性代号。当某类机床除了有普通特性，还有某些通用特性时，在类代号之后加通用特性代号予以区分。通用特性代号在各类机床中所表示的意义相同。例如，CM6132 型精密普通车床型号中的“M”表示“精密”。机床的通用特性代号见表 2-2。

表 2-2　机床的通用特性代号

通用特性	高精度	精密	自动	半自动	数控	加工中心（自动换刀）	仿形	轻型	加重型	柔性加工单元	数显	高速
代号	G	M	Z	B	K	H	F	Q	C	R	X	S
读音	高	密	自	半	控	换	仿	轻	重	柔	显	速

2）结构特性代号。对于主参数值相同而结构、性能不同的机床，在类代号之后加结构特性代号予以区分。例如，CA6140 型普通车床型号中的“A”，可理解为在结构上有别于 C6140 和 CY6140 型普通车床。型号中有通用特性代号时，结构特性代号排在通用特性代号之后。为避免混淆，通用特性代号已用的字母及“I”“O”都不能作为结构特性代号。当单个字母不够用时，可将两个字母组合起来使用，如 AD、AE 等。结构特性代号在机床型号中没有统一的含义。

（3）机床的组代号和系代号　机床的组代号和系代号用两位阿拉伯数字表示，前者表示组别，后者表示系列。每类机床按其结构性能及使用范围划分为 10 个组，每个组又划分为 10 个系，分别用数字 0~9 表示。金属切削机床的类、组划分见表 2-3。

表 2-3　金属切削机床的类、组划分

类		组									
		0	1	2	3	4	5	6	7	8	9
车床 C		仪表小型车床	单轴自动车床	多轴自动、半自动车床	回转、转塔车床	曲轴及凸轮轴车床	立式床车	落地及卧式车床	仿形及多刀车床	轮、轴、辊、锭及铲齿车床	其他车床
钻床 Z			坐标镗钻床	深孔钻床	摇臂钻床	台式钻床	立式钻床	卧式钻床	铣钻床	中心孔钻床	其他钻床
镗床 T				深孔镗床		坐标镗床	立式镗床	卧式铣镗床	精镗床	汽车拖拉机修理用镗床	其他镗床
磨床	M	仪表磨床	外圆磨床	内圆磨床	砂轮机	坐标磨床	导轨磨床	刀具刃磨床	平面及端面磨床	曲轴、凸轮轴、花键轴及轧辊磨床	工具磨床
	2M		超精机	内圆珩磨机	外圆及其他珩磨机	抛光机	砂带抛光及磨削机床	刀具刃磨床及研磨机床	可转位刀片磨削机床	研磨机	其他磨床
	3M		球轴承套圈沟磨床	滚子轴承套圈滚道磨床	轴承套圈超精机		叶片磨削机床	滚子加工机床	钢球加工机床	气门、活塞及活塞环磨削机床	汽车、拖拉机修磨机床
齿轮加工机床 Y		仪表齿轮加工机		锥齿轮加工机	滚齿及铣齿机	剃齿及珩齿机	插齿机	花键轴铣床	齿轮磨齿机	其他齿轮加工机	齿轮倒角及检查机
螺纹加工机床 S					套丝机	攻丝机		螺纹铣床	螺纹磨床	螺纹车床	

（续）

类	组									
	0	1	2	3	4	5	6	7	8	9
铣床 X	仪表铣床	悬臂及滑枕铣床	龙门铣床	平面铣床	仿形铣床	立式升降台铣床	卧式升降台铣床	床身铣床	工具铣床	其他铣床
刨插床 B		悬臂刨床	龙门刨床			插床	牛头刨床		边缘及模具刨床	其他刨床
拉床 L			侧拉床	卧式外拉床	连续拉床	立式内拉床	卧式内拉床	立式外拉床	键槽、轴瓦及螺纹拉床	其他拉床
锯床 G			砂轮片锯床		卧式带锯床	立式带锯床	圆锯床	弓锯床	锉锯床	
其他机床 Q	其他仪表机床	管子加工机床	木螺钉加工机		刻线机	切断机	多功能机床			

（4）机床的主参数　机床主参数代表机床规格的大小，用折算值（主参数乘以折算系数）表示。各类机床的主参数和折算系数见表 2-4。

表 2-4　各类机床的主参数和折算系数

机床	主参数	折算系数
卧式车床	床身上最大回转直径	1/10
立式车床	最大车削直径	1/100
摇臂钻床	最大钻孔直径	1/1
卧式镗床	镗轴直径	1/10
坐标镗床	工作台面宽度	1/10
外圆磨床	最大磨削直径	1/10
内圆磨床	最大磨削孔径	1/10
矩台平面磨床	工作台面宽度	1/10
齿轮加工机床	最大工件直径	1/10
龙门铣床	工作台面宽度	1/100
升降台铣床	工作台面宽度	1/10
龙门刨床	最大刨削宽度	1/100
插床及牛头刨床	最大插削及刨削长度	1/10
拉床	额定拉力（t）	1/1

第二主参数一般是指主轴数、最大跨距、最大工件长度、工作台工作长度等。第二主参数也用折算值表示。

（5）机床的重大改进顺序号　当机床的性能及结构布局有重大改进，并按新产品重新设计、试制和鉴定时，在原有机床型号的尾部，加重大改进顺序号，以区别于原有机床型号。顺序号按A、B、C等字母（I、O两个字母不得选用）顺序选用。

（6）其他特性代号　主要用以反映各类机床的特性，如对数控机床，可用来反映不同的数控系统，对于一般机床可用来反映同一型号机床的变型等。其他特性代号用汉语拼音字母或阿拉伯数字或二者的组合来表示。

例如，MG1432A型高精度万能外圆磨床型号中：M——类代号（磨床类）；G——通用特性代号（高精度）；1——组代号（外圆磨床组）；4——系代号（万能外圆磨床系）；32——主参数（最大磨削直径320mm）；A——重大改进顺序号（第一次重大改进）。

3. 机床的技术性能指标

机床的技术性能指标是根据使用要求确定的，通常包括以下内容：

（1）机床的工艺范围　机床的工艺范围是指机床上可以完成的工序种类、能加工的零件类型、使用的刀具、所能达到的加工精度和表面粗糙度、适用的生产规模等。

（2）机床的技术参数　机床的技术参数主要包括：尺寸参数（几何参数）、运动参数和动力参数。

1）尺寸参数是指机床能够加工工件的最大几何尺寸。例如：对于卧式车床，主参数为床身上最大工件回转直径，第二主参数为最大工件长度；对于矩台平面磨床，主参数为工作台面宽度，第二主参数为工作台面长度。

2）运动参数是指机床加工工件时所能提供的运动速度，包括主运动的速度范围、速度数列和进给运动范围、进给量数列，以及空行程的速度等。对做回转运动的机床，主运动参数是主轴转速，对做直线运动的机床，主运动参数是机床工作台或滑枕的每分钟往复次数。大部分机床（如车床、钻床）的进给量用工件或刀具每转的位移（mm/r）来表示。直线往复运动的机床（如刨床、插床）的进给量以每一往复的位移量来表示。铣床和磨床的进给量以每分钟的位移量（mm/min）来表示。

3）动力参数是指机床驱动主运动、进给运动和空行程运动的电动机额定参数（如额定功率、额定转速等）。

（3）机床的精度与刚度　机床的精度包括几何精度和运动精度。机床的几何精度是指机床在静止状态下的原始精度，包括各主要零部件的制造精度及其相互间的位置精度。机床的运动精度是指机床的主要部件运动时的各项精度，包括回转运动精度、直线运动精度、传动精度等。机床的刚度是指机床在受力作用下抵抗变形的能力。

4. 典型机床的加工工艺范围

（1）车床　在机械制造中，车床是金属切削机床中应用最广泛的一种，按结构和用途的不同，可分为卧式车床、转塔车床、立式车床、单轴自动车床、多轴自动和半自动车床、仿形车床、多刀车床、专门化车床（如凸轮轴车床、曲轴车床）等。其中卧式车床的应用最广。卧式车床由主轴箱、进给箱、溜板箱、刀架、尾座和床身等部件组成，如图2-2所示。车床的主运动是工件的旋转运动，进给运动是刀具的移动。

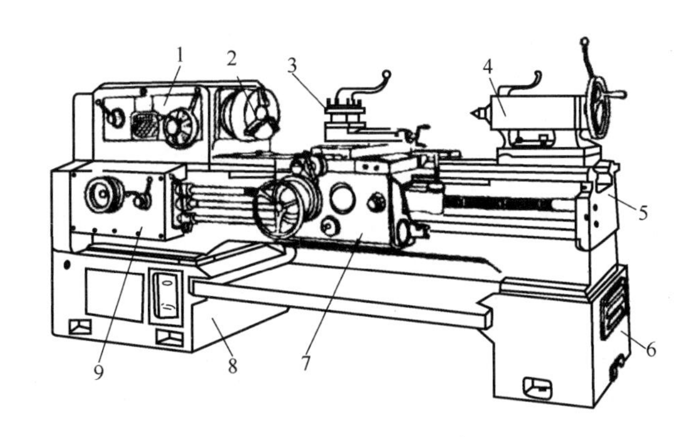

图 2-2　卧式车床

1—主轴箱　2—卡盘　3—刀架　4—尾座　5—床身　6、8—床腿　7—溜板箱　9—进给箱

卧式车床的加工范围很广，它能完成多种加工，主要包括：加工各种轴类、套类和盘类等零件上的回转表面，如车外圆、镗孔、车锥面、车环槽、切断、车成形面等；车端面；车螺纹；还能进行钻中心孔、钻孔、铰孔、攻螺纹、滚花等。图 2-3 所示为卧式车床加工的典型表面。

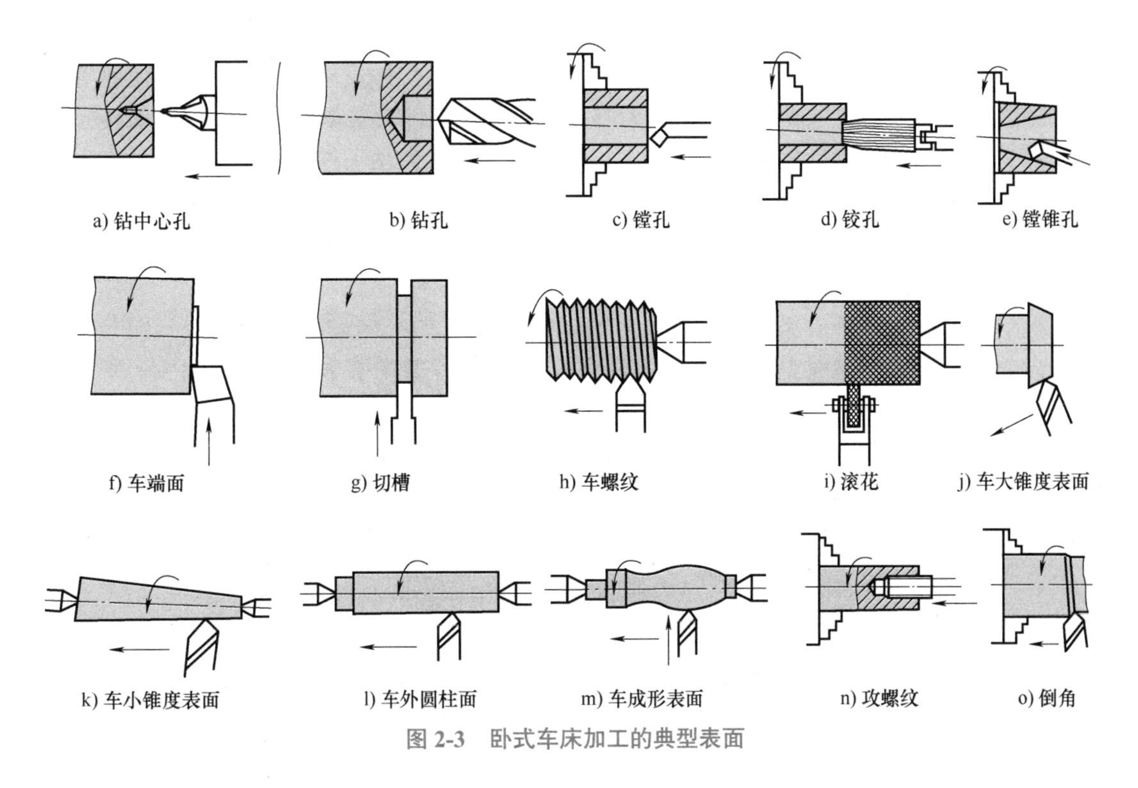

图 2-3　卧式车床加工的典型表面

（2）铣床　铣床是用多刃的铣刀进行切削加工的机床，主要有升降台式铣床、床身式铣床、龙门铣床、工具铣床、仿形铣床、各种专门化铣床（如凸轮铣床、曲轴铣床）等，其中应用最广的是升降台式铣床。万能卧式升降台式铣床如图 2-4 所示，其主运动是刀具的旋转运动。工作台 6 可在互相垂直的三个方向调整其位置，并可在任一方向上实现进给

运动。在床鞍 8 上有一个回转盘 7，可以绕垂直轴在 ±45° 范围内调整角度，工作台在回转盘的导轨上移动，以便铣削各种角度的成形面。

万能卧式升降台铣床能完成多种加工，主要包括各种平面、沟槽、键槽、T 形槽、V 形槽、燕尾槽、螺纹、螺旋槽，以及齿轮、链轮、花键轴、棘轮等各种成形表面的加工，用锯片铣刀还可进行切断等。图 2-5 所示为铣床加工的典型表面。

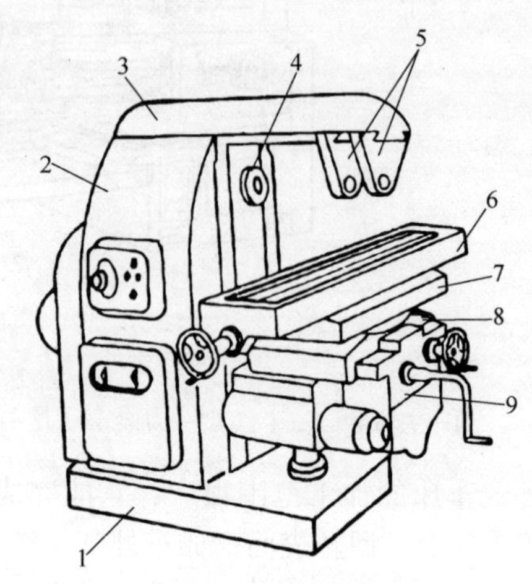

图 2-4　万能卧式升降台式铣床

1—底座　2—床身　3—悬梁　4—主轴　5—支架　6—工作台　7—回转盘　8—床鞍　9—升降台

（3）磨床　用磨料或磨具（砂轮、砂带、油石或研磨料等）作为工具对工件表面进行磨削加工的机床，统称为磨床。磨床的种类很多，主要有外圆磨床、万能磨床、内圆磨床、平面磨床、无心磨床、工具磨床和各种专门化磨床（如螺纹磨床、曲轴磨床、导轨磨床）等。此外，还有以柔性砂带为切削工具的砂带磨床，以及以油石和研磨料为切削工具的精磨磨床等。图 2-6 所示为万能外圆磨床，用于磨削内、外旋转表面。其主要结构有床身、工作头架、工作台、砂轮架、内圆磨具、尾座等部件。万能磨床比外圆磨床多一个内圆磨头，且砂轮架和工件头架都能逆时针方向旋转一定角度。主运动是砂轮的高速旋转运动，进给运动有工作台带动工件的纵向进给运动，工件旋转的周向进给运动，砂轮架在工作台移动至两端位置上间歇切入的横向进给运动。

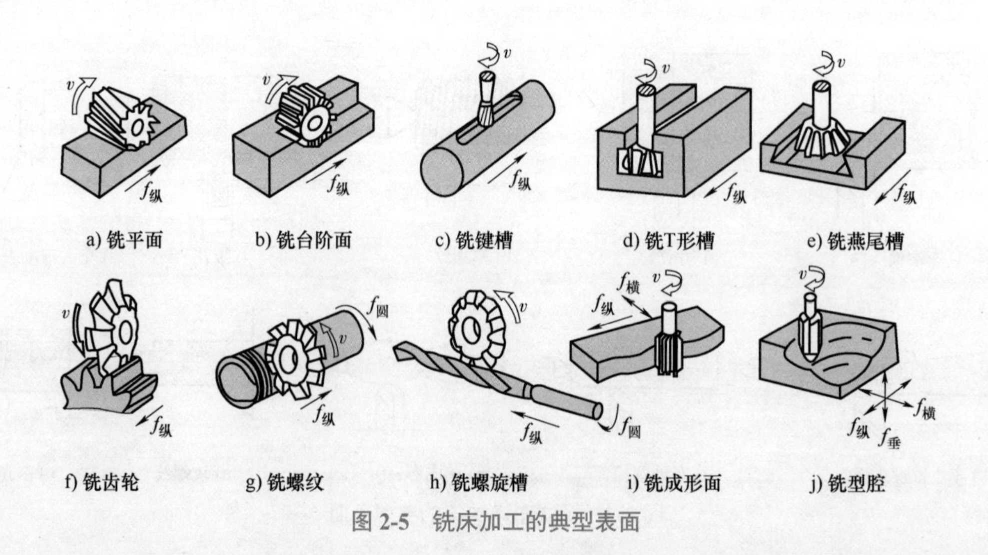

图 2-5　铣床加工的典型表面

万能磨床的加工方式如图 2-7 所示。图 2-7a 为纵向进给磨削外圆柱表面；图 2-7b 为工作台旋转一角度，纵向进给磨削外圆锥表面；图 2-7c 为砂轮架旋转一角度，横向进给磨削外圆锥表面；图 2-7d 为工作头架旋转一角度，横向进给磨削外圆锥表面；图 2-7e 为内圆磨具磨内孔，若要磨锥孔，工作头架应旋转一角度。

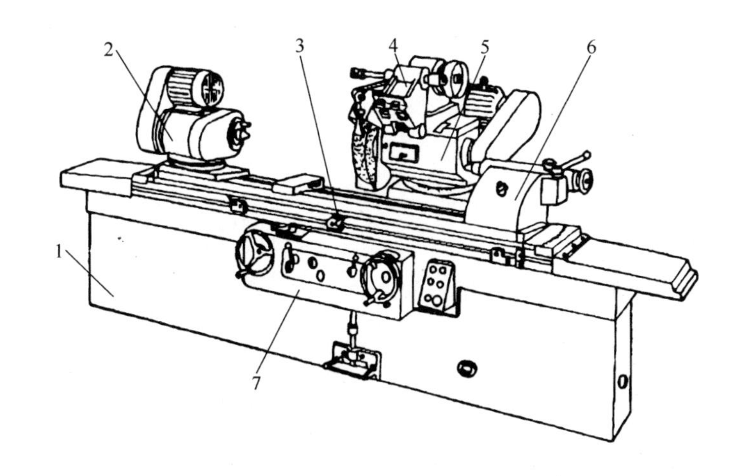

图 2-6　万能外圆磨床

1—床身　2—工作头架　3—工作台　4—内圆磨具　5—砂轮架　6—尾座　7—液压控制箱

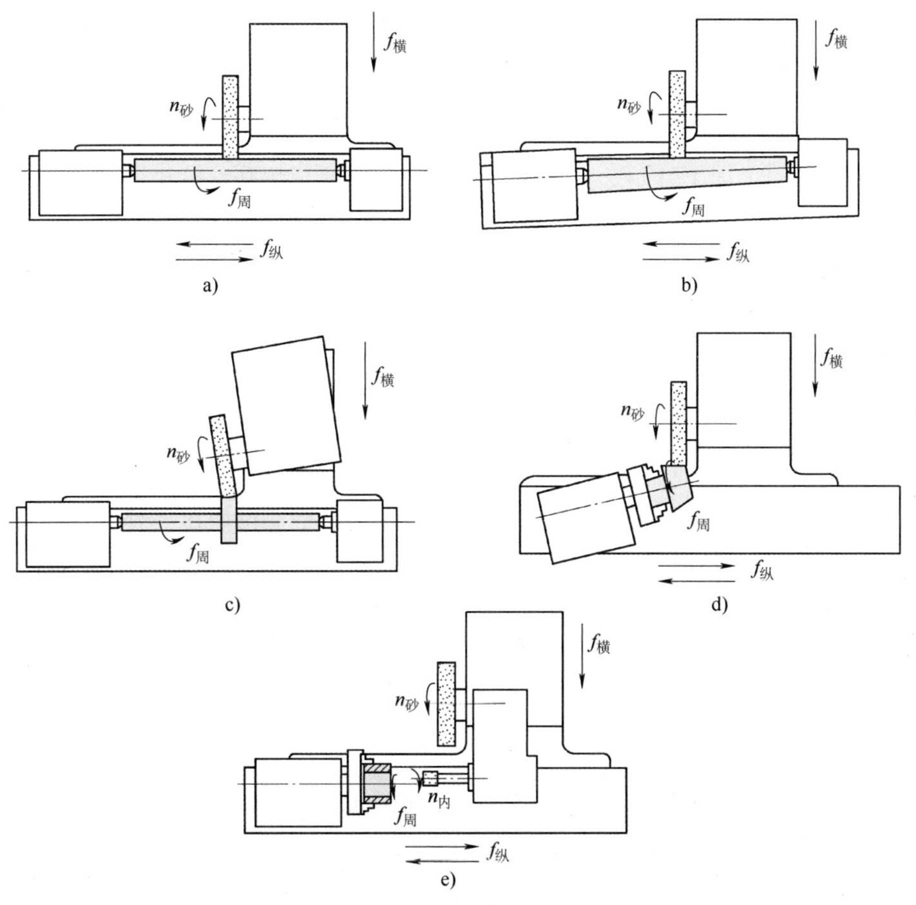

图 2-7　万能磨床的加工方式

（4）镗床　镗床是主要使用镗刀的孔加工机床，可分为卧式镗床、坐标镗床、精镗床等。卧式镗床如图 2-8 所示。卧式镗床的主要运动有镗轴或平旋盘的旋转主运动，镗轴的轴向进给运动，主轴箱的垂直进给运动（加工端面），工作台的纵向、横向进给运动，平旋盘上的径向刀架进给运动（加工端面）。其工作台还能沿上滑座的圆轨道在水平面内转动，以适应加工互相成一定角度的平面和孔。

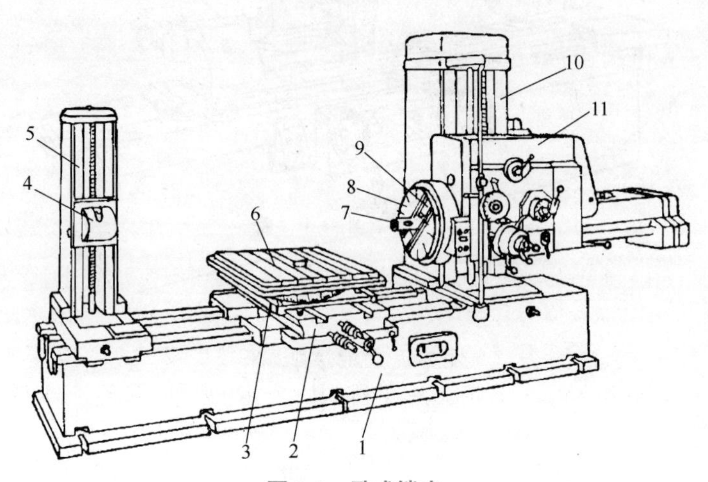

图 2-8 卧式镗床

1—床身 2—下滑座 3—上滑座 4—后支架 5—后立柱 6—工作台 7—镗轴 8—平旋盘 9—径向刀架 10—前立柱 11—主轴箱

镗床特别适用于加工分布在不同位置上、孔距精度和相互位置精度要求都很高的孔系。此外，它还可进行钻孔、扩孔、铰孔、铣平面、加工螺纹、铣成形面等，如图 2-9 所示。卧式镗床工艺范围较广，且一次安装可完成大部分的加工工序，主要用于加工大中型形状复杂的工件，特别对于各种箱体、床身、机壳、机架等的加工最合适。

（5）齿轮加工机床 齿轮加工机床是用来加工齿轮轮齿的机床，主要有滚齿机、插齿机、剃齿机、珩齿机、磨齿机、刨齿机等。

2.1.3 数控机床

数控机床是计算机通过数字化信息实现对机床自动控制的机电一体化产品。现代数控机床普遍采用计算机数字控制系统。它综合应用微电子技术、计算机自动控制、精密检测、伺服驱动、机械设计与制造技术等多方面的最新成果，是一种先进的机械加工设备。数控机床不仅能提高产品的质量，提高生产率，降低生产成本，还能大大改善工人的劳动条件。

1. 数控机床的特点

（1）适应性广 适应性即柔性，指数控机床随生产对象而变化的适应能力。数控机床的加工对象改变时，只需重新编制相应的加工程序，输入计算机就可以自动地加工出新的工件，为解决多品种、中小批量零件的自动化加工提供了极好的生产方式。广泛的适应性是数控机床最突出的优点。随着数控技术的迅速发展，数控机床的柔性也在不断地扩展，逐步向多工序集中方向发展。

（2）加工精度高、质量稳定 数控机床是按数字指令脉冲自动工作的，这就消除了操作者人为的误差。目前数控装置的脉冲当量普遍达到了 0.001mm/ 脉冲，进给传动链的反向间隙与丝杠导程误差等均可由数控装置进行补偿，所以可获得较高的加工精度，尤其提高了同一批零件加工的一致性，使产品质量稳定。

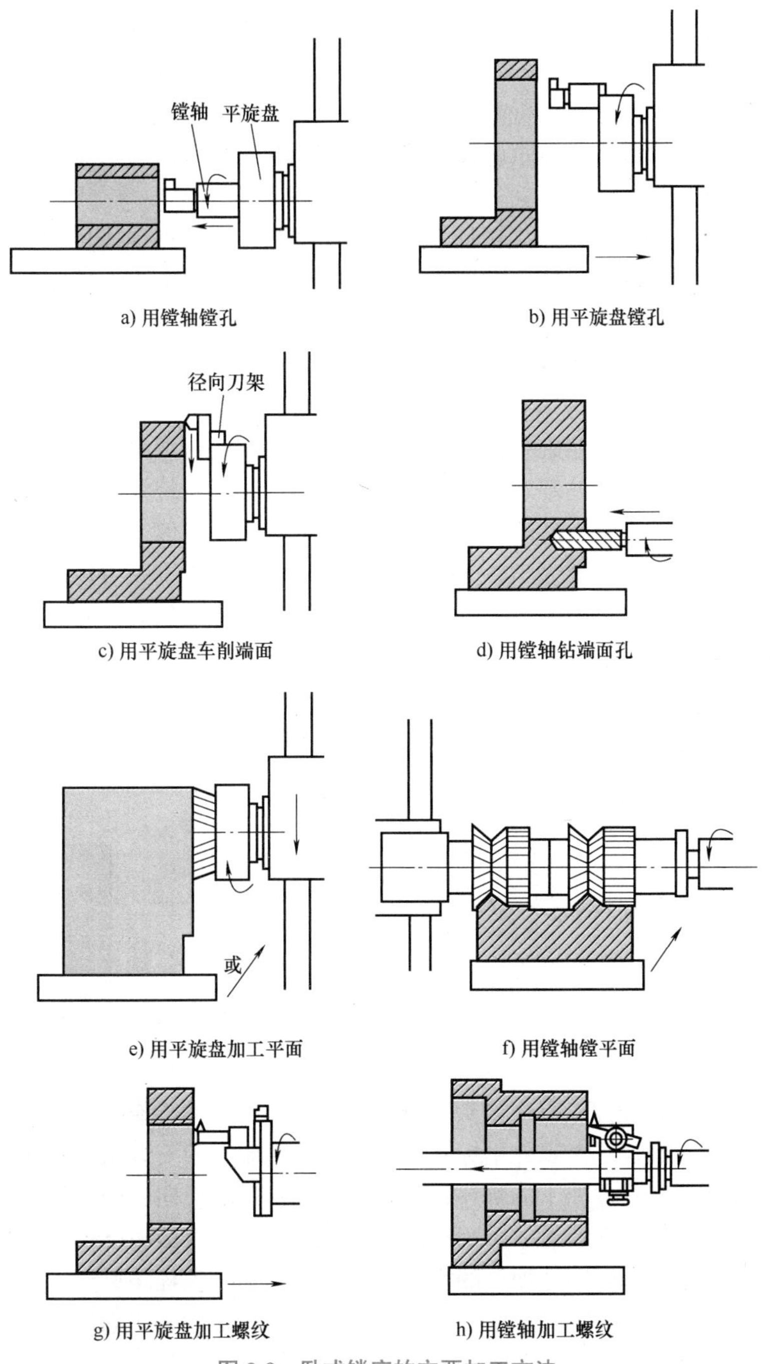

a) 用镗轴镗孔　b) 用平旋盘镗孔

c) 用平旋盘车削端面　d) 用镗轴钻端面孔

e) 用平旋盘加工平面　f) 用镗轴镗平面

g) 用平旋盘加工螺纹　h) 用镗轴加工螺纹

图 2-9　卧式镗床的主要加工方法

（3）生产率高　数控机床能有效地减少零件的加工切削时间和辅助时间。数控机床的功率和刚度高，可采用较大的切削用量；可以自动换刀、自动变换切削用量、快速进退、自动装夹工件等；能在一台数控机床上进行多个表面的、不同工艺方法的连续加工；可自动控制工件的加工尺寸和精度，而不必经常停机检验。

（4）减轻劳动强度、改善劳动条件　应用数控机床时，操作者只需编制程序、调整机床、装卸工件等，而后就由数控系统来自动控制机床，免除了繁重的手工操作。机床一般是封闭式加工，清洁、安全。

（5）实现复杂零件的加工　数控机床可以完成普通机床难以加工或根本不能加工的复杂曲面的零件加工，可以实现几乎是任意轨迹的运动和加工任何形状的空间曲面，因此特别适用于各种复杂形面的零件加工。

（6）便于现代化的生产管理　用计算机管理生产是实现管理现代化的重要手段。数控机床采用数字信息与标准代码处理、传递信息，特别是在数控机床上使用计算机控制，为计算机辅助设计、辅助制造和计算机管理一体化奠定了基础。

2. 数控机床的工作原理及组成

数控机床加工零件时，首先按照加工零件图样的要求，编制加工程序，即数控机床的工作指令。把这种信息记录在信息载体上（如穿孔带、磁带或磁盘），输送给数控装置。数控装置对输入的信息进行处理之后，向机床各坐标的伺服系统发出数字信息，控制机床主运动的启停、变速，进给运动的方向、速度和位移，以及其他诸如换刀、工件装夹、冷却润滑等动作，使刀具与工件及其他辅助装置严格按数控程序规定的顺序、路线和参数，自动地加工出符合图样要求的工件。数控加工的过程是围绕信息的交换进行的。从零件图到加工出工件需经过信息的输入、信息的输出和对机床的控制等几个主要环节。所有这些工作都由计算机进行合理的组织，使整个系统有条不紊地工作。

数控机床的基本结构如图 2-10 所示，主要有控制介质、计算机数控装置、伺服驱动系统和机床机械部件组成。

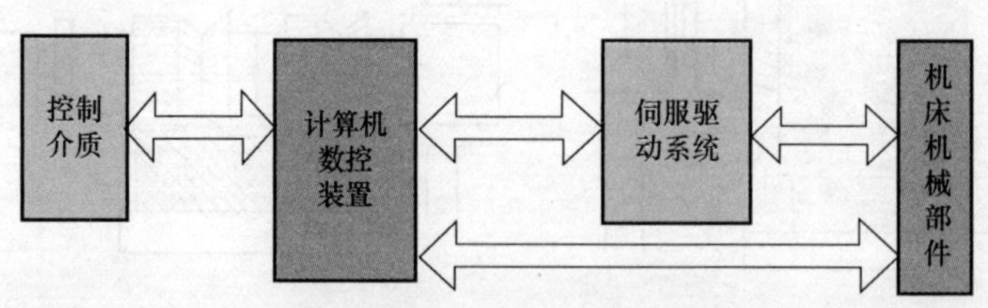

图 2-10　数控机床的基本结构

（1）控制介质　数控加工程序是数控机床自动加工零件的工作指令。在对零件进行工艺分析的基础上，应确定：①零件坐标系，即零件在机床上的安装位置；②刀具与零件相对运动的尺寸参数；③零件加工的顺序；④主运动的启停、换向、变速等；⑤进给运动的速度、方向、位移量等工艺参数；⑥辅助装置的动作。这些加工信息用标准的数控代码，按规定的方法和格式，编制零件加工的数控程序单。编制数控程序可由人工进行，也可由计算机或数控装置完成。程序记录在存储介质（如穿孔纸带、磁带或磁盘）上。

（2）计算机数控装置　数控装置是数控机床的中枢。它接收输入装置送来的控制介质上的信息，经数控系统进行编译、运算和逻辑处理后，输出各种信号和指令给伺服驱动系统和主运动控制部分，控制机床的各部分进行有序的动作。

（3）伺服驱动系统　伺服驱动系统是数控机床的执行部分，包括伺服驱动电动机、各种驱动元件和执行部件等。它的作用是根据来自数控装置的指令发出脉冲信号，控制执行部件的进给速度、方向和位移量，使执行部件按规定轨迹移动或精确定位，加工出符合图样要求的工件。每个做进给运动的执行部件都配有一套伺服驱动系统。每个脉冲信号使机床执行部件的位移量称为脉冲当量，常用的脉冲当量有 0.01mm/ 脉冲、0.005mm/ 脉冲、0.001mm/ 脉冲。伺服系统的性能是决定数控加工精度和生产率的主要因素之一。

（4）机床机械部件　主要包括：主运动部件、进给运动部件（如工作台、刀架等）、支承部件（如床身、立柱等）及其他辅助装置（冷却、润滑、转位、夹紧、换刀等部件）。图 2-11 所示为数控车床的外观图。对于加工中心类的数控机床，还有存放刀具的刀库、交换刀具的机械手等部件。数控机床的机械部件的结构强度、刚度、精度和抗振性等方面的要求很高，且传动和变速系统要便于实现自动化控制。

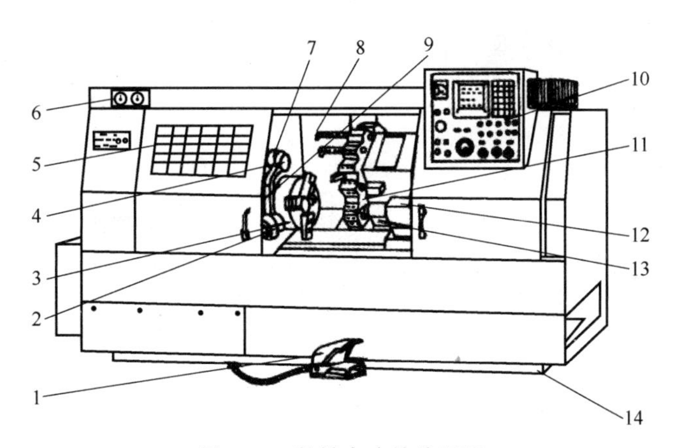

图 2-11　数控车床的外观图

1—脚踏开关　2—对刀仪　3—主轴卡盘　4—主轴箱　5—机床防护门　6—压力表　7—对刀仪防护罩　8—导轨防护罩　9—对刀仪转臂　10—操作面板　11—回转刀架　12—尾座　13—滑板　14—床身

3. 数控机床的分类

（1）按运动轨迹的方式分类　可分为点位控制、直线控制和轮廓控制三类。

1）点位控制系统只要求获得准确的加工坐标点位置，在移动过程中并不进行加工，所以运动轨迹不需要严格控制。例如数控钻床、数控坐标镗床和数控压力机就采用点位控制系统。

2）直线控制系统除了要求位移起、终点的定位准确外，还要求控制两坐标点之间的位移轨迹是一条直线，并能实现平行于坐标轴的直线切削加工。例如，数控铣床铣削平面、数控车床车削台阶轴等。

3）轮廓控制系统能够对两个或两个以上坐标方向的运动同时进行连续控制并完成切削加工。例如在数控铣床上加工一个三维曲面。

（2）按伺服系统的类型分类　可分为开环控制、闭环控制和半闭环控制三类。

1）开环控制采用开环伺服系统，一般由步进电动机、配速齿轮和丝杠螺母副等组成（图 2-12a）。伺服系统没有检测反馈装置，不能进行误差校正，故机床加工精度不高。但系统结构简单、维修方便、价格低，适用于经济型数控机床。

2）闭环控制采用闭环伺服系统，通常由直流（或交流）伺服电动机、配速齿轮、丝杠螺母副和线位移检测装置等组成（图 2-12b）。安装在工作台上的线位移检测装置将工作台的实际位移值反馈到数控装置中，与指令要求的位置进行比较，用差值进行控制，可保证达到很高的位移精度。但系统复杂，调整维修困难，一般用于高精度的数控机床。

3）半闭环控制类似闭环控制，但角位移检测装置安装在传动丝杠上（图 2-12c）。丝杠螺母传动机构及工作台不在控制环内，其误差无法校正，故精度不如闭环控制。但系统结构简单，稳定性好，调试容易，因此应用比较广泛。

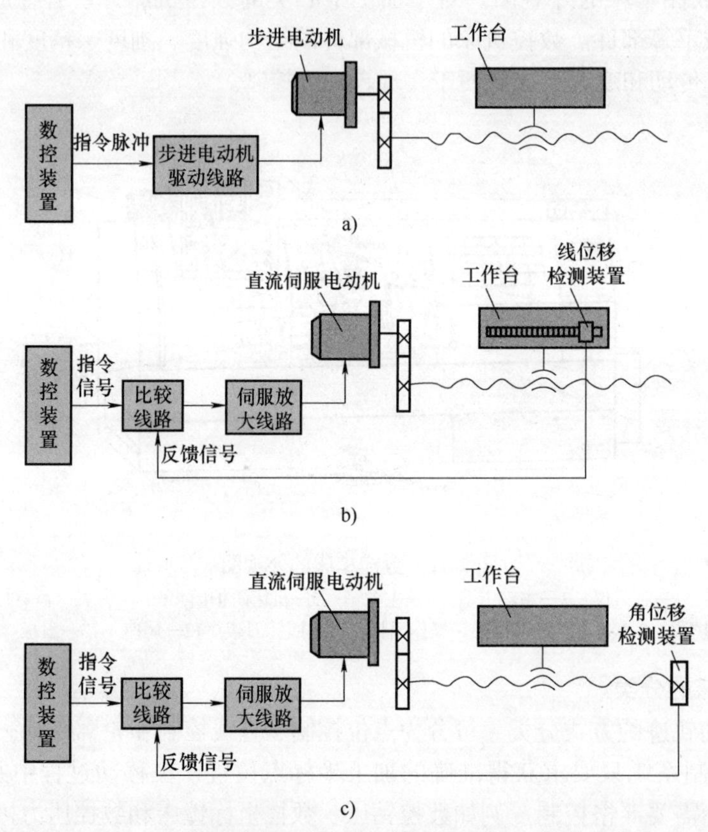

图 2-12　开环、闭环和半闭环伺服系统

4. 加工中心

具有自动换刀装置的数控机床通常称为加工中心，其主要特征是带有一个容量较大的刀库（一般有 10~120 把刀具）和自动换刀机械手。工件在一次装夹后，数控系统能控制机床按不同要求自动选择和更换刀具，自动连续完成铣（车）、钻、镗、铰、锪、攻螺纹等多种加工。加工中心适用于箱体、支架、盖板、壳体、模具、凸轮、叶片等复杂零件的多品种小批量加工。

加工中心通常以主轴在加工时的空间位置分为卧式加工中心、立式加工中心和万能加工中心。图 2-13 为 JCS-018A 型立式加工中心外观图。床身 10 上有滑座 9，做前后运动（*Y* 轴）；工作台在滑座上做左右运动（*X* 轴）；主轴箱 5 在立柱导轨上做上下运动（*Z* 轴）。立柱左前部有盘式刀库 4（16 把刀具）和换刀机械手 2，左后部是数控柜 3，内有数控系统。

立柱右侧驱动电源柜 7 有电源变压器、强电系统和伺服装置。操作面板 6 悬伸在机床右前方，以便操作。

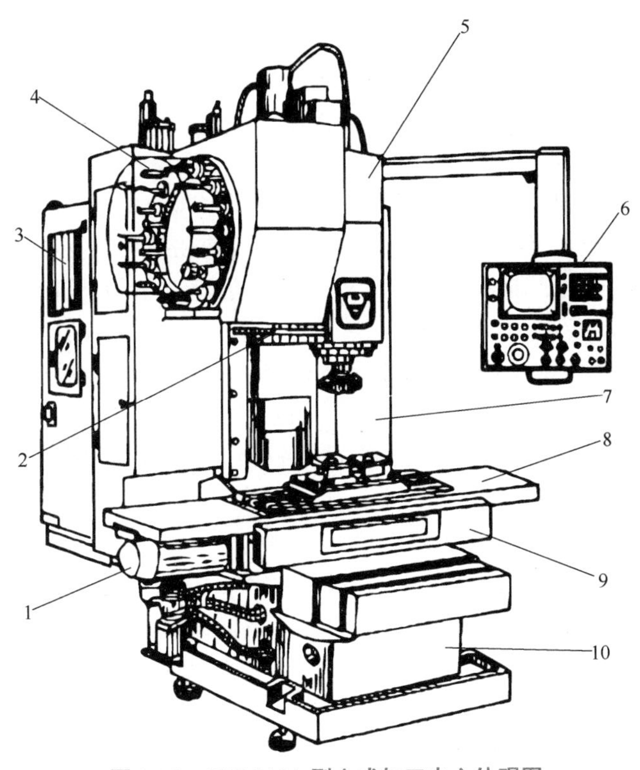

图 2-13　JCS-018A 型立式加工中心外观图

1—直流伺服电动机　2—换刀机械手　3—数控柜　4—盘式刀库　5—主轴箱
6—操作面板　7—驱动电源柜　8—工作台　9—滑座　10—床身

继镗铣加工中心之后，还有车削加工中心、钻削加工中心和复合加工中心等。车削加工中心用来加工轴类零件，是数控车床在扩大工艺范围方面的发展，除了车削工艺，还集中了铣键槽、铣六角、铣螺旋槽、钻横向孔、端面分度钻孔、攻螺纹等工艺功能。钻削加工中心主要进行钻孔、扩孔、铰孔、攻螺纹等，也可进行小面积的端面铣削。复合加工中心的主轴头可绕 45° 轴自动回转。主轴可转成水平，也可转成竖直。当主轴转为水平，配合转位工作台，可进行四个侧面和侧面上孔的加工；当主轴转为竖直，可加工顶面和顶面上的孔，故也称为五面加工复合加工中心。

现代加工中心配备越来越多的各种附件，以进一步增加加工中心的功能。例如，新型的加工中心可供选择的附件有工件自动测量装置、尺寸调整装置、镗刀检验装置及刀具破损监测装置等。

为改善加工中心的功能，出现了自动更换工作台、自动更换主轴头、自动更换主轴箱和自动更换刀库的加工中心等。自动更换工作台的加工中心一般有两个工作台，一个工作台上的工件在进行加工时，另一个工作台上可进行工件的装卸、调整等工作。自动更换主轴头的加工中心可以进行卧铣、立铣、磨削和转位铣削等加工，机床除了刀库，还有主轴头库，由工业机器人或机械手进行更换。自动更换主轴箱的加工中心一般有粗加工和精加工主轴箱，以便提高加工精度和加工范围。自动更换刀库的加工中心，刀库容量大，便于进行多工序复杂箱体类零件的加工。

2.1.4　工业机器人

工业机器人是面向工业领域的多关节机械手或多自由度的机器装置，靠自身动力和控制能力来自动执行工作，其涉及机械、自动控制、计算机、传感、气动液压及材料等多方面的综合性技术。

1. 工业机器人的定义

工业机器人是机器人家族中的重要一员，也是目前在技术上发展最成熟、应用最多的一类机器人。世界各国对工业机器人的定义不尽相同。美国工业机器人协会定义工业机器人“是用来搬运物料、部件、工具或专门装置的可重复编程的多功能操作器，可通过改变程序的方法来完成各种不同任务”。日本工业机器人协会定义工业机器人“是一种能够执行与人体上肢类似动作的多功能机器”。国际标准化组织（ISO）定义工业机器人“是一种具有自动控制的操作和移动功能，能够完成各种作业的可编程操作机”。我国国家标准GB/T 12643—2013《机器人与机器人装备　词汇》将工业机器人定义为“一种能自动控制的、可重复编程、多用途的操作机”。

国际上第一台工业机器人产品诞生于20世纪60年代，当时其作业能力仅限于上料、下料这类简单的工作，此后机器人进入了一个缓慢的发展期。1980年被称为“机器人元年”，为满足汽车行业蓬勃发展的需要，开发出了点焊机器人、弧焊机器人、喷涂机器人及搬运机器人这四大类型的工业机器人，机器人产业得到了巨大的发展。进入20世纪80年代以后，为了进一步提高产品质量和市场竞争力，装配机器人和柔性装配技术得到了广泛的应用。当前，已开始出现具有智能感知和作业能力的人机协作新型工业机器人。工业机器人与数控（Numerical Control，NC）、可编程序控制器一起成为工业自动化的三大技术，应用于制造业的各个领域。

2. 工业机器人的组成

机器人一般由操作机、驱动系统（图上未示出）和控制系统等部分组成，如图2-14所示。也可以认为工业机器人是操作机，是一种机械制造装备。

（1）操作机　操作机也称执行机构，由末端执行器（又称手部）、手腕、手臂（可分为大臂和小臂）和机座（又称机身或立柱）等组成。末端执行器是操作机直接执行操作的装置，可安装夹持器、工具、传感器等。操作机具有和人手臂相似的动作功能。

（2）驱动系统　驱动系统为操作机工作提供动力，按所采用的动力源分为电动、液动和气动三种类型。

（3）控制系统　控制系统由检测和控制两部分组成。控制系统分为开环控制系统和闭环控制系统，其功能是控制工业机器人按照要求动作。

3. 工业机器人的分类

（1）按坐标形式分类　移动关节用P表示，旋转关节用R表示。

1）关节坐标式（RRR）机器人如图2-15a所示，关节坐标式机器人的动作类似人的关节动作，故将其运动副称为关节。一般的关节指回转运动副，但关节坐标式机器人中有时也包含有移动运动副。为了方便，可统称为关节，包括回转运动关节和直线运动关节。

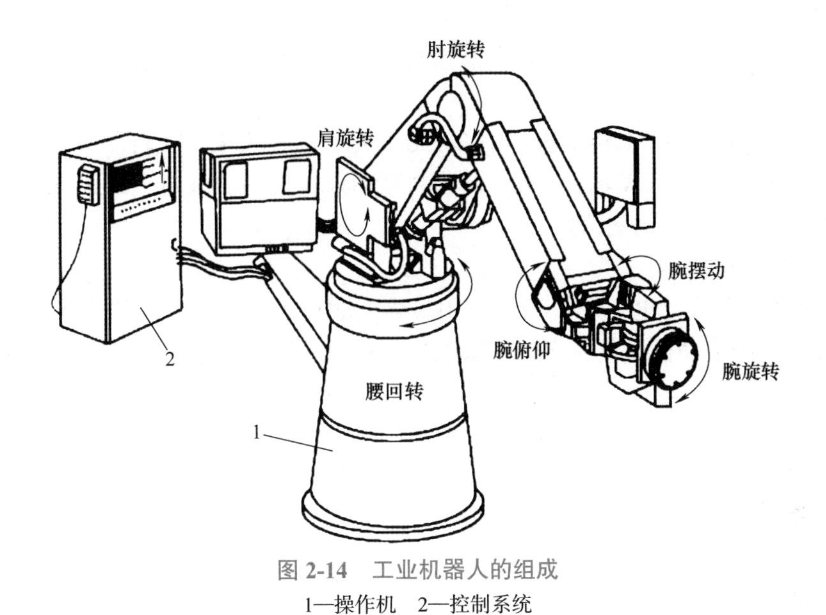

图 2-14　工业机器人的组成

1—操作机　2—控制系统

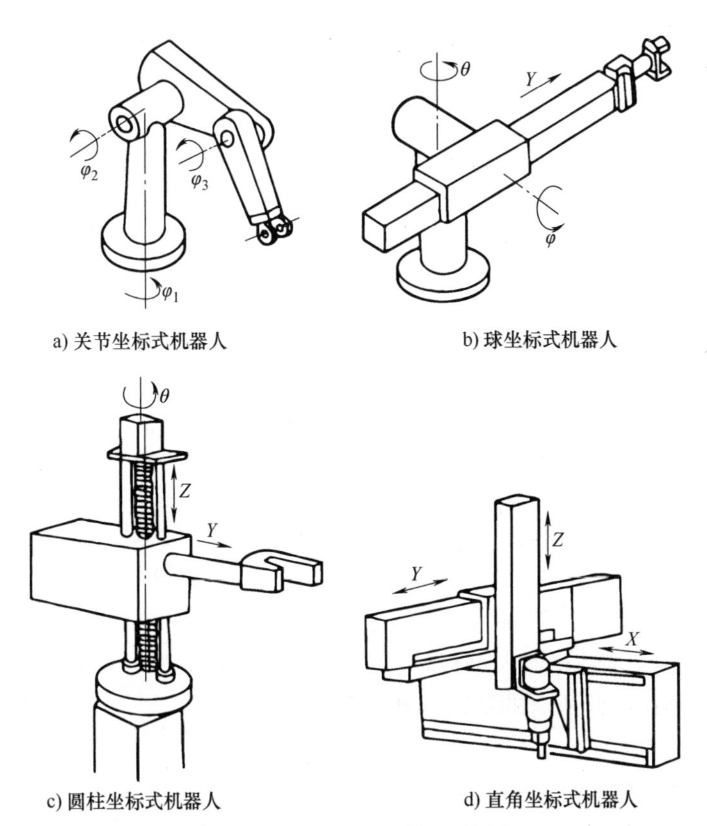

图 2-15　机器人按坐标形式分类

2）球坐标式（RRP）机器人如图 2-15b 所示，又称极坐标式，机器人手臂的运动由一个直线运动和两个转动组成，即沿轴的伸缩，绕轴的转动和绕轴的俯仰。

3）圆柱坐标式（RPP）机器人如图 2-15c 所示，机器人末端执行器空间位置的改变是由两个移动坐标和一个旋转坐标实现的。这种机器人结构简单，便于几何计算，通常用于搬运。

4）直角坐标式（PPP）机器人如图 2-15d 所示，机器人末端执行器空间位置的改变是通过三个互相垂直的坐标 X 轴、Y 轴、Z 轴的移动来实现的。直角坐标式机器人易于实现高定位精度，空间轨迹易于求解。

（2）按驱动方式分类

1）电驱动机器人。电驱动机器人使用最多，驱动元件可以是步进电动机、直流伺服电动机和交流伺服电动机。目前交流伺服电动机使用范围最广。

2）液压驱动机器人。液压驱动机器人有很大的抓取能力，传动平稳，动作也较灵敏，但液压驱动对密封性的要求高，对温度比较敏感。

3）气压驱动机器人。气压驱动机器人结构简单、动作迅速、价格低，但由于空气可压缩而使工作时速度的稳定性差，抓取力小。

（3）按应用领域分类　工业机器人按应用领域可划分为焊接机器人、装配机器人、搬运机器人、喷涂机器人、切削加工机器人、检测机器人、挖掘机器人等。

4. 工业机器人的主要特征

（1）机器人自由度　工业机器人的自由度是表示其动作灵活程度的参数，通常有几个电动机驱动就有几个自由度。工业机器人需要有 6 个自由度，才能随意地在工作空间内放置物体。具有 6 个自由度的机器人称为 6 自由度机器人或 6 轴机器人。如果机器人具有较少的自由度，则不能够随意指定位置和姿态。例如，3 自由度机器人只能沿 X 轴、Y 轴、Z 轴运动，不能指定机械手的姿态，此时机器人只能夹持物件做平行于参考坐标轴的运动而姿态保持不变。如果一个机器人有 7 个自由度，那么机器人可以有无穷多种方法为末端在期望位置定位和定姿。此时，控制器需有附加的决策程序，使机器人能够从无数种控制方案中只选择所期望的一种。

（2）参考坐标系　坐标系按右手法则确定，如图 2-16 所示。XYZ 为绝对坐标系，也称为世界坐标系。$X_0Y_0Z_0$ 为全局参考坐标系，该坐标系为机器人坐标系，通常用于定义机器人相对于其他物体的运动、与机器人通信的其他部件的位置，以及运动轨迹。关节坐标系 $X_iY_iZ_i$ 表示第 i 个关节的坐标系，i 关节是 i 构件和（i–1）构件之间的运动副。工具参考坐标系 $X_mY_mZ_m$ 用于描述机器人手相对于固连在手上的坐标系的运动，因此所有的运动均相对于该坐标系。

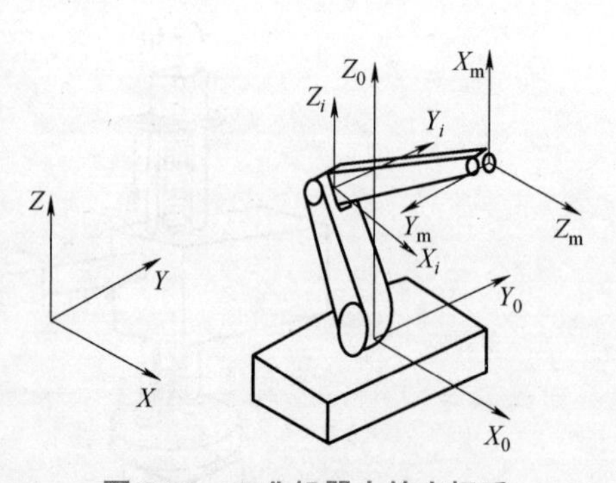

图 2-16　工业机器人的坐标系

（3）机器人性能指标

1）额定负载能力。负载能力是指机器人在满足其他性能要求的情况下，能够承受的负载重量。机器人的负载重量与其自身的重量相比往往非常小。

2）运动范围。运动范围即为工业机器人的工作空间。对于工业机器人来说，这是很重要的性能指标，在选择和安装机器人前必须考虑该项指标。

3）精度。精度是指机器人到达指定点的精确程度，它与驱动器的分辨力和反馈装置有关。精度是机器人的位置、姿态、运动速度及负载量的函数。大多数工业机器人具有0.5mm 或者更高的精度。

4）重复精度。重复精度是指如果动作重复多次，机器人到达同样位置的精确程度。重复精度比精度更为重要。如果机器人定位不够精确，通常会显示一个固定的误差，这个误差是可以预测的，因此可以通过编程予以校正。然而，如果误差是随机的，那就无法进行预测，因此也就无法消除。重复精度规定随机误差的范围，通常通过重复运行机器人一定次数来测定，测试次数越多越接近实际情况。大多数工业机器人的重复精度都在±(0.03~0.08）mm。负载增大，重复精度会有所降低。

5）最大工作速度。最大工作速度通常是指机器人手臂末端的最大速度。工作速度直接影响工作效率，提高工作速度可以提高工作效率。因此，机器人的加速 / 减速能力显得尤为重要，需要保证机器人加速 / 减速的平稳性。

2.2 刀具

金属切削加工是利用刀具切去工件毛坯上多余的金属层，以获得具有一定加工精度和表面质量的机械零件的加工方法，它是机械制造工业中应用最广泛的一种加工方法。

2.2.1 金属切削加工的基本概念

1. 切削运动

在切削加工中，刀具对工件的切削作用是通过工件与刀具间的相对运动和相互作用实现的。刀具与工件间的相对运动称为切削运动。切削运动可分为主运动与进给运动。

（1）主运动　主运动是使刀具与工件间产生相对运动以进行切削的最基本的运动，也是切削运动中速度最高、消耗机床功率最多的运动。在切削加工中，主运动只有一个。它可以由工件完成，也可以由刀具完成；可以是旋转运动，也可以是直线运动。车削的主运动是机床主轴的旋转运动。图 2-17 所示为车削时切削运动与加工表面。

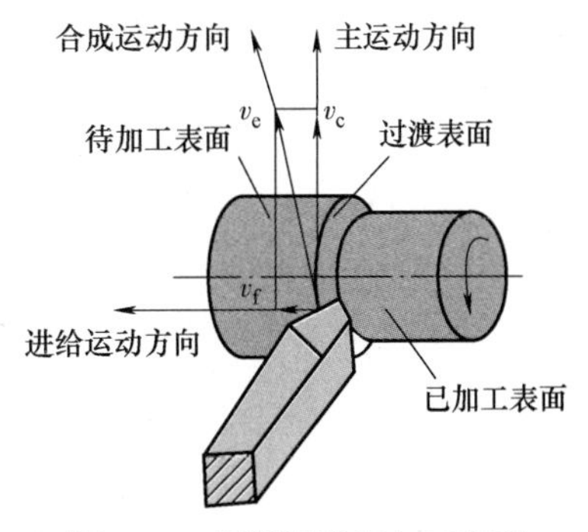

图 2-17　切削运动与加工表面

（2）进给运动　进给运动是使被切削金属层不断投入切削，以逐渐加工出完整表面所需的运动。进给运动一般速度较低，消耗的功率较少，可以由一个或多个运动组成；可以是连续的（如车削），也可以是间断的（如刨削）。

（3）合成运动　主运动与进给运动合成的运动称为合成切削运动。

（4）加工表面　在切削过程中，工件上通常存在三个变化的表面（图 2-17），分别是：

1）待加工表面——工件上即将被切除的表面。

2）过渡表面——工件上由切削刃正在形成的表面。

3）已加工表面——工件上经切削后形成的表面。

2. 切削参数

（1）切削用量　切削速度 v_c、进给量 f 和背吃刀量 a_p 合称切削用量，又称为切削用量三要素。车削时的切削用量和切削层参数如图 2-18 所示。

1）切削速度 v_c。刀具切削刃上选定点相对于工件主运动的瞬时速度，单位为 m/s（或 m/min）。车削时切削速度计算式为

$$v_c=\frac{\pi dn}{1000} \tag{2-1}$$

式中 n——工件或刀具的转速，单位为 r/min；

d——工件或刀具选定点的旋转直径，单位为 mm。

2）进给量 f。在主运动每转一转或每一行程时，刀具在进给运动方向上相对工件的位移量，单位为 mm/r（或 mm/ 行程）。进给运动也可以用进给速度 v_f 来表示，其单位为 mm/min（或 m/min）。车削时的进给速度为

$$v_f=nf \tag{2-2}$$

3）背吃刀量 a_p。在垂直于主运动和进给运动方向上测量的切削层最大尺寸，单位为 mm。车外圆时，背吃刀量为工件上已加工表面与待加工表面间的垂直距离，即

$$a_p=\frac{d_w-d_m}{2} \tag{2-3}$$

式中 d_w——待加工表面直径，单位为 mm；

d_m——已加工表面直径，单位为 mm。

（2）切削层参数　在切削过程中，主运动一个切削循环内，刀具从工件上所切除的金属层称为切削层。如图 2-18 所示，车削时工件旋转一周，刀具从位置Ⅱ移到Ⅰ，所切下的Ⅰ与Ⅱ之间的工件金属层即为切削层。切削层参数共有三个，通常在垂直于切削速度的平面内测量。

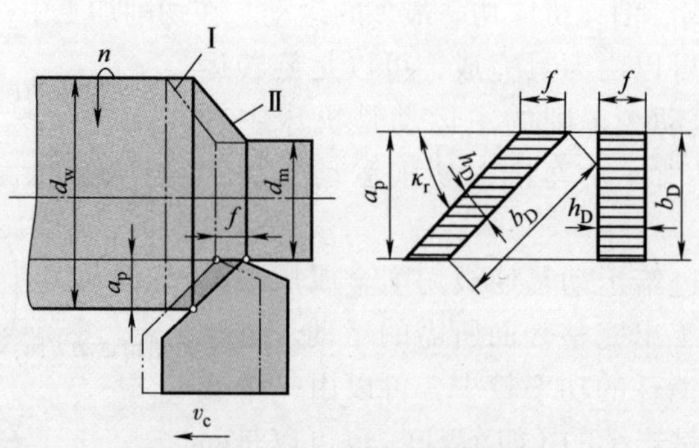

图 2-18　切削用量和切削层参数

1）切削层公称厚度 h_D（mm），指垂直于过渡表面测量的切削层尺寸，即相邻两过渡表面间的距离。h_D 反映了切削刃单位长度上的切削负荷。由图 2-18 可知

$$h_D=f\sin\kappa_r \tag{2-4}$$

2）切削层公称宽度 b_D（mm），指沿过渡表面测量的切削层尺寸。b_D 反映了切削刃参加切削的长度。由图 2-18 可知

$$b_D = a_p / \sin\kappa_r \tag{2-5}$$

3）切削层公称横截面积 A_D（mm^2），指在切削层尺寸平面里测量的横截面积，即为切削层公称厚度与切削层公称宽度的乘积。由图 2-18 可知

$$A_D = h_D b_D = a_p f \tag{2-6}$$

在生产中，切削参数的选择对工件的加工质量、切削加工生产率和切削过程有着重要的影响。

2.2.2 刀具角度

1. 刀具切削部分的组成

金属切削刀具的种类很多，各种刀具的结构尽管有的相差很大，但它们切削部分的几何形状都大致相同。普通外圆车刀是最基本、最典型的切削刀具，故通常以外圆车刀为基础来定义刀具切削部分的组成和刀具的几何参数。如图 2-19 所示，车刀由刀头、刀柄两部分组成。刀头用于切削，刀柄用于装夹。刀具切削部分由三个面、两条切削刃和一个刀尖组成。

（1）前刀面（A_γ） 切削过程中切屑流出所经过的刀具表面。

（2）主后刀面（A_α） 切削过程中与工件过渡表面相对的刀具表面。

（3）副后刀面（A'_α） 切削过程中与工件已加工表面相对的刀具表面。

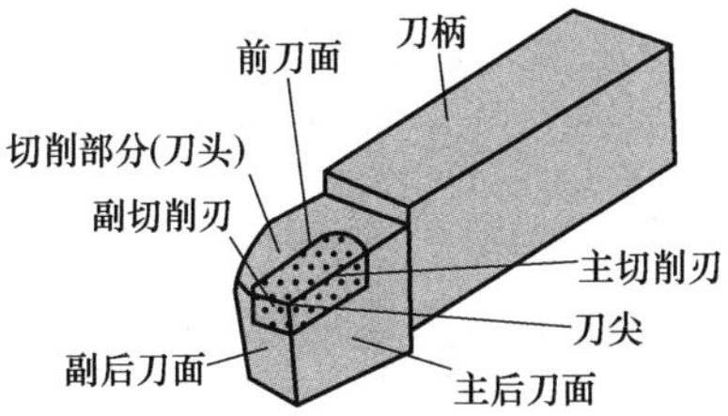

（4）主切削刃（S） 前刀面与主后刀面的交线。它担负主要的切削工作。

图 2-19 车刀切削部分的构成

（5）副切削刃（S′） 前刀面与副后刀面的交线。它配合主切削刃完成切削工作。

（6）刀尖 主切削刃与副切削刃汇交的一小段切削刃。为了改善刀尖的切削性能，常将刀尖磨成直线或圆弧形过渡刃。

2. 车刀的标注角度

用于定义和规定刀具角度的各基准坐标平面称为参考系。参考系有两类：①静止参考系，刀具设计、刃磨和测量的基准，用此定义的角度称为刀具角度；②工作参考系，确定刀具切削工作时角度的基准，用此定义的角度称为刀具工作角度。

为了便于测量车刀，在建立刀具静止参考系时，特做以下假设：①不考虑进给运动的影响，即 f=0；②安装车刀时，刀柄底面水平放置，且刀柄与进给方向垂直；刀尖与工件回转中心等高。

由此可见，静止参考系是在简化了切削运动和设立标准刀具位置的条件下建立的参考系。

（1）正交平面参考系及其标注角度

1）正交平面参考系。正交平面参考系由三个平面组成：基面 p_r、切削平面 p_s 和正交平面 p_o，组成一个空间直角坐标系，如图 2-20 所示。

① 基面 p_r 是指过切削刃选定点，并垂直于该点切削速度方向的平面。车刀的基面可理解为平行刀具底面的平面。

② 切削平面 p_s 是指过切削刃选定点，与切削刃相切并垂直于该点基面的平面。

③ 正交平面 p_o 是指过切削刃选定点，同时垂直于基面与切削平面的平面。

2）正交平面参考系标注角度。如图 2-21 所示，在正交平面内定义的角度有：

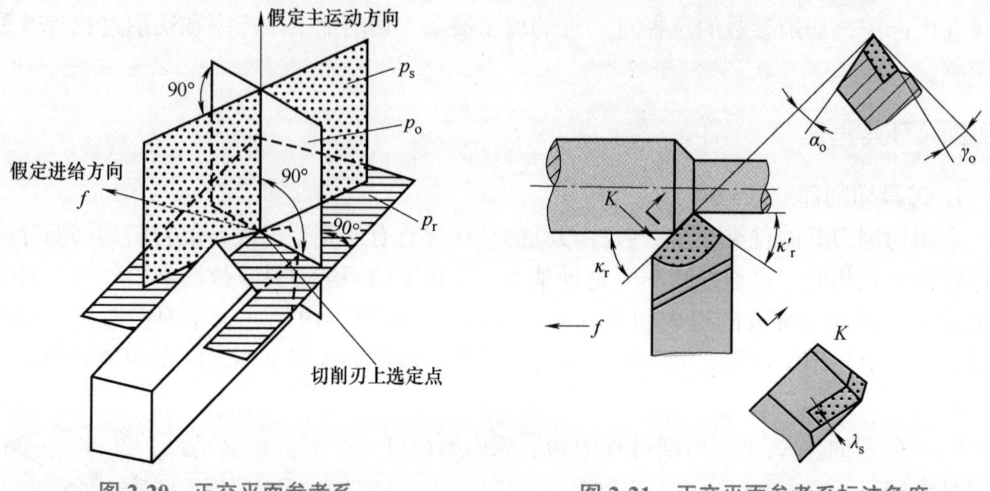

图 2-20　正交平面参考系　　　　图 2-21　正交平面参考系标注角度

① 前角 γ_o 是指前刀面与基面之间的夹角。前刀面与基面平行时前角为零；刀尖位于前刀面最高点时，前角为正；刀尖位于前刀面最低点时，前角为负。

② 后角 α_o 是指后刀面与切削平面之间的夹角。刀尖位于后刀面最前点时，后角为正；刀尖位于后刀面最后点时，后角为负。

在基面内定义的角度有：

③ 主偏角 κ_r 是指主切削刃在基面上的投影与假定进给方向之间的夹角。主偏角一般在 0°~90°。

④ 副偏角 κ'_r 是指副切削刃在基面上的投影与假定进给反方向之间的夹角。

在切削平面内定义的角度有：

⑤ 刃倾角 λ_s 是指主切削刃与基面之间的夹角。切削刃与基面平行时，刃倾角为零；刀尖位于切削刃最高点时，刃倾角为正；刀尖位于切削刃最低点时，刃倾角为负。

过副切削刃上选定点且垂直于副切削刃在基面上投影的平面称为副正交平面。过副切削刃上选定点的切线且垂直于基面的平面称为副切削平面。副正交平面、副切削平面与基面组成副正交平面参考系。在副正交平面内定义的角度有：

⑥ 副后角 α'_o 是指副后刀面与副切削平面之间的夹角（图 2-21 中未标出）。

（2）法平面参考系及其标注角度　在标注可转位刀具或大刃倾角刀具时，常用法平面参考系。如图 2-22 所示，法平面参考系由 p_r、p_s、p_n（法平面）三个平面组成。法平面 p_n 是过主切削刃某选定点，并垂直于切削刃的平面。

如图 2-23 所示，在法平面参考系内的标注角度有：

① 法前角 γ_n 是指在法平面内测量的前刀面与基面之间的夹角。

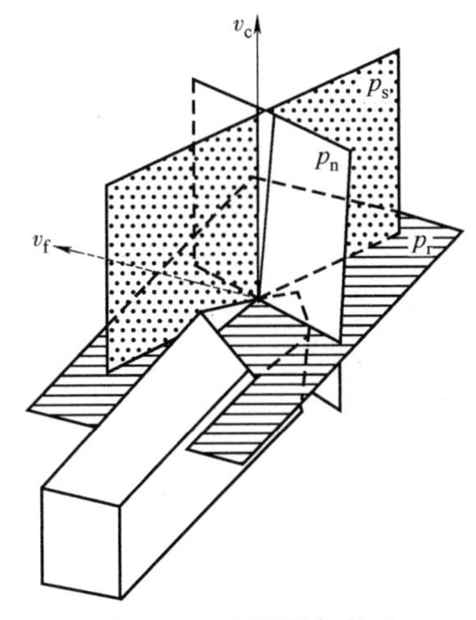

图 2-22　法平面参考系

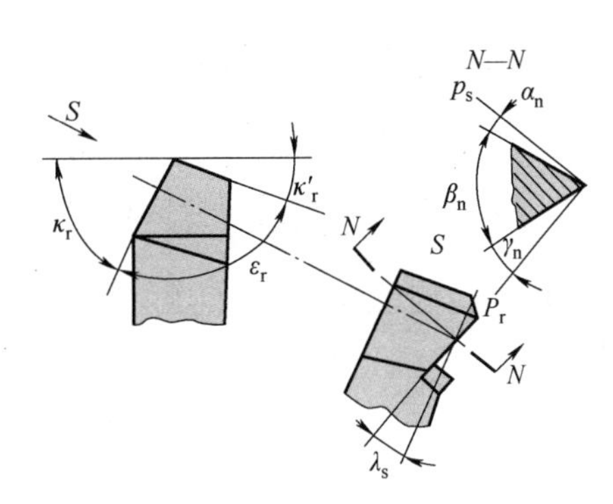

图 2-23　法平面参考系标注角度

② 法后角 α_n 是指在法平面内测量的后刀面与切削平面之间的夹角。

其余角度与正交平面参考系的相同。

法前角、法后角与前角、后角可由下列公式进行换算：

$$\tan\gamma_n=\tan\gamma_o\cos\lambda_s \quad (2\text{-}7)$$

$$\cot\alpha_n=\cot\alpha_o\cos\lambda_s \quad (2\text{-}8)$$

3. 车刀的工作角度

刀具角度是在假定运动条件和假定安装条件情况下定义的。在实际切削加工过程中，由于刀具安装位置和进给运动的影响，刀具的参考平面发生了变化，刀具角度就应在工作参考平面内定义。在工作参考系里标注的角度称为刀具的工作角度。工作参考系的基面（p_{re}）、切削平面（p_{se}）、正交平面（p_{oe}）的位置与静止参考系不同，所以工作角度也发生了改变。工作角度记作 γ_{oe}、α_{oe}、κ_{re}、κ'_{re}、λ_{se}、α'_{oe} 等。

（1）刀具安装对工作角度的影响

1）切削刃安装高度对工作角度的影响。车削时刀具的安装常会出现切削刃安装高于或低于工件回转中心的情况（图 2-24），工作基面、工作切削平面相对于静止参考系产生 θ 角的偏转，将引起工作前角和工作后角的变化：$\gamma_{oe}=\gamma_o\pm\theta$，$\alpha_{oe}=\alpha_o\mp\theta$。

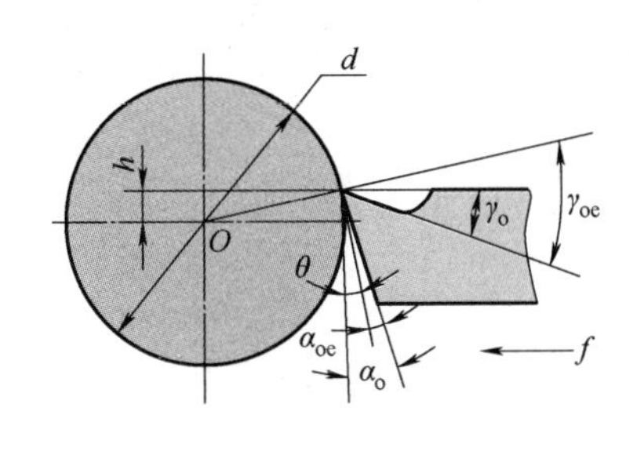

a) 切削刃高于工件回转中心

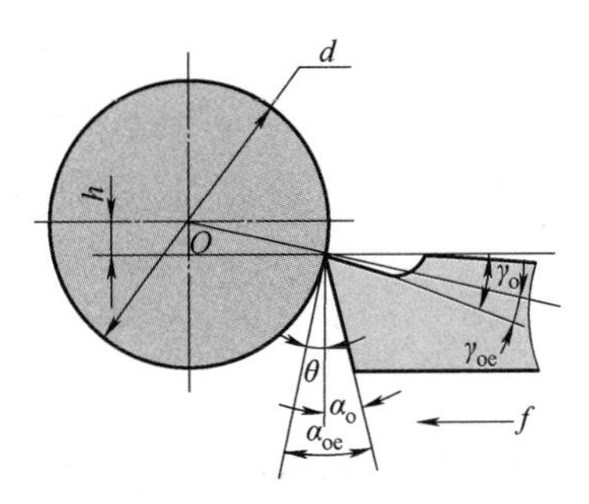

b) 切削刃低于工件回转中心

图 2-24　切削刃安装高度对工作角度的影响

2）刀柄安装偏斜对工作角度的影响。在车削时会出现刀柄与进给方向不垂直的情况（图2-25），刀柄垂线与进给方向产生θ角的偏转，将引起工作主偏角和工作副偏角的变化：$\kappa_{re}=\kappa_r \pm \theta$，$\kappa'_{re}=\kappa'_r \mp \theta$。

（2）进给运动对工作角度的影响

1）横向进给运动对工作角度的影响。车端面或切断时，车刀做横向进给，切削轨迹是阿基米德螺旋线（图2-26），实际基面和切削平面相对于静止参考系都要偏转一个附加的角度μ（μ是主运动方向与合成切削运动方向之间的夹角，$\tan\mu=\dfrac{v_f}{v_c}=\dfrac{f}{\pi d}$，称为合成切削速度角），将使车刀的工作前角增大，工作后角减小：$\gamma_{oe}=\gamma_o+\mu$，$\alpha_{oe}=\alpha_o-\mu$。

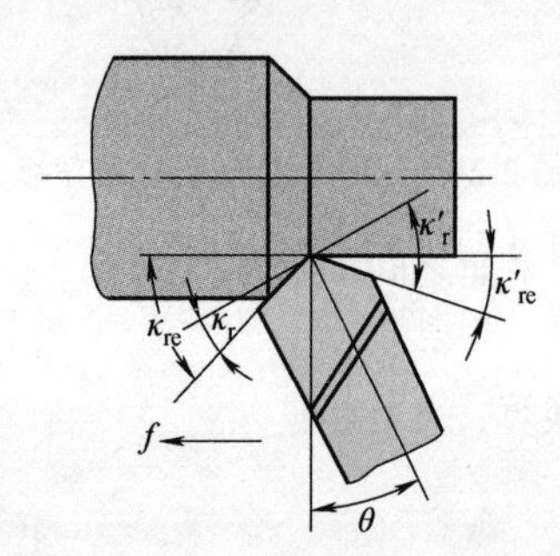

图2-25　刀柄安装偏斜对工作角度的影响

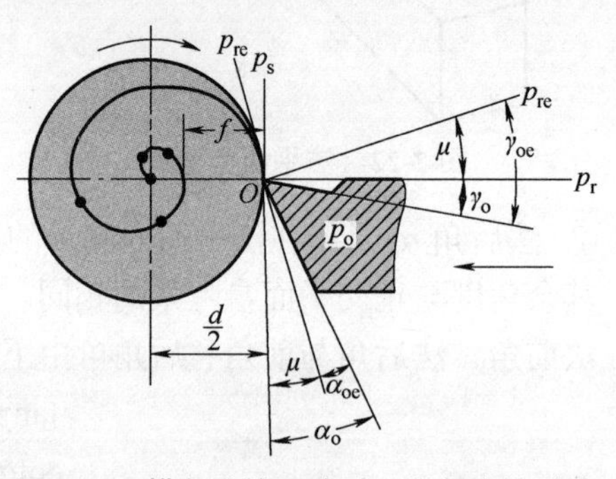

图2-26　横向进给运动对工作角度的影响

2）纵向进给运动对工作角度的影响。车外圆或车螺纹时，切削合成运动产生的加工表面为螺旋面（图2-27），实际的基面和切削平面相对于静止参考系都要偏转一个附加的角度μ（角度μ与升角μ_f的关系为$\tan\mu=\tan\mu_f\sin\kappa_r=\dfrac{f\sin\kappa_r}{\pi d}$），将使车刀的工作前角增大，工作后角减小：$\gamma_{oe}=\gamma_o+\mu$，$\alpha_{oe}=\alpha_o-\mu$。

一般车削时，进给量比工件直径小得多，故角度μ很小，对车刀工作角度影响很小，可忽略不计。但若进给量较大（如加工丝杠、多线螺纹），则应考虑角度μ的影响。车削右旋螺纹时，车刀左侧刃后角应大些，右侧刃后角应小些，或者使用可转角度刀架将刀具倾斜一个μ角安装，使左右两侧刃工作前后角相同。

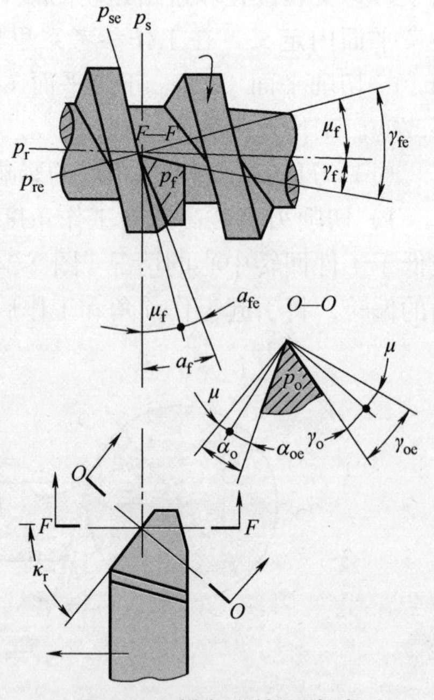

图2-27　纵向进给运动对工作角度的影响

2.2.3　刀具材料

1. 刀具材料应具备的性能

刀具材料对刀具的寿命、加工质量、切削效率和制造成本均有较大的影响，因此必须合理选用。在切削过程中，刀具切削部分承受高温、高压、强烈的摩擦、冲击和振动，所以刀具切削部分材料的性能应满足以下基本要求：

（1）足够的硬度和耐磨性　刀具材料的硬度应比工件材料的硬度高，一般常温硬度要求 60HRC 以上。刀具材料应具有较高的耐磨性。材料硬度越高，耐磨性也越好。刀具材料含有耐磨的合金碳化物越多、晶粒越细、分布越均匀，则耐磨性越好。

（2）足够的强度和韧性　刀具材料必须有足够的强度和韧性，以便承受切削力及在承受振动和冲击时不致断裂和崩刃。

（3）足够的热硬性　热硬性是指在高温下仍能保持上述硬度、耐磨性、强度和韧性基本不变的能力，一般用保持刀具切削性能的最高温度来表示。

（4）良好的工艺性　为便于制造，刀具材料应具备较好的可加工性能，如焊接、热处理、切削、磨削等工艺性。

（5）经济性　经济性是评价刀具材料的重要指标之一。有些材料虽单件成本很高，但因其使用寿命长，分摊到每个工件上的成本不一定很高。

2. 常用刀具材料

刀具材料有刃具模具用非合金钢、合金工模具钢、高速钢、硬质合金、陶瓷、金刚石、立方氮化硼等。碳刃具模具用非合金钢（如 T10A、T12A）及合金工模具钢（如 9SiCr、CrWMn），因耐热性较差，通常仅用于手工工具和切削速度较低的刀具。陶瓷、金刚石、立方氮化硼虽然性能好，但由于成本较高，目前并没有广泛使用。刀具材料中使用最广泛的仍然是高速钢和硬质合金。

（1）高速钢　高速钢是含有 W、Mo、Cr、V 等合金元素较多的合金工具钢。它所允许的切削速度比刃具模具用非合金钢及合金工模具钢高 1~3 倍，故称为高速钢。高速钢的常温硬度为 63~70HRC，热硬性为 540~620℃。高速钢刀具易磨出较锋利的刃口，特别适用于制造结构复杂的成形刀具、孔加工刀具、铣刀、拉刀、螺纹刀具、切齿刀具等。高速钢分为普通高速钢和高性能高速钢。普通高速钢常用牌号有 W6Mo5Cr4V2 和 W18Cr4V 等。高性能高速钢是指在普通高速钢中增加 C、V、Co 或 Al 等合金元素的新钢种。常见有高碳高速钢（如 9W18Cr4V）、高钒高速钢（如 W10Mo4Cr4V3Co10）、钴高速钢（如 W2Mo9Cr4VCo8）、铝高速钢（如 W6Mo5Cr4V2Al）。高速钢刀具的表面进行氮化钛（TiN）、碳化钛（TiC）等涂层后，使其硬度高和耐磨性强，同时又有较好的强度与韧性，目前广泛应用在钻头、丝锥、成形铣刀、切齿刀具上。常用高速钢的化学成分、性能和用途见表 2-5。

（2）硬质合金　硬质合金是由硬度和熔点很高的金属碳化物（如 WC、TiC、TaC、NbC 等）和金属黏结剂（如 Co、Ni、Mo 等）通过粉末冶金工艺制成的。硬质合金的硬度，特别是高温硬度、耐磨性、热硬性都高于高速钢，硬质合金的常温硬度可达 89~93HRA，相当于 74~81HRC，热硬性可达 890~1000℃。但硬质合金较脆，抗弯强度低，韧性也很低。常用硬质合金的类型、牌号、化学成分、性能及使用范围见表 2-6。

1）钨钴类硬质合金（YG）。一般用于切削铸铁等脆性材料和有色金属及其合金，也适用于加工不锈钢、高温合金、钛合金等难加工材料。常用牌号有 YG3、YG6、YG6X、YG8。精加工可用 YG3，半精加工选用 YG6、YG6X，粗加工宜用 YG8。

表 2-5 常用高速钢的化学成分、性能和用途

类别		牌号	化学成分（%，质量分数）						硬度 HRC	600℃高温硬度 HRC	抗弯强度 σ_{bb}/MPa	冲击韧度 σ_k/（J/m^2）	磨削性能	主要用途
			C	W	Mo	Cr	V	其他						
普通高速钢		W18Cr4V	0.73~0.83	17.20~18.70	—	3.80~4.50	1.00~1.20	—	62~66	48.5	~3500	~30	好	用途广泛，如齿轮刀具、钻头、铰刀、铣刀、拉刀等
普通高速钢		W6Mo5Cr4V2	0.80~0.90	5.50~6.75	4.50~5.50	3.80~4.40	1.75~2.20	—	62~66	47~48	4500~4700	~50	稍差	制造要求热塑性好和受较大冲击负荷的刀具
高性能高速钢	高碳	9W18Cr4V	0.9~1.00	17.5~19.0	≤ 0.30	3.80~4.40	1.00~1.40	—	67~68	51	~3000	~10.0	好	用于对韧性要求不高，但对耐磨性要求较高的刀具
高性能高速钢	高钒	W10Mo4Cr4V3Co10	1.20~1.35	9.00~10.00	3.20~3.90	3.80~4.50	3.00~3.50	—	63~66	51	~3200	~25.0	差	用于形状简单，但要求耐磨的刀具
高性能高速钢	超硬	W6Mo5Cr4V2Al	1.05~1.15	5.50~6.75	4.50~5.50	3.80~4.40	1.75~2.20	Al：0.80~1.20	68~69	55	3500~3800	20	稍差	制造复杂刀具和难加工材料用刀具
高性能高速钢	超硬	W2Mo9Cr4VCo8	1.05~1.15	1.15~1.85	9.00~10.00	3.50~4.25	0.95~1.35	Co：7.75~8.75	66~70	55	2500~3000	10	好	制造复杂刀具和难加工材料用刀具，价格昂贵

表 2-6 常用硬质合金的类型、牌号、化学成分、性能及使用范围

类型	代号	牌号	旧牌号	化学成分（%，质量分数）				力学性能			使用性能			使用范围	
				C	TiC	Co	其他	硬度		抗弯强度 σ_{bb}/GPa	耐磨	耐冲击	耐热	加工材料	加工性质
								HRA	HRC						
钨钴类	K类	K01	YG3	97		3		91	78	1.2	↑	↓	↑	铸铁，有色金属	连续切削 精加工，半精加工
		K10	YG6X	94		6		91	78	1.4					精加工，半精加工
		K20	YG6	94		6		89.5	75	1.42					连续切削粗加工 间断切削半精加工
		K30	YG8	92		8		89	74	1.5					间断切削粗加工
钨钴钛类	P类	P01	YT30	66	30	4		92.5	81	0.9	↓	↑	↑	钢	连续切削精加工
		P10	YT15	79	15	6		91	78	1.15					连续切削粗加工 间断切削半精加工
		P20	YT14	78	14	8		90.5	77	1.2					间断切削半精加工
		P30	YT5	85	5	10		89.5	75	1.4					粗加工
添加稀有金属碳化物类	K类	K10	YA6	92		6		92	80	1.4	较好			冷硬铸铁，有色金属，合金钢	半精加工
	M类	M10	YW1	84	6	6		92	78	1.2		较好	较好	难加工钢材	精加工，半精加工
		M20	YW2	82	6	8		91	78	1.35		好		难加工钢材	半精加工，粗加工
镍钼钛类	P类	P01	YN10	15	62		TaC：1 Ni：12 Mo：10	92.5	81	1.1	好		好	钢	连续切削精加工

注：表中符号的意义如下：

Y——硬质合金；G——钴，其后数字表示合金中的含钴量；X——细晶粒合金；T——钛，其后数字表示合金中 TiC 的含量；A——含 TaC（NbC）的钨钴类硬质合金；W——通用合金；N——用镍作黏结剂的硬质合金。

2）钨钴钛类硬质合金（YT）。一般用于连续切削塑性金属材料，如普通碳素钢、合金钢等。常用牌号有YT5、YT14、YT15、YT30。精加工可用YT30，半精加工选用YT14、YT15，粗加工宜用YT5。

3）添加稀有金属碳化物的硬质合金（YA、YW）。在硬质合金中添加适量的稀有金属碳化物（TiC或NbC），能提高硬质合金的硬度、耐磨性，且具有较好的综合切削性能，但价格较贵，主要适用于切削难加工材料。

4）镍钼钛类硬质合金（YN）。它以镍、钼作为黏结剂，具有较好的切削性能，因此允许采用较高的切削速度。主要用于碳素钢、合金钢等金属材料连续切削时的精加工。

另外采用细晶粒、超细晶粒硬质合金刀具比普通晶粒硬质合金刀具的硬度与强度高。硬质合金刀具表面若采用TiC、TiN、$A1_2O_3$及其复合材料涂层，有较好的综合性能，其基体强度、韧性较好，表面耐磨、耐高温，多用于普通钢材的精加工或半精加工。

（3）其他刀具材料

1）陶瓷。陶瓷是以氧化铝（Al_2O_3）或以氮化硅（Si_3N_4）为基体再添加少量金属，在高温下烧结而成的一种材料。陶瓷刀具比硬质合金刀具有更高的硬度和耐热性，在1200℃的温度下仍能切削，切削速度更高，并可切削难加工的高硬度材料。其主要缺点是性脆，抗冲击韧性差，抗弯强度低。

2）金刚石。天然金刚石是自然界最硬的材料，耐磨性极好，但价格昂贵，主要用于制造加工精度和表面粗糙度要求极高的零件的刀具，如加工磁盘、激光反射镜等。人造金刚石是除天然金刚石外最硬的材料，多用于有色金属及非金属材料的超精加工以及用作磨料。金刚石是碳的同素异形体，与碳易亲合，故金刚石刀具不宜加工含有碳的黑色金属。

3）立方氮化硼（Cubic Boron Nitride，CBN）。它是由六方氮化硼（白石墨）在高温高压下转化而成的。立方氮化硼刀具硬度与耐磨性仅次于金刚石。它的耐热性可达1300℃，化学稳定性很高，在高温下与大多数铁族金属都不起化学反应，一般用于高硬度、难加工材料的精加工。

2.2.4 智能刀具技术

一项研究报告指出，在美国加工中心刀具的正确选择率只有50%左右，刀具只有58%的切削时间是在最佳切削速度下工作的，仅有38%的刀具完全用到刀具的寿命值，其他国家刀具的正确选择率还远低于美国。因此，提高加工效率，降低成本，研究开发智能刀具及多功能刀具是提高切削加工效率和精度的有效方法之一。智能刀具通过与机床控制器的无线耦合，实现了加工尺寸偏差的调整及对刀具寿命的识别，并可实时采集切削过程的信息，经数控系统处理后使机床始终保持在最佳状态。智能刀具的研究始于20世纪80年代末，它是将各种传感器置于刀体内，将驱动装置、返回装置、微型计算装置、非接触式能量和数据传输装置集成在一起，实现刀具的微米级调整，并可由机床控制器的M指令加以控制。

我国对智能刀具的研究仍处于初期阶段，对智能刀具系统的可调性结构研究还较少，只停留在刀具在线检测、刀具状态监测与加工过程的适应性控制等方面的研究。

德国Mapal公司和Heller机床公司首先将该技术用在对发动机气缸体的缸孔进行镗削加工上。该智能刀具具有三组Mapal六边形CBN刀片，刀具呈轴向和径向交错排列，最高切削速度达 10000r/min。其中，两组刀片用于半精加工，第三组刀片能自动调节，用于完成精加工工序。当主轴转速增加时，在离心力作用下，机构会将刀片位置调节一个预定的数值，并带有内置式气动量规测量已加工的孔径，将测量结果传给机床控制系统并自动调整刀具尺寸。

日本黛杰刀具公司也开发了在线可调刀具尺寸的“灵巧刀具”。美国肯纳金属公司研制了一种加工中心进行精确自动刀具补偿精镗刀具系统，这是一种微米级的模块式、有级调整的精镗刀具系统，其最小分辨率为 1μm。

带有测量功能并可自调的切削部件及可适应控制的和能自学的数控机床，装有传感器和执行元件的智能刀具，将是未来智能化的发展方向。

2.3　机床夹具

2.3.1　机床夹具概述

1. 机床夹具的作用

夹具是一种常用的工艺装备。在机械制造过程中，夹具的使用非常普遍。机床夹具就是夹具中的一种。它装在机床上，使工件相对刀具与机床保持正确的位置，并能承受切削力的作用。如车床上使用的自定心卡盘、铣床上使用的平口虎钳、分度头等，都是夹具。机床夹具的作用主要有以下几个方面：

（1）保证加工精度　用夹具装夹工件时，工件相对于刀具（或机床）的位置由夹具来保证，基本不受工人技术水平的影响，因而能较容易、较稳定地保证工件的加工精度。例如图 2-28 所示套筒零件的 ϕ6H7 孔加工，就用图 2-29 所示的专用钻床夹具完成。工件以内孔和端面在定位销 6 上定位，旋紧螺母 5，通过开口垫圈 4 将工件夹紧，然后由装在钻模板 3 上的快换钻套 1 引导钻头或绞刀进行钻孔或铰孔。

（2）提高劳动生产率　采用夹具后，工件不需要划线找正，装夹方便迅速，可显著地减少辅助时间，提高劳动生产率。如采用图 2-29 所示专用钻孔夹具，省去了加工前在工件加工位置划十字中心线、在交点打冲孔的时间，也省去了找正冲孔位置的时间。

（3）扩大机床的使用范围　使用专用夹具可以改变机床的用途和扩大机床的使用范围。例如，在车床或摇臂钻床上安装镗模夹具后，就可对箱体孔系进行镗削加工。

（4）改善劳动条件、保证生产安全　使用专用机床夹具可减轻工人的劳动强度，改善劳动条件，降低对工人操作技术水平的要求，保证安全。

2. 机床夹具的分类

机床夹具通常有三种分类方法，即按应用范围、夹具动力源、使用机床来分类，如图 2-30 所示。

3. 机床夹具的组成

虽然机床夹具的种类繁多，但它们的组成均可概括为下面五个部分。

（1）定位元件　定位元件的作用是确定工件在夹具中的正确位置。在图 2-29 中，夹具上的定位销 6 及其端面是定位元件，通过它们使工件在夹具中占据了正确的位置。

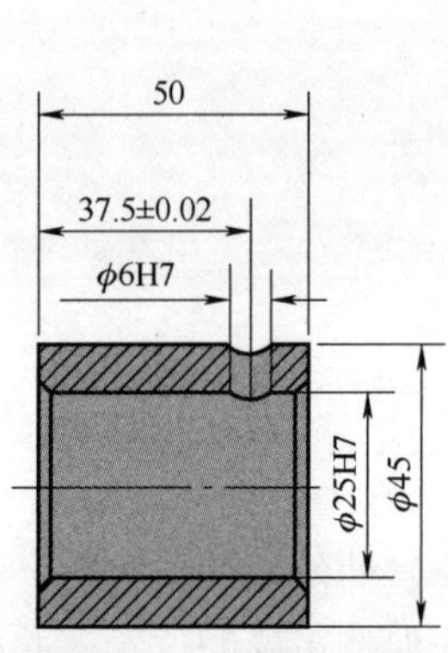

图 2-28　套筒零件简图

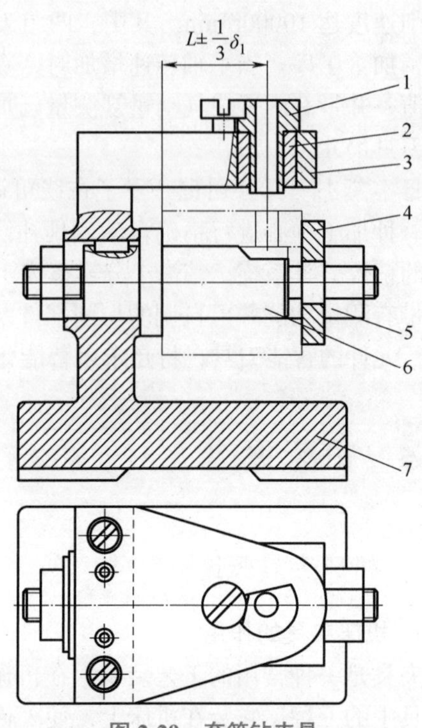

图 2-29　套筒钻夹具

1—快换钻套　2—导向套　3—钻模板　4—开口垫圈
5—螺母　6—定位销　7—夹具体

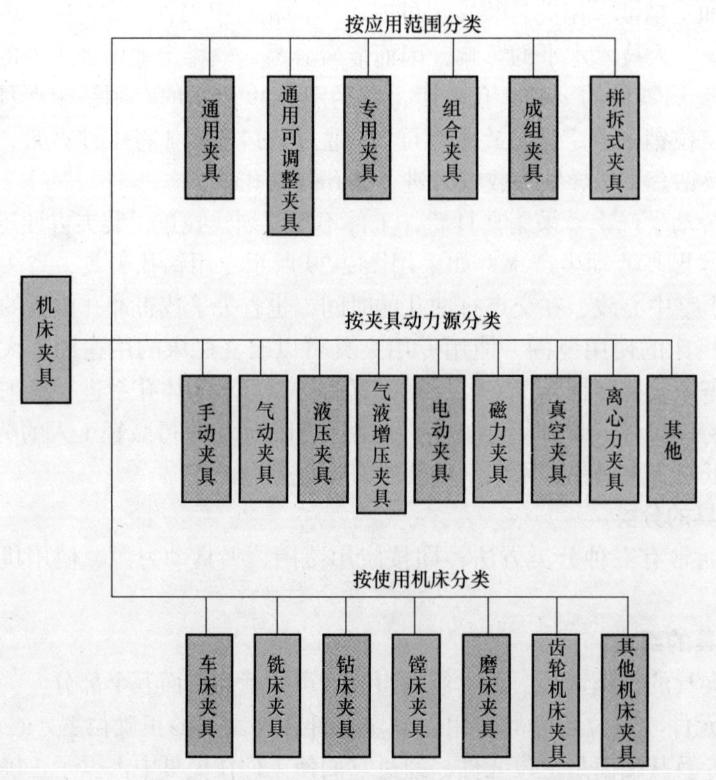

图 2-30　机床夹具的分类

（2）夹紧装置 夹紧装置的作用是将工件夹紧夹牢，保证工件在加工过程中的正确位置不变。夹紧装置包括夹紧元件或其组合及动力源。图 2-29 中的螺杆（与定位销 6 合成的一个零件）、螺母 5 和开口垫圈 4 组成了夹紧装置。

（3）对刀及导向装置 对刀及导向装置的作用是迅速确定刀具与工件间的相对位置，防止加工过程中刀具的偏斜。图 2-29 中的快换钻套 1 与钻模板 3 就是为了引导钻头而设置的导向装置。

（4）夹具体 夹具体是机床夹具的基础件，如图 2-29 中的件 7，通过它将夹具的所有部分连接成一个整体。

（5）其他装置或元件 机床夹具除有上述四部分外，还有一些根据需要设置的其他装置或元件，如分度装置、夹具与机床之间的连接元件等。

2.3.2 工件的定位

人们的行为要受到道德、纪律和法律的约束，做任何事都要有一定的规矩、规则，否则无法成功。工件加工也是如此，在加工前，必须使工件在机床上或夹具中占有某一正确的位置，这个过程称为定位。为了使定位好的工件在加工过程中始终保持正确的位置，不受切削力、惯性力等力的作用而产生位移，还需要将工件压紧夹牢，这个过程称为夹紧。定位和夹紧的整个过程合称为装夹。

工件的装夹不仅影响加工质量，而且对生产率、加工成本及操作安全都有直接影响。

1. 工件定位的方式

（1）直接找正定位 此法是用百分表、划线盘或目测直接在机床上找正工件，使其获得正确位置的定位方法。直接找正时工件的定位基准是所找正的表面。图 2-31a 所示为在磨床上用单动卡盘装夹套筒磨内孔，先用百分表找正工件的外圆再夹紧，以保证磨削后的内孔与外圆同轴，工件的定位基准是外圆。图 2-31b 所示为在牛头刨床上用直接找正法刨槽，以保证槽的侧面与工件右侧面平行，工件的定位基准是右侧面。直接找正法生产率低，找正精度取决于工人的技术水平，一般多用于单件小批生产或对位置精度要求特别高的工件。

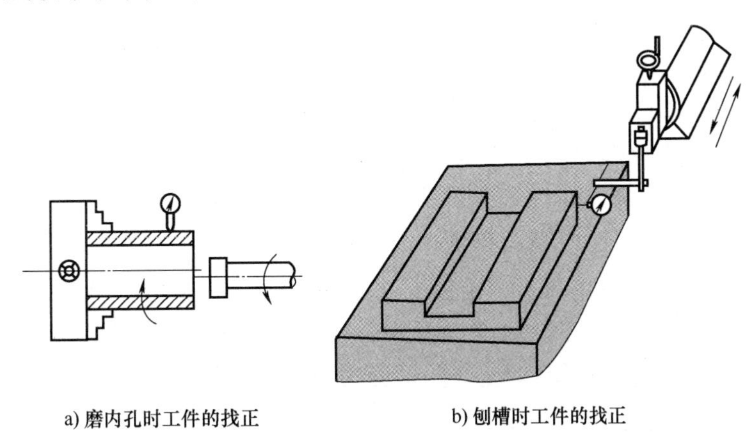

a) 磨内孔时工件的找正　　b) 刨槽时工件的找正

图 2-31 直接找正定位

（2）划线找正定位 此法是先在毛坯上按照零件图划出中心线、对称线和各待加工表面的加工线及找正线（找正线和加工线之间的距离一般为 5mm），然后将工件装上机床，按照划好的线找正工件在机床上的正确位置。划线找正时工件的定位基准是所划的线。图 2-32a 所示为某箱体的加工要求（局部），划线过程如下：①找出铸件孔的中心 O，并划出孔的中心线 I 和 II，按尺寸 A 和 B 检查 E、F 面的余量是否足够，如果不够再调整中心线 I；②按照图样尺寸 A 要求，以孔中心为划线基准，划出 E 面的找正线 III；③按照图样尺寸 B 划出 F 面的找正线 IV，如图 2-32b 所示。加工时，将工件放在可调支承上，通过调整可调支承的高度来找正划好的线 III，如图 2-32c 所示。这种定位方法生产率低，精度低，一般多用于单件小批生产中加工复杂而笨重的零件，或毛坯精度低而无法直接采用夹具定位的场合。

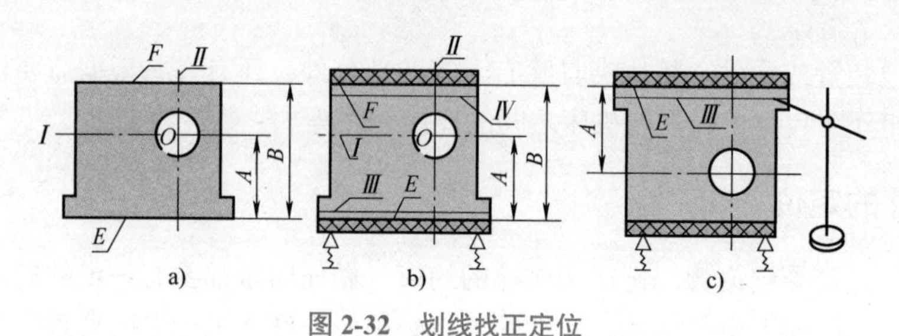

图 2-32　划线找正定位

（3）夹具定位　夹具是按照工序要求专门设计的，夹具上的定位元件能使工件相对于机床与刀具迅速占有正确位置，不需要划线和找正就能保证工件的定位精度（图 2-29）。用夹具定位生产率高，定位精度较高，广泛用于成批及大量生产。

2. 工件的定位原理

（1）六点定则　工件在未定位前，可以看成是空间直角坐标系中的自由物体，它可以沿三个坐标轴的平行方向放在任意位置，即具有沿着三个坐标轴移动的自由度，记为 $\vec{x}$、$\vec{y}$、$\vec{z}$（图 2-33）；同样，工件沿三个坐标轴转角方向也是可以任意放置的，即具有绕三个坐标轴转动的自由度，记为 $\widehat{x}$、$\widehat{y}$、$\widehat{z}$。因此，要使工件在夹具中占有一致的正确位置，就必须对工件的自由度加以限制。

在实际应用中，通常用一个支承点（接触面积很小的支承钉）限制工件一个自由度，这样，用空间合理布置的六个支承点限制工件的六个自由度，使工件的位置完全确定，称为六点定位规则，简称六点定则。例如图 2-34a 所示长方体，在其底面布置三个不共线的支承点 1、2、3，限制 $\widehat{x}$、$\widehat{y}$、$\vec{z}$ 三个自由度；在侧面布置两个支承点 4、5，限制 $\vec{y}$、$\widehat{z}$ 两个自由度；并在端面布置一个支承点 6，限制 $\vec{x}$ 的自由度。即用图 2-34b 所示的定位方式可限制长方体的六个自由度。

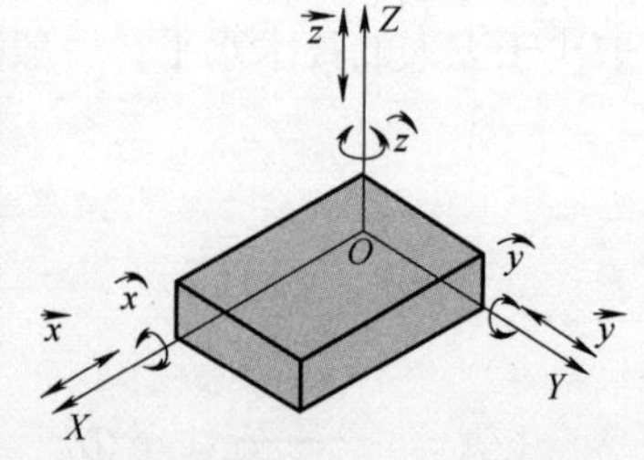

图 2-33　工件的六个自由度

必须注意，六个支承点的位置必须合理分布，否则不能有效地限制六个自由度。如上例中，XOY 平面的三个支承点应呈三角形分布，且三角形面积越大，定位越稳定。XOZ 平面上的两个支承点的连线不能与 XOY 平面垂直，否则不能限制 $\widehat{z}$ 自由度。

例如在图 2-35 所示圆环形工件上钻孔，要求保证所钻孔的轴线至左端面 A 的距离及与端面平行，并保证与大孔轴线正交且通过键槽的对称中心。现用图 2-35c 所示的定位方案：工件端面 A 与夹具短圆柱销 B 的台阶面接触，限制 $\vec{y}$、$\widehat{x}$、$\widehat{z}$ 三个自由度；工件内孔与短圆柱销外圆配合，限制$\vec{x}$、$\vec{z}$两个自由度；嵌入键槽的销 C 限制$\overset{\frown}{y}$自由度。这样，相当于用六个支承点限制了工件的六个自由度。

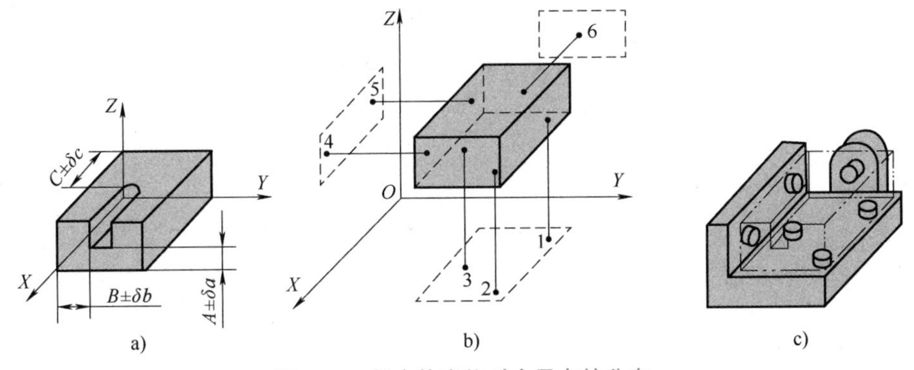

图 2-34　长方体定位时支承点的分布

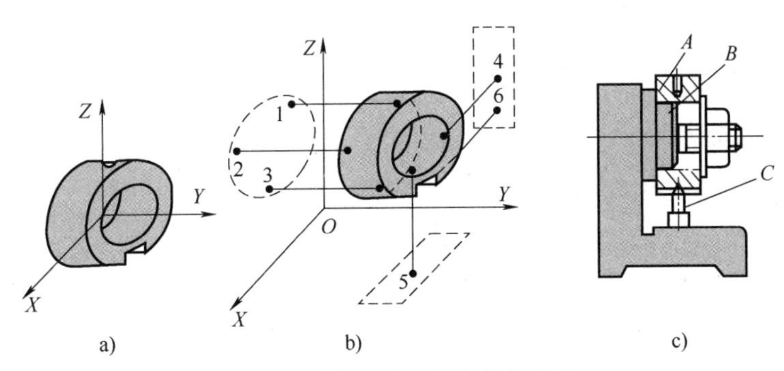

图 2-35　圆环形工件的六点定位

对于工件的定位，可能会有两种误解。其一是：工件只要被夹紧，其位置不能移动了，就定位了。我们讲的工件定位，是指一批工件在夹紧前要占有一致的、正确的位置（暂不考虑定位误差的影响）。而工件在任何位置均可被夹紧，并没有保证一批工件在夹具中的一致位置。其二是：工件定位后，仍具有与定位支承相反方向的移动或转动可能。这是没有注意到定位原理中所称的限制自由度，必须是工件的定位面与定位支承点保持接触。如果始终保持接触，就不会有相反方向的移动或转动可能性了。

（2）限制工件自由度与加工要求的关系　在图 2-36a 中，铣平面要保证的加工尺寸为 $A\pm\delta a$，工件定位时要限制的自由度为$\vec{z}$、$\overset{\frown}{x}$、$\overset{\frown}{y}$。在图 2-36b 中，铣通槽要保证的加工尺寸是 $A\pm\delta a$、$B\pm\delta b$，$A\pm\delta a$ 要限制的自由度与图 2-36a 相同，而 $B\pm\delta b$ 要限制的自由度是$\vec{y}$、$\overset{\frown}{z}$，因此工件定位时要限制的自由度为五个。在图 2-34a 中，铣不通槽要保证的加工尺寸是 $A\pm\delta a$、$B\pm\delta b$、$C\pm\delta c$，对加工尺寸 $A\pm\delta a$、$B\pm\delta b$，要限制的自由度与图 2-36b 相同，对于 $C\pm\delta c$，要限制的自由度为$\vec{x}$，这样，工件定位时六个自由度全部要限制。

1）完全定位。工件六个自由度全部被限制的定位，称为完全定位。这时，工件在夹具中具有唯一的确定位置。当工件在坐标三个方向上都有尺寸精度或位置精度要求时，必须采用这种完全定位方式。图 2-34、图 2-35 都是完全定位的实例。

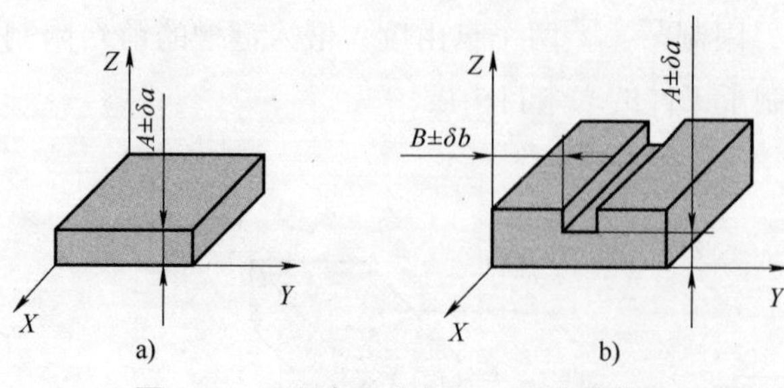

图 2-36　限制自由度与加工要求的关系

2）不完全定位。根据加工要求，并不需要限制全部自由度的定位，称为不完全定位。在满足加工要求的前提下，不完全定位是允许的。图 2-36a、b 都是不完全定位的例子。

3）欠定位。根据加工要求，工件应该限制的自由度却没有被限制的定位，称为欠定位。欠定位不能保证加工要求，因此，欠定位在加工中是绝不允许的。在图 2-34、图 2-35 中，任何一个自由度没被限制都是欠定位。

4）过定位。工件的同一自由度被重复限制的定位，称为过定位。过定位将造成工件定位不稳，或工件的安装产生干涉，或使工件或夹具变形，所以一般不允许采用过定位。图 2-37 所示为插齿时工件的定位，工件 3 以内孔在心轴 1 上定位，限制了$\vec{x}$、$\vec{y}$、$\widehat{x}$、$\widehat{y}$四个自由度，以端面在凸台 2 上定位，限制了$\vec{z}$、$\widehat{x}$、$\widehat{y}$三个自由度，其中$\widehat{x}$、$\widehat{y}$被心轴和凸台重复限制。由于工件内孔与心轴的配合间隙很小，当工件内孔与端面的垂直度误差较大时，工件端面与凸台实际的接触只有一点，造成工件定位不稳定，如图 2-38a 所示。更为严重的是，夹紧时，在夹紧力的作用下，势必引起心轴或工件的变形，如图 2-38b 所示。这就影响了工件的加工精度和工件的装卸，所以过定位一般是不允许的。

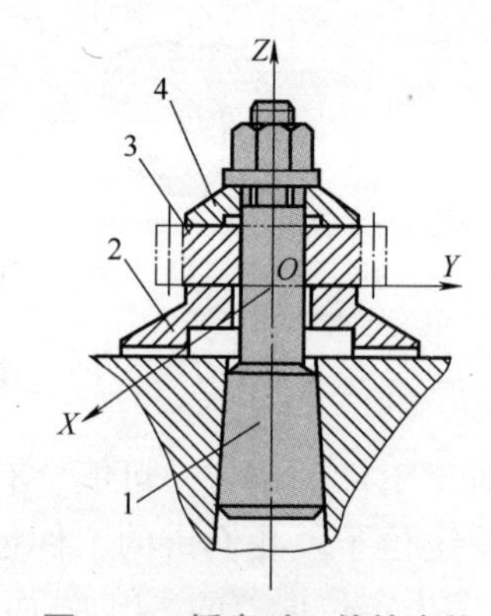

图 2-37　插齿时工件的定位
1—心轴　2—支承凸台　3—工件　4—压板

对过定位必须正确处理。有时，为了提高定位的稳定性和结构刚度，简化夹具结构，在提高工件定位面之间以及夹具定位面之间的相互位置精度的前提下，仍可以采用过定位。如上例中，若工件的定位内孔和端面的垂直度较高，同时，夹具的定位心轴和凸台的垂直度也较高时，即使二者仍有很小的垂直度误差，但可由心轴和内孔之间的配合间隙来补偿。这时，尽管重复限制了$\widehat{x}$、$\widehat{y}$自由度，但不会引起相互干涉和冲突，夹紧后工件或心轴也不会变形，这时过定位不仅可行，其定位的精度高，刚性也好，在生产实际中也可广泛应用。

综上所述，在考虑工件的定位问题时要注意：工件理论上所要限制的自由度是根据加工要求所确定的，欠定位是绝不允许的；工件实际定位所限制的自由度是要具体情况具体分析的，有时为了承受切削力或简化夹具结构，常将不需要限制的自由度加以限制，但一般应避免出现过定位；过定位只能在满足提高工件定位面以及夹具定位元件的加工精度的前提下使用。例如，虽然球体上通铣平面只需限制一个自由度，但在考虑定位方案时，往往会用图 2-39a 所示方案限制两个自由度或图 2-39b 所示方案限制三个自由度。

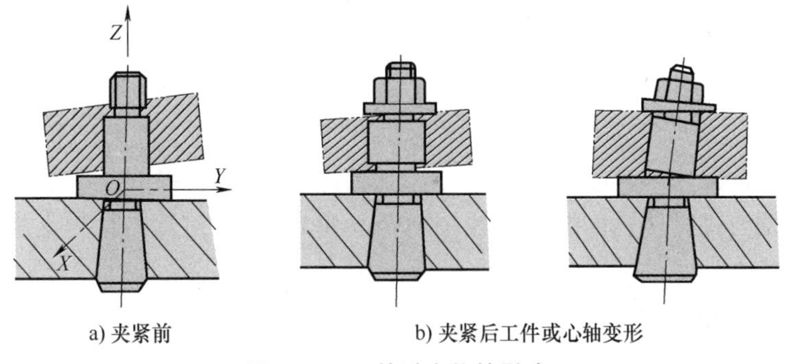

a) 夹紧前　　b) 夹紧后工件或心轴变形

图 2-38　工件过定位的影响

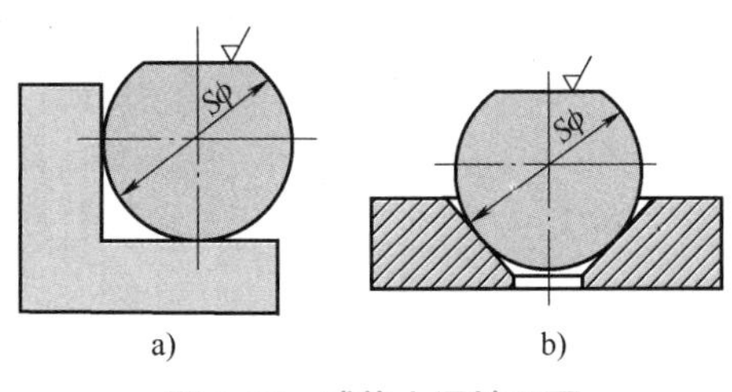

a)　　b)

图 2-39　球体上通铣平面

3. 定位元件

根据加工需求选择合适的定位方案，能够保证加工质量、提高生产率、控制加工成本和保证操作安全。

（1）平面定位　工件以平面作为定位基面，是最常见的定位方式之一。例如箱体、床身、机座、支架等零件的加工中，较多地采用了平面定位。

1）主要支承。主要支承用来限制工件的自由度，起定位作用。

① 固定支承。固定支承有支承钉和支承板两种形式，如图 2-40 所示。

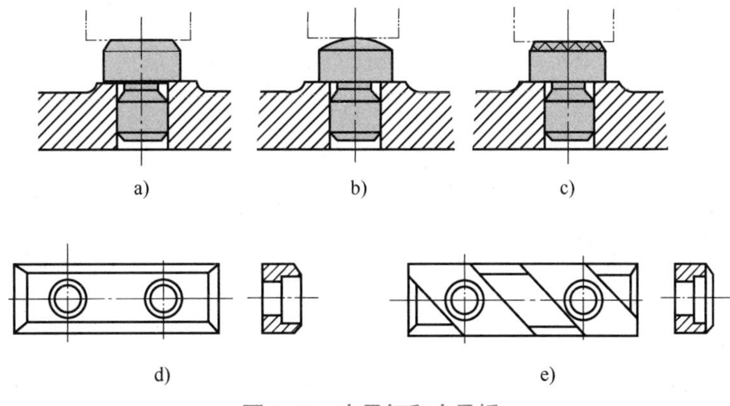

a)　　b)　　c)

d)　　e)

图 2-40　支承钉和支承板

当工件以未经加工的表面定位时，采用球头支承钉（图 2-40b）。齿纹头支承钉（图 2-40c）用在工件的侧面，它能增大摩擦系数，防止工件滑动。当工件以加工过的平面定位时，可采用平头支承钉（图 2-40a）或支承板。图 2-40d 所示支承板的结构简单，制造方便，但孔边切屑不易清除干净，故适用于侧面和顶面定位。图 2-40e 所示支承板便于清除切屑，适用于底面定位。

为保证各固定支承的定位表面严格共面，装配后，需将其工作表面一次磨平。支承钉与夹具体的配合采用 H7/n6 或 H7/r6。当支承钉需要经常更换时，应加衬套，如图 2-41 所示。衬套外径与夹具体孔的配合一般用 H7/n6 或 H7/r6，衬套内径与支承钉的配合选用 H7/js6。

② 可调支承。可调支承是指支承钉的高度可以进行调节。图 2-42 所示为几种常用的可调支承。调整时要先松后调，调好后用锁紧防松螺母。

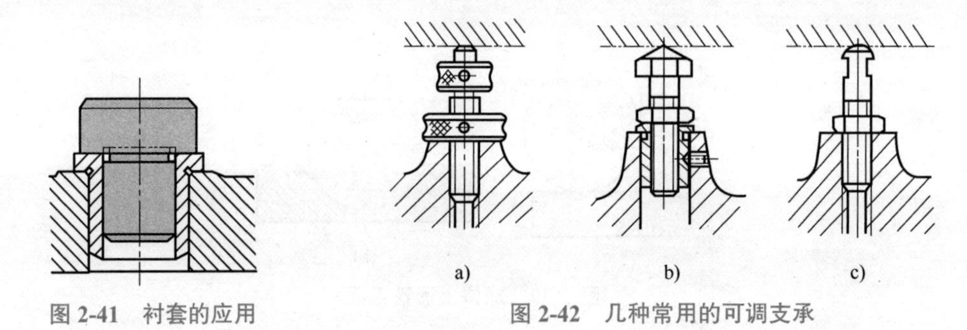

图 2-41　衬套的应用

图 2-42　几种常用的可调支承

可调支承主要用于工件以毛坯表面定位或定位基面的形状复杂（如成形面、台阶面等），以及各批毛坯的尺寸、形状变化较大时的情况。可调支承在一批工件加工前调整一次。在同批工件加工中，它的作用与固定支承相同。

③ 自位支承（浮动支承）。在工件定位过程中，能自动调整位置的支承称为自位支承。图 2-43 所示为夹具中常见的几种自位支承。其中图 2-43a、b 所示是两点式自位支承，图 2-43c 所示为三点式自位支承。这类支承的工作特点是：支承点的位置能随着工件定位基面的不同而自动调节，定位面压下其中一点，其余点便上升，直至各点都与工件接触。接触点数的增加，提高了工件的装夹刚度和稳定性，但其作用仍相当于一个固定支承，只限制工件一个自由度。

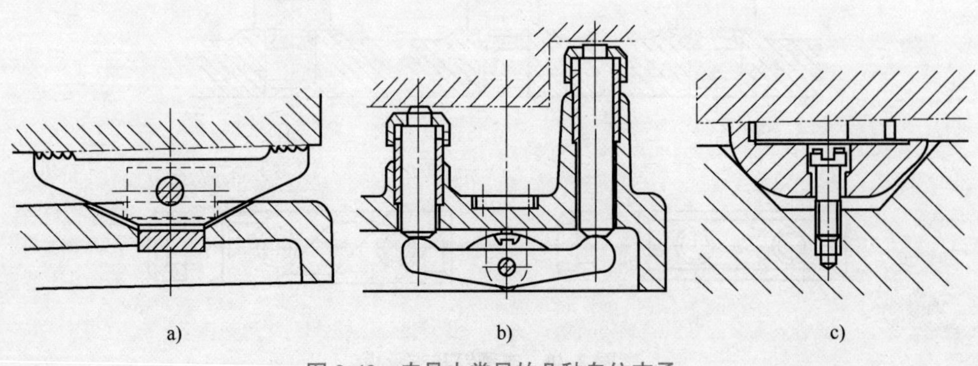

图 2-43　夹具中常见的几种自位支承

2）辅助支承。辅助支承用来提高工件的装夹刚度和稳定性，不起定位作用。辅助支承的工作特点是：待工件定位夹紧后，再调整支承钉的高度，使其与工件的有关表面接触并锁紧。每安装一个工件就要调整一次辅助支承。另外，辅助支承还可起预定位的作用。

如图 2-44 所示，工件以内孔及端面定位，钻右端小孔。由于右端为一悬臂，钻孔时工件刚性差。若在 *A* 处设置固定支承，属于过定位，有可能破坏左端的定位。这时可在 *A* 处设置一辅助支承，承受钻削力，既不破坏定位，又增加了工件的刚性。

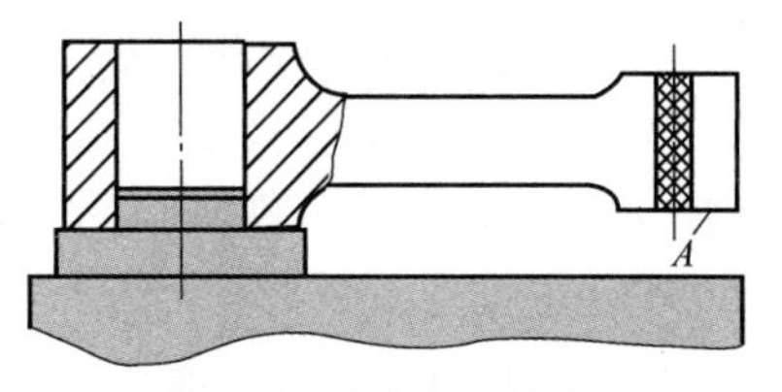

图 2-44　辅助支承的应用

图 2-45 所示为夹具中常见的几种辅助支承。图 2-45a、b 所示为螺旋式辅助支承。图 2-45c 所示为自位式辅助支承，支承销在弹簧的作用下与工件接触，转动手柄使顶柱将支承销锁紧。

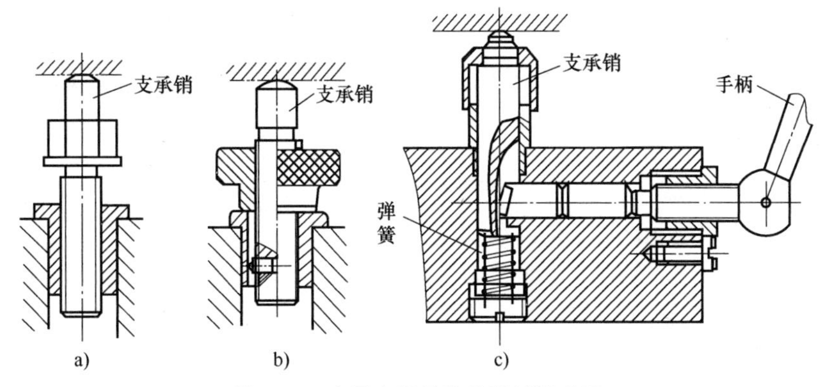

图 2-45　夹具中常见的几种辅助支承

（2）孔定位　工件以圆孔表面作为定位基面时，常用以下定位元件：

1）圆柱销（定位销）。图 2-46 所示为常用定位销的结构形式。定位销直径不同，结构也存在较大区别，如图 2-46a~c 所示。当工件孔径较小（*D*=3~10mm）时，为增加定位销的刚度，避免销因受撞击而折断，或热处理时淬裂，通常把根部倒成圆角。这时夹具体上应有沉孔，使定位销的圆角部分沉入孔内而不妨碍定位，如图 2-46a 所示。大批大量生产时，为了便于定位销的更换，可采用图 2-46d 所示的带衬套的结构形式。为便于工件顺利装入，定位销的头部应有 15° 倒角。

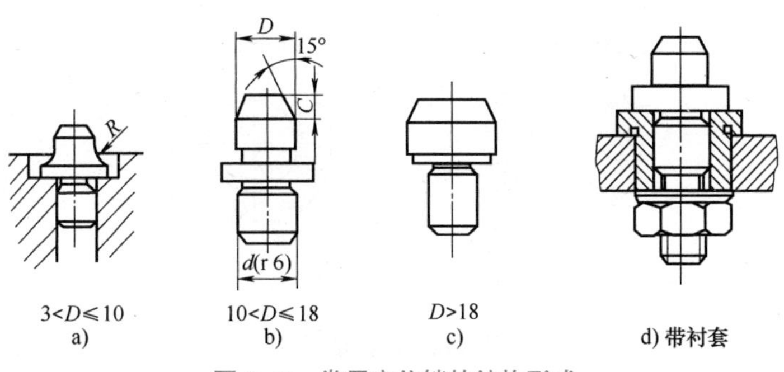

图 2-46　常用定位销的结构形式

定位销的工作部分直径可按 g5、g6、f6、f7 制造，定位销与夹具体的配合可用 H7/r6、H7/n6，衬套与夹具体选用过渡配合 H7/n6，其内径与定位销为间隙配合 H7/h6、H7/h5。

2）圆柱心轴。图 2-47 所示为常用圆柱心轴的结构形式。图 2-47a 所示为间隙配合心轴。其定位部分直径按 h6、g6 或 f7 制造，装卸工件方便，但定心精度不高。为了减少因配合间隙而造成的工件倾斜，工件常以孔和端面联合定位，因而要求工件定位孔与定位端面有较高的垂直度，最好能在一次装夹中加工出来。心轴使用开口垫圈夹紧工件，可实现快速装卸，开口垫圈的两端面应互相平行。当工件内孔与端面垂直度误差较大时，应改用球面垫圈。

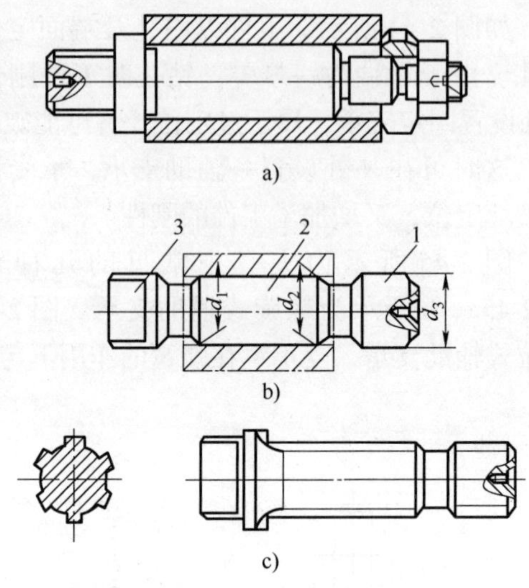

图 2-47 常用圆柱心轴的结构形式

1—导向部分 2—工作部分 3—传动部分

图 2-47b 所示为过盈配合心轴，由导向部分 1、工作部分 2 及传动部分 3 组成。导向部分的作用是使工件迅速而准确地套入心轴。工作部分的直径按 r6 制造，其公称尺寸等于孔的上极限尺寸。心轴两边的凹槽是供车削工件端面时退刀用的。这种心轴制造简单，定心准确，不用另设夹紧装置，但装卸工件不便，易损伤工件定位孔，因此多用于定心精度要求高的精加工。

图 2-47c 所示是花键心轴，用于加工以内花键定位的工件。当工件定位孔的长径比 $L/d>1$ 时，工作部分可稍带锥度。设计花键心轴时，应根据工件的不同定位方式来确定定位心轴的结构，其配合可参考上述两种心轴。

3）圆锥销。图 2-48 所示为工件以圆孔在圆锥销上定位的示意图，它限制了工件的 $\vec{x}$、$\vec{y}$、$\vec{z}$ 三个自由度。图 2-48a 所示用于毛坯孔的定位，图 2-48b 所示用于已加工孔的定位。

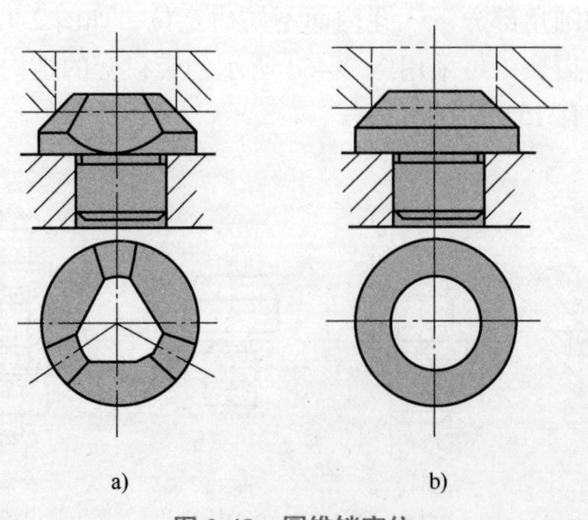

图 2-48 圆锥销定位

工件在单个圆锥销上定位容易倾斜，为此，圆锥销经常与其他定位元件组合定位。图 2-49a 所示为圆锥 - 圆柱组合心轴，锥度部分使工件准确定心，圆柱部分可减少工件倾斜。图 2-49b 所示为工件在双圆锥销上定位。图 2-49c 所示为以工件底面作为主要定位基面，圆锥销是活动的，即使工件的孔径变化较大，也能准确定位。以上三种定位方式均限制工件五个自由度。

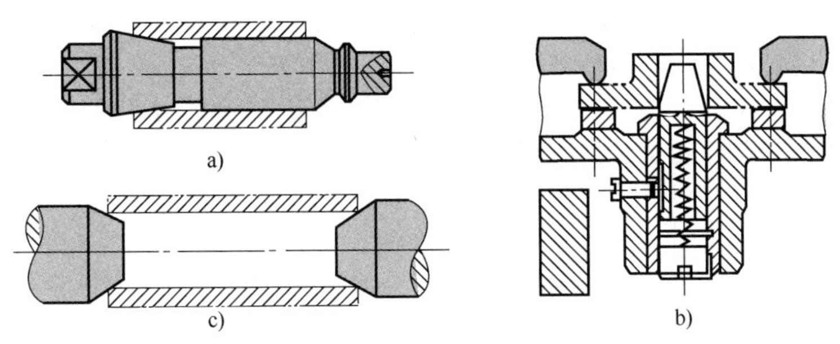

图 2-49　圆锥销组合定位

4）圆锥心轴（小锥度心轴）。如图 2-50 所示，工件在小锥度心轴上定位，并靠工件定位圆孔与心轴的弹性变形夹紧工件。

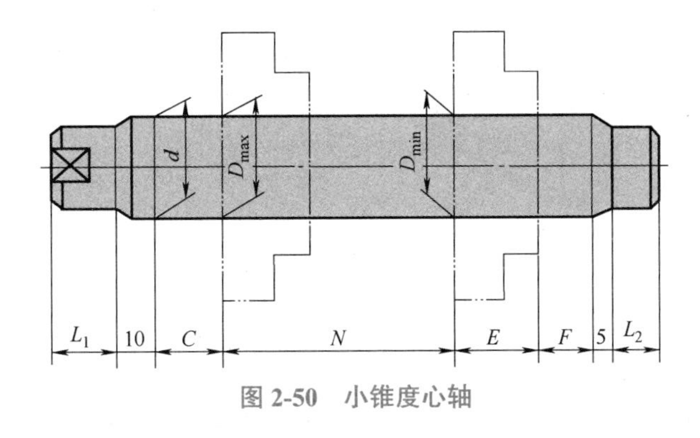

图 2-50　小锥度心轴

这种定位方式的定位精度较高，不用另设夹紧装置，但工件的轴向位移误差较大，传递的转矩较小，适用于工件定位孔精度不低于 IT7 的精车和磨削加工。

（3）外圆定位　工件以外圆柱面定位时，常用如下定位元件：

1）V 形块。如图 2-51 所示，V 形块两工作平面间的夹角有 60°、90°、120° 三种，其中以 90° 应用最广，且结构已标准化。V 形块设计、安装的基准是检验心轴的中心。

图 2-52 所示为常用 V 形块的结构类型。其中图 2-52a 所示用于较短的已加工外圆表面定位；图 2-52b 所示用于毛坯外圆表面定位和阶梯面定位；图 2-52c 所示用于较长的已加工外圆表面定位和相距较远的两个面定位。V 形块不一定采用整体结构的钢件，可在铸铁底座上镶淬硬垫板，如图 2-52d 所示。

V 形块有固定式和活动式之分。固定式 V 形块在夹具体上的装配，一般用 2 个定位销和 2~4 个螺钉连接，活动式 V 形块的应用如图 2-53 所示。图 2-53a 所示为加工轴承座孔时的定位方式，活动式V形块除限制工件一个自由度外，还兼有夹紧作用。图2-53b所示为加工连杆孔的定位方式，活动式V形块限制工件的一个自由度，还兼有夹紧作用。

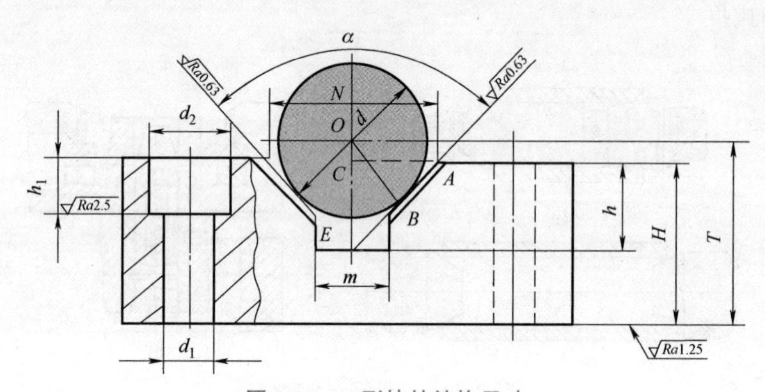

图2-51　V形块的结构尺寸

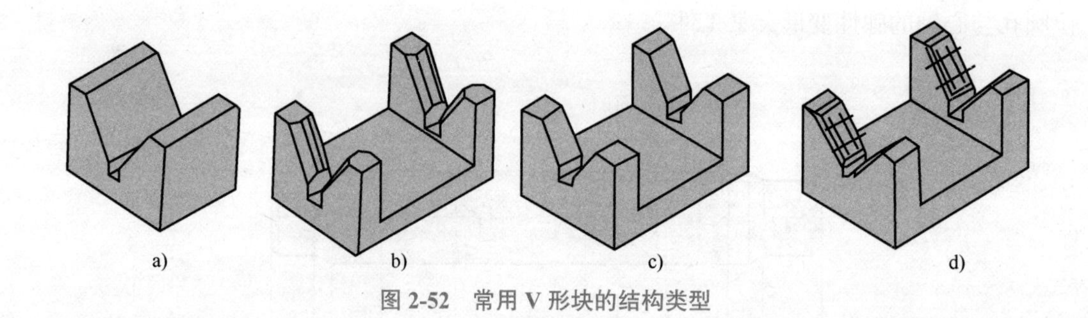

图2-52　常用V形块的结构类型

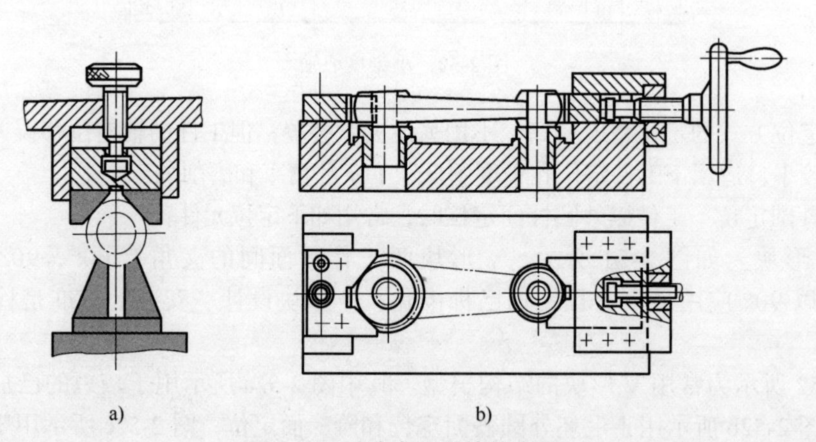

图2-53　活动式V形块的应用

使用V形块定位的特点是：①对中性好；②可用于非完整外圆表面的定位。因此，V形块是应用最多的定位元件之一。

2）定位套。图 2-54 所示为常用的两种定位套。为了限制工件沿轴向的自由度，常与端面联合定位。用端面作为主要定位面时，应控制套的长度，以免夹紧时工件产生不允许的变形。定位套结构简单，容易制造，但定心精度不高，一般用于已加工表面定位。

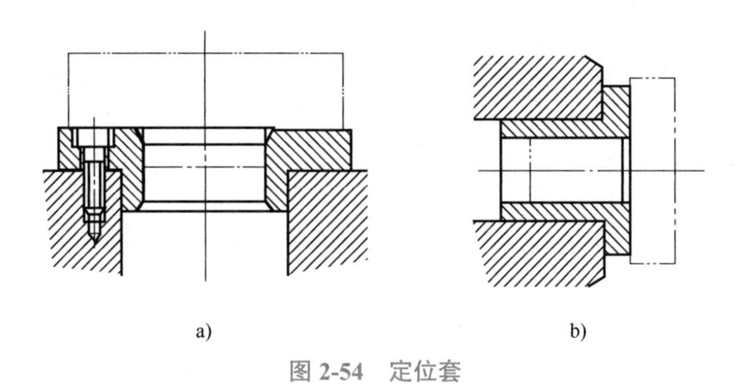

图 2-54　定位套

3）半圆套。图 2-55 所示为半圆套定位装置，下面的半圆套是定位元件，上面的半圆套起夹紧作用。这种定位方式主要用于大型轴类零件及不便于轴向装夹的零件。定位基面的精度不低于 IT9，半圆的最小内径取工件定位基面的最大直径。

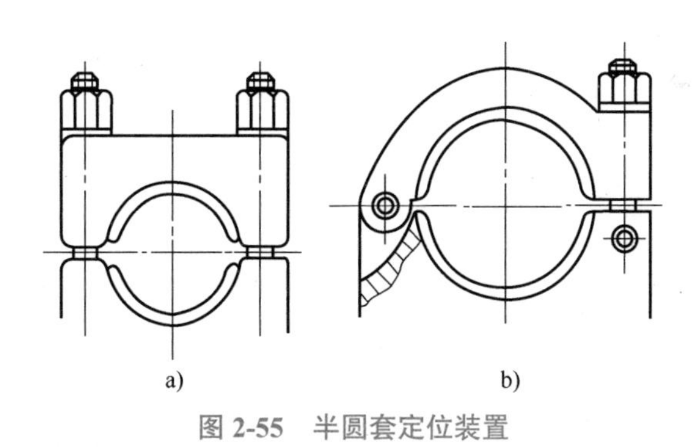

图 2-55　半圆套定位装置

4）圆锥套。图 2-56 所示为通用的反顶尖。工件以圆柱的端部在反顶尖的锥孔中定位，锥孔中有齿纹，以便带动工件旋转。顶尖体的锥柄部分插入机床主轴孔中。

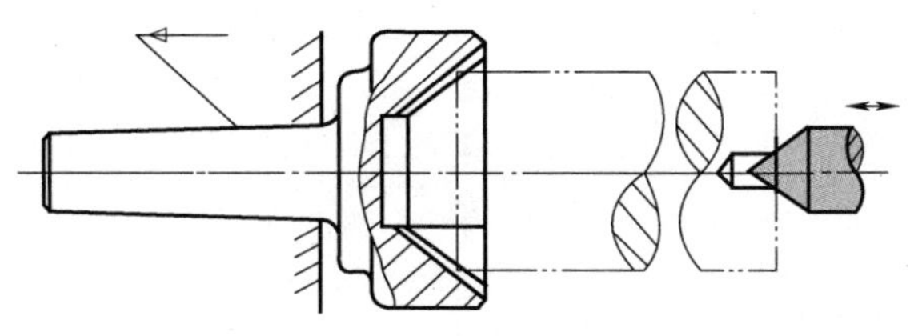

图 2-56　工件在圆锥套中定位

常见典型定位元件及其所限制的自由度见表 2-7。

表 2-7 常见典型定位元件及其所限制的自由度

工件定位基准面	定位元件	定位方式及所限制的自由度	工件定位基准面	定位元件	定位方式及所限制的自由度
平面	支承钉	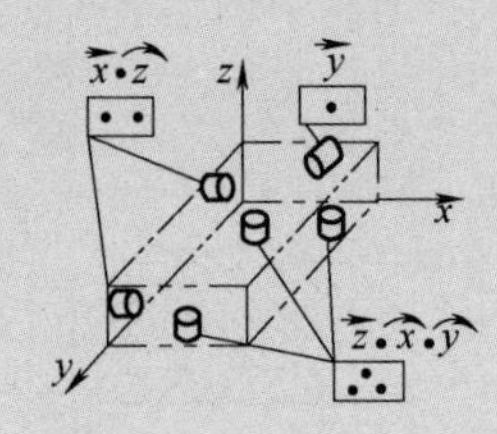	圆孔	锥销	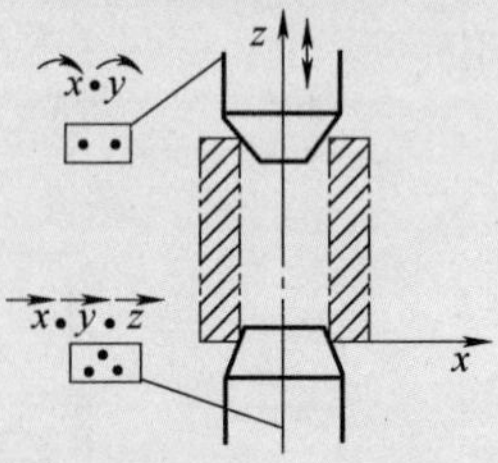
	支承板	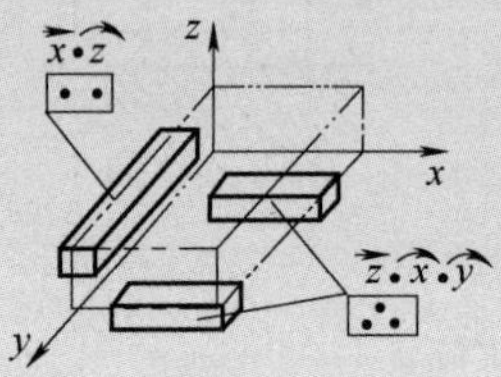	外圆柱面	定位套	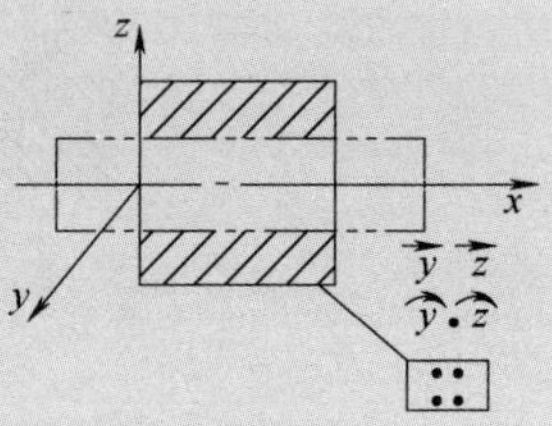
	固定支承与自定位支承	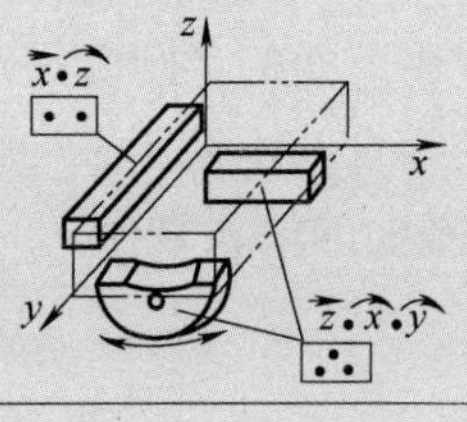		半圆孔	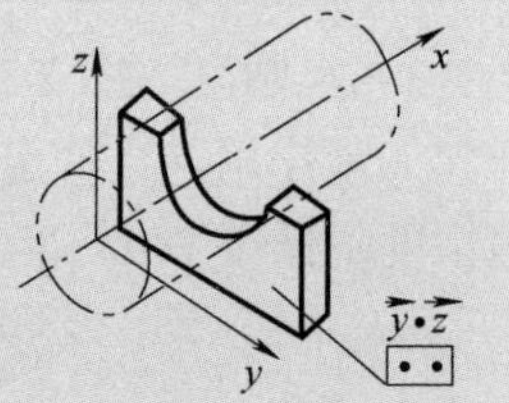
	固定支承与辅助支承	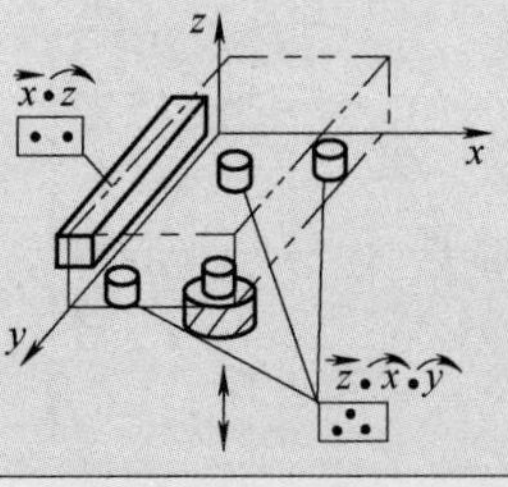			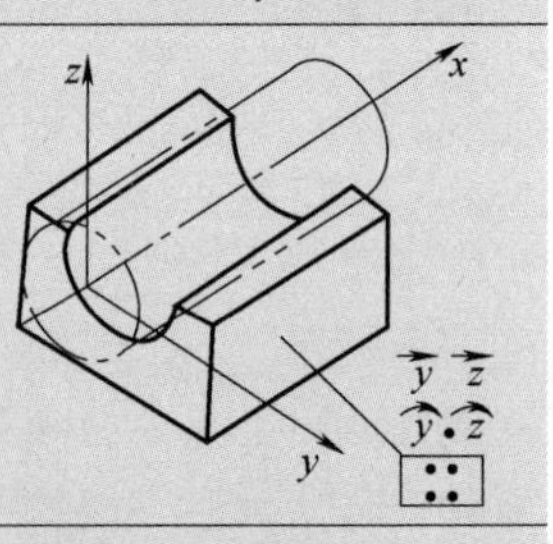
圆孔	短圆柱	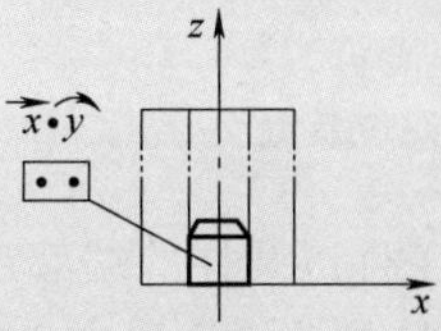		圆锥套	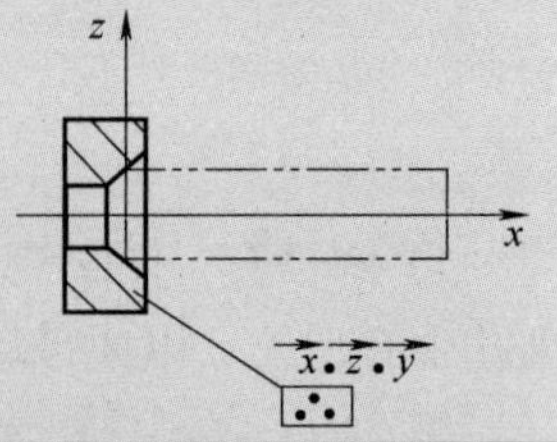
	长圆柱	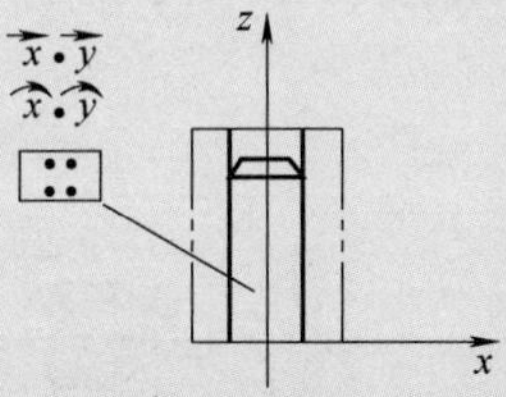		支承板或支承钉	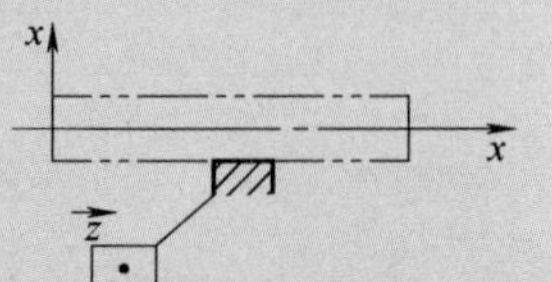
	锥销	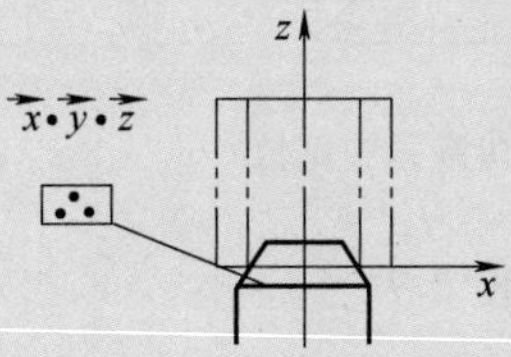			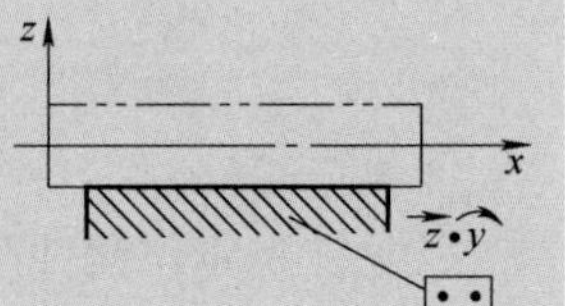

（续）

工件定位基准面	定位元件	定位方式及所限制的自由度	工件定位基准面	定位元件	定位方式及所限制的自由度
外圆柱面	V形块	$\vec{y}\cdot\vec{z}$	外圆柱面	圆锥套	$\vec{x}\cdot\vec{y}\cdot\vec{z}$　$\widehat{y}\cdot\widehat{z}$
外圆柱面	V形块	$\vec{y}\ \vec{z}$　$\widehat{y}\cdot\widehat{z}$	锥孔	顶尖	$\vec{x}\cdot\vec{y}\cdot\vec{z}$　$\widehat{y}\cdot\widehat{z}$
外圆柱面	V形块	$\vec{y}$	锥孔	圆锥心轴	$\vec{x}\cdot\vec{y}\cdot\vec{z}$　$\widehat{y}\cdot\widehat{z}$
外圆柱面	定位套	$\vec{y}\cdot\vec{z}$			

注：□内点数表示支承点的数目，□外注表示定位元件所限制工件的自由度。

2.3.3　工件的夹紧

工件在定位元件上定好位后，还需要采用夹紧装置将工件牢固地夹紧，保证工件在加工过程中不因外力（切削力、工件重力、离心力或惯性力等）作用而发生位移或振动。工件的加工质量及装夹操作都与夹紧装置有关，所以夹紧装置在夹具中占有重要的地位。

1. 夹紧装置的组成和基本要求

（1）夹紧装置的组成　图2-57是夹紧装置组成示意图，夹紧装置主要由以下三个部分组成。

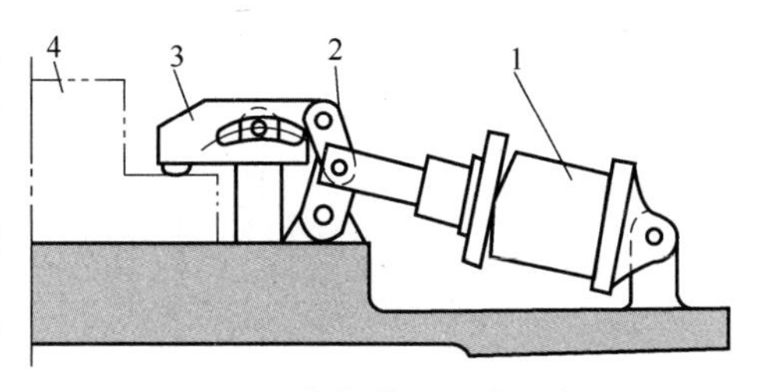

图2-57　夹紧装置组成示意图

1—力源装置　2—中间传动机构

3—夹紧元件　4—工件

1）力源装置。力源装置是产生夹紧原始作用力的装置，对机动夹紧机构来说，它是指气动、液压、电力等动力装置。力源来自人力的，称为手动夹紧。

2）中间传动机构。中间传动机构是把力源

装置产生的力传给夹紧元件的中间机构。中间传动机构的作用如下：

① 改变作用力的方向。如图 2-57 中，气缸作用力的方向通过铰链杠杆机构后改变为竖直方向的夹紧力。

② 改变作用力的大小。为了把工件牢固地夹住，有时往往需要有较大的夹紧力，这时可利用中间传动机构（如斜楔、杠杆等）将原始力增大，以满足夹紧工件的需要。

③ 起自锁作用。在力源消失以后，工件仍能得到可靠的夹紧。这一点对于手动夹紧特别重要。

3）夹紧元件。夹紧元件是夹紧装置的最终执行元件，它与工件直接接触，把工件夹紧。

（2）对夹紧装置的基本要求　夹紧装置的设计和选用是否合理，对保证工件的加工质量、提高劳动生产率、降低加工成本和确保工人的生产安全都有很大的影响。对夹紧装置的基本要求如下：

1）夹紧时不得破坏工件在夹具中占有的正确位置。

2）夹紧力要适当，既要保证在加工过程中工件不移动、不转动、不振动，同时又不要在夹紧时损伤工件表面或产生明显的夹紧变形。

3）夹紧机构要操作方便、迅速、省力。大批大量生产中应尽可能采用气动、液动等高效夹紧装置，以减轻工人的劳动强度和提高生产率。在小批量生产中，采用结构简单的螺钉压板时，也要尽量设法缩短辅助时间。手动夹紧机构所需要的力一般不要超过100N。

4）结构要紧凑简单，有良好的结构工艺性，尽量使用标准件。手动夹紧机构还须有良好的自锁性。

2. 确定夹紧力三要素的原则

确定夹紧力就是要确定夹紧力的作用点、大小和方向这三个要素。只有夹紧力的作用点分布合理、方向正确、大小适当，才能获得良好的效益。

（1）夹紧力作用点的选择　夹紧力作用点是指夹紧元件与工件接触的位置。夹紧力作用点的选择应包括正确确定作用点的数目和位置。选择夹紧力作用点时要注意下列三个问题：

1）夹紧力作用点应落在定位元件的支承范围内，以保持工件定位稳定可靠，在加工过程中不会产生位移和偏转。图 2-58a 所示的作用点不正确，夹紧时力矩将会使工件产生转动；图 2-58b 所示是正确的，夹紧时工件稳定可靠。

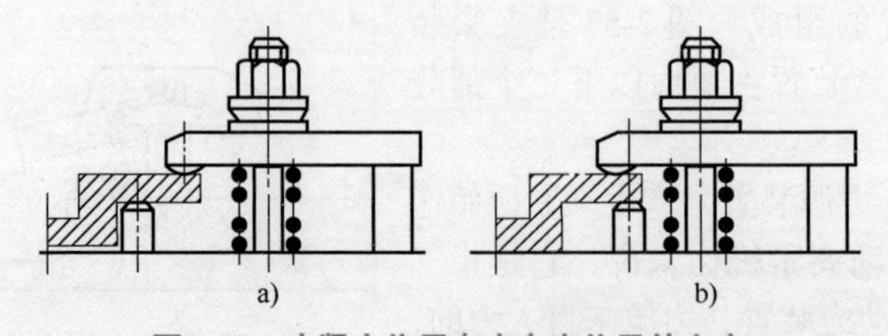

图 2-58　夹紧力作用点应在定位元件上方

2）夹紧力作用点应作用在工件刚性最好的部位上，以避免或减少工件的夹紧变形。

这一点对薄壁工件更显得重要。图 2-59a 所示的夹紧力作用点不正确，夹紧时将会使工件产生较大的变形；图 2-59b 所示是正确的，夹紧变形很小。

为了避免夹紧力过分集中，可设计特殊形状的夹紧元件，增加夹紧面积，减小夹紧变形。图 2-60a 所示为具有较大弧面的卡爪，以减少夹压薄壁套筒时的变形；图 2-60b 所示为增加一摆动压块来增大夹紧力的作用面积，减小局部夹紧变形；图 2-60c 所示为在压板下增加了一个锥面垫圈，使夹紧力通过锥面垫圈均匀地作用在薄壁工件上，以免工件被局部压扁。

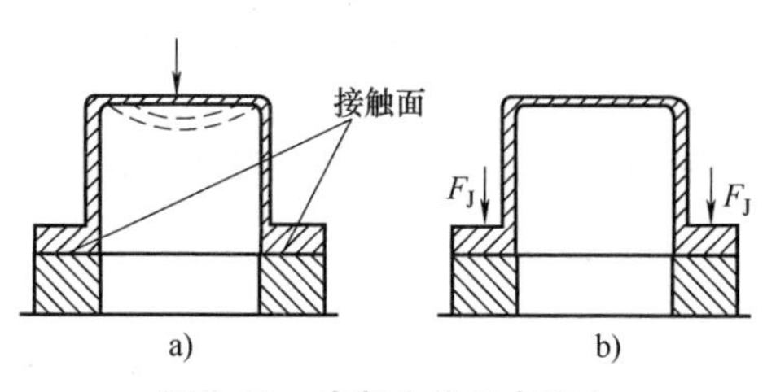

图 2-59　夹紧力作用点应在工件刚性最好的地方

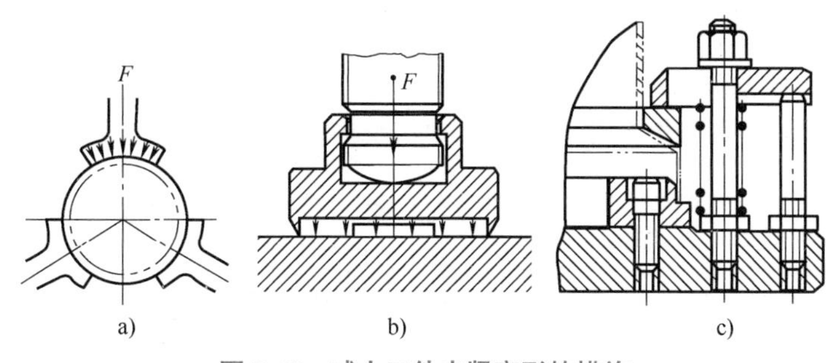

图 2-60　减小工件夹紧变形的措施

3）夹紧力作用点应尽量靠近加工表面，以提高夹紧刚度，防止或减少工件的振动。如图 2-61 所示，在拨叉上铣槽。由于主要夹紧力的作用点距加工面较远，所以在靠近加工表面的地方设置了辅助支承，增加了夹紧力 F_{J2}。这样，提高了工件的装夹刚性，减少了加工时的工件振动。

（2）夹紧力作用方向的选择

1）夹紧力的方向应垂直于主要定位面。如图 2-62 所示，工件孔与左端面有一定的垂直度要求，镗孔时，工件以左端面与定位元件的 *A* 面接触，限制三个自由度，以底面与 *B* 面接触，限制两个自由度，夹紧力垂直于 *A* 面（F_{J1}），这样不管工件左端面与底面有多大的垂直度误差，都能保证镗出的孔中心线与左端面垂直。若夹紧力方向垂直于 *B* 面（F_{J2}），则会由于工件左端面与底面的垂直度误差而影响被加工孔中心线与左端面的垂直度。

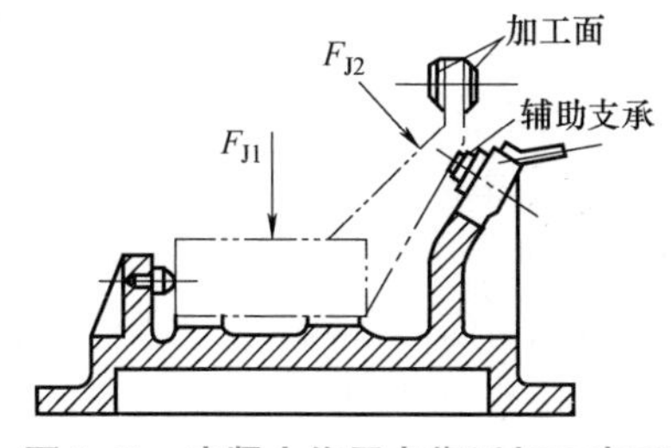

图 2-61　夹紧力作用点靠近加工表面

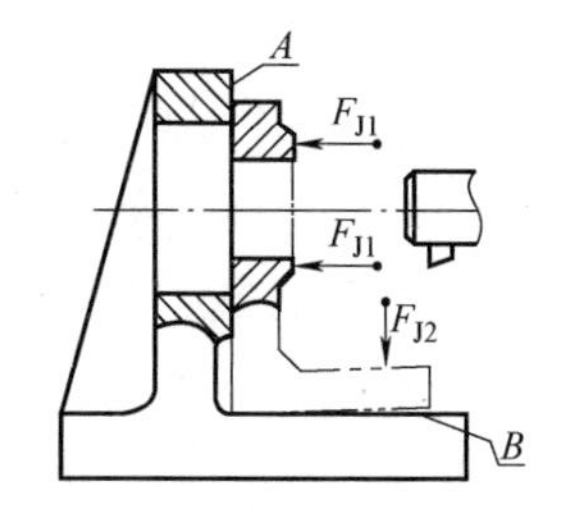

图 2-62　夹紧力方向垂直主要定位基面

2）夹紧力的方向最好与切削力、工件重力方向一致，这样既可减小夹紧力，又可简化夹紧结构和便于操作。图 2-63a 所示为钻削时轴向切削力 F_x、夹紧力 F_1 和 F_2、工件重力 G 都垂直于定位基面的情况，三者方向一致，钻削转矩由这些同向力作用在支承面上产生的摩擦力矩所平衡，此时所需的夹紧力最小。图 2-63b 所示为夹紧力 F_1、F_2 与轴向切削力 F_x 和工件重力 G 方向相反，这时所用的夹紧力除了要平衡轴向力 F_x 与重力 G，还要由夹紧力产生的摩擦阻力矩来平衡钻削转矩，因此需要很大的夹紧力。

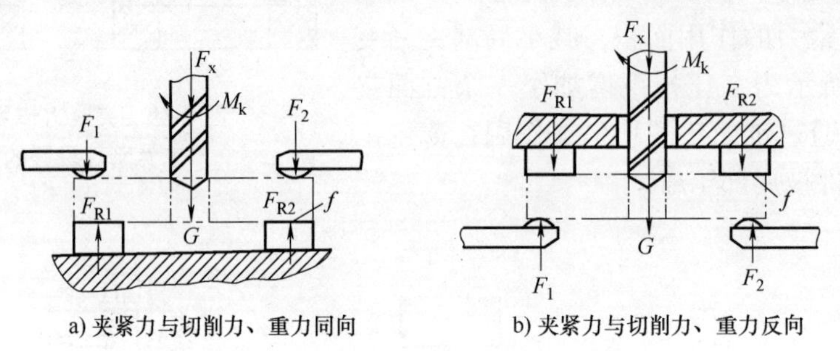

a) 夹紧力与切削力、重力同向　　b) 夹紧力与切削力、重力反向

图 2-63　夹紧力方向对夹紧力大小的影响

（3）夹紧力大小的估算　计算夹紧力是一个很复杂的问题，一般只能粗略地估算。在加工过程中，工件受到切削力、重力、离心力和惯性力等力的作用，从理论上讲，夹紧力的作用效果必须与上述作用力（矩）相平衡。但是在不同条件下，上述作用力在平衡系中对工件所起的作用各不相同。在一般切削加工中小工件时起决定作用的因素是切削力（矩）；加工笨重大型工件时，还须考虑工件的重力作用。此外，影响切削力的因素也很多，如工件材质不均匀、加工余量大小不一致、刀具的磨损程度以及切削时的冲击等因素都使得切削力随时发生变化。为简化夹紧力的计算，通常假设工艺系统是刚性的，切削过程是稳定的。在这些假设条件下，建立工件受力情况的力学模型，根据切削原理公式或计算图表求出切削力，然后找出在加工过程中最不利的瞬时状态，按静力学原理求出夹紧力大小。为了保证夹紧可靠，尚需再乘以安全系数即得实际需要的夹紧力。

$$F_J = KF' \tag{2-9}$$

式中　F'——在最不利条件下由静力平衡计算求出的夹紧力；

F_J——实际需要的夹紧力；

K——安全系数，一般取 $K=1.5\sim3$，粗加工取大值，精加工取小值。

3. 常用夹紧装置

（1）斜楔夹紧机构　利用斜面直接或间接压紧工件的机构称为斜楔夹紧机构。图 2-64 所示为几种利用斜楔夹紧机构夹紧工件的实例。图 2-64a 所示为利用斜楔直接夹紧工件。工件装入后，锤击斜楔大头，夹紧工件。加工完毕后，锤击斜楔小头，松开工件。由于用斜楔直接夹紧工件的夹紧力较小，且操作费时，所以实际生产中应用不多，多数情况下是将斜楔与其他机构联合起来使用。图 2-64b 所示是将斜楔与滑柱组合成一种夹紧机构，可以手动操作，也可以气压驱动。图 2-64c 所示是由斜楔与压板组合而成的夹紧机构。

减小 α 不仅产生的夹紧力增大，而且还增加了自锁的可靠性，从这方面看 α 值取得小

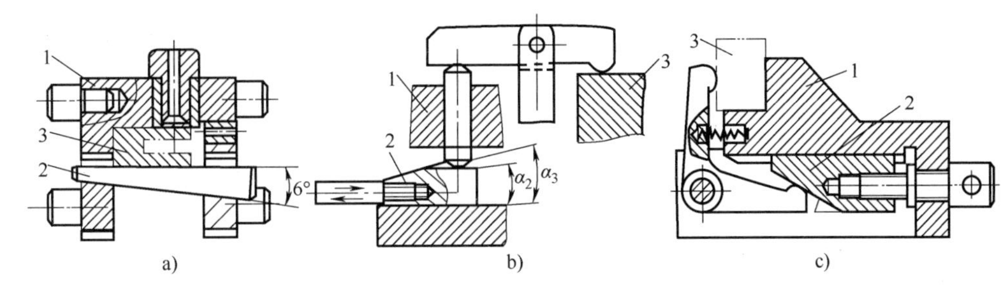

图 2-64　几种利用斜楔夹紧机构夹紧工件的实例

1—夹具体　2—斜楔　3—工件

些有利，但却带来了另外的一些问题，由图 2-65 可知

$$S_J = S_D \tan\alpha \tag{2-10}$$

式中　S_J——夹紧行程；

S_D——夹紧时斜楔移动距离。

当 S_J 一定时，减小 α 就会使 S_D 增大，这就增加了斜楔的长度，增大了夹紧机构所占空间，同时还将增加夹紧时间。因此，斜角 α 也不能取得太小，一般取 α=10°~14° 为宜。若机构要求自锁且有较大的夹紧行程，可采用双升角的楔块。图 2-64b 所示的斜楔滑块机构，大升角用来使机构迅速趋近工件，小升角用来夹紧工件。

（2）螺旋夹紧机构　由螺钉、螺母、垫圈、压板等元件组成的夹紧机构称为螺旋夹紧机构。螺旋夹紧机构结构简单、夹紧力大、自锁性能好，且有较大的夹紧行程，故目前在夹具设计中被广泛采用。

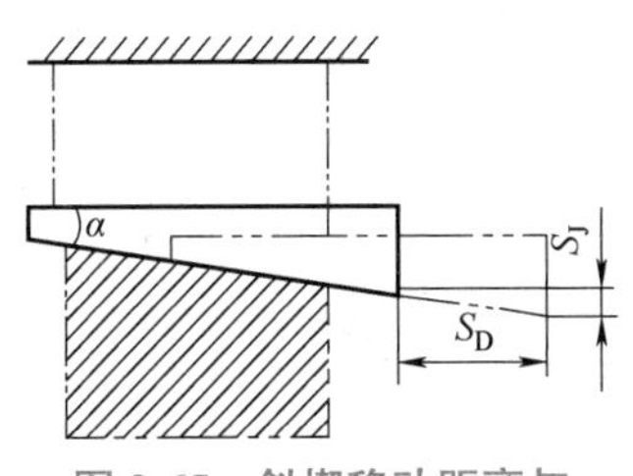

图 2-65　斜楔移动距离与夹紧行程的关系

1）单个螺旋夹紧机构。图 2-66 所示是直接用螺钉或螺杆夹紧工件的机构。图 2-66a 所示为用螺钉头部直接压紧工件的一种结构。为了保护夹具体不致过快磨损和简化修理工作，在夹具体中倒装一钢质螺母，若夹具体较薄，还可增加螺旋的拧入长度，使夹紧更为可靠。为了防止螺钉头直接与工件表面接触而造成损伤，或防止在旋紧螺钉时带动工件一起转动，可在螺钉头部装上摆动压块，这种压块只随螺钉上下移动而不与螺钉一起转动。图 2-67 所示为常见摆动压块的结构类型。A 型的端面是光滑的，用于夹紧已加工表面。B 型的端面有齿纹，用于夹紧毛坯面。

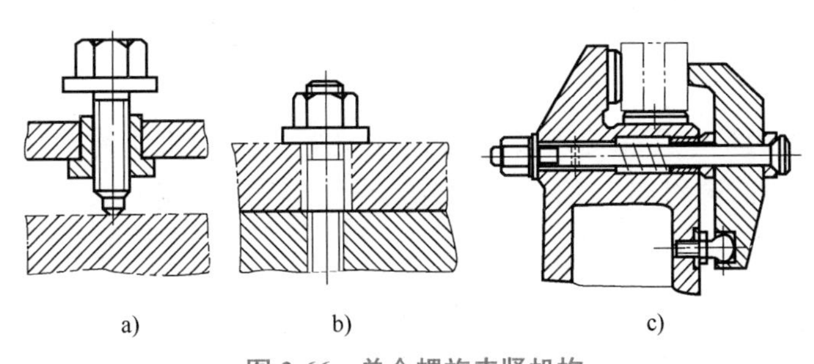

图 2-66　单个螺旋夹紧机构

图 2-66b 所示结构如要拆装工件必须把螺母全部旋出来，为了克服螺旋夹紧辅助时间较长的缺点，可以使用各种快速螺旋夹紧机构，如图 2-68 所示。图 2-68a 所示使用了开口垫圈的结构，图 2-68b 所示使用了铰链钩形压板的结构。图 2-66c 所示结构拆装工件方便，但结构较复杂。

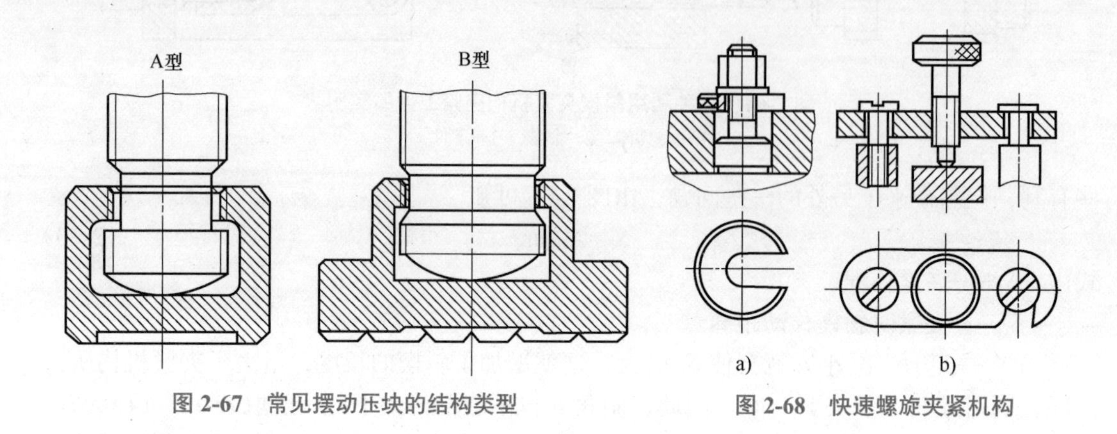

图 2-67 常见摆动压块的结构类型

图 2-68 快速螺旋夹紧机构

2）螺旋压板夹紧机构。螺旋压板夹紧机构是一种应用最广的夹紧机构。图 2-69 所示为三种典型的螺旋压板夹紧机构。图 2-69a 所示为移动压板，图 2-69b 所示为转动压板，图 2-69c 所示为翻转压板，从外力 F_Q 和夹紧力 F_J 的关系看，图 2-69a 结构效率最低，当 $l=L/2$ 时，$F_J=F_Q/2$。图 2-69c 结构效果最好，$F_J=2F_Q$。如果要改变夹紧力的大小，可通过改变外力作用点、夹紧点及支承点的相对位置关系来实现。

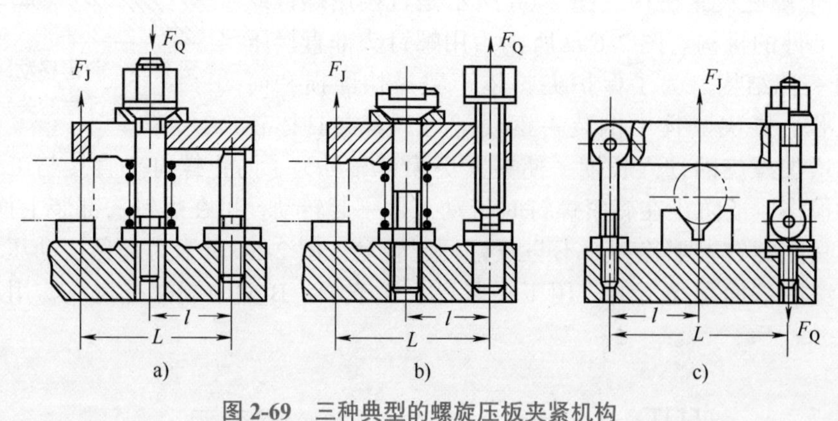

图 2-69 三种典型的螺旋压板夹紧机构

（3）偏心夹紧机构 用偏心件直接或间接夹紧工件的机构称为偏心夹紧机构。常用的偏心件是圆偏心轮和偏心轴。图 2-70 所示为常见的偏心夹紧机构。图 2-70a 所示为用圆偏心轮直接夹紧，图 2-70b、c 所示为圆偏心轮与其他元件组合使用的夹紧机构。

偏心夹紧机构操作方便、夹紧迅速，但是夹紧力和夹紧行程都较小。一般用于切削力不大、振动小的场合。

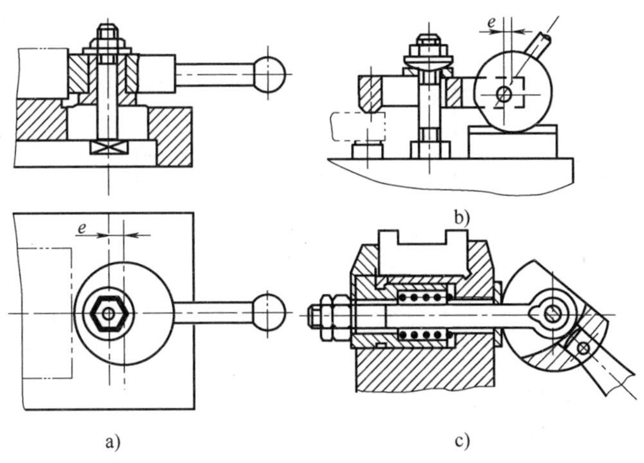

图 2-70　常见的偏心夹紧机构

思考与练习题

2-1　解释下列机床型号的含义：X6132，CG6125B，Z3040，MG1432，Y3150E，T6112。

2-2　机床的主要技术参数有哪些？

2-3　各类机床中能加工外圆、孔及平面的机床有哪些？它们的适用范围有何区别？

2-4　简述数控机床的特点、分类及组成。说明开环、闭环、半闭环伺服系统的区别及适用场合。

2-5　简述刀具材料应具备的基本要求和刀具材料的种类。

2-6　常用的高速钢刀具材料有哪几种？适用的范围是什么？硬质合金的牌号种类很多，它们各有何特点？试述陶瓷、金刚石、立方氮化硼刀具材料的优缺点及适用的场合。

2-7　刀具正交平面参考系中，各参考平面 p_r、p_s、p_o 及刀具角度 γ_o、α_o、κ_r、λ_s 是如何定义的？γ_o 和 λ_s、κ_r 和 α_o、κ_r 和 λ_s 分别确定了哪些刀具构成要素（切削部分）在空间的位置？

2-8　已知刀具角度 γ_o=30°、α_o = 10°、α_o' = 8°、κ_r = 45°、κ_r'=15°、λ_s = −30°，请绘出刀具切削部分。

2-9　镗削内孔时，如果刀具安装（刀尖）低于机床主轴中心线，在不考虑合成运动的前提下，试分析刀具工作前、后角的变化情况。

2-10　什么是定位？工件在机床上的定位方式有哪些？各有什么特点？各适用于什么场合？

2-11　何谓六点定则？何谓不完全定位、欠定位和过定位？这三种情况是否都不允许？为什么？

2-12　定位时，工件朝一个方向的自由度消除后，是否还具有朝其反方向的自由度？为什么？

2-13　根据六点定则，分析图 2-71 中所示各定位元件所限制的自由度。

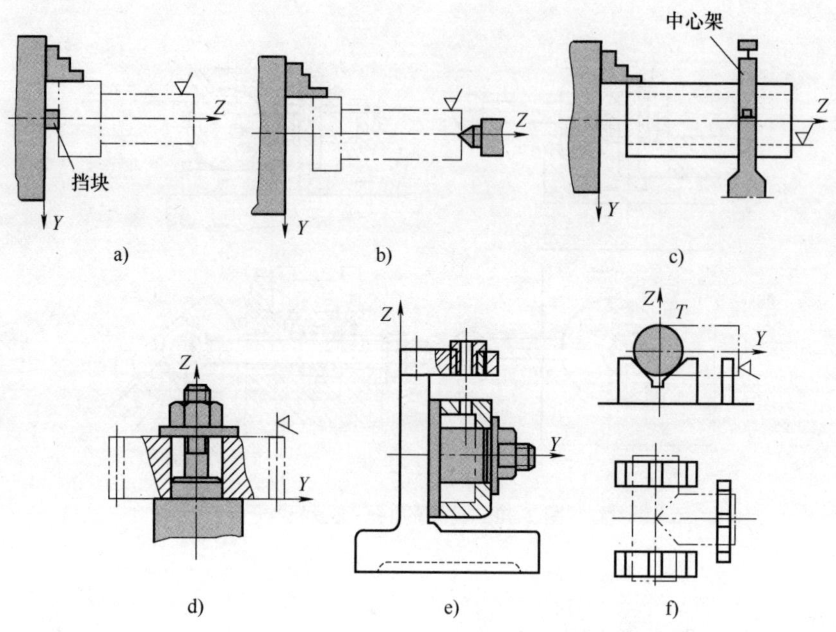

图 2-71　分析各定位元件所限制的自由度

2-14　如何确定夹紧力的三个要素？

2-15　分析三种基本夹紧机构的优缺点。

第 3 章

智能制造工艺基础

PPT 课件

课程视频

当前，我国正处于从“中国制造”向“中国智造”、从“中国速度”向“中国质量”、从“中国产品”向“中国品牌”转变的关键时期，尤其需要大力弘扬工匠精神，需要精心培养更多“知识型、技能型、创新型”大国工匠，藉以推动制造业高质量发展，推动科技创新不断进步。要实现智能制造，我们还有许多工作要做，在这个过程中最基本的就是工艺工作的精进。

产品生产全过程所涉及的业务中，工艺工作处于基础和先导地位。假如设备是工厂的肌肉，感应器和网络是工厂的神经，工艺就是工厂的灵魂。对于制造业，工艺工作的精进首先要从优化现有机械加工工艺入手，进行工艺标准化，推广工艺精益化，研究工艺稳健化。不完善的生产工艺会导致生产率低下，产品质量不稳定，而不稳定的生产工艺在工业生产环境下会出现预测性的误差，使智能工厂无法正常运转，造成巨大的损失。

3.1 概述

3.1.1 机械加工工艺过程的组成

机械加工工艺过程是由一个或若干个顺序排列的工序组成的。每一个工序又可分为若干个安装、工位、工步和走刀。

1. 工序

工序是指一个或一组工人，在一个工作地对同一个或同时对几个工件所连续完成的那一部分工艺过程。

划分工序的依据是“三不变，一连续”。工人（操作者）、工作地（机床）和工件（加工对象）三个要素中任一要素的变更即构成新的工序；连续是指工序内对一个工件的加工内容必须连续完成，否则即构成另一工序。例如图 3-1 所示的阶梯轴，当单件小批生产时，其加工工艺见表 3-1，当中批生产

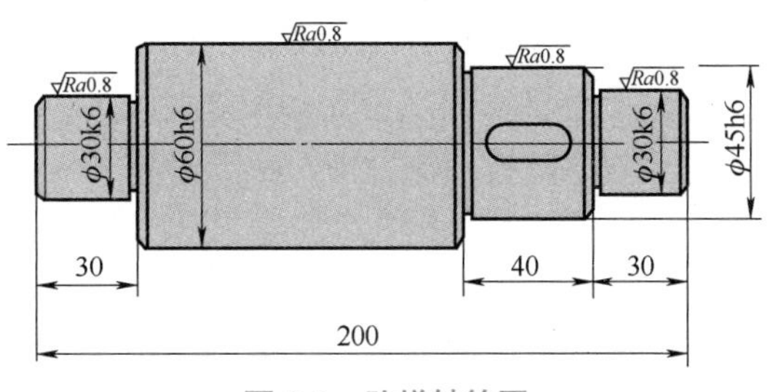

图 3-1　阶梯轴简图

时，见表 3-2。

工序是工艺过程的基本单元，又是生产计划和成本核算的基本单元。

表 3-1 阶梯轴加工工艺（单件小批生产）

工序号	工序内容	设备
10	车端面、钻中心孔、车全部外圆、车槽与倒角	卧式车床
20	铣键槽、去毛刺	立式铣床
30	磨外圆	外圆磨床

表 3-2 阶梯轴加工工艺（中批生产）

工序号	工序内容	设备
10	铣端面、钻中心孔	铣端面钻中心孔机床
20	车外圆、车槽与倒角	卧式车床
30	铣键槽	立式铣床
40	去毛刺	钳工台
50	磨外圆	外圆磨床

2. 安装

工件在加工之前，在机床或夹具上先占据一正确的位置（定位），再予以夹紧的过程称为装夹。工件（或装配单元）经一次装夹后所完成的那部分工序内容称为安装。在一道工序中，工件可能只装夹一次，也可能装夹几次。如表 3-2 中，工序 30 中一次安装即可加工出键槽，而工序 20 中，为了车出全部外圆至少需要两次安装。安装次数多，既增加安装误差又增加装夹辅助时间。故加工中应尽可能减少安装次数。

3. 工位

为减少工序中的装夹次数，常常采用各种移动或转动工作台、回转夹具或移位夹具，使工件在一次安装中可先后在机床上占有不同的位置进行连续加工。为了完成一定的工序内容，一次装夹工件后，工件（或装配单元）与夹具或设备的可动部分相对刀具或设备的固定部分所占据的每一个位置称为工位。如图 3-2 所示，在三轴钻床上利用回转工作台在一次安装中可连续完成每个工件的装卸、钻孔、扩孔和铰孔四个工位的加工。

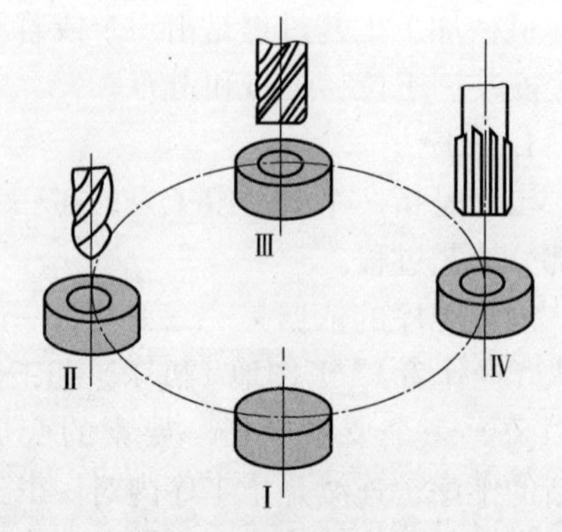

图 3-2 多工位加工

工位Ⅰ—装卸工件 工位Ⅱ—钻孔 工位Ⅲ—扩孔 工位Ⅳ—铰孔

采用多工位加工，可以提高生产率和保证加工表面间的相互位置精度。

4. 工步和走刀

在一个工序内，往往需要采用不同的工具对不同的表面进行加工。为了便于分析和描述比较复杂的工序，更好地组织生产和计算工时，工序还可以进一步划分为工步。工步是指加工表面（或装配时的连接表面）和加工（或装配）工具不变的条件下所完成的那部分工艺过程。一个工序可以包括几个工步，也可以只包括一个工步。如表3-2中，工序20包括车外圆表面、车槽及倒角等较多工步，而工序30只包括铣键槽一个工步。

构成工步的任一因素（加工表面和刀具）改变后，则构成另一个工步。但是，对于一次安装中连续进行的若干个相同的工步，通常算作一个工步。如图3-3所示，用一把钻头连续钻削四个 ϕ15 的孔，可写成一个工步——钻 4×ϕ15 孔。

为了提高生产率，用几把不同刀具或复合刀具同时加工一个零件的几个表面的工步，也可看作是一个工步，称为复合工步，如图3-4所示。

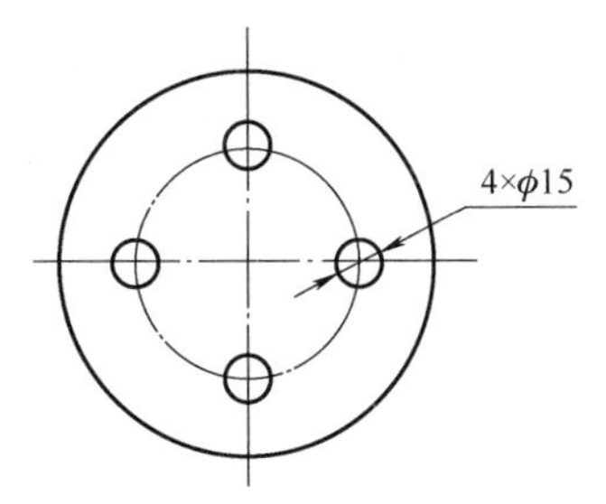

图3-3　加工四个相同孔的工步

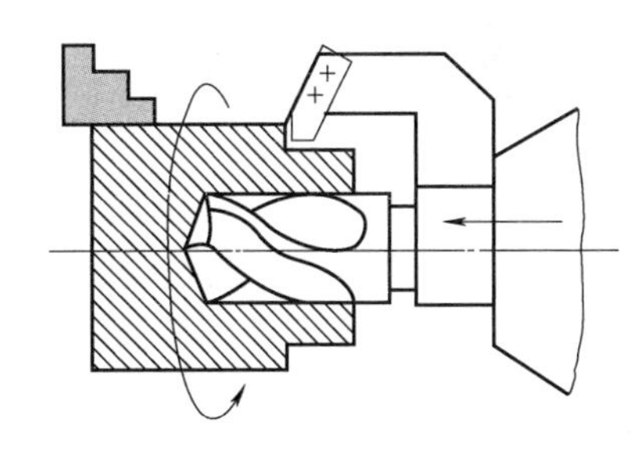

图3-4　复合工步

在一个工步内，若被加工表面需要切去的金属层很厚，需要分几次切削，则每进行一次切削就称为一次走刀。一个工步可包括一次或几次走刀。

3.1.2　工艺规程

工艺规程是规定产品或零部件制造工艺过程和操作方法的工艺文件。它是在具体的生产条件下，把较为合理的工艺过程和操作方法，按规定的形式书写成工艺文件，经审批后用来指导生产。

1. 工艺规程的作用

工艺过程一般包括的内容有零件加工的工艺路线、各工序的具体加工内容、切削用量、时间定额，以及所采用的设备和工艺装备等。因此，工艺规程具有以下几方面的作用：

1）工艺规程是指导生产的主要技术文件。合理的工艺规程是在总结广大工人和技术人员实践经验的基础上，依据工艺理论和必要的工艺试验，又结合具体的生产条件制定的，并在实践过程中不断地加以改进和完善。按照工艺规程进行生产，可以稳定地保证产品质量和获得较高的生产率和经济效果。因此，生产中应严格地执行既定的工艺规程。但是，工艺规程也不是固定不变的，它可根据生产实际情况进行修改，但必须要有严格的审批手续。

2）工艺规程是生产组织和生产管理工作的依据。从工艺规程所涉及的内容可以看出，在生产组织和管理中，产品投产前原材料及毛坯的供应、通用工艺装备的准备、机床负荷的调整、专用工艺装备的设计和制造、生产计划的制定、劳动力的组织，以及生产成本的核算等，都是以工艺规程作为基本依据的。

3）工艺规程是新建、扩建或改建工厂及车间的基本资料。在新建、扩建或改建工厂及车间时，只有根据工艺规程和生产纲领才能正确地确定生产所需的机床和其他设备的种类、规格和数量，车间的面积，机床的布置，生产工人的工种、技术等级及数量，以及辅助部门的安排等。

4）工艺规程是技术储存交流的主要手段。工艺规程体现了一个企业的工艺技术水平。作为工艺水平的载体，工艺规程是企业发展的基石，它可以用于同行业之间的交流和推广。

2. 工艺规程的格式

工艺规程是由一系列工艺文件所构成的。工艺文件一般以卡片的形式来体现，如工艺过程卡、工艺卡、工序卡、调整卡、检验卡等。通常，单件小批生产只需填写简单的工艺过程卡，在中批生产中多采用工艺卡，在大批大量生产中需要填写工序卡。对有调整要求的工序要有调整卡，检验工序要有检验卡。对于技术要求高的关键零件的关键工序，即使是采用普通加工方法的单件小批生产，也应该制定较为详细的机械加工艺文件（包括填写工序卡和检验卡等），以确保产品质量。若机械加工工艺过程中有数控工序或全部由数控工序组成，则不管生产类型如何，都必须对数控工序做出详细规定，填写数控加工工序卡、刀具卡等必要的与编程有关的工艺文件，以利于编程。

3. 工艺规程的设计原则

工艺规程的设计原则是：优质、高效、低成本。即在保证产品质量的前提下，以最少的劳动量和最低的成本，在规定的时间内，可靠地加工出符合图样及技术要求的零件。在设计工艺规程时，应注意以下问题：

（1）技术上的先进性　在进行工艺规程设计时，要全面了解国内外本行业工艺技术的发展水平，积极采用适用的先进工艺和装备，使所设计的工艺规程在一定时间内保持相对的稳定性和先进性，而不至于经常做大的修改。

（2）经济上的合理性　在采用高生产率的设备与工艺装备时要注意与生产纲领相适应。对于在一定条件下可能会出现的几种能够保证零件技术要求的工艺方案，应进行经济性分析和对比，从中选出最经济合理的方案。

（3）良好的劳动条件　设计工艺规程时要注意保证生产安全，尽量减轻工人的劳动强度，避免环境污染。在工艺方案上可采用机械化或自动化措施，将工人从某些繁重的体力劳动中解放出来。

4. 工艺规程设计所需的原始资料

设计工艺规程通常需要下列原始资料：①产品的全套装配图和零件工作图；②产品验收的质量标准；③产品的生产纲领；④毛坯资料，包括各种毛坯制造方法的技术经济特征、各种钢型材的品种和规格、毛坯图等；在无毛坯图的情况下，需实地了解毛坯的形状、尺寸及力学性能等；⑤现场的生产条件，要了解毛坯的生产能力及技术水平，加工设备和工艺装备的规格及性能，工人的技术水平，以及专用设备及工艺装备的制造能力等；⑥工艺规程设计时应尽可能多地了解国内外相应生产技术的发展情况，同时还要结合本厂实际，合理地引进、采用新技术、新工艺；⑦有关的工艺手册及图册。

5. 工艺规程制定的步骤

1）零件的工艺性分析。

2）确定毛坯的制造方法和形状。

3）拟定工艺路线。

4）确定各工序的加工余量，计算工序尺寸和公差。

5）确定各工序所采用的设备和工艺装备。

6）确定切削用量和工时定额。

7）确定各工序的技术要求及检验方法。

8）填写工艺文件。

3.2 零件工艺分析

设计工艺规程时，首先应分析产品的零件图和所在部件的装配图，熟悉产品的用途、性能及工作条件，并找出其主要的技术要求和规定它的依据，然后对零件图进行工艺分析。

3.2.1 零件技术要求分析

零件的技术要求包括下列几个方面：①加工表面的尺寸精度；②主要加工表面的形状精度；③主要加工表面之间的相互位置精度；④各加工表面的表面粗糙度及表面质量方面的其他要求；⑤热处理要求及其他技术要求（如动平衡等）。

对零件图具体的技术要求分析内容如下：

1）零件的视图、尺寸、公差和技术要求等是否齐全。了解零件的各项技术要求，找出主要技术要求和加工关键，以便制定相应的加工工艺。

2）零件图所规定的加工要求是否合理。如图3-5所示的汽车钢板弹簧吊耳，使用时钢板弹簧与吊耳的内侧面是不接触的，所以吊耳内侧面的表面粗糙度值可由原设计要求的 $Ra3.2\mu m$ 增大到 $Ra12.5\mu m$，这样就可以在铣削时增大进给量，以提高生产率。

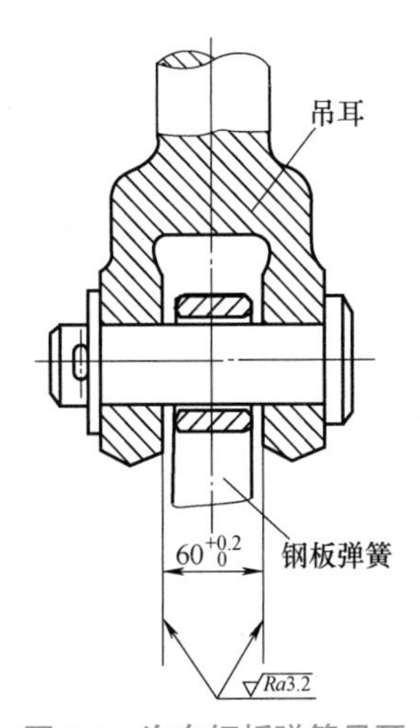

图3-5 汽车钢板弹簧吊耳

3）零件的选材是否恰当，热处理要求是否合理。如图3-6所示的方头销，方头部分要求淬火硬度为55~60HRC，所选材料为T8A，零件上有一个小孔 ϕ2H7要求装配时配作。由于零件全长只有15mm，方头部分长为4.5mm，所以用T8A材料局部淬火势必使全长均被淬硬，以致装配时 ϕ2H7无法加工。若材料改用20Cr钢，局部渗碳淬火，便能解决问题。

3.2.2　零件结构及其工艺性分析

对零件的结构分析主要注意以下问题：

1）机械零件的结构，由于使用要求不同而具有各种形状和尺寸。但是，如果从形体上加以分析，各种零件都是由一些基本表面和成形表面组成的。基本表面有内外圆柱表面、圆锥表面和平面等；成形表面主要有螺旋面、渐开线齿形表面及其他一些成形表面等。在研究具体零件的结构特点时，首先要分析该零件是由哪些表面组成的，因为表面形状是选择加工方法的基本因素。例如，外圆表面一般是由车削和磨削加工出来，内孔则多通过钻、扩、铰、拉、镗和磨削等加工方法获得。除表面形状外，尺寸对工艺也有重要的影响。以内孔为例，大孔与小孔、深孔与浅孔在工艺上均有不同特点。

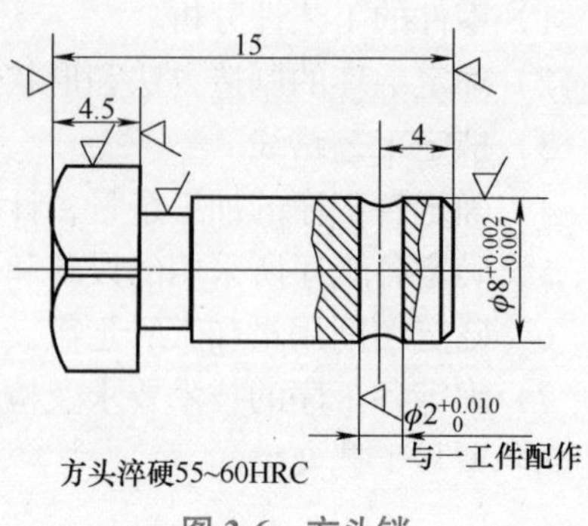

图 3-6　方头销

2）在分析零件的结构时，不仅要注意零件的各个构成表面本身的特征，还要注意这些表面的不同组合，正是这些不同的组合才形成零件结构上的特点。例如以内外圆为主的表面，既可组成轴类、盘类零件，也可组成套筒类零件。对于套筒类零件，既可是一般的轴套，也可以是形状复杂或刚性很差的薄壁套筒。显然，上述不同结构的零件在工艺上往往有着较大的差异。在机械制造中，通常按照零件结构和加工工艺过程的相似性，将各种零件大致分为轴类零件、套筒类零件、盘环类零件、叉架类零件及箱体类零件等。

3）特别要注意分析零件的刚度情况，对刚度特别小的部位，在加工时要注意采取相应的工艺措施以防止受力变形。同时还要注意分析零件刚度的方向，例如套筒类零件的轴向刚度大于径向刚度，所以夹紧时常将径向夹紧改为轴向夹紧。

4）在研究零件的结构时，还要注意审查零件的结构工艺性。零件的结构工艺性是指零件的结构在保证使用要求的前提下，是否能以较高的生产率和最低的成本方便地制造出来的特性。使用性能相同而结构不同的两个零件，它们的加工方法和制造成本可能有很大的差别。在进行零件的结构分析时应考虑到加工时的装夹、对刀、测量、切削效率等。结构工艺性不好会使加工困难，浪费工时，浪费材料，甚至无法加工。表 3-3 列出了零件机械加工结构工艺性的对比。

表 3-3　零件机械加工结构工艺性的对比

序号	*A* 结构 结构工艺性差	*B* 结构 结构工艺性好	说明
1	Ra12.5	Ra12.5	*B* 结构留有退刀槽，便于进行加工，并能减少刀具和砂轮的磨损
2	4　5　2	4　4　4	*B* 结构采用相同的槽宽，可减少刀具种类和换刀时间

（续）

序号	*A* 结构 结构工艺性差	*B* 结构 结构工艺性好	说明
3	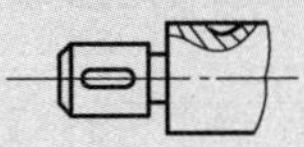	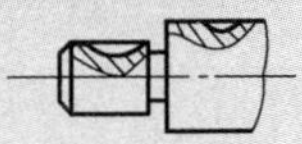	由于 *B* 结构的键槽的方位相同，就可在一次安装中进行加工，提高了生产率
4	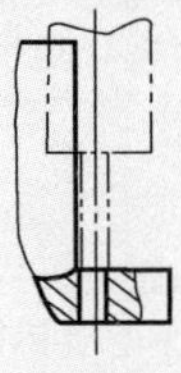	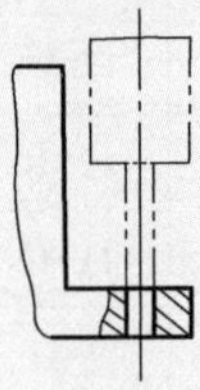	*A* 结构不便引进刀具，难以实现孔的加工
5	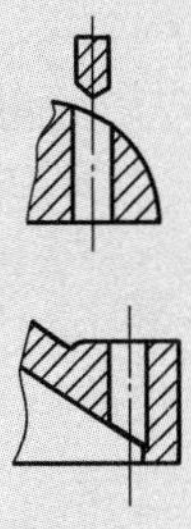	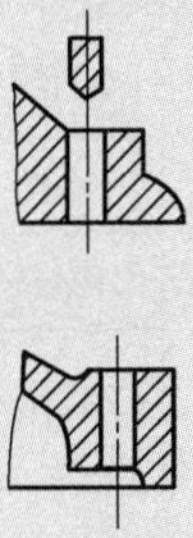	*B* 结构可避免钻头钻入和钻出时因工件表面倾斜而造成引偏或断损
6	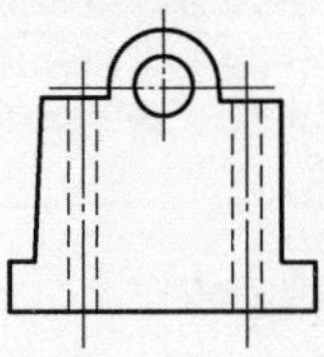	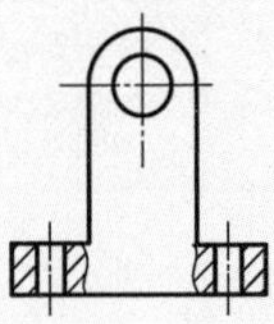	*B* 结构节省材料，减小了质量，还避免了深孔加工
7	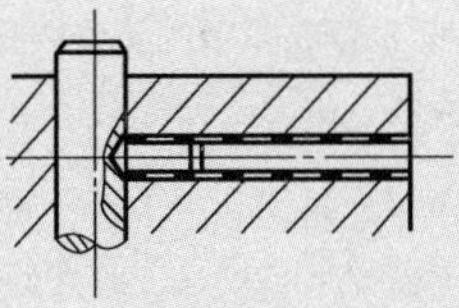	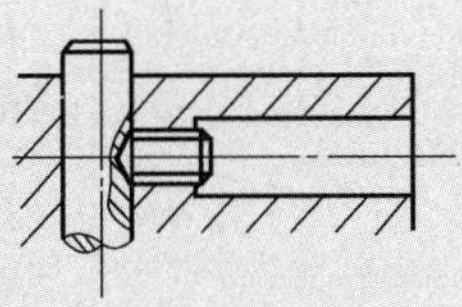	*B* 结构可减少深孔的螺纹加工

3.3 毛坯的选择

毛坯是根据零件（或产品）所要求的形状、工艺尺寸等而制成的供进一步加工用的生产对象。毛坯的种类、形状、尺寸及精度对机械加工工艺过程、产品质量、材料消耗和生产成本有着直接影响。因此，在设计工艺规程时必须正确地选择毛坯的种类和确定毛坯的形状。

3.3.1 毛坯种类的选择

机械加工中常用的毛坯种类有型材、铸件、锻件、冲压件、粉末冶金件、焊接件和工程塑料件等。根据零件的材料和对材料力学性能的要求、零件结构形状和尺寸大小、零件的生产纲领、现场生产条件，以及利用新工艺、新技术的可能性等因素，可参考表 3-4 确定毛坯的种类。

表 3-4 机械制造业常用毛坯种类及其特点

<table>
<tr><th>毛坯种类</th><th>毛坯制造方法</th><th>材料</th><th>形状复杂性</th><th>公差等级（IT）</th><th colspan="2">特点及适应的生产类型</th></tr>
<tr><td rowspan="2">型材</td><td>热轧</td><td rowspan="2">钢、有色金属（棒、管、板、异形等）</td><td rowspan="2">简单</td><td>11~12</td><td colspan="2" rowspan="2">常用作轴、套类零件及焊接毛坯分件，冷轧坯尺寸精度高但价格昂贵，多用于自动机加工件坯料</td></tr>
<tr><td>冷轧（拉）</td><td>9~10</td></tr>
<tr><td rowspan="7">铸件</td><td>木模手工造型</td><td rowspan="3">铸铁、铸钢和有色金属</td><td rowspan="3">复杂</td><td>12~14</td><td>单件小批生产</td><td rowspan="7">铸造毛坯可获得复杂形状，其中灰铸铁因其成本低廉、耐磨性和吸振性好而广泛用作机架、箱体类零件毛坯</td></tr>
<tr><td>木模机器造型</td><td>11~12</td><td>成批生产</td></tr>
<tr><td>金属模机器造型</td><td>9~11</td><td>大批大量生产</td></tr>
<tr><td>离心铸造</td><td>有色金属、部分黑色金属</td><td>回转体</td><td>12~14</td><td>成批或大批大量生产</td></tr>
<tr><td>压铸</td><td>有色金属</td><td>复杂</td><td>9~10</td><td>大批大量生产</td></tr>
<tr><td>熔模铸造</td><td>铸钢、铸铁</td><td rowspan="2">复杂</td><td>10~11</td><td>成批以上生产</td></tr>
<tr><td>失蜡铸造</td><td>铸铁、有色金属</td><td>9~10</td><td>大批大量生产</td></tr>
<tr><td rowspan="3">锻件</td><td>自由锻造</td><td rowspan="3">钢</td><td>简单</td><td>12~14</td><td>单件小批生产</td><td rowspan="3">金相组织纤维化且走向合理，零件机械强度高</td></tr>
<tr><td>模锻</td><td rowspan="2">较复杂</td><td>11~12</td><td rowspan="2">大批大量生产</td></tr>
<tr><td>精密模锻</td><td>10~11</td></tr>
<tr><td>冲压件</td><td>板料加压</td><td>钢、有色金属</td><td>较复杂</td><td>8~9</td><td colspan="2">适用于大批大量生产</td></tr>
<tr><td rowspan="2">粉末冶金件</td><td>粉末冶金</td><td rowspan="2">铁、铜、铝基材料</td><td rowspan="2">较复杂</td><td>7~8</td><td colspan="2" rowspan="2">机械加工余量极小或无机械加工余量，适用于大批大量生产</td></tr>
<tr><td>粉末冶金热模锻</td><td>6~7</td></tr>
<tr><td rowspan="2">焊接件</td><td>普通焊接</td><td rowspan="2">铁、铜、铝基材料</td><td rowspan="2">较复杂</td><td>12~13</td><td colspan="2" rowspan="2">用于单件小批或成批生产，因其生产周期短、不需要准备模具、刚性好及省材料而常用以代替铸件</td></tr>
<tr><td>精密焊接</td><td>10~11</td></tr>
<tr><td>工程塑料件</td><td>注射成型
吹塑成型
精密模压</td><td>工程塑料</td><td>复杂</td><td>9~10</td><td colspan="2">适用于大批大量生产</td></tr>
</table>

3.3.2 确定毛坯的形状和尺寸

现代机械制造发展的趋势之一是精化毛坯，使其形状和尺寸尽量与零件接近，从而进行少切屑加工甚至无切屑加工。但由于毛坯制造技术和成本的限制，产品零件的加工精度和表面质量的要求越来越高，所以毛坯的某些表面仍需留有一定的加工余量，以便通过机械加工达到零件的技术要求。毛坯制造尺寸与零件相应尺寸的差值称为毛坯加工余量，毛坯制造尺寸的公差称为毛坯公差，二者都与毛坯的制造方法有关，生产中可参阅有关的工艺手册来选取。毛坯的加工余量确定后，其形状和尺寸的确定，还要考虑到毛坯制造、机械加工及热处理等工艺因素的影响。下面仅从机械加工工艺角度来分析一下，在确定毛坯形状和尺寸时应注意的几个问题。

1）为使加工时工件安装稳定，有些铸件毛坯需要铸出工艺凸台，如图 3-7 所示。工艺凸台一般在零件加工后再行切除。

2）为了保证零件的加工质量和加工方便，常将一些零件先做成一个整体毛坯，加工到一定阶段后再切割分离。对于半圆形的零件一般应合并成一个整圆的毛坯；对于一些小的、薄的零件（如轴套、垫圈和螺母等），可以将若干零件合成一件毛坯，待加工到一定阶段后再切割分离。图 3-8 所示车床进给系统中的开合螺母外壳，就是将其毛坯做成整体，待加工到一定阶段后再切割分离。

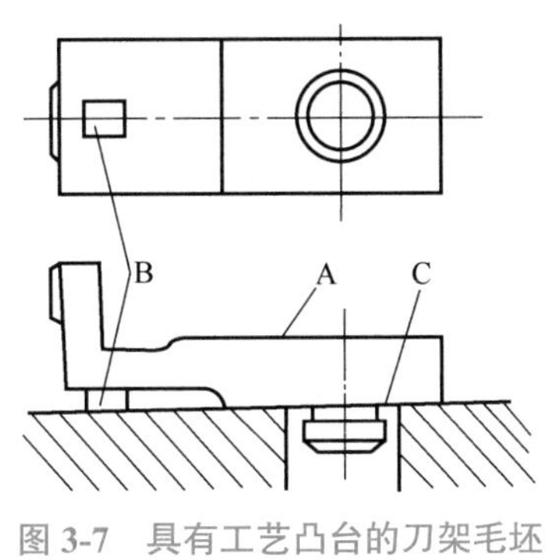

图 3-7　具有工艺凸台的刀架毛坯

A—加工面　B—工艺搭子　C—定位面

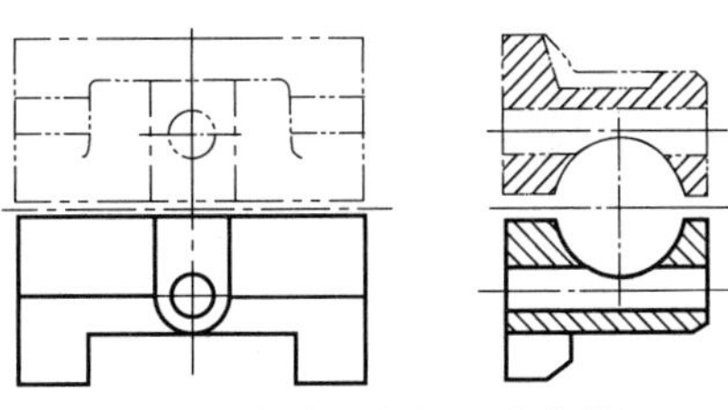

图 3-8　车床开合螺母外壳简图

3.4　定位基准的选择

3.4.1　基准的概念

所谓基准就是在零件上用以确定其他点、线、面的位置所依据的点、线、面。基准根据其功用不同可分为设计基准和工艺基准两大类，前者用在产品零件的设计图上，后者用在机械制造的工艺过程中。

1. 设计基准

在零件图上用以确定其他点、线、面位置的基准称为设计基准。对于距离尺寸精度，基准位于尺寸线的起点，对于相互位置精度，基准就是基准符号所处的位置。

例如，图 3-9a 所示的钻套，轴线 $O—O$ 是各外圆表面及内孔的设计基准；端面 A 是端面 B、C 的设计基准；内孔表面 D 的轴线是 ϕ40h6 外圆表面的径向跳动和端面 B 轴向跳动的设计基准。同样，图 3-9b 中的 F 面是 C 面及 E 面尺寸的设计基准，也是两孔垂直度和 C 面平行度的设计基准；A 面为 B 面尺寸及平行度的设计基准。作为设计基准的点、线、面在工件上不一定具体存在，如表面的几何中心、对称线、对称平面等。

2. 工艺基准

零件在工艺过程中所采用的基准称为工艺基准。工艺基准按用途又可分为以下几种：

（1）工序基准　在工序图上用来标注本工序被加工表面加工后的尺寸、位置的基准称为工序基准。如图 3-10a 所示的零件，加工端面 B 时的工序图为图 3-10b，工序尺寸为 l_4，则工序基准为端面 A，而设计基准是端面 C。

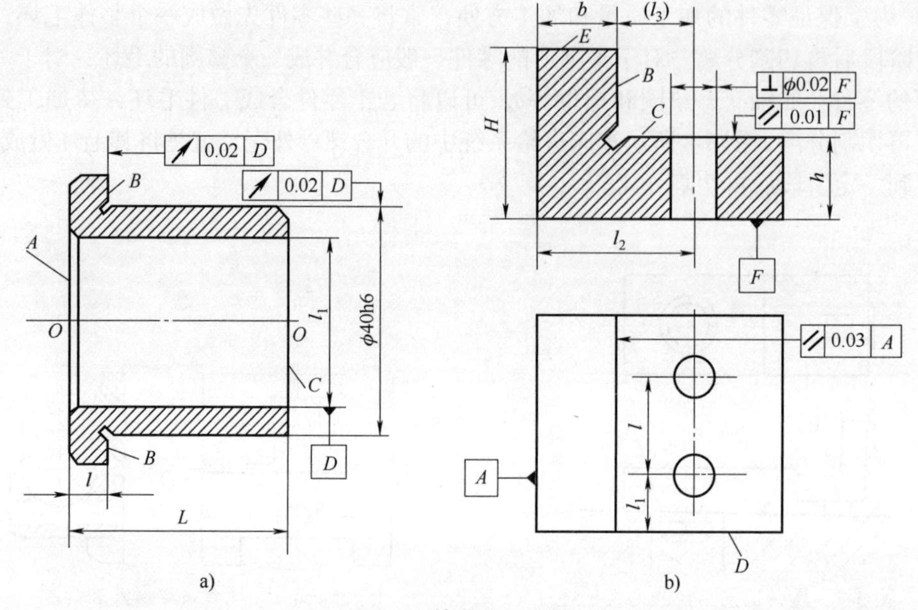

图 3-9　基准分析示例

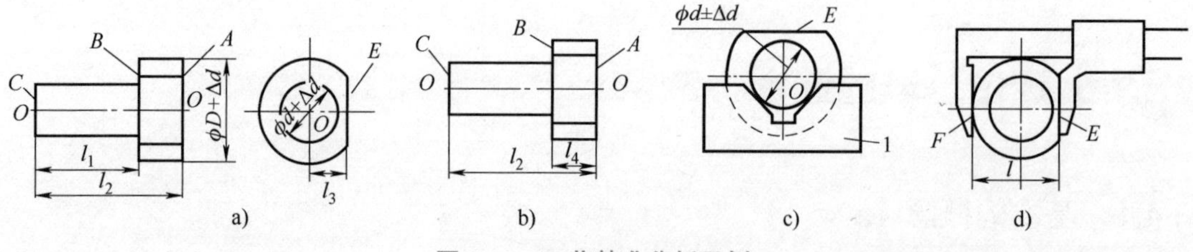

图 3-10　工艺基准分析示例

（2）定位基准　加工时，使工件在机床或夹具中占据一正确位置所用的基准称为定位基准。例如加工图 3-9b 中的孔时，底面 F、侧面 A、D 均应作为定位基准。

定位基准除了是工件的实际表面，也可以是表面的几何中心、对称线或对称面，但必须由相应的实际表面来体现，这些实际表面称为定位基面。工件以回转面与定位元件接触时，工件轴线为定位基准，其轴线由回转面来体现，回转面即为定位基面。如图 3-10c 所示，加工 E 面时工件是以外圆 ϕd 放在 V 形块 1 上定位，则其定位基准就是外圆 ϕd 的轴线，定位基面是 ϕd 的外圆表面。又如将图 3-9a 所示零件的内孔套在心轴上加工 ϕ40h6 外圆时，内孔中心线即为定位基准，内孔表面即为定位基面。

（3）测量基准　检验时用以测量已加工表面尺寸及位置的基准称为测量基准。一般情况下常采用设计基准作为测量基准。如图 3-10a 中，当加工端面 A、B，并保证尺寸 l_1、l_2 时，测量基准就是它的设计基准端面 C。但当以设计基准为测量基准不方便或不可能时，也可采用其他表面作为测量基准。如图 3-10d 中，表面 E 的设计基准为中心 O，而测量基准为外圆 ϕD 的素线 F，则此时测量尺寸为 l。

（4）装配基准　在装配时，用来确定零件或部件在机器中的位置所用的基准称为装配基准。例如：齿轮装在轴上，内孔是它的装配基准；轴装在箱体孔上，则支承轴颈的轴线是装配基准；主轴箱体装在床身上，则箱体的底面是装配基准。

3.4.2　基准的选择

定位基准有粗基准与精基准之分。在加工的起始工序中，只能用毛坯上未经加工的表面作为定位基准，则该表面称为粗基准。利用已经加工过的表面作为定位基准，称为精基准。

1. 精基准的选择

选择精基准主要考虑应可靠地保证主要加工表面间的相互位置精度并使工件装夹方便、准确、稳定、可靠。因此，选择精基准时一般应遵循以下原则：

（1）基准重合原则　为了较容易地获得加工表面对其设计基准的相对位置精度，应选择加工表面的设计基准作为定位基准，这一原则称为基准重合原则。采用基准重合原则，可以直接保证设计精度，避免基准不重合误差。图 3-11a 所示为一零件简图，*A* 面是 *B* 面的设计基准，*B* 面是 *C* 面的设计基准。在用调整法加工 *B* 面和 *C* 面时，先以 *A* 面定位加工 *B* 面，符合基准重合原则。然后加工 *C* 面，此时有两种不同方案。

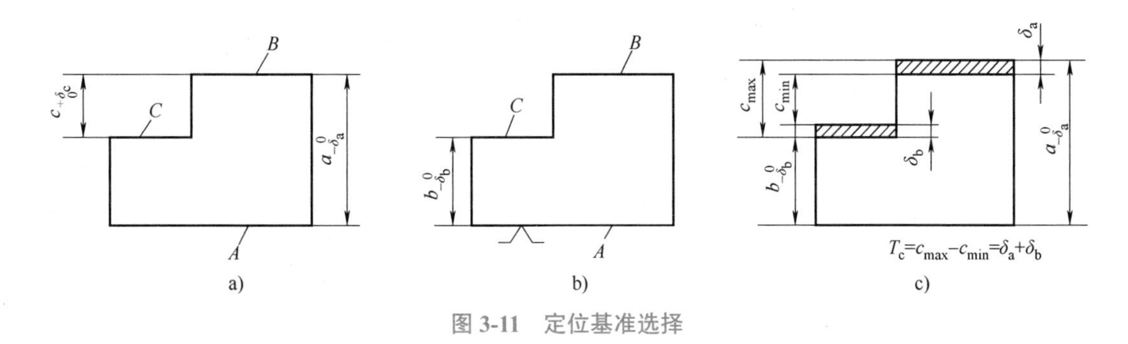

图 3-11　定位基准选择

第一种方案是以 *B* 面定位加工 *C* 面，直接保证尺寸 *c*。这时定位基准与设计基准重合，影响加工精度的只有本工序的加工误差，只要把此误差控制在 δ_c 范围以内，就可以保证加工精度。但这种方案定位不方便且不稳固。

第二种方案是以 *A* 面定位加工 *C* 面，直接保证尺寸 *b*，如图 3-11b 所示。这时定位基准与设计基准不重合，设计尺寸 *c* 是由尺寸 *a* 和尺寸 *b* 间接保证的，它取决于尺寸 *a* 和 *b* 的加工精度。影响尺寸 *c* 的精度，除了本工序的加工误差 δ_b，还与前工序加工尺寸 *a* 的加工误差 δ_a 有关，如图 3-11c 所示。很明显，要保证尺寸 *c* 的精度，必须控制尺寸 *b* 和 *a* 的加工误差，使两者之和不超过 δ_c，即 $\delta_b+\delta_a \leqslant \delta_c$。其中，误差 δ_a 是由于定位基准与设计基准不重合引起的，称为基准不重合误差，其数值等于定位基准与设计基准之间位置尺寸的公差。当 δ_c 为一定值时，由于基准不重合误差（即 δ_a）的存在，势必要减小 δ_b 值。故采用这种方案，虽定位比较方便，但增加了本工序的加工难度。因此在选择定位基准时，应遵守“基准重合”原则，即尽可能选设计基准为定位基准。应当指出，基准重合原则对于保证表面间的相互位置精度（如平行度、垂直度、同轴度等）也完全适用。

（2）基准统一原则　当工件以某一组精基准定位可以比较方便地加工其他各表面时，应尽可能在多数工序中采用此组精基准定位，这就是基准统一原则。采用基准统一原则可使各个工序所用的夹具统一，可减少设计和制造夹具的时间和费用，提高生产率。另外，多数表面采用同一组定位基准进行加工，可避免因基准转换过多而带来的误差，有利于保证各表面之间的相互位置精度。例如：轴类零件加工过程中大多数工序采用两个顶尖孔作为定位基准；齿轮加工中大部分工序以基准端面及内孔作为定位基准；箱体类零件加工过程中大多数工序采用底面和底面上相距较远的两个孔作为定位基准。

（3）保证工件定位稳定准确、夹紧可靠，夹具结构简单，操作方便的原则　一般应采用面积大、精度较高和表面粗糙度值较低的表面为精基准。例如加工箱体类和支架类零件时常用底面为精基准，因为底面一般面积大、精度高、装夹稳定且方便，设计夹具也较简单。又如图 3-11a 所示零件，当加工表面 *C* 时，若采用基准重合原则，选择 *B* 面为定位基准，工件定位不稳、装夹不便、夹具结构也较复杂。因此，在加工精度允许的条件下，可选择底面 *A* 为定位基准，此时定位稳定、装夹方便、夹具结构也简单。

（4）互为基准原则　为了获得均匀的加工余量及较高的相互位置精度，可采用互为基准、反复加工的原则。例如：加工精密齿轮，当高频淬火把齿面淬硬后，需进行磨齿，因其淬硬层较薄，所以磨削余量应小而均匀，这样就得先以齿形分度圆为基准磨内孔，再以内孔为基准磨齿形面，以保证齿面余量均匀，且孔与齿面间的相互位置精度也高；加工套筒类零件，当内、外圆柱表面的同轴度要求较高时，先以孔定位加工外圆，再以外圆定位加工孔，反复加工几次就可大大提高同轴度。

（5）自为基准原则　当精加工或光整加工工序要求余量小而均匀时，可选择加工表面本身为精基准，以保证加工质量和提高生产率。如磨削车床床身导轨面时，为了保证导轨面上耐磨层的一定厚度和均匀性，可用导轨面自身找正定位来进行磨削。浮动镗刀镗孔、圆拉刀拉孔、珩磨及无心磨床磨轴的外圆表面，都是采用自为基准原则进行零件表面加工。应用这种精基准加工工件，只能提高加工表面的尺寸精度，不能提高表面间的相互位置精度，后者应由先行工序保证。

工件定位时，为了保证加工表面的位置精度，多优先选择设计基准或装配基准为主要定位基准，这些定位基准一般为零件上的重要工作表面。但有些零件的加工，为装夹方便或易于实现基准统一，人为地制造一种定位基准，如图 3-7 所示零件上的工艺凸台和轴类零件加工的中心孔。这些表面不是零件上的工作表面，只是由于工艺需要而做出的，这种基准称为辅助基准。此外，零件上的某些次要表面（非配合表面），因工艺上选作定位基准而要提高它的加工精度和表面质量以便定位时使用，这种表面也称为辅助基准。例如，箱体类零件加工中，为实现基准统一，采用底面与底面上的两个紧固孔定位，为此必须提高两个紧固孔的中心距离精度和本身的尺寸精度。

2. 粗基准选择

选择粗基准，主要是为了可靠方便地加工出精基准来。具体选择时主要考虑以下原则：

1）为了保证不加工表面与加工表面之间的相互位置关系（壁厚均匀、对称、间隙大小等），应首先选择不加工表面作为粗基准，若零件上有多个不加工表面，则应选择其中与加工表面相对位置精度要求较高的不加工表面作为粗基准。例如图 3-12a 所示套类零件，为保证零件加工后壁厚均匀，应选择不加工的外圆面作为粗基准。

2）为了使定位稳定、可靠，夹具结构简单，操作方便，作为粗基准的表面应不是分型面，应尽可能平整光洁，且有足够大的尺寸，无浇口、冒口或飞边、毛刺等缺陷，必要时，应对毛坯加工提出修光打磨的要求。

3）对于具有较多加工表面的工件，选择粗基准时，应考虑合理地分配各表面加工余量。

① 应保证各加工表面有足够的余量。为满足这个要求，应选择毛坯余量最小的表面作为粗基准。如图 3-12b 所示的阶梯轴，ϕ108mm 外圆表面的余量比 ϕ55mm 外圆表面大，应选择 ϕ55mm 外圆表面作为粗基准，否则会造成加工余量的不足。

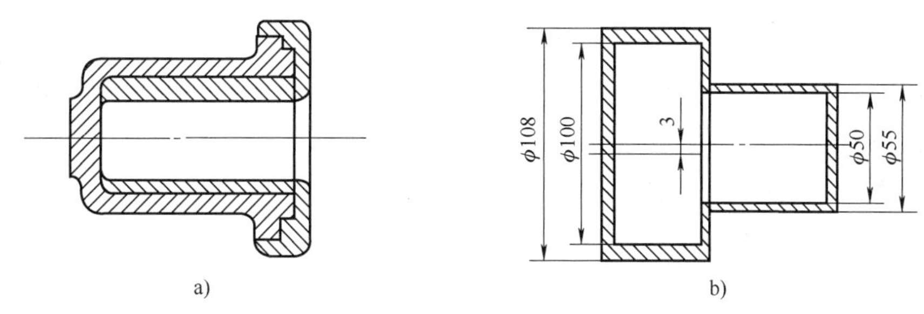

图 3-12　粗基准的选择

② 对于某些重要表面（如导轨和重要孔等），为了尽可能使其加工余量均匀，应选择该重要表面的毛坯面作为粗基准。如图 3-13 所示的车床床身，导轨面是重要表面，要求硬度高且均匀，希望加工时只切去一小层均匀的余量，使其表面保留均匀致密的金相组织，具有较高且一致的物理力学性能，以增加导轨的耐磨性。因此加工时应选导轨面作为粗基准加工床腿底面（图 3-13a），然后以床腿底面为基准加工导轨平面（图 3-13b）。

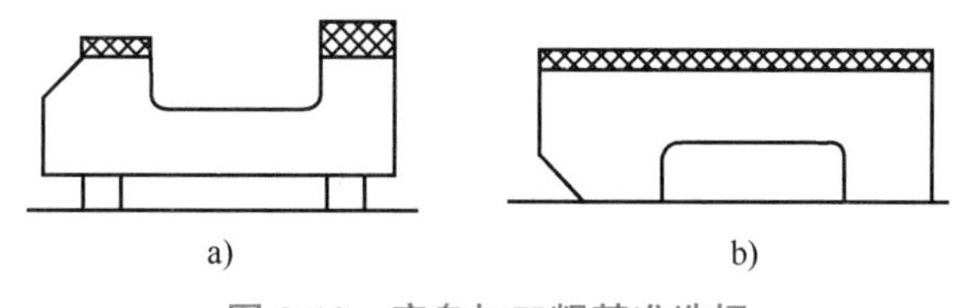

图 3-13　床身加工粗基准选择

4）同一方向上的粗基准原则上只允许使用一次。因为粗基准本身都是未经加工的表面，精度低，表面粗糙度数值大，在不同工序中重复使用同一尺寸方向上的粗基准，则不能保证被加工表面之间的相互位置精度。

应该指出，上述粗、精基准的选择原则只说明了某一方面的问题，在实际应用中，常常不能同时兼顾，往往会出现相互矛盾的情况，这就要求选择时应根据零件的生产类型及具体生产条件，并结合整个工艺路线进行综合考虑，分清主次，抓住主要矛盾，灵活运用上述原则，正确选择粗、精基准。

【例题 3.1】　图 3-14 所示为支架零件，请选择该零件加工时的精基准和粗基准。

首先对零件图样进行简单分析：零件的加工表面主要有底面、顶面、ϕ16H7 孔、2 × ϕ10 孔、直槽、圆弧槽。其中，ϕ16H7 孔径精度、直槽对 ϕ16H7 孔的对称度 0.1mm、

$2\times\phi10$ 孔至 $\phi16H7$ 孔的距离（32 ± 0.1）mm、（28 ± 0.1）mm 是主要加工要求。

设计基准分析：底面是顶面、$\phi16H7$ 孔在高度方向的设计基准，$\phi16H7$ 孔轴线是直槽、圆弧槽、$2\times\phi10$ 孔的设计基准。

然后进行定位基准选择。定位基准选择时应先选精基准，再选加工精基准用的粗基准。

精基准的选择：

底面——限制 3 个自由度（$\vec{z}$、$\widehat{x}$、$\widehat{y}$），理由：①基准重合（底面是顶面、$\phi16H7$ 孔等在高度方向的设计基准）；②基准统一（在大多数工序中使用）；③定位稳定可靠，夹具结构简单（定位面积大且平整）。

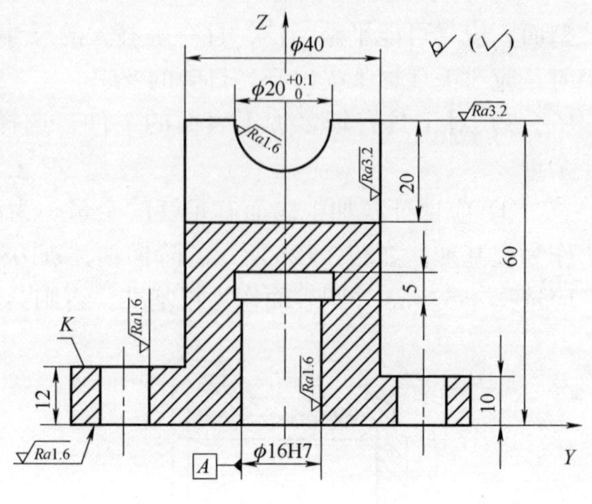

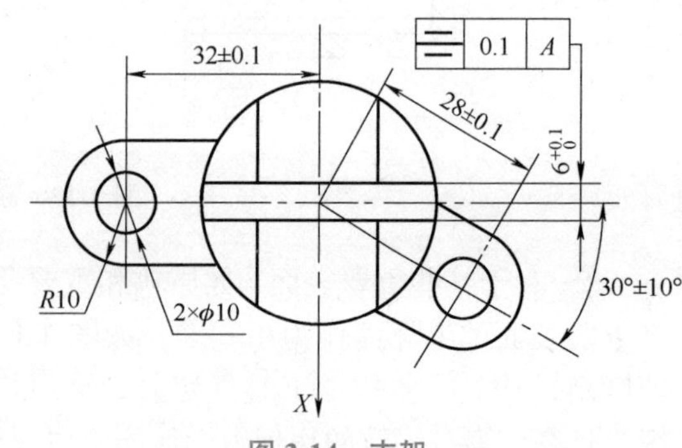

图 3-14　支架

$\phi16H7$ 孔——限制 2 个自由度（$\vec{x}$、$\vec{y}$），理由：①基准重合（$\phi16H7$ 孔轴线是直槽、圆弧槽、$2\times\phi10$ 孔的设计基准）；②基准统一（在大多数工序中使用）；③定位稳定可靠，夹具结构简单。

左边 $\phi10$ 孔——限制 1 个自由度（$\widehat{z}$），理由：①基准重合（该孔中心与 $\phi16H7$ 孔中心连线是直槽、圆弧槽，以及右边 $\phi10$ 孔位置夹角的设计基准）；②基准统一（在大多数工序中使用）；③定位稳定可靠，离 $\phi16H7$ 孔中心距离远，转角误差小，夹具结构简单。

粗基准的选择：

$\phi40$ 外圆——限制 4 个自由度（$\vec{x}$、$\vec{y}$、$\widehat{x}$、$\widehat{y}$），理由：①以不加工表面为粗基准保证加工表面与不加工表面之间的相互位置关系（保证孔 $\phi16H7$ 与 $\phi40$ 外圆之间壁厚均匀）；②定位稳定可靠，夹紧方便（定位面平整且光洁，可用自定心卡盘装夹）。

K 面——限制 1 个自由度（$\vec{z}$），理由：①以不加工表面为粗基准保证加工表面与不加工表面之间的相互位置关系（保证尺寸 12）；②定位方便（直接靠在自定心卡盘卡爪上）。

左边 $R10$ 外缘——限制 1 个自由度（$\widehat{z}$），理由：以不加工表面为粗基准保证加工表面与不加工表面之间的相互位置关系（保证 $\phi10$ 孔的中心与其外圆对称）。

3.5 工艺路线的拟定

拟定零件机械加工工艺路线时，要解决的主要问题有零件各表面加工方法和加工方案的选择、加工阶段的划分、确定工序集中与分散的程度、工序的安排等。

3.5.1　表面加工方法和加工方案的选择

机械零件是由大量的外圆、内孔、平面或复杂的成形表面组合而成的，应根据零件各表面所要求的加工精度、表面粗糙度和零件结构特点，选用相应的加工方法和加工方案。选择表面加工方案时应注意以下几点。

1. 根据加工表面的技术要求，尽可能采用经济加工精度方案

不同的加工方法如车、铣、刨、磨、钻、镗等，其用途各不相同，所能达到的精度和表面粗糙度值也大不一样。即使是同一种加工方法，在不同的加工条件下所得到的精度和表面粗糙度值也不一样。这是因为在加工过程中，有各种因素对精度和表面粗糙度产生影响，如工人的技术水平、切削用量、刀具的刃磨质量、机床的调整质量等。

根据统计资料，某一种加工方法的加工误差（或精度）和加工成本的关系如图 3-15 所示。在Ⅰ段，当零件加工精度要求很高时，零件成本很高，甚至成本再提高，其精度也不能再提高了，存在着一个极限的加工精度，其误差为 Δ_α。相反，在Ⅲ段，虽然精度要求很低，但成本也不能无限降低，其最低成本为 S_α。因此在Ⅰ、Ⅲ段应用此方法加工是不经济的。在Ⅱ段，加工方法与加工精度是相互适应的，加工误差与成本基本上是反比关系，可以较经济地达到一定的精度。Ⅱ段的精度范围就称为这种加工方法的经济精度范围。

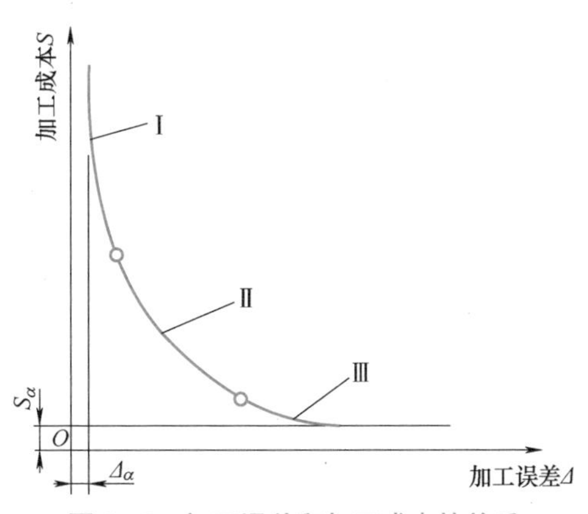

图 3-15　加工误差和加工成本的关系

所谓某种加工方法的经济精度，是指在正常的工作条件下（包括完好的机床设备、必要的工艺装备、标准的工人技术等级、标准的耗用时间和生产费用）所能达到的加工精度。与经济加工精度相似，各种加工方法所能达到的表面粗糙度值也有一个较经济的范围。各种加工方法所能达到的经济精度、表面粗糙度值以及表面形状、位置精度可查阅《金属机械加工工艺人员手册》（上海科学技术出版社）。

表 3-5、表 3-6、表 3-7 分别介绍了外圆表面、内孔表面和平面较常用的加工方案及其能达到的经济精度和表面粗糙度，表 3-8 摘录了用各种加工方法加工轴线平行孔系的位置精度（用距离尺寸误差表示）。这些都是生产实际的统计资料，可以根据对被加工零件加工表面的精度和表面粗糙度要求、零件的结构和被加工表面的形状、大小以及车间工厂的具体条件，选取最经济合理的加工方案，必要时应进行技术经济论证。当然，这是在一般

情况下可能达到的精度和表面粗糙度值，在具体条件下也会有差别。

表 3-5 外圆表面加工方案及其经济精度

序号	加工方案	经济精度公差等级	表面粗糙度值 *Ra*/μm	适用范围
1	粗车	IT11~13	12.5~50	适用于除淬火钢以外的金属材料
2	粗车—半精车	IT8~10	3.2~6.3	
3	粗车—半精车—精车	IT7~8	0.8~1.6	
4	粗车—半精车—精车—滚压（或抛光）	IT7~8	0.025~0.2	
5	粗车—半精车—磨削	IT7~8	0.4~0.8	除不宜用于有色金属外，主要适用于淬火钢件的加工
6	粗车—半精车—粗磨—精磨	IT6~7	0.1~0.4	
7	粗车—半精车—粗磨—精磨—超精加工	IT5	0.012~0.1	
8	粗车—半精车—精车—金刚石车	IT5~6	0.025~0.4	主要用于有色金属
9	粗车—半精车—粗磨—精磨—镜面磨	IT5 以上	*Rz*0.025~0.05	主要用于高精度要求的钢件加工
10	粗车—半精车—精车—精磨—研磨	IT5 以上	*Rz*0.05~0.1	
11	粗车—半精车—精车—精磨—粗研—抛光	IT5 以上	*Rz*0.05~0.4	

随着生产技术的发展，工艺水平的提高，同一种加工方法所能达到的精度和表面质量也会相应提高。例如，外圆磨床一般可达 IT7 级公差和 *Ra*0.4μm 的表面粗糙度，但在采取适当措施提高磨床精度、抗振性和改进磨削工艺后，可加工出 IT5 和 *Ra*0.012~0.1μm 的外圆表面。用金刚石车削，也能获得 $Ra \leqslant 0.01\mu m$ 的表面。另外，在大批量生产中，为了保证高的生产率和高的成品率，常把原来能加工较小表面粗糙度值的方法用于加工表面粗糙度值较大的表面。例如：连杆加工中用珩磨来获得 *Ra*0.8μm 的表面粗糙度值，曲轴加工中采用超精研磨来获得 *Ra*0.4μm 的表面粗糙度值。

表 3-6 内孔表面加工方案及其经济精度

序号	加工方案	经济精度公差等级	表面粗糙度值 *Ra*/μm	适用范围
1	钻	IT11~13	≥ 12.5	加工未淬火钢及铸铁的实心毛坯，也可用于加工有色金属（所得表面粗糙度值 *Ra* 稍大）
2	钻—扩	IT10~11	6.3~12.5	
3	钻—扩—铰	IT8~9	1.6~3.2	
4	钻—扩—粗铰—精铰	IT7	0.8~1.6	
5	钻—铰	IT8~10	1.6~6.3	
6	钻—粗铰—精铰	IT7~8	0.8~1.6	
7	钻—（扩）—拉	IT7~9	0.1~1.6	大批量生产

（续）

序号	加工方案	经济精度公差等级	表面粗糙度值 *Ra*/μm	适用范围
8	粗镗（或扩孔）	IT11~13	6.3~12.5	除淬火钢外的各种钢材，毛坯上已有铸出或锻出孔
9	粗镗（扩）—半精镗（精扩）	IT8~9	1.6~3.2	
10	粗镗（扩）—半精镗（精扩）—精镗（铰）	IT7~8	0.8~1.6	
11	粗镗（扩）—半精镗（精扩）—精镗—浮动镗	IT6~7	0.4~0.8	
12	粗镗（扩）—半精镗—磨	IT7~8	0.2~0.8	主要用于淬火钢，不宜用于有色金属
13	粗镗（扩）—半精镗—粗磨—精磨	IT6~7	0.1~0.2	
14	粗磨—半精磨—精磨—精镗	IT6~7	0.05~0.4	主要用于有色金属
15	钻—（扩）—粗铰—精铰—珩磨	IT6~7	0.025~0.2	精度要求很高的孔，若以研磨代替珩磨，精度可达IT6以上，*Ra*可达0.01~0.10μm
16	钻—（扩）—拉—珩磨	IT6~7	0.025~0.2	
17	粗镗—半精镗—精镗—珩磨	IT6~7	0.025~0.2	

2. 工件材料的性质及热处理

例如：钢淬火后应用磨削方法加工，不能用镗削或铰削；而有色金属则不能用磨削，应采用精镗或高速精细车削的方法进行精加工。

3. 工件的结构和尺寸

例如：对于回转体类零件的孔的加工常用用车削或磨削，而箱体类零件的孔，一般采用铰削或镗削；孔径小时，宜采用铰削，孔径大时，用镗削。

表 3-7　平面加工方案及其经济精度

序号	加工方案	经济精度公差等级	表面粗糙度值 *Ra*/μm	适用范围
1	粗车—半精车	IT8~10	3.2~6.3	适用于工件的端面加工
2	粗车—半精车—精车	IT7~8	0.8~1.6	
3	粗车—半精车—磨	IT6~7	0.2~0.8	
4	粗刨（或粗铣）—精刨（或精铣）	IT8~9	1.6~6.3	适用于一般未淬硬表面
5	粗刨（或粗铣）—精刨（或精铣）—刮研	IT6~7	0.1~0.8	
6	粗刨（或粗铣）—精刨（或精铣）—宽刀精刨	IT6~7	0.2~0.8	
7	粗刨（或粗铣）—精刨（或精铣）—粗磨—精磨	IT5~7	0.1~0.4	除有色金属外，主要适用于淬火钢件的加工
8	粗刨（或粗铣）—精刨（或精铣）—粗磨—精磨—超精磨	IT5	0.012~0.1	
9	粗铣—拉	IT6~8	0.2~0.8	大量生产较小平面
10	粗铣—精铣—粗磨—精磨—镜面磨	IT5以上	0.025~0.2	主要用于高精度的钢件加工
11	粗铣—精铣—精磨—研磨	IT5以上	0.05~0.1	

表 3-8　轴线平行孔系的位置精度（经济精度）

加工方法	定位工具	两孔轴线间的距离误差或从孔轴线到平面的距离误差 /mm	加工方法	定位工具	两孔轴线间的距离误差或从孔轴线到平面的距离误差 /mm
立钻或摇臂钻床上钻孔	用钻模	0.1~0.2	卧式镗床上镗孔	用镗模	0.05~0.08
	按划线	1.0~3.0		按定位样板	0.08~0.2
立钻或摇臂钻床上镗孔	用镗模	0.03~0.05		按定位器的指示读数	0.04~0.06
车床上镗孔	按划线	1.0~2.0		用量块	0.05~0.1
	用带有滑座的角尺	0.1~0.3		用游标尺	0.2~0.4
坐标镗床上镗孔	用光学仪器	0.004~0.015		用内径规或用塞尺	0.05~0.25
精镗床上镗孔		0.008~0.02		用程序控制的坐标装置	0.04~0.05
多轴组合机床上镗孔	用镗模	0.03~0.05		按划线	0.4~0.6

4. 结合生产类型考虑生产率和经济性

大批量生产应采用高效的先进工艺，如平面和孔采用拉削代替普通的铣、刨和镗。甚至大批大量生产中可以从根本上改变毛坯的形态，大大减少切削加工的工作量，如用粉末冶金来制造油泵齿轮、用失蜡铸造柴油机上的小零件等。在单件小批生产中，常采用通用设备、通用工艺装备及一般的加工方法，避免盲目地采用高效加工方法和专用设备而造成经济损失。

5. 现有生产条件

应充分利用现有设备，挖掘企业潜力，发挥工人的积极性和创造性，也考虑不断改进现有的加工方法和设备，采用新技术和提高工艺水平，还考虑设备负荷的平衡。有时，还应考虑一些其他因素，如加工表面物理力学性能的特殊要求、工件重量等。

例如，某一孔的加工精度为 IT7 级，表面粗糙度值 *Ra* 为 1.6~3.2μm，查表 3-6 可有四种加工方案：①钻—扩—铰—精铰；②粗镗—半精镗—精镗；③粗镗—半精镗—粗磨—精磨；④ 钻—(扩)—拉。

方案①用得最多，在大批大量生产中常用在自动机床或组合机床上，在成批生产中常用在立钻床、摇臂钻床、转塔车床等连续进行各个工步加工的机床上。该方案一般用于加工孔径小于 30mm 的孔，工件材料为未淬火钢或铸铁，不适于加工大孔径，否则刀具过于笨重。

方案②用于加工毛坯本身有铸出或锻出的孔，但其直径不宜太小，否则因镗轴太细容易发生变形而影响加工精度，箱体零件的孔加工常用这种加工方案。

方案③适用于淬火的工件。

方案④适用于成批或大量生产的中小型零件，其材料为未淬火钢、铸铁及有色金属，且要求轴向刚性较好。

3.5.2 加工阶段的划分

对于加工精度要求较高和表面粗糙度值要求较低的零件，通常将工艺过程划分为粗加工、半精加工、精加工三个阶段，当加工精度和表面质量要求特别高时，还应增加光整加工和超精密加工阶段。

粗加工阶段：这是加工的开始阶段，在这个阶段中应尽快切除零件各个表面的大部分加工余量。这个阶段的主要问题是如何获得高的生产率。

半精加工阶段：这个阶段继续减少加工余量，为主要表面的精加工做准备，同时完成一些次要表面的加工，如钻孔、攻螺纹、铣键槽等。

精加工阶段：这个阶段的任务是使各主要表面达到图样要求的加工精度和表面粗糙度。

光整加工和超精密加工阶段：该阶段是对要求特别高的零件增设的加工阶段，主要是为了降低表面粗糙度值，进一步提高尺寸精度。

下面介绍将工艺过程划分粗、精加工阶段的原因。

1. 保证加工质量

工件在粗加工时切除的余量大，产生的切削力和切削热也大，同时需要的夹紧力也较大，因而会造成工件受力变形和热变形。另外，经过粗加工后工件的内应力要重新分布，也会使工件发生变形。若不分阶段连续进行加工，就无法避免和消除上述原因所引起的加工误差。划分加工阶段后，粗加工造成的误差可以通过半精加工和精加工得以修正，并逐步提高零件的加工精度和表面质量。

2. 合理使用设备

粗加工阶段可以使用功率大、刚性好、精度低、效率高的机床，精加工阶段则要求使用精度高的机床。这样各得其所，有利于充分发挥粗加工机床的动力，又有利于长期保持精加工机床的精度。

3. 便于安排热处理工序

划分加工阶段可以在各个阶段中插入必要的热处理工序，使冷热加工配合得更好。实际上，加工中常常是以热处理作为加工阶段的分界线。如在粗加工之后进行去除内应力的时效处理，在半精加工后进行淬火处理等。

4. 便于及时发现毛坯缺陷，保护精加工表面

在粗加工阶段，由于切除的金属余量大，可以及早发现毛坯的缺陷（夹渣、气孔、砂眼等），便于及时修补或决定报废，避免继续加工而造成工时和费用的浪费。而精加工表面安排在后面加工，可保护其不受损坏。

当然，加工阶段的划分不是绝对的，例如加工重型零件时，由于装夹吊运不方便，一般不划分加工阶段，在一次安装中完成全部粗加工和精加工。为提高加工的精度，可在粗加工后松开工件，让其充分变形，再用较小的力夹紧工件进行精加工，以保证零件的加工质量。另外，如果工件的加工质量要求不高、工件的刚度足够、毛坯的质量较好而切除的余量不多，则可不必划分加工阶段。

应当指出，加工阶段的划分是针对零件加工的整个过程而言，是针对主要加工表面而划分的，而不能从某一表面的加工或某一工序的性质来判断。例如，工件的定位基准，在半精加工甚至粗加工阶段就应加工得很精确，而某些钻小孔的粗加工工序，又常常安排在精加工阶段。

3.5.3 工序集中与工序分散

在选定了各表面的加工方法和划分加工阶段之后，还要将工艺过程划分为若干工序。划分工序时有两种方法，即工序集中和工序分散。

工序集中就是将工件的加工集中在少数几道工序内完成，此时工艺路线短，工序数目少，每道工序加工的内容多。工序集中的工艺特点是减少了工件装夹次数，在一次安装中加工出多个表面，有利于提高表面间的相互位置精度，减少工序间运输，缩短生产周期，减少设备数量，相应地减少操作工人和生产面积。工序集中有利于采用高生产率的先进或专用设备、工艺装备，提高加工精度和生产率，但设备的一次性投资大，工艺装备复杂。

工序分散就是将工件的加工内容分散在较多的工序内完成，此时工艺路线长，工序数目多，每道工序加工的内容少。工序分散的工艺特点是：设备、工装比较简单，调整、维护方便，生产准备工作量少；每道工序的加工内容少，便于选择最合理的切削用量；设备数量多，操作人员多，占用生产面积大，组织管理工作量大。

工序集中和分散的程度应根据生产规模、零件的结构特点、技术要求和设备等具体生产条件综合考虑后确定。例如在单件小批生产中，一般采用通用设备和工艺装备，尽可能在一台机床上完成较多的表面加工，尤其是对重型零件的加工，为减少装夹和往返搬运的次数，多采用工序集中的原则，主要是为了便于组织管理。在大批、大量生产中，常采用高效率的设备和工艺装备，如多刀自动机床、组合机床及专用机床等，使工序集中，以便提高生产率和保证加工质量。但有些工件（如活塞、连杆等）可采用效率高、结构简单的专用机床和工艺装备，按工序分散原则进行生产，这样容易保证加工质量和使各工序的时间趋于平衡，便于组织流水线、自动线生产，提高生产率。面对多品种、中小批量的生产趋势，也多采用工序集中原则，选择数控机床、加工中心等高效、自动化设备，使一台设备完成尽可能多的表面加工。由于工序集中的优点较多，现代生产的发展趋于工序集中。

3.5.4 工序的安排

1. 机械加工顺序的安排

工件各表面的机械加工顺序一般按照下述原则安排：

（1）先基准后其他　被选定的零件的精基准表面应先加工，并应加工到足够的精度和表面粗糙度，以便定位可靠且使其他表面能达到一定的精度。例如轴类零件先加工中心孔，齿轮零件应先加工孔和基准端面等。

（2）先粗后精　零件表面加工一般都需要分阶段进行，应先安排各表面的粗加工，其次安排半精加工，最后安排主要表面的精加工和光整加工。

（3）先主后次、穿插进行　根据零件功用和技术要求，往往先将零件各表面分为主要表面和次要表面，然后先着重考虑主要表面的加工顺序，再把次要表面适当穿插在主要表面的加工工序之间。由于次要表面的精度不高，一般在粗加工和半精加工阶段即可完成，但对于那些同主要表面相对位置关系密切的次要表面，通常多安排在精加工之后加工。如箱体零件上重要孔周围的紧固螺孔，安排在重要孔精加工后进行钻孔和攻螺纹。

（4）先面后孔　对于底座、箱体、支架及连杆类零件应先加工平面，后加工内孔，因为平面一般面积较大，轮廓平整，先加工好平面，便于加工孔时定位安装，有利于保证孔与平面的位置精度，同时也给孔加工带来方便，使刀具的初始工作条件得到改善。

综合以上原则，常见的机械加工顺序为：定位基准的加工→主要表面的粗加工→次要表面加工→主要表面的半精加工→次要表面加工→修基准→主要表面的精加工。

以上是安排机械加工顺序的一些基本原则。实际工作时，为了缩短工件在车间内的运输距离，考虑加工顺序时，还应考虑车间设备布置情况，尽量减少工件往返流动。

2. 热处理工序的安排

工艺过程中的热处理按其目的，大致可分为预备热处理和最终热处理两大类。前者可以改善材料切削加工性能，消除内应力，为最终热处理做准备；后者可使材料获得所需要的组织结构，提高零件材料的硬度、耐磨性和强度等性能。

（1）预备热处理　正火和退火可以消除毛坯制造时产生的内应力、稳定金属组织和改善金属的切削性能，一般安排在粗加工之前。碳的质量分数大于 0.5% 的碳素钢和合金钢，为降低金属的硬度易于切削，常采用退火处理；碳的质量分数小于 0.5% 的碳素钢和合金钢，为避免硬度过低造成切削时粘刀，常采用正火处理。铸铁件一般采用退火处理，锻件一般采用正火处理。

时效处理主要用于消除毛坯制造和机械加工过程中产生的内应力，一般安排在粗加工前后进行。例如对于大而复杂的铸件，为了尽量减少由于内应力引起的变形，常常在粗加工前采用自然时效，粗加工后进行人工时效。而对于精度高、刚性差的零件（如精密丝杠），为消除内应力、稳定精度，常在粗加工、半精加工、精加工之间安排多次时效处理。

调质处理可以改善材料的综合力学性能，获得均匀细致的索氏体组织，为表面淬火和渗氮处理做组织准备。对硬度和耐磨性要求不高的零件，调质处理可作为最终热处理工序。调质处理一般安排在粗加工之后、半精加工之前进行。

（2）最终热处理　淬火处理或渗碳淬火处理，可以提高零件表面的硬度和耐磨性，常需预先进行正火及调质处理。淬火处理一般安排在精加工或磨削之前进行，当用高频淬火时也可安排在最终工序。渗碳淬火处理适用于低碳钢和低碳合金钢，其目的是使零件表层含碳量增加，经淬火后可使表层获得高的硬度和耐磨性，而心部仍可保持一定的强度和较高的韧性和塑性。渗碳淬火一般安排在半精加工之后进行。

渗氮处理是使氮原子渗入金属表面而获得一层含氮化合物的处理方法。渗氮可以提高零件表面的硬度、耐磨性、疲劳强度和耐蚀性。由于渗氮处理温度较低，变形小，且渗氮层较薄（一般不超过 0.7mm），渗氮工序应尽量靠后安排。为了减少渗氮时的变形，在切削加工后一般需要进行消除应力的高温回火。

表面处理（电镀及氧化）可提高零件的耐蚀能力，增加耐磨性，使表面美观等，一般安排在工艺过程的最后进行。

零件机械加工的一般工艺路线为：毛坯制造→退火或正火→主要表面的粗加工→次要表面加工→调质（或时效）→主要表面的半精加工→次要表面加工→淬火（或渗碳淬火）→

修基准→主要表面的精加工。

（3）辅助工序的安排　检验是主要的辅助工序，除每道工序由操作者自行检验外，在粗加工之后、精加工之前中，零件转车间前后，重要工序加工前后，以及零件全部加工完成之后，还要安排独立的检验工序。

一般来说，钻削、铣削、刨削、拉削等工序加工后要安排去毛刺工序。去毛刺工序应安排在淬火等热处理前。

除检验工序、去毛刺工序外，其他辅助工序有清洗、防锈、去磁、平衡等，对产品质量有重要的作用，均不要遗漏，要同等重视。

3.6 加工余量的确定

零件加工的工艺路线确定以后，在进一步安排各个工序的具体内容时，应正确地确定各工序的工序尺寸。而确定工序尺寸，首先应确定加工余量。

3.6.1 加工余量的概念

为了使零件得到所要求的形状、尺寸和表面质量，在切削加工过程中，必须从加工表面上切除的金属层厚度称为机械加工余量。

（1）工序余量　某一表面在一道工序中所切除的金属层厚度称为工序余量。工序余量等于工件同一表面前后两工序尺寸之差。

对于被包容面（图 3-16a）：　$Z_b=a-b$

对于包容面（图 3-16b）：　$Z_b=b-a$

式中　Z_b——工序余量；

a——上工序的工序尺寸；

b——本工序的工序尺寸。

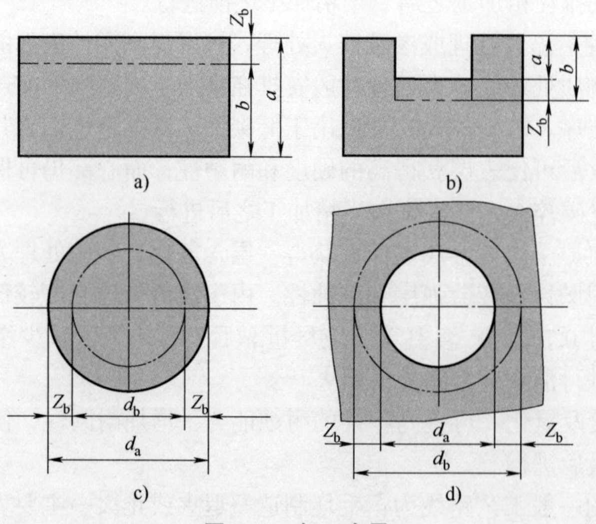

图 3-16　加工余量

图 3-16a、b 所示的加工余量为非对称的单边余量，图 3-16c、d 所示回转体表面（外圆和孔）上的加工余量为对称的双边余量。

对于外圆表面（图 3-16c）：　　$2Z_b=d_a-d_b$

对于内孔表面（图 3-16d）：　　$2Z_b=d_b-d_a$

式中　$2Z_b$——直径上的加工余量；

d_a——上工序的加工表面直径；

d_b——本工序的加工表面直径。

（2）总加工余量 Z_Σ　为了得到零件上某一表面所要求的精度和表面质量而从毛坯这一表面上切除的全部多余的金属层，称为该表面的总加工余量。总加工余量等于毛坯尺寸与零件尺寸之差。总加工余量又等于各工序加工余量之和，$Z_\Sigma=\sum_{i=1}^{n}Z_i$，如图 3-17 所示。

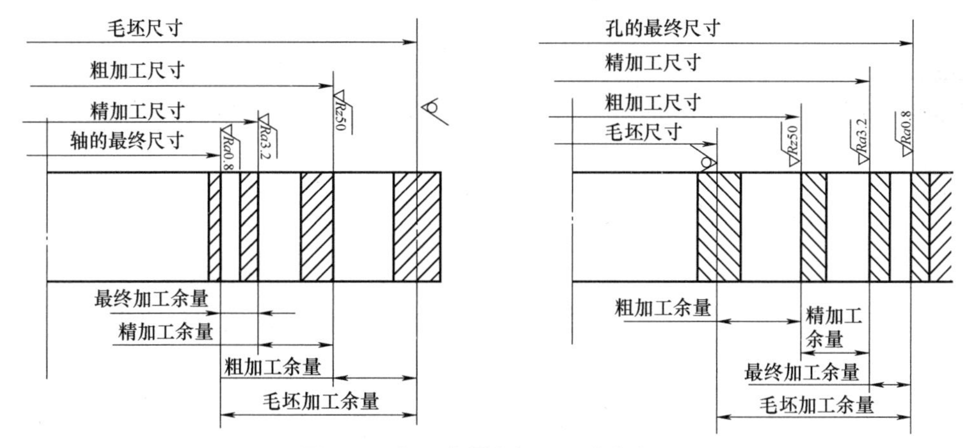

图 3-17　加工余量和加工尺寸分布图

毛坯尺寸和工序尺寸都有误差，都必须规定一定的公差。工序尺寸公差带，一般规定按“单向入体原则”标注。对被包容面，工序公称尺寸为上极限尺寸，上极限偏差为零。对包容面，工序公称尺寸即为下极限尺寸，下极限偏差为零。孔与孔（或平面）之间的距离尺寸应按对称分布标注，毛坯尺寸通常是正负分布标注的。

因为尺寸的加工误差，加工余量是变动的，因此加工余量又有公称加工余量、最大加工余量和最小加工余量之分。工序余量的变动范围等于前后工序尺寸公差之和。

公称加工余量：前工序与本工序公称尺寸之差。一般指加工余量或手册中查到的加工余量。

最小加工余量：对包容面，等于本工序最小工序尺寸与前工序最大工序尺寸之差；对被包容面，等于前工序最小工序尺寸与本工序最大工序尺寸之差。

最大加工余量：对包容面，等于本工序最大工序尺寸与前工序最小工序尺寸之差；对被包容面，等于前工序最大工序尺寸与本工序最小工序尺寸之差。

通常情况下，余量是指公称加工余量。

3.6.2　影响最小加工余量的因素

加工余量的大小对零件的加工质量和生产率均有较大的影响。加工余量过大，会浪费原材料和加工工时，降低生产率，而且会增大机床和刀具的负荷，增加电力的消耗，提高加工成本。但是加工余量过小，又不能消除前工序各种误差及表面缺陷，甚至产生废品。

为了合理确定加工余量，必须分析影响最小加工余量的各项因素。影响最小加工余量的主要因素如下：

（1）前工序的表面粗糙度值 Ra 和表面缺陷层深度 H_a　前工序留下的表面粗糙度值 Ra 和表面缺陷层深度 H_a（包括冷硬层、氧化层、气孔类渣层、脱碳层、表面裂纹或其他破坏层），如图 3-18 所示，必须在本工序中切除。

（2）前工序的尺寸公差 T_a　前工序加工后，表面存在的尺寸误差和形状误差，如图 3-18 所示，应在本工序中予以切除。这些误差一般不超过前工序的尺寸公差 T_a。T_a 的数值可从工艺手册中按加工方法的经济加工精度查得。

（3）前工序的相互位置偏差 ρ_a　它包括轴线的位移及直线度、平行度，轴线与表面的垂直度，阶梯轴内外圆的同轴度，平面的平面度等。为了保证加工质量，必须在本工序中给予纠正。如图 3-19 所示的轴，其轴线有直线度误差 Δ，则加工余量至少应增加 2Δ 才能保证该轴加工后消除弯曲的影响。

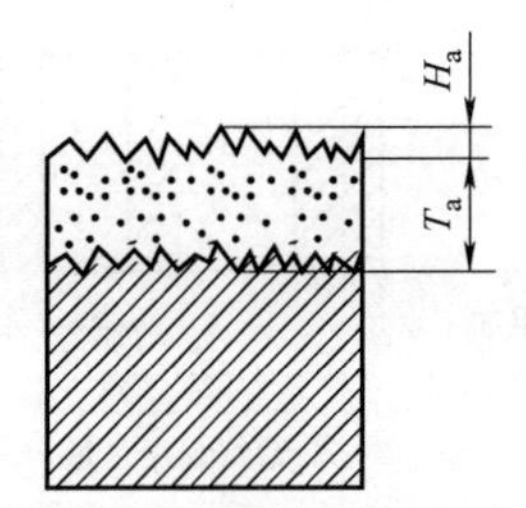

图 3-18　表面粗糙度和缺陷层

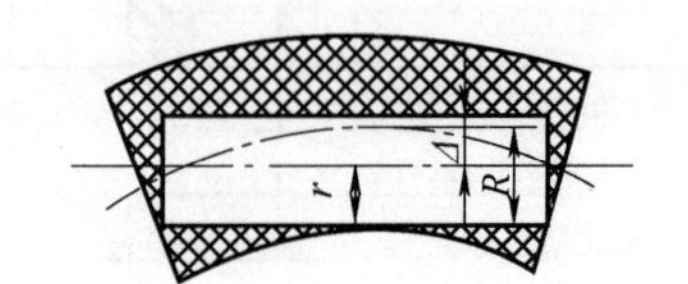

图 3-19　轴线弯曲对加工余量的影响

（4）本工序加工时的安装误差 ε_b　此误差包括定位误差和夹紧误差。它将直接影响被加工表面与刀具表面的相对位置，因此有可能因余量不足而造成废品，所以必须给予余量补偿。定位误差可按定位方法进行计算，夹紧误差可根据有关资料查得。如图 3-20 所示零件，由于自定心卡盘的偏心，使零件装夹后毛坯中心与机床回转中心偏离了一个距离，其误差为 ε_b，则加工余量至少应大于 $2\varepsilon_b$，才能加工出一个符合要求的孔来。

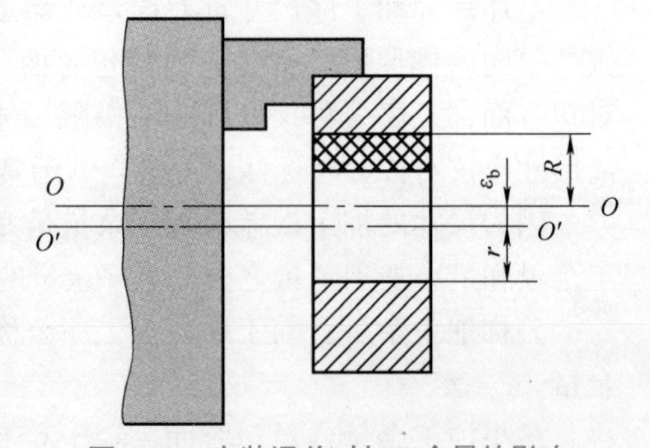

图 3-20　安装误差对加工余量的影响

由于 ρ_a 和 ε_b 在空间都是矢量，二者对加工余量的影响应该是矢量和。

3.6.3　确定加工余量的方法

（1）计算法　根据上述各种因素对加工余量的影响，可得出基本余量的计算公式：

非对称加工面（如平面）：$Z_b \geqslant T_a + (Ra + H_a) + |\overline{\rho_a} + \overline{\varepsilon_b}|$　(3-1)

对称加工面（如轴或孔）：$2Z_b \geqslant T_a + 2(Ra + H_a) + 2|\overline{\rho_a} + \overline{\varepsilon_b}|$　(3-2)

上述两个基本公式在实际应用时可根据具体加工条件简化。例如：在无心磨床上加工轴时，本工序的安装误差可忽略不计；用浮动铰刀、浮动镗刀及珩磨等加工孔时，由于是自为基准，前工序的相互位置偏差对加工余量没有影响，且本工序无安装误差；光整加工（如研磨、抛光、超精加工等）时，主要是降低表面粗糙度值，因此加工余量只需要去掉前工序的表面粗糙度值就可以了。

用计算法可确定最合理的加工余量，既节省金属，又保证了加工余量，但必须要有可靠的实验数据资料，且计算过程比较复杂，因此应用较少，仅适用于大量生产。

（2）查表修正法　此法的加工余量可在《实用金属切削加工工艺手册》（上海科学技术出版社）等资料中查找，再根据现有生产条件加以修正。手册中推荐的数据是以在生产实际和试验研究中积累的有关资料数据为基础，并结合具体加工情况加以修正后制定的。在查表时应注意，表中数据是公称余量值，对称表面（如孔或轴）的余量是双边的，非对称表面余量是单边的。此法准确、简单方便，在实际生产中比较适用，各工厂应用最广。

（3）经验估算法　此法由工艺人员根据实际经验来确定加工余量。为了防止工序余量不够而产生废品，所估余量一般偏大，不经济、不太可靠，所以常用于单件小批生产。

3.7　工序尺寸的确定

零件图上规定的设计尺寸和公差，是经过多道工序加工后达到的。工序尺寸是零件在加工过程中每道工序应保证的尺寸，其公差即工序尺寸公差。正确地确定工序尺寸及其公差，是制定工艺规程的重要工作之一。

零件的加工过程，是毛坯的形状和尺寸通过切削加工逐步向成品演变的过程。在这个过程中，加工表面本身的尺寸以及各表面间的尺寸都在不断地变化，这种变化无论是在一个工序内部，还是在各个工序之间都有一定的内在联系。运用尺寸链理论去揭示这些尺寸间的联系，是合理确定工序尺寸及其公差的基础。

3.7.1　工艺尺寸链

1. 工艺尺寸链的基本概念

（1）工艺尺寸链的定义　在零件加工或机器装配过程中，经常能遇到一些互相联系的尺寸组合。这种互相联系的、按一定顺序排列构成的封闭尺寸图形，称为尺寸链。如图 3-21a 所示的台阶零件，零件图样上标注的设计尺寸是 A_1 和 A_0。当用调整法加工面 3 时（其他表面均已完成加工），为了定位可靠和夹具结构简单，常选面 1 为定位基准，按尺寸 A_2 对刀加工面 3，间接保证尺寸 A_0。这样，就必须依据 A_1、A_2 和 A_0 三个尺寸之间的相互关系计算出 A_2 的尺寸和公差。这三个尺寸就构成一个具有相互联系的封闭的尺寸组合，如图 3-21b 所示，它就是一个尺寸链。

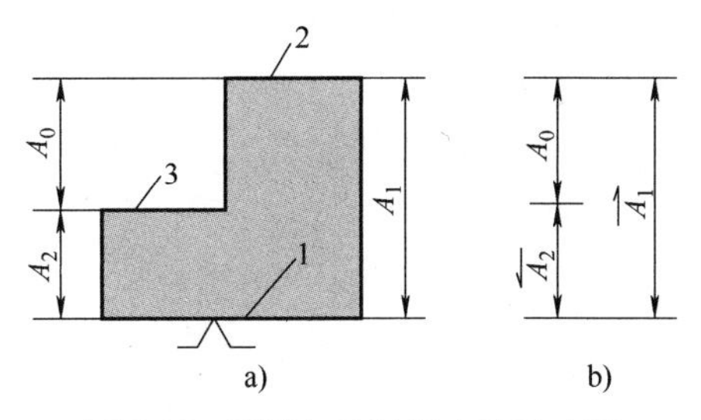

图 3-21　零件加工过程中的尺寸链

在机械加工过程中，同一个工件的各有关工艺尺寸所组成的尺寸链，称为工艺尺寸链。根据以上尺寸链的定义可知，工艺尺寸链有以下两个特征：

1）封闭性。尺寸链必须是一组首尾相接构成封闭形式的相关尺寸。其中，应包含一个间接保证的尺寸和若干个对此有影响的直接保证的尺寸。

如图 3-21 中，尺寸 A_1、A_2 是直接获得的，A_0 是自然形成的。其中，自然形成的尺寸大小和精度受直接获得的尺寸大小和精度的影响，并且，自然形成尺寸的精度必然低于任何一个直接获得尺寸的精度。

2）工艺性。工艺尺寸链与工件的加工方案、定位方式等有密切的关系，工艺尺寸链随着工艺方案的变化而变化。

（2）工艺尺寸链的组成　尺寸链中的每一个尺寸均称为尺寸链中的环。如图 3-21 中的 A_1、A_2、A_0 都是尺寸链的环。环又分为封闭环和组成环两种，而组成环又有增环和减环之分。

1）封闭环。加工（或测量）过程中最后自然形成的尺寸称为封闭环，用 A_0 表示，如图 3-21 中的 A_0。封闭环在一个尺寸链中有且只能有一个。

2）组成环。加工（或测量）过程中直接获得的尺寸称为组成环，如图 3-21 中的 A_1 和 A_2。尺寸链中，除封闭环外的其他环都是组成环。

3）增环。尺寸链的组成环中，若其他组成环不变，该环增大时，引起封闭环相应增大，则该组成环称为增环，用 $\overrightarrow{A_i}$ 表示，如图 3-21 中的 $\overrightarrow{A_1}$。

4）减环。尺寸链的组成环中，若其他组成环不变，该环增大时，引起封闭环相应减小，则该组成环称为减环，用 $\overleftarrow{A_i}$ 表示，如图 3-21 中的 $\overleftarrow{A_2}$。

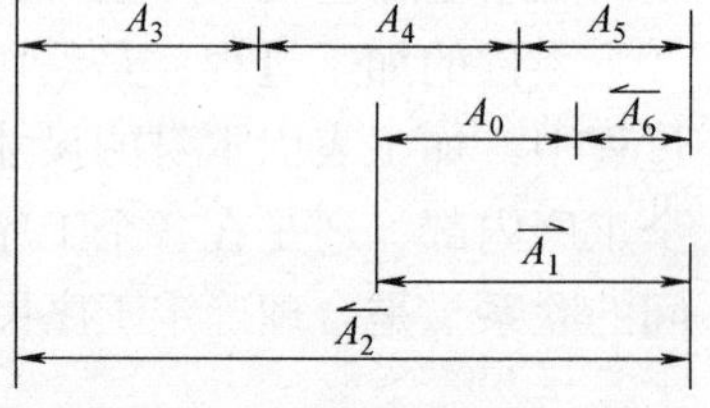

图 3-22　尺寸链增减环判别

（3）增减环的判定方法　对于环数较少的尺寸链，可以用增减环的定义来判别组成环的增减性质，但对环数较多的尺寸链（图 3-22），用定义来判别增减环就很费时且易弄错。为了迅速且正确判断增减环，可在尺寸链图上，先假设封闭环为减环方向，沿减环方向绕尺寸链回路一圈，顺次给每一个组成环画出箭头，所得的即为各组成环的方向。如图 3-22 中，$\overrightarrow{A_1}$、$\overrightarrow{A_3}$、$\overrightarrow{A_4}$、$\overrightarrow{A_5}$ 为增环，$\overleftarrow{A_2}$、$\overleftarrow{A_6}$ 为减环。

（4）工艺尺寸链的建立　应用工艺尺寸链解决实际问题的关键是找出工艺尺寸之间的内在联系，也就是要确定封闭环和组成环。封闭环判断错了，整个尺寸链的解算必将得出错误的结果；组成环查找不对，将得不到正确的尺寸链，解算出来的结果也是错误的。

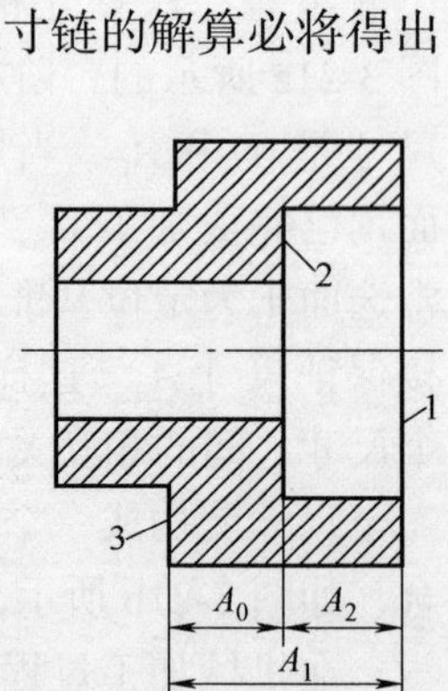

1）封闭环的确定。在工艺尺寸链的建立中，首先要正确判定封闭环。封闭环不是在加工过程中直接得到的，而是通过其他工序尺寸间接获得的，它随着零件加工工艺方案的变化而变化。如图 3-23 所示零件，先以表面 3 定位加工表面 1 而获得尺寸 A_1，然后以表面 1 为测量基准加工表面 2 而直接获得尺寸 A_2，则间接获得的尺寸 A_0 是封闭环。但是如果先以表面 1 为测量基准加工表面 2，直接获得尺寸 A_2，然后调头再以表面 2 定位，采用定距装刀法加工表面 3，直接保证尺寸 A_0，则尺寸 A_1 是间接得到的，为封闭环。所以，

图 3-23　封闭环的确定

在确定封闭环时，必须根据零件加工的具体方案，紧紧抓住“间接获得”这一要领。

2）组成环的查找。封闭环确定后接着要查找各个组成环。组成环的基本特点是加工过程中直接获得且对封闭环有影响的工序尺寸。组成环一般是指从定位基准面（或测量基准面）到加工面之间的尺寸。所有组成环都必须是直接得到的尺寸。组成环的查找方法是：从构成封闭环的两面开始，同步地按照工艺过程的顺序，分别向前查找该表面最近一次加工的尺寸，之后再进一步向前查找此加工尺寸的工序基准的最近一次加工时的加工尺寸，如此继续向前查找，直到两条路线最后得到的加工尺寸的工序基准重合（即两者的工序基准为同一表面），至此上述尺寸系统即形成封闭轮廓，从而构成了工艺尺寸链。

下面以图 3-24 为例，说明尺寸链建立的具体过程。

图 3-24a 为一套类零件，为便于讨论问题，图中只标注出轴向设计尺寸，轴向尺寸的加工顺序安排如下：

① 以大端面 A 定位，车端面 D 得工序尺寸 A_1，并车小外圆至 B 面，保证长度 $40_{-0.2}^{0}$mm，如图 3-24b 所示。

② 以端面 D 定位，精车端面 A 得工序尺寸 A_2，并在镗大孔时车端面 C，使孔深工序尺寸为 A_3，如图 3-24c 所示。

③ 以端面 D 定位，磨大端面 A 保证全长尺寸 $50_{-0.5}^{0}$mm，如图 3-24d 所示。

由以上工艺过程可以看出，孔深设计尺寸 $36_{0}^{+0.5}$mm 是间接获得的，为封闭环。从构成封闭环的两界面 A 面和 C 面开始查找组成环。A 面的最近一次加工是磨削，工序尺寸是 $50_{-0.5}^{0}$mm，C 面的最近一次加工是镗孔时的车削，工序尺寸是 A_3，显然 A_3 和 $50_{-0.5}^{0}$mm 的变化会引起封闭环的变化，是组成环。但此两环的工序基准分别为 D 面和磨前的 A 面，不重合，为此要进一步查找加工 D 面与 A 面的加工尺寸。A 面的最近一次加工是精车 A 面，加工尺寸 A_2 的工序基准是 D 面，正好与加工尺寸 $50_{-0.5}^{0}$mm 的工序基准重合，而且 A_2 的变化也会引起封闭环的变化，所以 A_2 也是组成环。至此，尺寸 A_2、A_3、$50_{-0.5}^{0}$mm 与封闭环 $36_{0}^{+0.5}$mm 构成一封闭的尺寸链。尺寸链简图如图 3-24e 所示。

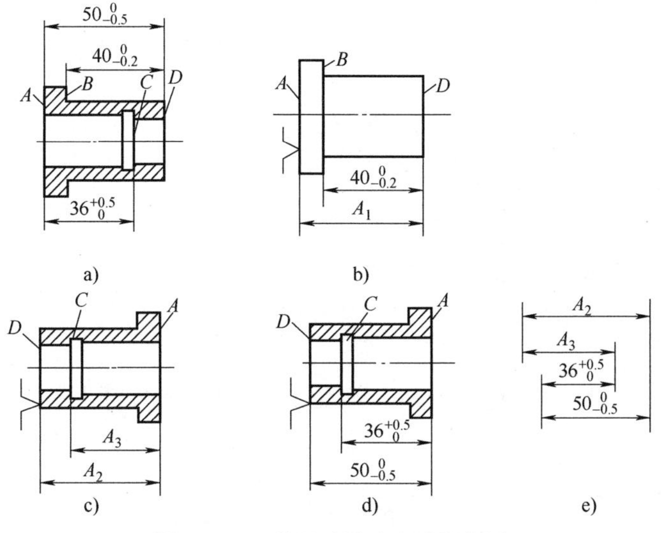

图 3-24　工艺尺寸链建立过程实例

2. 工艺尺寸链计算的基本公式

工艺尺寸链的计算方法有两种：极值法和概率法。极值法是按误差最不利的情况（即各增环极大、减环极小或相反）来计算的，其特点是简单、可靠。对于组成环数较少或环数虽多，但封闭环的公差较大的场合，生产中一般采用极值法。概率法是用概率论原理来进行尺寸链计算的。在大批量生产中，当尺寸链的环数较多，封闭环精度又要求较高时，往往需要应用概率法计算。下面仅介绍极值法计算的基本公式，概率法将在装配尺寸链中介绍。

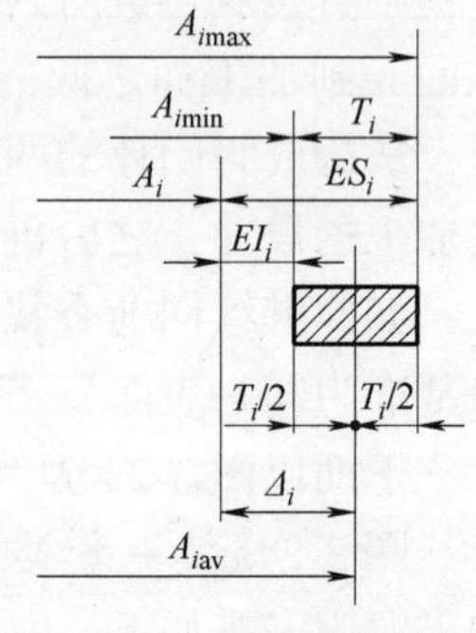

图 3-25　尺寸和偏差的关系

图 3-25 所示为尺寸链计算中各种尺寸和偏差的关系。表 3-9 列出了尺寸链计算所用的符号。

表 3-9　尺寸链计算所用的符号

环名	符号名称							
	公称尺寸	下极限尺寸	上极限尺寸	上极限偏差	下极限偏差	公差	平均尺寸	平均偏差
封闭环	A_0	$A_{0\min}$	$A_{0\max}$	ES_0	EI_0	T_0	A_{0av}	Δ_0
增环	$\overrightarrow{A_i}$	$\overrightarrow{A}_{i\min}$	$\overrightarrow{A}_{i\max}$	$\overrightarrow{ES_i}$	$\overrightarrow{EI_i}$	$\overrightarrow{T_i}$	$\overrightarrow{A}_{iav}$	$\overrightarrow{\Delta_i}$
减环	$\overleftarrow{A_i}$	$\overleftarrow{A}_{i\min}$	$\overleftarrow{A}_{i\max}$	$\overleftarrow{ES_i}$	$\overleftarrow{EI_i}$	$\overleftarrow{T_i}$	$\overleftarrow{A}_{iav}$	$\overleftarrow{\Delta_i}$

（1）封闭环的公称尺寸　封闭环的公称尺寸等于所有增环的公称尺寸之和减去所有减环的公称尺寸之和，即

$$A_0=\sum_{i=1}^{n}\overrightarrow{A_i}-\sum_{i=n+1}^{m}\overleftarrow{A_i} \tag{3-3}$$

式中　n——增环数目；

m——组成环数目。

（2）封闭环的平均偏差　封闭环的平均偏差等于所有增环的平均偏差之和减去所有减环的平均偏差之和，即

$$\Delta_0=\sum_{i=1}^{n}\overrightarrow{\Delta_i}-\sum_{i=n+1}^{m}\overleftarrow{\Delta_i} \tag{3-4}$$

式中　Δ_0——封闭环平均偏差；

$\overrightarrow{\Delta_i}$——第 i 个组成环（增环）的平均偏差；

$\overleftarrow{\Delta_i}$——第 i 个组成环（减环）的平均偏差。

$$\Delta_i=\frac{ES_i+EI_i}{2}$$

（3）封闭环的极限尺寸　封闭环的上极限尺寸等于所有增环上极限尺寸之和减去所有减环下极限尺寸之和，即

$$A_{0\max}=\sum_{i=1}^{n}\overrightarrow{A}_{i\max}-\sum_{i=n+1}^{m}\overleftarrow{A}_{i\min} \tag{3-5}$$

封闭环的下极限尺寸等于所有增环下极限尺寸之和减去所有减环上极限尺寸之和，即

$$A_{0\min}=\sum_{i=1}^{n}\overrightarrow{A}_{i\min}-\sum_{i=n+1}^{m}\overleftarrow{A}_{i\max} \tag{3-6}$$

（4）封闭环的上、下极限偏差　由式（3-5）减去式（3-3），得封闭环的上极限偏差等于所有增环的上极限偏差之和减去所有减环的下极限偏差之和，即

$$ES_0=\sum_{i=1}^{n}\overrightarrow{ES}_i-\sum_{i=n+1}^{m}\overleftarrow{EI}_i \tag{3-7}$$

由式（3-6）减去式（3-3），得封闭环的下极限偏差等于所有增环的下极限偏差之和减去所有减环的上极限偏差之和，即

$$EI_0=\sum_{i=1}^{n}\overrightarrow{EI}_i-\sum_{i=n+1}^{m}\overleftarrow{ES}_i \tag{3-8}$$

（5）封闭环的公差　由式（3-7）减去式（3-8），得封闭环的公差等于各组成环公差之和，即

$$T_0=\sum_{i=1}^{n}\overrightarrow{T}_i+\sum_{i=n+1}^{m}\overleftarrow{T}_i=\sum_{i=1}^{m}T_i \tag{3-9}$$

（6）封闭环的平均尺寸　由式（3-5）和式（3-6）可得，封闭环的平均尺寸等于所有增环的平均尺寸之和减去所有减环的平均尺寸之和，即

$$A_{0\mathrm{av}}=\sum_{i=1}^{n}\overrightarrow{A}_{i\mathrm{av}}-\sum_{i=n+1}^{m}\overleftarrow{A}_{i\mathrm{av}} \tag{3-10}$$

式中

$$A_{i\mathrm{av}}=\frac{A_{i\max}+A_{i\min}}{2}$$

3.7.2　工序尺寸及其公差的确定

工序尺寸及其公差的确定，不仅取决于设计尺寸及加工余量，还与工序尺寸的标注方法以及定位基准选择和转换有着密切的关系。所以，计算工序尺寸时应根据不同的情况采用不同的方法。

1. 基准重合时工序尺寸及其公差的确定

外圆、内孔和某些平面的加工，其定位基准与设计基准重合，同一表面需经过多道工序加工才能达到图样的要求。此时，各工序尺寸及其公差取决于各工序的加工余量及加工精度。计算方法是：先确定各工序的公称加工余量及各工序加工的经济精度，然后根据设计尺寸和各工序加工余量，从后向前推算各工序公称尺寸，直到毛坯尺寸，再将各工序尺寸的公差按“单向入体原则”标注。

【例题 3.2】　某阶梯轴零件，材料为 45 钢，毛坯是热轧棒料，其中直径为 $\phi30_{-0.13}^{\ 0}$mm、表面粗糙度值 Ra 为 0.2μm、长度为 200mm 的外圆表面的加工工序为粗车—半精车—半精磨—精磨。

解：

1）确定各工序的加工余量。根据《实用金属切削加工工艺手册》查得各工序的加工余量，见表 3-10 中第二列。粗车的加工余量一般表中无法直接查出，是通过毛坯余量减去其余各工序加工余量之和计算得出的。

2）根据查得的加工余量计算各工序尺寸。其顺序是由最后一道工序往前推算，零件图样上规定的尺寸就是最后精磨轴的工序尺寸。其计算结果列于表 3-10 中。

3）确定各工序尺寸公差及表面粗糙度。最后精磨轴工序的尺寸公差和表面粗糙度就是图样上所规定的轴的公差和表面粗糙度。各中间工序的公差及表面粗糙度就是根据《实用金属切削加工工艺手册》查得各工序的经济加工精度和表面粗糙度，见表 3-10。按“单向入体原则”标注各工序尺寸的公差，其结果见表 3-10。其中毛坯的余量及毛坯公差（按正负分布）可根据毛坯的生产类型、结构特点、制造方法和生产厂的具体条件，参照有关毛坯手册选用。此例中毛坯余量为 4mm，毛坯极限偏差为 ±0.5mm。

$$Z_{粗车}=4\text{mm}-(1.0+0.25+0.15)\text{mm}=2.6\text{mm}$$

表 3-10　工序尺寸及公差的计算

工序	加工余量 /mm	工序经济精度		表面粗糙度值 Ra/μm	工序尺寸及公差 /mm
		公差等级	公差值 /mm		
毛坯尺寸					$\phi34\pm0.5$
粗车	2.6	IT13	0.39	12.5	$\phi31.4_{-0.39}^{\ 0}$
半精车	1.0	IT10	0.10	3.2	$\phi30.4_{-0.10}^{\ 0}$
半精磨	0.25	IT8	0.039	0.4	$\phi31.15_{-0.039}^{\ 0}$
精磨	0.15	IT6	0.013	0.2	$\phi30_{-0.013}^{\ 0}$

2. 基准不重合时工序尺寸及其公差的确定

在零件加工中，当加工表面的定位基准或测量基准与设计基准不重合时，其工序尺寸要通过尺寸链换算来获得。

（1）测量基准与设计基准不重合时尺寸的换算　测量时，由于测量基准与设计基准不重合，需测量的设计尺寸不能直接测得，只能由其他测量尺寸来间接保证，此时需要进行工艺尺寸链的换算。

【例题 3.3】　如图 3-26 所示零件，加工时尺寸 $10_{-0.36}^{\ 0}$mm 不便测量，改用游标深度卡尺测量孔深 A_2，通过孔深 A_2、总长 $50_{-0.17}^{\ 0}$mm（A_1）来间接保证设计尺寸 $10_{-0.36}^{\ 0}$mm（A_0），求加工孔深的工序尺寸 A_2 及偏差。

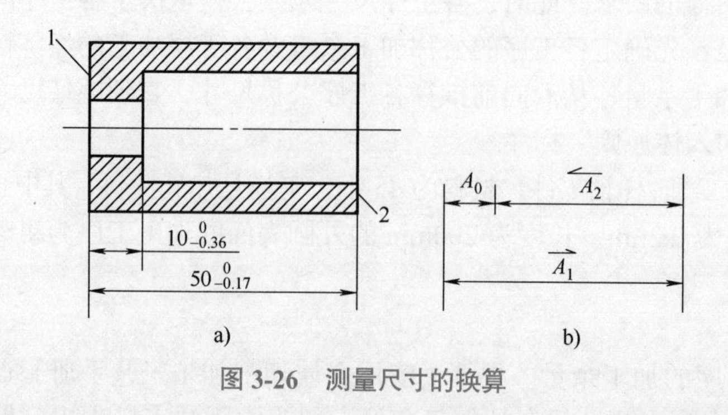

图 3-26　测量尺寸的换算

解： 1）画出尺寸链简图，如图 3-26b 所示。

2）确定封闭环、增环、减环。其中 $10_{-0.36}^{\ 0}$mm 为封闭环，$50_{-0.17}^{\ 0}$mm 为增环，A_2 为减环。

3）计算。

按封闭环的公称尺寸计算：∵ $A_0=A_1-A_2$，10mm=50mm$-A_2$ ∴ A_2=40mm

按封闭环的上极限偏差计算：∵ $ES_0=ES_1-EI_2$，$0=0-EI_2$ ∴ $EI_2=0$

按封闭环的下极限偏差计算：∵ $EI_0=EI_1-ES_2$，−0.36mm=−0.17mm$-ES_2$ ∴ ES_2=0.19mm

最后得 $A_2=40^{+0.19}_{0}$mm

4）验算封闭环尺寸公差，即

$$T_0=0.36\text{mm},\ T_1+T_2=0.17\text{mm}+0.19\text{mm}=0.36\text{mm}$$

所以，$T_0=T_1+T_2$，计算正确。

这就是说，只要按 $A_1=50^{\ 0}_{-0.17}$mm，孔深 $A_2=40^{+0.19}_{0}$mm 进行检测，设计尺寸 $10^{\ 0}_{-0.36}$mm 就可自然保证。

应该指出，按换算后的工序尺寸来间接保证原设计尺寸要求时，还存在一个“假废品”问题。在本例中，若孔深 A_2 的实际尺寸已超出了换算尺寸 $40^{+0.19}_{0}$mm，从上述计算结果来看，该零件被认为是不合格的。可是当 A_2 的实际尺寸为 39.83mm，比换算允许的下极限尺寸 40mm 还小 0.17mm，此时若 A_1 的实际尺寸刚好为下极限尺寸 49.83mm，则此时 A_0 的实际尺寸为：A_0=49.83mm−39.83mm=10mm，零件是合格的。同样，当 A_2 的实际尺寸为 40.36mm，比换算允许的上极限尺寸 40.19mm 还大 0.17mm，此时若 A_1 的实际尺寸刚好为上极限尺寸 50mm，则此时 A_0 的实际尺寸为：A_0=50mm−40.36mm=9.64mm，零件仍是合格的。这就是按工序尺寸报废而按产品设计要求仍合格的“假废品”现象。因此，当换算尺寸在一定范围内超差时，尚不能判断该零件是否报废，须对有关尺寸进行复检，并计算间接保证尺寸的实际尺寸，才能判断该零件是否合格。

（2）定位基准与设计基准不重合时尺寸的换算　零件加工中，加工表面的定位基准与设计基准不重合时，也需要进行尺寸换算以求得工序尺寸及其公差。

【例题 3.4】　如图 3-27a 所示零件，孔的设计基准为 C 面。镗孔前，表面 A、B、C 已加工。镗孔时，为了使工件装夹方便，选择表面 A 为定位基准，并按工序尺寸 A_3 进行加工，求镗孔的工序尺寸及偏差。

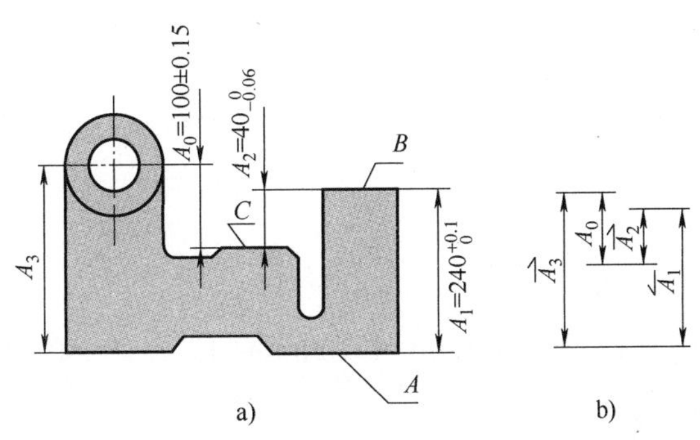

图 3-27　定位基准与设计基准不重合的尺寸换算

解：经分析得知，设计尺寸 A_0 是本工序加工中自然形成的，即为封闭环。然后从封闭环的两边出发，查找出 A_1、A_2 和 A_3 为组成环。画出尺寸链图（图 3-27b），用画箭头方法判断出 A_2、A_3 为增环，A_1 为减环。

1）按封闭环的公称尺寸计算：

$$\because\ A_0=A_3+A_2-A_1，100\text{mm}=A_3+40\text{mm}-240\text{mm}\quad \therefore A_3=300\text{mm}$$

2）按封闭环的上极限偏差计算：

$$\because\ ES_0=ES_3+ES_2-EI_1，0.15\text{mm}=ES_3+0-0\quad \therefore ES_3=0.15\text{mm}$$

按封闭环的下极限偏差计算：

$$\because\ EI_0=EI_3+EI_2-ES_1，-0.15\text{mm}=EI_3-0.06\text{mm}-0.1\text{mm}\quad \therefore EI_3=0.01\text{mm}$$

最后得出镗孔的工序尺寸为 $A_3=300^{+0.15}_{+0.01}\text{mm}=（300.08\pm0.07）\text{mm}$。

3）验算封闭环尺寸公差：

$$T_0=0.3\text{mm}，T_1+T_2+T_3=0.10\text{mm}+0.06\text{mm}+0.14\text{mm}=0.30\text{mm}$$

所以，$T_0=T_1+T_2+T_3$，计算正确。

（3）在利用尺寸链进行多个工序的工序尺寸计算时，前面工序所间接保证的尺寸，在计算后续工序的工序尺寸的尺寸链中，仍不能作为组成环。

【例题 3.5】 图 3-28a 所示零件，A、B 面已加工。工序 10，以 A 面定位，铣槽 C 面，求工序尺寸及其公差。工序 20，以 A 面定位，镗孔 ϕ30H7，求工序尺寸及公差。

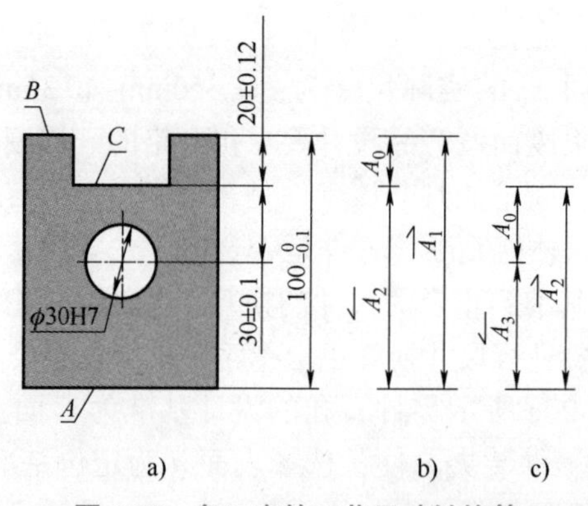

图 3-28 多工序的工艺尺寸链换算

解：首先求工序 10 的工序尺寸 A_2。

画出尺寸链简图，如图 3-28b 所示。

1）确定封闭环、增环、减环。其中 $A_0=（20\pm0.12）\text{mm}$ 为封闭环，$A_1=100^{\ 0}_{-0.1}\text{mm}$ 为增环，A_2 为减环。

2）计算。

按封闭环的公称尺寸计算：

$$\because\ A_0=A_1-A_2，20\text{mm}=100\text{mm}-A_2\quad \therefore A_2=80\text{mm}$$

按封闭环的上极限偏差计算：

$$\because\ ES_0=ES_1-EI_2，0.12\text{mm}=0-EI_2\quad \therefore EI_2=-0.12\text{mm}$$

按封闭环的下极限偏差计算：

$$\because EI_0=EI_1-ES_2，-0.12\text{mm}=-0.10\text{mm}-ES_2\quad \therefore ES_2=0.02\text{mm}$$

3）最后得出铣槽 C 的工序尺寸为 $A_2=80^{+0.02}_{-0.12}\text{mm}=80.02^{\ 0}_{-0.14}\text{mm}$。

4）验算封闭环尺寸公差，即

$$T_0=0.24\text{mm}$$

$$T_1+T_2=0.10\text{mm}+0.14\text{mm}=0.24\text{mm}$$

所以，$T_0=T_1+T_2$，计算正确。

然后求工序 20 的工序尺寸 A_3。

1）画出尺寸链简图，如图 3-28c 所示。

2）确定封闭环、增环、减环。其中 $A_0=(30\pm0.1)$ mm 为封闭环，$A_2=80_{-0.12}^{+0.02}$ mm 为增环，A_3 为减环。

3）计算。

按封闭环的公称尺寸计算：

$$\because\ A_0=A_2-A_3,\ 30\text{mm}=80\text{mm}-A_3\quad \therefore A_3=50\text{mm}$$

按封闭环的上极限偏差计算：

$$\because\ ES_0=ES_2-EI_3,\ 0.10\text{mm}=0.02\text{mm}-EI_3\quad \therefore EI_3=-0.08\text{mm}$$

按封闭环的下极限偏差计算：

$$\because\ EI_0=EI_2-ES_3,\ -0.10\text{mm}=-0.12\text{mm}-ES_3\quad \therefore ES_3=-0.02\text{mm}$$

最后得出镗 ϕ30H7 孔的工序尺寸为 $A_3=50_{-0.08}^{-0.02}$ mm=49.95 ± 0.03mm。

4）验算封闭环尺寸公差，即

$$T_0=0.20\text{mm}$$

$$T_2+T_3=0.14\text{mm}+0.06\text{mm}=0.20\text{mm}$$

所以，$T_0=T_2+T_3$，计算正确。

（4）从尚需继续加工表面标注的工序尺寸计算　在零件加工中，有些加工表面的定位基准是一些尚需继续加工的表面。当加工这些表面时，不仅要保证本工序对该加工表面的尺寸要求，同时还要间接保证从该加工表面标注的工序尺寸要求。此时就需要进行工序尺寸的换算。

【例题 3.6】　图 3-29a 所示为一齿轮内孔及键槽的简图。内孔尺寸为 $\phi40_{0}^{+0.039}$mm，键槽深度尺寸为 $43.3_{0}^{+0.2}$mm。有关内孔和键槽的加工顺序是：①精镗内孔至 $\phi39_{0}^{+0.062}$mm；②插键槽深至尺寸 A_1；③热处理；④磨内孔至 $\phi40_{0}^{+0.039}$mm。

从以上加工顺序可以看出，键槽尺寸 $43.3_{0}^{+0.2}$mm 是间接保证的，也就是在完成工序尺寸 $\phi40_{0}^{+0.039}$mm 后，最后自然形成的，所以 $43.3_{0}^{+0.2}$mm 是封闭环，而 $\phi39_{0}^{+0.062}$mm 和 $\phi40_{0}^{+0.039}$mm 及工序尺寸 A_1 是加工时直接获得的尺寸，为组成环。

解：1）画出尺寸链简图，如图 3-29b 所示。（注意：为了尺寸封闭，必须将孔的直径尺寸化成半径尺寸来表示。）

2）判定封闭环、增环、减环。其中 $A_0=43.3_{0}^{+0.2}$ 为封闭环，A_1、A_3 为增环，A_2 为减环。

3）计算。

按封闭环的公称尺寸计算。

$$\because A_0=A_3+A_1-A_2,\ 43.3\text{mm}=20\text{mm}+A_1-19.8\text{mm}\quad \therefore A_1=43.1\text{mm}$$

按封闭环的上极限偏差计算：

$$\because ES_0=ES_3+ES_1-EI_2,\ 0.2\text{mm}=0.0195\text{mm}+ES_1-0\quad \therefore ES_1=0.1805\text{mm}$$

按封闭环的下极限偏差计算：

$$\because \quad EI_0=EI_3+EI_1-ES_2，\ 0=0+EI_1-0.031\text{mm} \quad \therefore\ EI_1=0.031\text{mm}$$

最后求得插键时的工序尺寸 $A_1=43.1_{+0.0310}^{+0.1805}\text{mm} \approx 43.13_{0}^{+0.15}\text{mm}$。

4）验算封闭环尺寸公差，即

$$T_0=0.2\text{mm}$$

$$T_1+T_2+T_3=0.1495\text{mm}+0.031\text{mm}+0.0195\text{mm}=0.20\text{mm}$$

所以，$T_0=T_1+T_2+T_3$，计算正确。

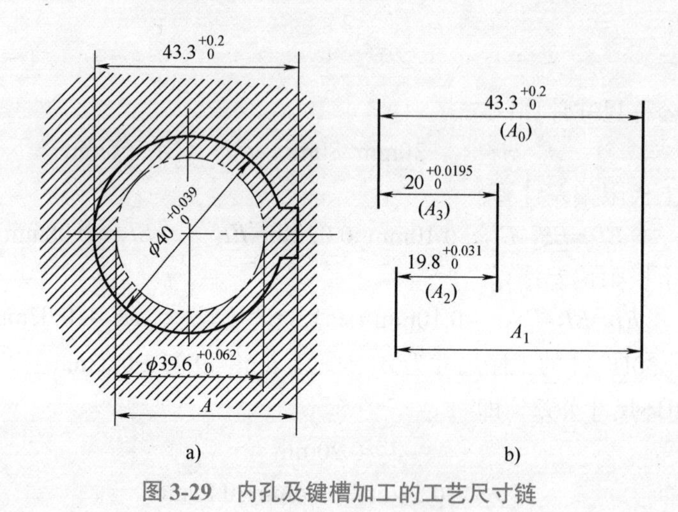

图 3-29 内孔及键槽加工的工艺尺寸链

（5）渗碳或渗氮处理的尺寸计算 产品中有些零件表面需要进行渗碳或渗氮处理，而且在精加工后还要保证规定的渗层深度。为此必须正确地确定精加工前渗层的深度尺寸，所以也要进行类似的尺寸链换算。

【例题 3.7】 图 3-30a 所示为一衬套零件，孔径为 $\phi145_{0}^{+0.04}$mm 的表面需要渗氮，精加工后要求渗氮层深度 t_0 为 0.3~0.5mm，令其深度为 $0.3_{0}^{+0.2}$mm。该表面的加工顺序为：①磨内孔至尺寸 $\phi144.76_{0}^{+0.04}$mm；②渗氮处理；③精磨孔至 $\phi145_{0}^{+0.04}$mm，并保证渗氮层深度 t_0。试求工艺渗氮层深度 t_1。

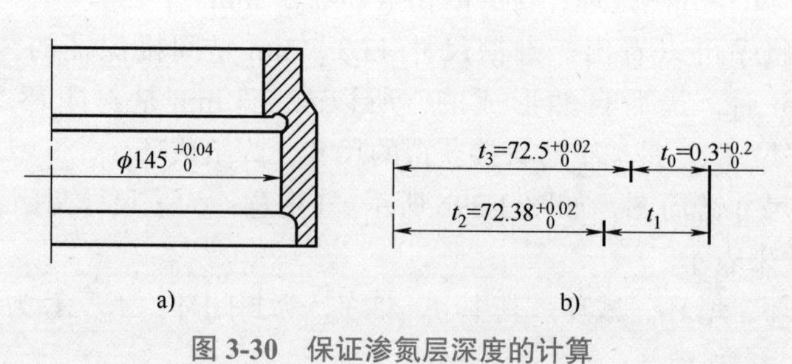

图 3-30 保证渗氮层深度的计算

解： 1）画出尺寸链简图（为了尺寸封闭，必须将孔的直径尺寸化成半径尺寸来表示），如图 3-30b 所示。

2）确定封闭环、增环、减环。其中 t_0 为封闭环，t_1、$t_2=72.38_{0}^{+0.02}$mm 为增环，$t_3=72.5_{0}^{+0.02}$mm 为减环。

3）计算。

按封闭环的公称尺寸计算：

$$\because\ t_0 = t_1 + t_2 - t_3,\ 0.3\text{mm} = t_1 + 72.38\text{mm} - 72.5\text{mm} \quad \therefore\ t_1 = 0.42\text{mm}$$

按封闭环尺寸的上极限偏差计算：

$$\because\ ES_0 = ES_1 + ES_2 - EI_2,\ 0.2\text{mm} = ES_1 + 0.02\text{mm} - 0 \quad \therefore\ ES_1 = 0.18\text{mm}$$

按封闭环尺寸的下极限偏差计算：

$$\because\ EI_0 = EI_1 + EI_2 - ES_3,\ 0 = EI_1 + 0 - 0.02\text{mm} \quad \therefore\ EI_1 = 0.02\text{mm}$$

最后求得 $t_1 = 0.42^{+0.18}_{+0.02}$ mm，即工艺渗氮层深度为 0.44~0.60mm。

4）验算封闭环尺寸公差，即 $T_0=0.2\text{mm}$，$T_1+T_2+T_3=0.16\text{mm}+0.02\text{mm}+0.02\text{mm}=0.20\text{mm}$

所以，$T_0=T_1+T_2+T_3$，计算正确。

3.8 机床及工艺装备的确定

3.8.1 机床的确定

选择机床时应注意以下几点：

1）机床的主要规格尺寸应与加工工件的外形轮廓尺寸相适应。即小工件应选小的机床，大工件选大机床，做到合理使用设备。

2）机床的精度应与要求的加工精度相适应。对于高精度的工件，在缺乏精密设备时，可通过设备改装，以粗干精。

3）机床的生产率应与加工工件的生产类型相适应。单件小批生产一般选择通用设备，大批量生产宜选高生产率的专用设备。

4）机床的选择应结合现场的实际情况，如设备的类型、规格及精度状况，设备负荷的平衡情况，以及设备的分布排列情况等。

3.8.2 工艺装备的确定

工艺装备的选择是否合理，直接影响到工件的加工精度、生产率和经济性。因此，要结合生产类型、具体的加工条件、工件的加工技术要求和结构特点等合理选用工艺装备。

1. 夹具的选择

单件小批生产应尽量选择通用夹具，如各种卡盘、虎钳和回转台等。如果条件具备，可选用组合夹具，以提高生产率。大批量生产应选择生产率高和自动化程度高的专用夹具。多品种中小批量生产可选用可调整夹具或成组夹具。夹具的精度应与工件的加工精度相适应。

2. 刀具的选择

一般应优先选用标准刀具，以缩短刀具制造周期和降低成本。必要时可选择各种高生产率的复合刀具及其他一些专用刀具。刀具的类型、规格及精度应与工件的加工要求相适应。

3. 量具的选择

单件小批量生产应选用通用量具，如游标卡尺、千分尺、千分表等。大批量生产应尽量选用效率较高的专用量具，如各种极限量规和测量仪器等。所选量具的量程和精度要与工件的结构尺寸和精度相适应。

3.9 确定切削用量和时间定额

3.9.1 切削用量的选择

合理的切削用量，对保证加工质量、提高生产率、获得良好的经济效益都有着重要的意义。选择切削用量时，应综合考虑零件的生产纲领、加工精度、表面粗糙度、材料，以及刀具的材料及寿命等因素。

单件小批生产时，为了简化工艺文件，常不具体规定切削用量，而由操作者根据具体情况自行确定。

批量较大时，特别是组合机床、自动机床及多刀切削加工工序的切削用量，应科学、严格地确定。

一般来说，粗加工时，由于加工精度要求低，选择切削用量应尽可能保证较高的金属切除率和合适的刀具寿命，以达到较高的生产率。为此，在确定切削用量时，应优先考虑采用大的背吃刀量（切削深度），其次考虑采用较大的进给量，最后根据刀具寿命要求，确定合理的切削速度。

半精加工、精加工时，选择切削用量首先要考虑的问题是保证加工精度和表面质量，同时也要考虑刀具寿命和生产率。半精加工和精加工时一般多采用较小的背吃刀量和进给量。在背吃刀量和进给量确定之后，再确定合理的切削速度。

在采用组合机床、自动机床等多刀具同时加工时，其加工精度、生产率和刀具的寿命与切削用量的关系很大，为保证机床正常工作，不经常换刀，其切削用量要比采用一般普通机床加工时低一些。

在确定切削用量的具体数据时，可凭经验，也可查阅有关手册中的表格，或在查表的基础上，再根据经验和加工的具体情况，对数据做适当的修正。

3.9.2 时间定额

时间定额是指在一定的生产条件下，规定生产一件产品或完成一道工序所需消耗的时间。

时间定额不仅是衡量劳动生产率的指标，也是安排生产计划、计算生产成本的重要依据，还是新建或扩建工厂（或车间）时计算设备和工厂面积的依据。

制定时间定额应根据本企业的生产技术条件，使大多数工人都能达到，部分先进工人可以超过，少数工人经过努力可以达到或接近。合理的时间定额能调动工人的积极性，促进工人技术水平的提高，从而不断提高劳动生产率。随着企业生产技术条件的不断改善，时间定额应定期修订，以保持定额的平均先进水平。

1. 单件时间定额

为了正确地确定时间定额，通常把完成一个工序所消耗的单件时间 T_p 分为基本时间

T_b、辅助时间 T_a、布置工作地时间 T_s、休息和生理需要时间 T_r 及准备和终结时间 T_e 等。

（1）基本时间 T_b　基本时间是直接改变生产对象的尺寸、形状、相对位置、表面状态或材料性质等的工艺过程所消耗的时间。对机械加工而言，就是直接切除工序余量所消耗的时间（包括刀具的切入和切出时间）。

（2）辅助时间 T_a　辅助时间是为实现基本工艺工作所必须进行的各种辅助动作所消耗的时间。它包括装卸工件、开停机床、引进或退出刀具、改变切削用量、试切和测量工件等所消耗的时间。

辅助时间的确定方法随生产类型而异。大批大量生产时，为使辅助时间规定合理，需将辅助动作进行分解，再分别确定各分解动作的时间，最后予以综合；中批生产的辅助时间则可根据以往的统计资料来确定；单件小批生产的辅助时间则常用基本时间的百分比进行估算。

基本时间和辅助时间的总和称为作业时间，它是直接用于制造产品或零部件所消耗的时间。

（3）布置工作地时间 T_s　布置工作地时间是为使加工正常进行，工人照管工作地（如调整和更换刀具、修整砂轮、润滑和擦拭机床、清理切屑等）所消耗的时间。T_s 不是直接消耗在每个工件上的，而消耗在一个工作班内的时间，再折算到每个工件上的。一般按作业时间的 2%~7% 计算。

（4）休息和生理需要时间 T_r　休息和生理需要时间是工人在工作班内为恢复体力和满足生理上的需要所消耗的时间。T_r 也是按一个工作班为计算单位，再折算到每个工件上的。一般按作业时间的 2%~4% 计算。

（5）准备和终结时间 T_e（简称准终时间）　准终时间是工人为了生产一批产品或零部件，进行准备和结束工作所消耗的时间。例如：在单件或成批生产中，每当开始加工一批工件时，工人需要熟悉工艺文件，领取毛坯、材料、工艺装备、安装刀具和夹具、调整机床和其他工艺装备等所消耗的时间；一批工件加工结束后，需拆下和归还工艺装备，送交成品等。T_e 既不是直接消耗在每个工件上，也不是消耗在一个工件班内的时间，而是消耗在一批工件上的时间。因而分摊到每个工件上的时间为 T_e/n，其中 n 为批量。

故单件和成批生产的单件时间 T_p 应为

$$T_p = T_b + T_a + T_s + T_r + \frac{T_e}{n} \tag{3-11}$$

大批量生产中，由于 n 的值很大，$\frac{T_e}{n} \approx 0$，可忽略不计。

2. 提高生产率的措施

提高生产率就是要缩短单件时间定额，即缩短基本时间、辅助时间、布置工作地时间、准备和终结时间。下面简要分析缩短单件时间的几种途径。

（1）缩减基本时间 T_b　基本时间 T_b 可按有关公式计算。以外圆车削为例：

$$T_b = \frac{\pi DLZ}{1000 v_c f a_p} \tag{3-12}$$

式中　D——切削直径，单位为 mm；

L——切削行程长度，包括加工表面的长度、刀具切入和切出长度，单位为 mm；

Z——工序余量（此处为单边余量），单位为 mm；

v_c——切削速度，单位为 m/min；

f——进给量，单位为 mm/r；

a_p——背吃刀量，单位为 mm。

式（3-12）说明，增大切削用量 v_c、f 及 a_p，减少切削行程长度都可以缩减基本时间。

1）提高切削用量。近年来随着刀具（砂轮）材料的迅速发展，刀具（砂轮）的切削性能已有很大的提高，高速切削和强力切削已成为切削加工的主要发展方向。目前，硬质合金车刀的切削速度一般可达 200m/min，而陶瓷刀具的切削速度可达 500m/min。近年来出现的聚晶金刚石和聚晶立方氮化硼刀具在切削普通钢材时，其切削速度可达到 900m/min；加工 60HRC 以上的淬火钢或高镍合金钢时，切削速度可在 90m/min 以上。磨削的发展趋势是高速磨削和强力磨削。高速磨削速度已达 80m/s 以上；强力磨削的金属切除率可为普通磨削的 3~5 倍，其磨削深度一次可达 6~30mm。在大平面加工中，采用铣削代替刨削，速度可达 1.5m/min，效率可提高 8 倍左右。

2）减少或重合切削行程长度。利用多把刀具或复合刀具对工件的同一表面或多个表面同时进行加工，或者用宽刃刀具或成形刀具做横向进给，同时加工多个表面，实现复合工步，都能减少刀具的切削行程长度，或使切削行程长度部分或全部重合，减少基本时间，如图 3-31 所示。

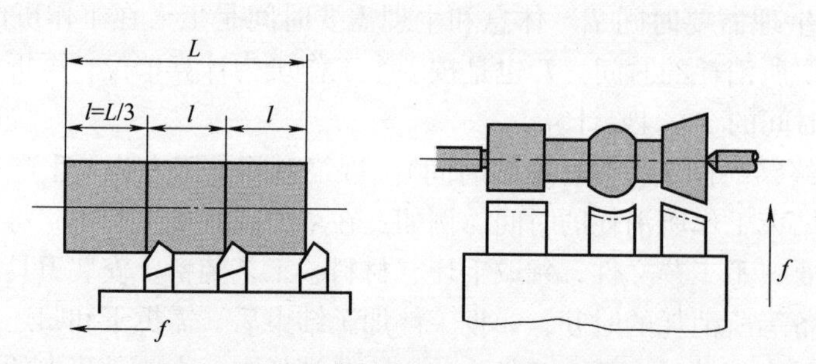

图 3-31 减少或重合切削行程长度的方法

采用多件加工也是缩短切削行程的有效措施。多件加工有三种形式：顺序多件加工、平行多件加工和平行顺序加工。图 3-32a 所示为顺序多件加工，图 3-32b 所示为平行多件加工，图 3-32c 所示为平行顺序加工。

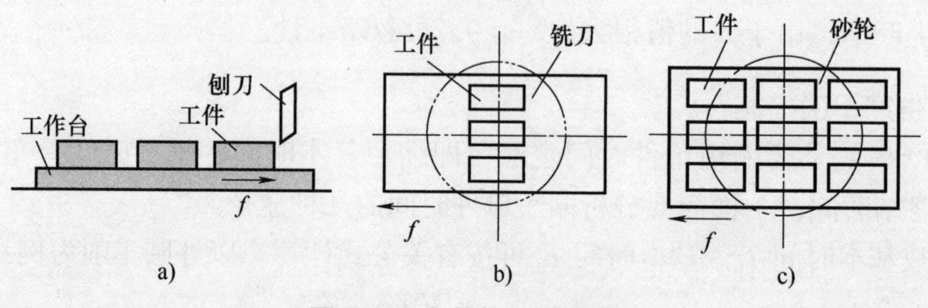

图 3-32 多件加工示意图

3）减小工序余量 Z——毛坯精化。采用先进的毛坯制造方法，如粉末冶金、压力铸造、精密铸造、精锻、冷挤压、热挤压等新工艺，能有效地提高毛坯精度，减少机械加工量、节约材料、提高效率。采用少无屑加工代替常规切削加工方法，以提高生产率和提高加工精度、表面质量，如采用冷挤压齿轮代替剃齿时，其表面粗糙度值 *Ra* 可达 1.25~0.63μm，生产率可提高 4 倍。

（2）缩短辅助时间　在单件小批生产中，如何缩减辅助时间，是提高生产率的关键。缩减辅助时间有两种方法：直接缩减辅助时间和间接缩减辅助时间。

1）直接缩减辅助时间。采用先进的高效率夹具可缩减工件的装卸时间。大批量生产中采用先进夹具，如气动、液压驱动夹具，不仅减轻了工人的劳动强度，而且可大大缩减装卸工件时间。在单件小批量生产中采用成组夹具或通用夹具，能节省工件的装卸找正时间。

采用主动测量法可减少加工中的测量时间。主动测量装置能在加工过程中测量工件加工表面的实际尺寸，并可根据测量结果，对加工过程进行主动控制，目前在内外圆磨床上应用较普遍。

在各类机床上配置的数字显示装置，都是以光栅、感应同步器为检测元件，能连续显示出工件在加工过程中尺寸的变化。采用该装置后能显示出刀具的位移量，节省停机测量的辅助时间。

2）间接缩减辅助时间。间接缩减辅助时间，即可使辅助时间与基本时间重合，从而减少辅助时间。例如，图 3-33 所示为立式连续回转工作台铣床加工的实例，机床有两根主轴顺次进行粗、精铣削，装卸工件时机床不停机，因此辅助时间和基本时间重合。

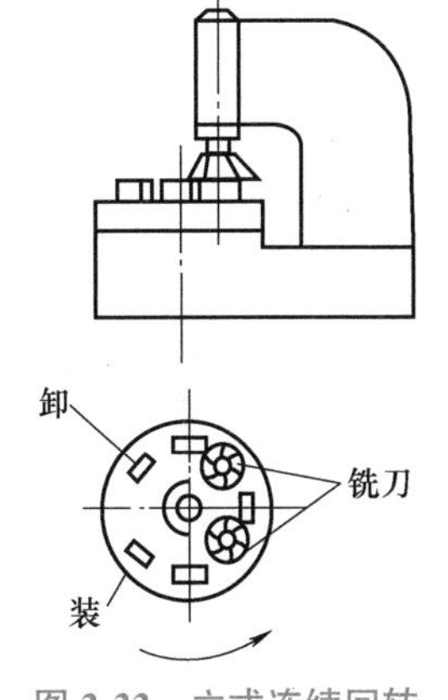

图 3-33　立式连续回转工作台铣床加工的实例

采用转位移位工作台或多根心轴，在加工时间内对另一工件进行装卸，可使装卸工件时间与基本时间重合。

前面提到的主动测量或数字显示装置也能使测量时间与基本时间重合。

（3）缩短布置工作地时间　布置工作地时间大部分消耗在更换刀具和调整刀具上，采用各种快换刀夹、刀具微调机构、专用对刀样板或对刀块等，可以减少刀具的调整和对刀时间。

（4）缩短准备和终结时间　缩短准备和终结时间的主要方法是扩大零件的批量和减少调整机床、刀具和夹具的时间。

成批生产中，除设法缩短安装刀具、调整机床等的时间外，应尽量扩大制造零件的批量，减少分摊到每个零件上的准终时间。中、小批生产中，由于批量小、品种多，准终时间在单件时间中占有较大比重，使生产率提高受到限制。因此，应设法使零件通用化和标准化，以增加被加工零件的批量，或采用成组技术。

3.10　工艺方案的技术经济分析

制定某一零件的机械加工工艺规程时，一般都可以拟订出几种不同的工艺方案，不同的工艺方案有不同的经济效果。只有对各种不同的工艺方案进行经济分析，才能得到既能保证工件加工质量和生产率，又能达到成本最低的工艺方案。

整个生产过程中所消耗的费用称为生产成本。生产成本包括两部分：一部分与工艺过程直接相关，称为工艺成本；另一部分与工艺过程不直接相关（例如行政人员工资、厂房折旧费、照明费、采暖费等）。工艺成本占零件生产成本的70%~75%。对工艺方案进行经济分析时，只要分析与工艺过程直接相关的工艺成本即可，因为在同一生产条件下与工艺过程不直接相关的费用相比方案基本上是相等的。

3.10.1　工艺成本的组成及计算

工艺成本由可变成本 V 与不变成本 C 两部分组成。可变成本与零件的年产量有关，它包括材料费（或毛坯费）、机床工人工资、通用机床和通用工艺装备维护折旧费等。不变成本与零件年产量无关，它包括专用机床、专用工艺装备的维护折旧费用以及与之有关的调整等。专用机床、专用工艺装备是专为加工某一工件所用，它不能用来加工其他工件，而专用设备的折旧年限是一定的，因此专用机床、专用工艺装备的费用与零件的年产量无关。

零件加工全年工艺成本 S 与单件工艺成本 S_d 可用下式表示：

$$S=VN+C \tag{3-13}$$

$$S_d=V+\frac{C}{N} \tag{3-14}$$

式中　N——零件的年产量，单位为件；

V——可变成本，单位为元 / 件；

C——不变成本，单位为元。

图3-34、图3-35分别给出了全年的工艺成本 S 与单件工艺成本 S_d 与年产量 N 的关系图。S 与 N 呈直线变化关系（图3-34），全年工艺成本的变化量 ΔS 与年产量的变化量 ΔN 呈正比关系。S_d 与 N 呈双曲线变化关系（图3-35）：A 区相当于设备负荷很低的情况，此时若 N 略有变化，S_d 就变化很大；而在 B 区，情况则不同，即使 N 变化很大，S_d 的变化也不大，不变成本 C 对 S_d 的影响很小，这相当于大批大量生产的情况。在数控加工和计算机辅助制造条件下，全年工艺成本 S 随零件年产量 N 的变化与单件工艺成本 S_d 随零件年产量 N 的变化都将减缓，尤其是在年产量 N 取值较小时，此种减缓趋势更为明显。

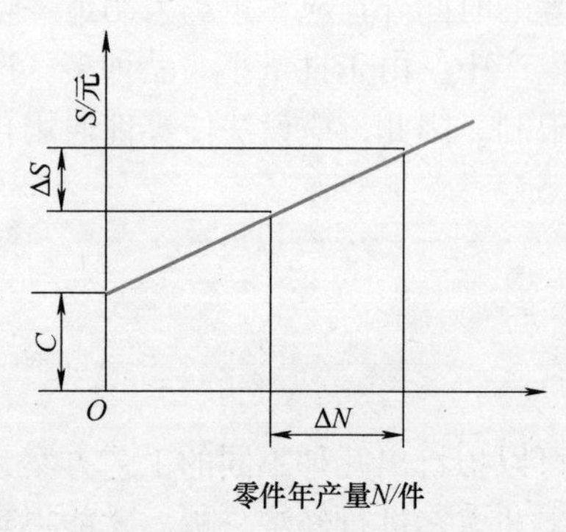

图3-34　全年工艺成本 S 与年产量 N 的关系

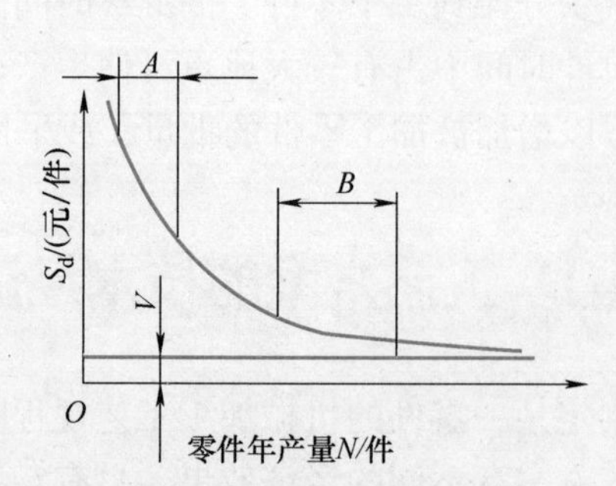

图3-35　单件工艺成本 S_d 与年产量 N 的关系

3.10.2　工艺方案的经济评比

对几种不同工艺方案进行经济评比时，一般可分为以下两种情况：

1）当需评比的工艺方案均采用现有设备或其基本投资相近时，可用工艺成本评比各方案经济性的优劣。

① 两工艺方案中少数工序不同，多数工序相同时，可通过计算少数不同工序的单件工艺成本 S_{d1} 与 S_{d2} 进行评比：

$$S_{d1}=V_1+\frac{C_1}{N}$$

$$S_{d2}=V_2+\frac{C_2}{N}$$

当年产量 N 为一定数量时，可根据上式直接计算出 S_{d1} 与 S_{d2}, 若 $S_{d1}>S_{d2}$，则第二方案为可选方案。若年产量 N 为一变量时，则可根据上式做出曲线进行比较，如图 3-36 所示。年产量 N 小于临界年产量 N_k 时，选择第二方案；年产量 N 大于 N_k 时，选择第一方案。

② 两工艺方案中，多数工序不同，少数工序相同时，则以该零件加工全年工艺成本（S_1，S_2）进行比较，如图 3-37 所示。

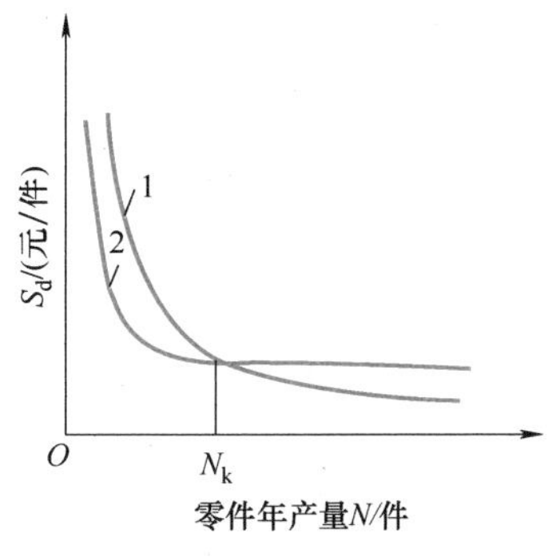

图 3-36　单件工艺成本比较图

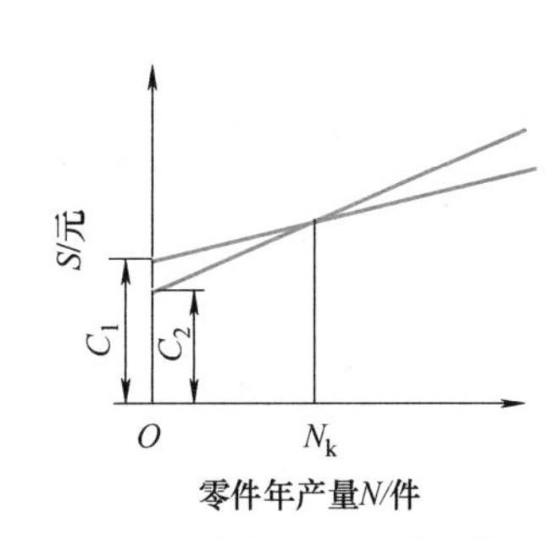

图 3-37　全年工艺成本比较图

$$S_1=NV_1+C_1$$
$$S_2=NV_2+C_2$$

当年产量 N 为一定数时，可根据上式直接算出 S_1 及 S_2，若 $S_1>S_2$，则选择第二方案。若年产量 N 为变量时，可根据上式作图比较，如图 3-37 所示。由图可知：当 $N<N_k$ 时，第二方案的经济性好；当 $N>N_k$ 时，第一方案的经济好。当 $N=N_k$，$S_1=S_2$，即有 $N_kV_1+C_1=N_kV_2+C_2$，所以

$$N_k=\frac{C_2-C_1}{V_1-V_2}$$

2）两种工艺方案的基本投资差额较大时，则在考虑工艺成本的同时，还要考虑基本投资差额的回收期限。

若第一方案采用了价格较贵的先进专用设备，基本投资 K_1 大，工艺成本 S_1 稍高，但生产准备周期短，产品上市快；第二方案采用了价格较低的一般设备，基本投资 K_2 少，工艺成本 S_2 稍低，但生产准备周期长，产品上市慢。这时如果单纯比较其工艺成本是难以全面评定其经济性的，必须同时考虑不同工艺方案的基本投资差额的回收期限。投资回收期 τ（单位为年）可用下式求得

$$\tau=\frac{K_1-K_2}{(S_2-S_1)+\Delta Q}=\frac{\Delta K}{\Delta S+\Delta Q} \tag{3-15}$$

式中 ΔK——基本投资差额，单位为元；

ΔS——全年工艺成本差额，单位为元 / 年；

ΔQ——由于采用先进设备促使产品上市快，工厂从产品销售中取得的全年增收总额，单位为元 / 年。

投资回收期必须满足以下要求：

① 回收期限应小于专用设备或工艺装备的使用年限。

② 回收期限应小于该产品由于结构性能或市场需求因素决定的生产年限。

③ 回收期限应小于国家所规定的标准回收期，采用专用工艺装备的标准回收期为 2~3 年，采用专用机床的标准回收期为 4~6 年。

若 τ 满足上述要求，应选第一方案。

3.11 编制工艺规程文件

工艺规程设计好以后，要用规定的形式和格式固定成文件，以便贯彻执行。这些文件（图表、卡片和文字材料等）统称为工艺文件。生产中使用的工艺文件种类很多，这里只介绍两种最常用的工艺文件。

3.11.1 机械加工工艺过程卡片

表 3-11 是以工序为单位说明工件的整个加工工艺路线，包括工序号、工序名称、工序内容、所经车间、工段、所用设备与工艺装备的名称、工时等，主要用来表示工件的加工流向，供安排生产计划、组织生产调度用。

3.11.2 机械加工工序卡片

表 3-12 是说明机械加工工艺过程中每一工序的具体加工参数，用来指导工人进行具体操作。此卡片主要用于大批大量生产。在成批生产中，对比较重要的工序，有时也编制机械加工工序卡片。机械加工工序卡片中工序简图的画法如下：须用细实线画出工件本工序完成后的外形；本工序的加工表面用粗实线表示；标明本工序的工序尺寸及其公差、表面粗糙度及其他技术要求；用规定的定位夹紧符号表示定位基准、夹压位置和夹压方式。对于多刀加工和多工位加工，还应绘出工序布置图，要求表明每个工位刀具和工件的相对位置和加工要求。图 3-38 所示为转塔车床工序布置图示例。

表 3-11 机械加工工艺过程卡片

机械加工工艺过程卡片			产品型号		零（部）件图号		共 1 页	
			产品名称	解放牌汽车	零（部）件名称	万向节滑动叉	第 1 页	
材料牌号	45 钢	毛坯种类 锻件	毛坯外形尺寸		每毛坯件数 1	每台件数 1 备注		
工序号	工序名称	工序内容	车间	工段	设备	工艺装备	工时 准终	工时 单件
10	车	车外圆、螺纹及端面	机加		CA6140	车夹具，车刀、卡板		
20	车	钻、扩花键底孔及镗止口	机加		CA6140	车夹具，ϕ25、ϕ41 钻头，ϕ43 扩孔钻，P30（YT5）镗刀		
30	车	倒角	机加		CA6140	车夹具，成形刀		
40	钻	钻 Rp1/8 底孔	机加		Z525	钻模，ϕ3.8 钻头		
50	拉	拉内花键	机加		L6120	拉床夹具，拉刀，花键量规		
60	铣	粗铣两端面	机加		X62	铣夹具，ϕ175 高速钢镶齿三面刃铣刀，卡板		
70	钻	钻、扩 ϕ39 孔并倒角	机加		Z535	钻模，ϕ25、ϕ37 钻头，ϕ38.7 扩孔钻，90°锪钻		
80	镗	粗、精镗 ϕ39 孔	机加		T740	镗刀头，专用夹具		
90	磨	磨端面	机加		M7130	GB/T 4127.1—2007P 350×40×127WAF46L6V 砂轮，卡板，专用夹具		
100	钻	钻 M8 底孔并倒角	机加		Z4112-2	钻模，ϕ6.7 钻头，120°锪钻		
110	钻	攻螺纹 M8、Rp1/8	机加		Z525	钻模，M8、Rp1/8 机用丝锥		
120	冲	冲箭头	机加		油压机			
130	检	终检	机加					

描图 描校 底图号 装订号

标记	处数	更改文件号	签字	日期	标记	处数	更改文件号	签字	日期	编制（日期）	审核（日期）	会签（日期）

表 3-12　机械加工工序卡片

机械加工工序卡片		产品型号		零（部）件图号		共　页
		产品名称	解放牌汽车	零（部）件名称	万向节滑动叉	第　页

车间	工序号	工序名称	材料牌号
	70	钻、扩 ϕ39 孔，倒角	45
毛坯种类	毛坯外形尺寸	每坯件数	每台件数
锻件		1	1
设备名称	设备型号	设备编号	同时加工件数
立式钻床	Z535		1

夹具编号	夹具名称	切削液	
	钻模		
		工序工时	
		准终	单件
			1.52

序号	工步内容	工艺装备	主轴转速 /r·min^{-1}	切削速度 /m·min^{-1}	进给量 /mm·r^{-1}	切削深度 /mm	走刀次数	时间定额 机动	时间定额 辅助
1	钻孔 ϕ25，保证尺寸 185	ϕ25 钻头	195	15.3	0.32	12.5	1	0.5	
2	扩钻孔至 ϕ37	ϕ37 钻头	68	7.8	0.57	6	1	0.72	
3	扩孔至 ϕ38.7	ϕ38.7 扩孔钻	68	8.26	1.22	0.85	1	0.3	
4	倒角 C2.5	90°锪孔					1		

描图　描校　底图号　装订号

标记	处数	更改文件号	签字	日期	标记	处数	更改文件号	签字	日期	编制(日期)	审核(日期)	会签(日期)

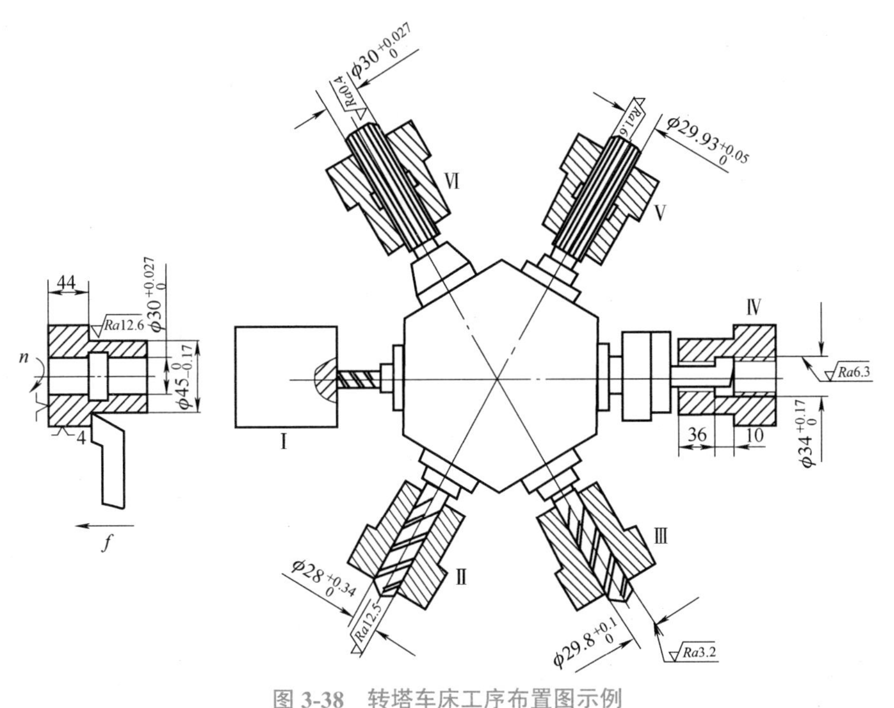

图 3-38 转塔车床工序布置图示例

3.12 典型零件——车床主轴加工工艺分析案例

3.12.1 车床主轴的加工工艺

图 3-39 为 CA6140 车床主轴的零件简图。该零件为多阶梯结构的空心轴。根据主轴的功用和工作条件，主要技术要求如下：

1）支承轴颈 *A*、*B*（锥度 1∶12）是主轴在机床上的安装基准，其圆度误差和同轴度误差将直接影响机床的精度。支承轴颈 *A*、*B* 的圆度、径向圆跳动公差为 0.005mm，锥面接触率≥ 70%，尺寸精度为 IT5 级，表面粗糙度值为 *Ra*0.4μm。

2）莫氏锥孔是用于安装顶尖或夹具的定心表面，莫氏锥孔对支承轴颈 *A*、*B* 的圆跳动，近端为 0.005mm，远端为 0.01mm，锥面接触率≥ 70%，表面粗糙度值为 *Ra*0.4μm，有淬硬要求。

3）短锥 *C* 和端面 *D* 是卡盘的安装基准面，对支承轴颈 *A*、*B* 的圆跳动为 0.008mm，表面粗糙度值为 *Ra*0.8μm，有淬硬要求。

4）配合轴颈用于安装传动齿轮等，其尺寸精度为 IT5~IT6 级，对支承轴颈 *A*、*B* 的圆跳动为 0.005mm。

5）其他表面如轴向定位轴肩与中心线的垂直度，螺纹中心与中心线的同轴度等要求。

表 3-13 所列为 CA6140 车床主轴加工工艺过程（材料为 45 钢，毛坯为模锻件，大批量生产）。

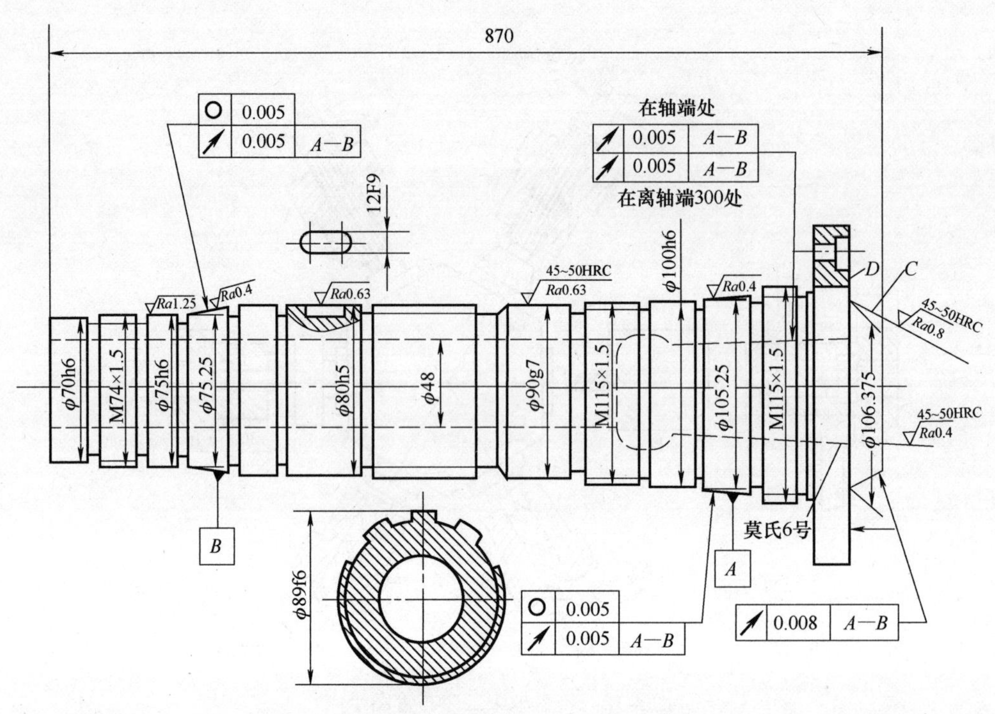

图 3-39　CA6140 车床主轴的零件简图

表 3-13　CA6140 车床主轴加工工艺过程

工序号	工序内容	定位基准
10	锻造	
20	热处理：正火	
30	铣端面，钻中心孔	外圆与端面
40	粗车各外圆	一头夹、一头顶
50	热处理：调质，220~240HBW	
60	半精车大端各部	中心孔
70	仿形车小端各部	中心孔
80	钻通孔	夹小头，托大头
90	粗车莫氏 6 号锥孔和短锥 *C*	夹小头，托大头
100	精车后锥孔（工艺要求）	夹大头，托小头
110	钻大端面各孔及攻螺纹	大端莫氏 6 号锥孔
120	精车小端外圆并切槽	一头夹、一头顶

（续）

工序号	工序内容	定位基准
130	热处理：高频淬火支承轴颈、短锥 C、莫氏 6 号锥孔	
140	粗磨莫氏 6 号锥孔	ϕ75h6、ϕ100h6 外圆
150	磨后锥孔（工艺要求）	ϕ75h6、ϕ100h6 外圆
160	粗磨 ϕ75h6、ϕ90g7 及 ϕ100h6 外圆及端面	锥堵中心孔
170	铣花键	锥堵中心孔
180	铣键槽	外圆表面
190	车三处螺纹	锥堵中心孔
200	精磨各外圆及端面	锥堵中心孔
210	粗精磨短锥 C 和 1∶12 外锥面	锥堵中心孔
220	精磨莫氏 6 号锥孔	支承轴颈 A 及 ϕ75h6 外圆
230	检验	

3.12.2 车床主轴的加工工艺分析

1. 定位基准的选择

轴类零件的定位基准，最常用的是两中心孔。因为一般轴的设计基准都是其中心线，用中心孔定位，可实现基准重合，且能在一次安装中加工尽可能多的外圆和端面，符合基准统一的原则。在通孔加工后，不能用中心孔来定位，就采用带有中心孔的锥堵或锥堵心轴（图 3-40）来定位。为保证锥堵与中心孔有较高的同轴度，锥堵安装后应尽量减少更换次数。

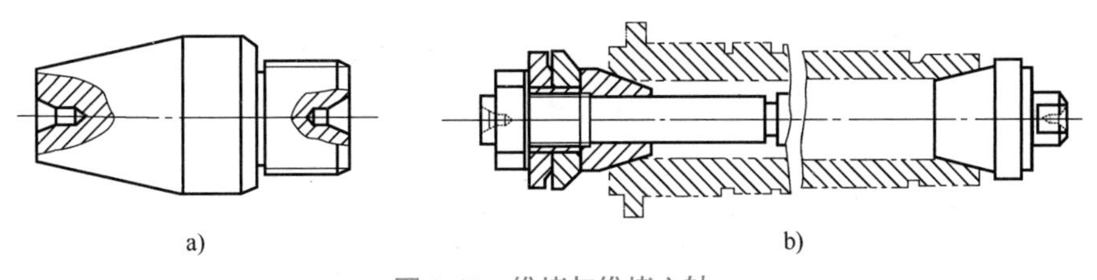

图 3-40 锥堵与锥堵心轴

另外，主轴设计基准本质上是支承轴颈 A、B 的中心线，应该用支承轴颈定位，实现基准重合。以支承轴颈 A、B 为基准磨削莫氏锥孔，可保证两者间有很高的相互位置精度。当支承轴颈是锥面时，宜选择与其临近且与其同轴度高的轴颈作为定位基准面（与支承轴颈在一次安装中磨出）。

在主轴的加工中，还要贯彻中心孔和支承轴颈互为基准、反复加工的原则。在机加工开始，先以外圆定位（粗基准）加工两端面和中心孔，为后续工序准备精基准。再以中心孔定位，加工外圆。在通孔加工后，以外圆为精基准，加工莫氏锥孔和后锥孔。配上锥堵后，以锥堵中心孔定位精加工外表面。最后以精加工后的支承轴颈定位精磨莫氏锥孔。

在主轴加工工艺中，定位基准的正确选择、实现和转换是一个很重要的问题。在某种程度上说，工艺过程实质是定位基准的准备和转换的过程，各表面的加工也是在此基础上实现的。因此定位基准在很大程度上决定着加工顺序。

2. 加工阶段的划分

从表 3-13 主轴加工的工艺过程中可以看出其加工过程是以主要表面（特别是支承轴颈）的加工为主线，大致分为三个阶段：调质以前的工序为粗加工阶段；调质以后到表面淬火间的工序为半精加工阶段；表面淬火以后的工序为精加工阶段。其中适当穿插其他次要表面的加工工序。

3. 合理安排热处理工序

在主轴加工的过程中，应安排足够的热处理工序。毛坯锻造后安排正火处理，以消除锻造应力，改善切削性能。粗加工后安排调质处理，以提高其力学性能，并为表面淬火准备良好的金相组织。半精加工后安排表面淬火处理，以提高其耐磨性。

4. 加工顺序的安排

根据先基准后其他、先粗后精、先主后次、穿插进行的工艺原则，主轴主要加工表面的工序安排大致如下：锻造→正火→车端面、钻中心孔→粗车→调质→半精车→精车→表面淬火→粗、精磨外圆表面→磨锥孔。

外圆表面的加工顺序一般为先加工大端直径外圆，再加工小端直径外圆，以免一开始就降低工件的刚度。

5. 次要表面的加工安排

主轴通孔的加工应安排在调质后进行，以免调质使通孔产生弯曲变形而影响棒料的通过，且应安排在外圆半精车后进行，以便有一个较准确的定位基准，保证孔和外圆同轴，使主轴壁厚均匀。

主轴上的花键、键槽等的加工，一般应在外圆精车或粗磨后、精磨前进行。若在精车前就铣出键槽，精车时断续切削会产生振动，影响加工质量，又容易损坏刀具，同时也难控制键槽的尺寸。若放在外圆精磨后进行，又可能破坏主要表面已有的精度。

主轴上的螺纹均有较高的要求，宜安排在主轴局部淬火后进行加工。否则，淬火后产生的变形会影响螺纹和支承轴颈的同轴度。

6. 主轴锥孔的磨削

锥孔磨削是主轴加工的最后一个关键工序，目前已普遍采用磨主轴锥孔专用夹具来保证其加工精度，如图 3-41 所示。在夹具中镶硬质合金的 V 形块固定在夹具支架上，主轴前后两支承轴颈在 V 形块上定位。工件的中心高等于砂轮轴的中心高。夹具后端的浮动卡头用锥柄安装在磨床主轴的锥孔内。工件尾端插入弹性套内，用弹簧把浮动卡头外壳连同工件向左拉，通过钢球压在锥柄的端部，限制工件的轴向自由度。采用这种弹性浮动夹头驱动工件转动的连接方式，可保证工件支承轴颈的定位精度不受内圆磨床主轴回转精度的影响，也可减少机床振动对加工质量的影响。

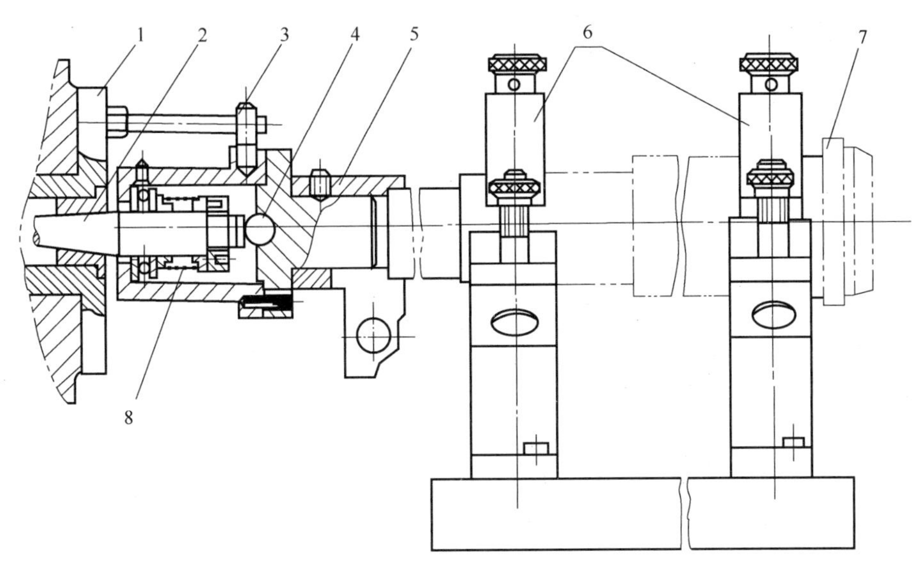

图 3-41　磨主轴锥孔专用夹具

1—拨盘　2—锥柄　3—拨销　4—钢球　5—弹性套　6—支架　7—工件　8—弹簧

思考与练习题

3-1　什么是工序、工步、安装、工位？

3-2　如图 3-42 所示零件，毛坯为 ϕ35mm 棒料，批量生产时其机械加工过程如下：在锯床上切断下料，车一端面，钻中心孔，调头，车另一端面，钻中心孔，在另一台车床上将整批工件一端外圆都车至 ϕ30mm 及 ϕ20mm，调头再用车刀车削整批工件的 ϕ18mm 外圆，又换一台车床，倒角，车螺纹，最后在铣床上铣两平面，转 90° 后，铣另外两平面。试分析其工艺过程的组成。

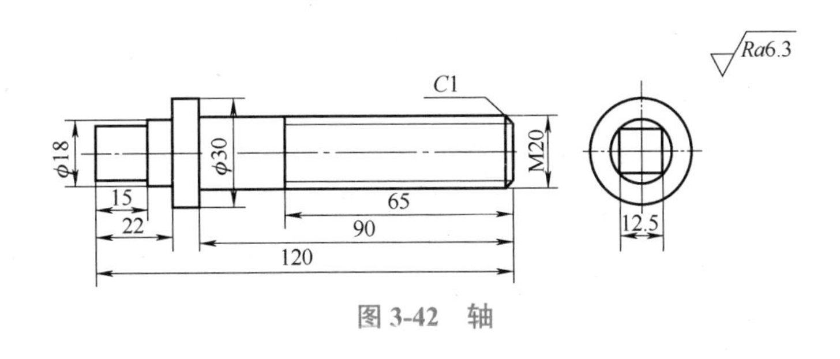

图 3-42　轴

3-3　常用的零件毛坯有哪些形式？各应用于什么场合？

3-4　什么是基准？粗基准和精基准的选择原则有哪些？

3-5　试选择图 3-43 所示支架和法兰盘零件加工时定位的粗基准和精基准。

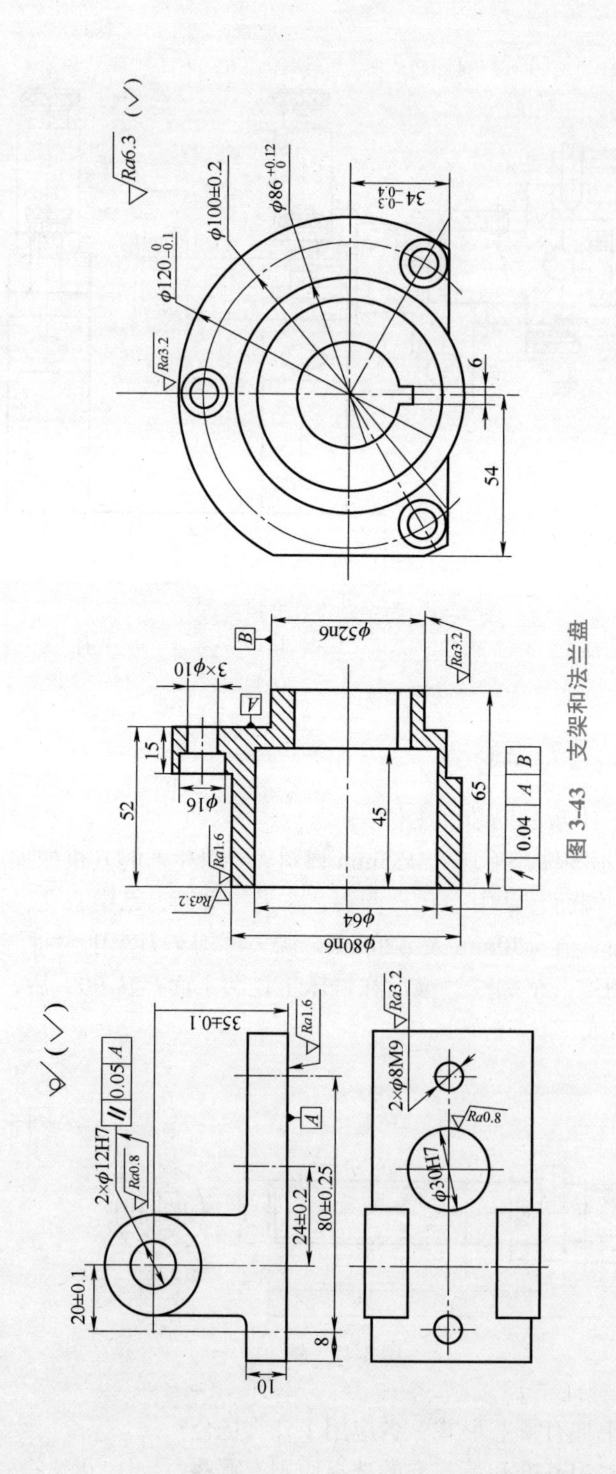

$\sqrt{Ra6.3}$ (√)
$\phi 120^{\ 0}_{-0.1}$
$\phi 100 \pm 0.2$
$\phi 86^{+0.12}_{\ 0}$
$34^{-0.3}_{-0.4}$
Ra3.2
6
54
B
3×φ10
A
15
52
φ16
Ra1.6
Ra3.2
45
65
φ52n6
Ra3.2
0.04 A B
φ64
φ80n6
35±0.1
Ra1.6
2×φ12H7
0.05 A
Ra0.8
20±0.1
24±0.2
80±0.25
8
10
A
Ra3.2
2×φ8M9
Ra0.8
φ30H7

图 3-43 支架和法兰盘

3-6　什么是经济加工精度？零件加工表面加工方法的选择应遵循哪些原则？

3-7　在制定加工工艺规程中，为什么要划分加工阶段？

3-8　机械加工顺序安排的原则有哪些？如何安排热处理工序？

3-9　什么是毛坯余量？什么是加工余量？加工余量和工序尺寸及其公差有何关系？影响加工余量的因素有哪些？

3-10　某箱体零件材料为HT200，欲加工箱体上ϕ80H7的孔。试确定其表面加工方案，并计算各工序的工序尺寸及其公差，绘制出加工余量和加工尺寸分布图。

3-11　在单件小批生产及大批量生产中分别应如何选择机床、夹具和量具？

3-12　在粗加工、半精加工中分别应如何选择切削用量？

3-13　缩短单件时间的途径有哪些？举例说明缩减基本时间T_b的方法有哪些？

3-14　什么是生产成本、工艺成本？什么是可变成本、不变成本？在市场经济条件下，如何正确运用经济分析方法合理选择工艺方案？

3-15　轴承座零件如图3-44所示，除B面外，其他尺寸均已加工完毕。现工序以表面A定位加工B面，试计算工序尺寸及其偏差。

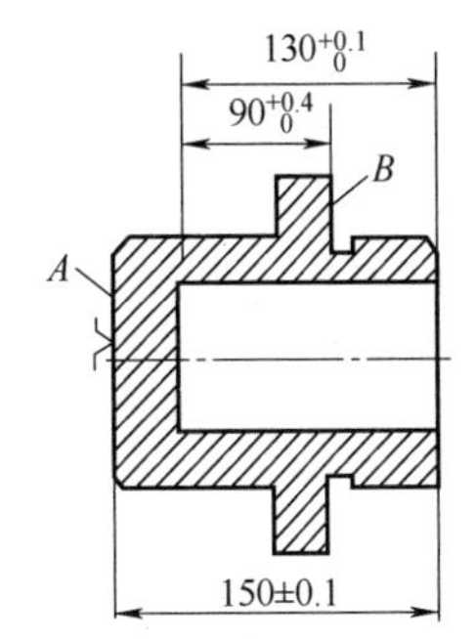

图3-44　轴承座零件加工示意

3-16　轴套零件如图3-45所示，其内外圆及端面A、B、D均已加工。现后续工艺过程如下：①以A面定位，钻ϕ8mm孔，求工序尺寸及其偏差；②以A面定位，铣缺口C，求工序尺寸及其偏差。

3-17　铣削加工一轴类零件的键槽时，如图3-46所示，要求保证键槽深度为$4^{+0.16}_{0}$mm，其工艺过程如下：①车外圆至$\phi 28.5^{0}_{-0.1}$mm；②铣键槽保证尺寸H；③热处理；④磨外圆至$\phi 28^{+0.024}_{+0.008}$mm，考虑到磨外圆与车外圆的中心不重合，设同轴度误差为0.04mm。试求铣键槽的工序尺寸H及其偏差。

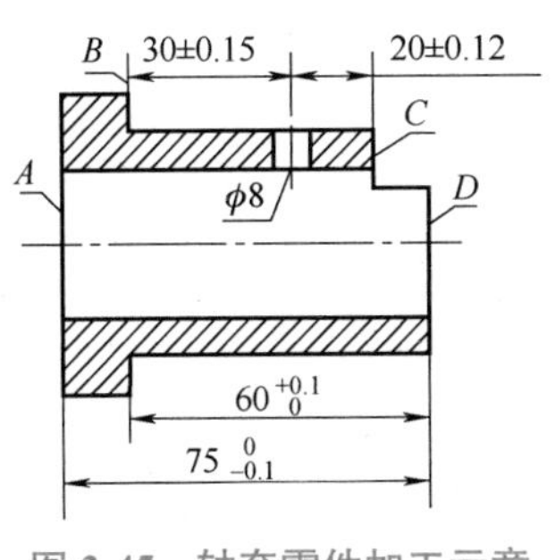

图3-45　轴套零件加工示意

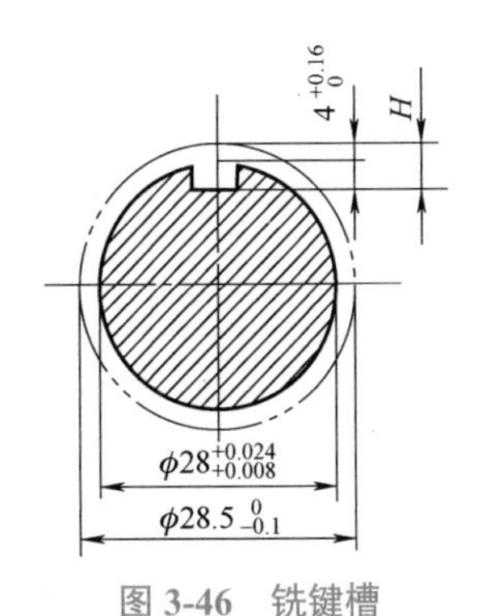

图3-46　铣键槽

3-18　设一套筒零件，材料为2Cr13，其内孔加工顺序如下：①车内孔至尺寸$\phi31.8^{+0.14}_{0}$mm；②碳氮共渗，要求工艺碳氮共渗层深度为t；③磨内孔至尺寸$\phi32^{+0.05}_{+0.010}$mm，要求保证碳氮共渗层深度为0.1~0.3mm。试求碳氮共渗工序的工艺碳氮共渗层深度尺寸t的范围。

3-19　某零件规定的外圆直径为 $\phi32_{-0.05}^{\ 0}$mm，渗碳深度为 0.5~0.8mm。现为使此零件能和其他零件同炉渗碳，限定其工艺渗碳层深度为 0.8~1.0mm。试计算渗碳前车削工序的直径尺寸及其偏差。

3-20　试分析主轴加工工艺过程中如何体现基准重合、基准统一、互为基准的原则。

3-21　如何安排主轴机械加工的顺序?

第 4 章

机械加工质量的智能监测、诊断与控制

课程视频

PPT 课件

4.1 概述

4.1.1 机械加工精度概述

1. 机械加工精度

机械加工精度是指在机械加工过程中，所得到的工件与设计要求之间的偏差或误差程度。它是衡量加工质量和工件尺寸精度的重要指标，对于确保产品质量、满足设计要求至关重要。常见的机械加工精度包含以下类型：

1）尺寸精度（Dimensional Accuracy）：工件的实际尺寸与设计尺寸之间的符合程度。在机械加工中，工件的尺寸精度是至关重要的，因为它直接影响到产品的装配性能和使用效果。尺寸精度的高低取决于机床的精度、刀具的磨损情况、工艺系统的稳定性，以及操作人员的技能水平等多种因素。通常以公差来表示，公差越小，尺寸精度越高。

2）形状精度（Geometric Accuracy）：工件的形状与设计要求之间的偏差，如平面度、圆度、圆柱度等。形状精度主要受到机床的几何精度、刀具的形状和精度，以及切削过程中的振动等因素的影响。形状精度直接影响工件在装配和使用时的性能，如果形状精度达不到要求，可能会导致工件在装配时出现配合不良或运动不平稳等问题。

3）位置精度（Positional Accuracy）：工件上各个要素（如孔、槽等）之间的相对位置与设计位置之间的符合程度。位置精度的控制对于保证产品的整体性能和装配精度至关重要。位置精度受到机床的定位精度、夹具的定位精度，以及切削过程中的热变形等因素的影响。

4）表面精度（Surface Accuracy）：工件表面的表面粗糙度。虽然表面粗糙度不完全属于精度的范畴，但它也是衡量机械加工质量的一个重要指标。表面粗糙度主要受到切削参数、刀具形状和精度、工件材料的性质等因素的影响，对于工件的耐磨性、耐蚀性及配合性能等有着重要作用。同时，表面精度对于某些需要与其他零件密封、摩擦或导向的应用至关重要。

综上所述，机械加工精度是一个综合性的指标，它涵盖了尺寸精度、形状精度、位置精度及表面精度等多个方面。为了提高机械加工精度，需要从机床的精度、刀具的选用和磨损控制、工艺系统的稳定性，以及操作人员的技能水平等多个方面进行综合考虑和优化。

2. 机械加工精度评估

机械加工精度的评估是确保产品质量的关键步骤，通常遵循一系列国际和国内标准。这些标准为机械加工行业提供了统一的精度评估依据，帮助制造商满足特定的质量要求。

（1）国际标准　国际标准由多个国际组织制定，其中最著名的是国际标准化组织（ISO）。ISO 标准在全球范围内被广泛认可和采用，为国际贸易和技术交流提供了便利。例如：

ISO 286：定义了加工特征的尺寸公差，包括直线度、平面度、圆度等。

ISO 1101：提供了关于表面粗糙度的国际标准，包括表面粗糙度的参数和测量方法。

ISO 5459：涉及齿轮精度的国际标准，包括齿轮的尺寸公差和形状公差。

（2）国家标准　国家标准通常由各国的标准化机构制定，以适应本国工业的特定需求和条件。我国的国家标准（GB）是我国机械加工行业的主要参考标准。

GB/T 1804—2000：提供了一般公差的极限偏差值，适用于未注明具体公差要求的零件。

GB/T 1800.1—2020：涉及极限与配合，包括孔和轴的尺寸偏差和配合要求。

（3）行业标准　特定行业可能会根据自身的特点和要求，制定更为严格的精度标准。这些行业标准通常比国际标准和国家标准更为详细，反映了特定应用领域的特殊需求。

航空航天标准：如 AS9100，为航空航天行业提供质量管理体系的特别要求。

汽车行业标准：如 ISO/TS 16949，为汽车行业提供质量管理体系的特别要求。

加工精度的评估还涉及精度等级的概念，这些等级根据加工方法和应用需求的不同而有所区别：

粗加工：适用于对精度要求不高的初步加工过程。

半精加工：精度要求高于粗加工，用于进一步去除材料，为精加工做准备。

精加工：用于获得接近最终尺寸和形状的零件。

超精密加工：用于生产具有极高精度要求的零件，如光学元件和微型机械零件。

3. 机械加工精度的控制

在机械加工领域，随着技术进步和工业需求的提高，精度控制正面临着一系列新的挑战。这些挑战主要来自于对超精密加工需求的增加、复杂零件形状的加工难度、多样化材料的加工特性、机床在运行中因热能产生的变形，以及刀具磨损对加工质量的影响。为了应对这些挑战，业界采取了多种解决方案。

首先，高精度机床的使用已成为提升加工精度的关键因素。这些机床具备极高的分辨率和稳定性，能够在恒温控制系统的帮助下减小因温度变化产生的误差，从而实现更精细的加工效果。其次，先进刀具材料的应用，如硬质合金、陶瓷、金刚石等，不仅提高了切削性能，还显著提高了刀具的寿命并增强了抗磨损能力。此外，纳米涂层技术的应用进一步提高了刀具在极端工况下的性能。

工艺优化也是提高加工精度的重要手段。通过工艺仿真和优化，可以减小加工过程中的误差和变异，而精心选择的切削参数，如切削速度、进给量和背吃刀量，对于减小加工误差同样至关重要。智能化技术的引入为加工精度控制开辟了新的途径。机器视觉系统能够进行加工过程的实时监控，而机器学习和人工智能技术则可以用于优化工艺参数和预测可能的故障。自适应控制系统能够根据加工过程中的实时反馈自动调整机床动作，以补偿加工中的偏差。精密测量技术的应用，如三坐标测量机和激光跟踪仪，为加工过程中的实时测量和反馈提供了可能，确保了加工精度的实时控制。误差补偿技术通过算法预测和补偿机床的热变形及其他形式的空间误差，进一步提高了加工精度。最后，绿色制造技术的发展不仅关注生产率和产品质量，还注重减少加工过程对环境的影响，体现了可持续发展的理念。

综上所述，面对机械加工精度控制的挑战，通过综合应用高精度机床、先进刀具材料、工艺优化、智能化技术、自适应控制系统、精密测量技术和误差补偿技术，以及推动绿色制造技术，可以有效地提升加工精度，满足现代工业对超精密加工的需求。

4.1.2　原始误差对加工精度的影响

原始误差是指在加工前或加工过程中，由于各种原因（如机床精度、刀具磨损、夹具定位精度等）导致的工件尺寸、形状或位置上的偏差。这些误差会直接影响到工件的加工精度和质量。以下是一些常见的原始误差及其对加工精度的影响：

1）机床误差：机床本身的制造和装配误差会直接影响到工件的加工精度。例如，机床导轨的直线度、主轴的径向和轴向误差等都会导致切削刀具的运动轨迹偏离理想状态，进而造成工件的尺寸和形状误差。此外，机床的刚性和热稳定性也会影响加工精度，刚性不足或热变形都会导致切削过程中的振动和偏差。

2）刀具误差：刀具的制造误差、磨损及安装误差都会对加工精度产生影响。例如，刀具的刃口圆弧半径和刀具的径向跳动会导致切削深度和宽度的不均匀，从而影响工件的表面粗糙度和尺寸精度。刀具的磨损会改变切削力和切削热，进而影响工件的加工质量和精度。

3）夹具误差：夹具的定位误差、夹紧力误差及夹具本身的制造误差都会对工件的加工精度造成影响。夹具定位不准确会导致工件在加工过程中的位置偏差，进而影响加工尺寸和形状精度。夹紧力不足或过大都会导致工件在加工过程中的移动或变形，从而降低加工精度。

4）工件误差：工件本身的材料不均匀、硬度不一致及内部应力等都会导致加工过程中的变形和误差。此外，工件的形状和尺寸误差也会影响加工精度，特别是在进行多道工序加工时，前一道工序产生的误差会累积到后续工序中，导致最终产品的精度降低。

综上所述，原始误差对加工精度的影响是多方面的，它可能来源于机床、刀具、夹具及工件等多个环节。为了提高加工精度，需要对这些原始误差进行严格的控制和补偿，包括选用高精度的机床和刀具、设计合理的夹具，以及优化加工工艺参数等措施。同时，还需要对加工过程进行严密的监测和及时的调整，以确保工件的加工精度和质量满足要求。

控制原始误差是确保机械加工精度的关键环节，它要求对机床、刀具、夹具和工件进行细致的管理和优化。首先，机床的几何精度校准是基础工作之一，通过定期的校准可以显著减小机床的固有误差。这包括对机床的导轨、主轴、齿轮等关键部件进行检查和调整，确保它们在加工过程中的精确运动和定位。此外，机床的热变形控制也不容忽视，因为机床在运行中产生的热量会影响其结构的稳定性，从而引入误差。因此，采用恒温环境或机床自身的热补偿系统是维持加工精度的有效手段。

刀具作为直接参与切削的元件，其精度和状态直接影响加工结果。使用高精度刀具可以减少加工过程中的误差传递，而刀具磨损监测和更换制度则可以防止因刀具钝化导致的加工质量下降。刀具的动平衡也是不可忽视的一环，不平衡的刀具在高速旋转时会引起振动，影响加工表面的质量。

夹具的精度和稳定性同样关键。夹具不仅要有高精度的制造和定位基准，还要在实际使用中保证夹紧力的合理分布，避免工件在加工过程中发生位移或变形。此外，夹具的设计应考虑到快速装夹和卸下工件的需求，以提高生产率。

工件的预处理也是控制原始误差的重要方面。工件材料的不均匀性，如内部应力、微观缺陷等，会在加工过程中逐渐显现，影响加工精度。通过适当的热处理和去应力处理，可以有效地改善材料的加工性能，减少加工过程中的变形。此外，工件在装夹前的清洁处理也不可忽视，去除工件表面的杂质和毛刺可以避免在加工过程中引入额外的误差。

通过机床校准、刀具管理、夹具优化和工件预处理等一系列综合措施，可以有效地控制原始误差，提高机械加工的整体精度。这些策略的实施需要跨学科的知识和技能，包括机械工程、材料科学、测量技术和自动化技术等，体现了现代机械加工对精度控制的严格要求和综合考量。

4.1.3　智能化技术在误差控制中的应用

随着智能制造技术的发展，误差控制策略已经从传统的被动补偿转变为主动预测和自适应调整。这种转变的核心在于利用先进的传感器、数据处理技术和智能算法，实现对加工过程中各种误差的实时监测、分析和调整。

1）误差补偿技术的应用，通过高精度的测量设备收集机床的静态和动态数据，再结合软件算法，可以精确预测机床在实际加工过程中可能出现的几何误差。这些误差数据被输入机床控制系统中，通过自动调整机床的运动轨迹或切削参数，实现误差的实时补偿，从而显著提高加工精度。

2）状态监测是智能化技术在误差控制中的另一个重要应用。通过在机床关键部位安装温度、振动、声音等传感器，可以实时监测机床的运行状态。这些监测数据被传输到数据处理中心，通过智能分析，可以及时发现机床的异常情况，如热变形、异常振动等，进而实时调整加工参数，避免误差的产生。

3）自适应控制系统代表了智能化技术在误差控制中的最前沿应用。这种系统能够根据加工过程中的实时反馈信息，自动调整机床的运动轨迹、切削参数或刀具路径。例如，当系统检测到刀具磨损或工件变形时，能够立即调整切削深度或速度，以维持加工质量。自适应控制不仅能够提高加工精度，还能够延长刀具寿命，提高生产率。

此外，智能化技术还能够实现对加工过程的优化管理。通过收集和分析大量的加工数据，可以识别出影响加工精度的关键因素，从而优化工艺流程，提高加工稳定性。同时，智能化技术还能够实现对机床的远程监控和维护，减少机床故障，提高生产连续性。

总之，智能化技术在误差控制中的应用，不仅提高了机械加工的精度和效率，还为实现智能制造和工业 4.0 提供了强有力的技术支撑。随着技术的不断进步，未来机械加工领域的误差控制将更加智能化、自动化和精准化。

4.2 加工误差的统计分析方法

统计分析在机械加工质量控制中扮演着至关重要的角色。它为加工过程的监控、评估和优化提供了一套强有力的工具和方法。通过收集和分析加工过程中的数据，统计分析可有如下作用：

1）识别过程变异：统计工具（如控制图）能够持续监控加工过程，及时识别过程中出现的变异，区分变异是由随机因素引起的还是由特殊因素引起的。

2）评估过程能力：通过计算过程能力指数，统计分析可以评估加工过程是否能够稳定地生产出符合规格要求的产品。

3）优化工艺参数：利用方差分析（ANOVA，Analysis of Variance）和回归分析，可以确定哪些工艺参数对加工质量影响最大，从而进行有针对性的优化。

4）预测和改进：通过分析历史数据，统计分析可以预测未来过程的表现，并指导预防性维护，减少设备故障和意外停机。

5）支持决策制定：统计分析提供了数据支持，帮助管理层做出基于事实的决策，如是否需要对工艺进行调整，或者是否接受特定的材料供应商。

统计分析方法为机械加工行业提供了一种强大的工具，以实现持续的质量改进和过程优化，尽管在实施过程中需要应对一些技术和方法上的挑战。通过不断学习和应用这些方法，企业和工程师可以提高生产过程的控制水平，减少浪费，并实现成本效益。

4.2.1 加工误差的性质

各种加工误差，按照其统计规律的不同，可分为系统性误差和随机性误差两大类。系统性误差又分为常值系统误差和变值系统误差两种。加工误差性质不同，其分布规律及消除的途径也不同。

1. 系统性误差

（1）常值系统误差　在顺序加工一批工件中，其大小和方向保持不变的误差，称为常值系统误差。机床、刀具、夹具的制造误差，工艺系统受力变形引起的加工误差，均与时间无关，属于常值系统误差。机床、夹具、量具等磨损引起的加工误差，在一定时间内也可看成是常值系统误差。

常值系统误差可以通过对工艺装备进行相应的维修、调整，或采取针对性的措施来加以消除。

（2）变值系统误差　在顺序加工一批工件中，其大小和方向按一定规律变化的误差，称为变值系统误差。机床、刀具、夹具等在热平衡前的热变形误差和刀具的磨损等，属于变值系统误差。

变值系统误差可以通过对工艺系统进行热平衡，按其规律对机床进行补充调整，或采用自动连续、周期性补偿等措施来加以控制。

2. 随机性误差

在顺序加工一批工件中，其大小和方向无规律变化的误差，称为随机性误差。毛坯误差（余量不均、硬度不均等）的复映、定位误差、夹紧误差、残余应力引起的误差、多次调整的误差等，属于随机性误差。

随机性误差是不可避免的，但可以从工艺上采取措施来控制其影响，如提高工艺系统刚度，提高毛坯加工精度（使余量均匀），毛坯热处理（使硬度均匀），时效处理（消除内应力）等。

4.2.2 分布图分析法

1. 实际分布图——直方图

采用调整法大批量加工的一批零件中，随机抽取足够数量的工件（称为样本），进行加工尺寸的测量，由于加工误差的存在，零件加工尺寸的实际数值是各不相同的，称为尺寸分散。按尺寸大小把零件分成若干组，分组数的推荐值见表 4-1。同一尺寸间隔内的零件数量称为频数，频数与样本总数之比称为频率，频率与组距（尺寸间隔）之比称为频率密度。以零件尺寸为横坐标，以频率或频率密度为纵坐标，可绘出直方图。连接各直方块的顶部中点得到一条折线，即实际分布曲线。

表 4-1 分组数的推荐值

样本总数 n	50 以下	50~100	100~250	250 以上
分组数 k	6~7	6~10	7~12	10~20

【例题 4.1】 在卧式精镗床上精镗一批活塞销孔，要求销孔直径为 $\phi28_{-0.015}^{\ 0}$mm。抽查件数 n=100，分组数 k=6。尺寸测量结果、分组间隔、频数、频率见表 4-2。绘制出实际分布图，如图 4-1 所示。

表 4-2 活塞销孔直径测量结果及分组情况

组别	尺寸范围 /mm	中值尺寸 x/mm	组内工件数 m	频率 m/n
1	27.992~27.994	27.993	4	0.004
2	27.994~27.996	27.995	16	0.16
3	27.996~27.998	27.997	32	0.32
4	27.998~28.000	27.999	30	0.30
5	28.000~28.002	28.001	16	0.16
6	28.002~28.004	28.003	2	0.02

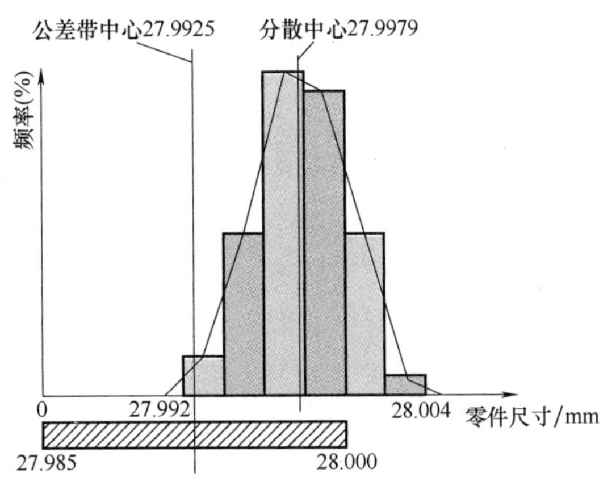

图 4-1 活塞销孔直径尺寸实际分布图

2. 正态分布曲线方程及特性

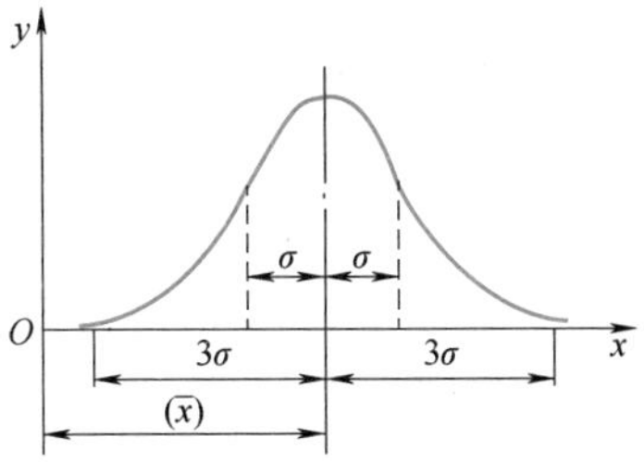

大量的统计和理论分析表明，当一批工件数量极多，加工误差因素中又都没有特殊项时，其分布是服从正态分布的，如图 4-2 所示。正态分布曲线（又称高斯曲线）方程式为

$$y=\frac{1}{\sigma\sqrt{2\pi}}e^{-\frac{1}{2}\left(\frac{x-\bar{x}}{\sigma}\right)^2}(-\infty<x<+\infty,\sigma>0) \tag{4-1}$$

图 4-2 正态分布曲线

式中 y——正态分布的概率密度；

$\bar{x}$——工件尺寸的算术平均值，$\bar{x}=\frac{1}{n}\sum_{i=1}^{n}x_i$；

σ——标准差（均方根偏差），$\sigma=\sqrt{\frac{1}{n}\sum_{i=1}^{n}(x_i-\bar{x})^2}$。

正态分布曲线对称于直线 $x=\bar{x}$，在 $x=\bar{x}$ 处达到最大值 $y_{max}=\frac{1}{\sigma\sqrt{2\pi}}$。在 $x=\bar{x}\pm\sigma$ 处有拐点，且 $y_x=\frac{1}{\sigma\sqrt{2\pi}}e^{-\frac{1}{2}}\approx0.6y_{max}$。当 $x\to\pm\infty$ 时，曲线以 x 轴为其渐进线，曲线呈钟形。它表明被加工零件的尺寸靠近分散中心（平均值 $\bar{x}$）的工件占大部分，而远离尺寸分散中心的工件是极少数。

平均值 $\bar{x}$ 和标准差 σ 是正态分布曲线的两个特征参数。平均值 $\bar{x}$ 决定了曲线的位置，即表示了尺寸分散中心的位置。$\bar{x}$ 不同，分布曲线沿轴平移而不改变其形状，如图 4-3a 所示。标准差 σ 决定了曲线的形状，它表示了尺寸分散范围的大小。σ 减小，y_{max} 增大，曲线变陡；σ 增大，曲线平坦，而与其位置无关，如图 4-3b 所示。

按照加工误差的性质，常值系统误差决定尺寸分散中心的位置；随机性误差引起尺寸分散，决定分布曲线的形状；而变值系统误差则使分散中心位置随时间按一定规律移动。

正态分布曲线下所包含的全部面积 $F(x)=\int_{-\infty}^{+\infty}y\mathrm{d}x=1$，代表了工件（样本）的总数，即 100% 零件的实际尺寸都在这一分布范围内。实际尺寸落在从到这部分区域内工件的数量为$F_x=\int_{\bar{x}}^{x} y\mathrm{d}x$。令$z=\dfrac{x-\bar{x}}{\sigma}$。做积分变换，dx=σdz，则

$$F_x=\varphi(z)=\frac{1}{\sqrt{2\pi}}\int_0^z \mathrm{e}^{-\frac{z^2}{2}}\mathrm{d}z \tag{4-2}$$

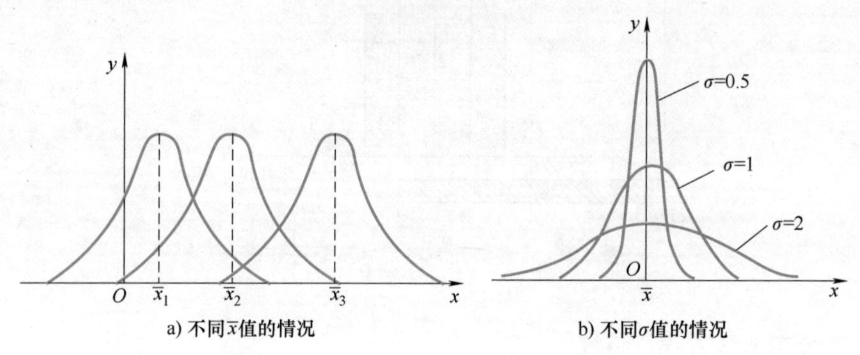

a) 不同$\bar{x}$值的情况　b) 不同σ值的情况

图 4-3　不同特征参数下的正态分布曲线

对于不同z值的$\varphi(z)$，可由表 4-3 查出。

表 4-3　式（4-2）中z与$\varphi(z)$数值对应表

z	$\varphi(z)$	z	$\varphi(z)$	z	$\varphi(z)$	z	$\varphi(z)$
0.1	0.0398	1.0	0.3413	1.9	0.4713	2.8	0.4974
0.2	0.0793	1.1	0.3643	2.0	0.4772	2.9	0.4981
0.3	0.1179	1.2	0.3849	2.1	0.4821	3.0	0.49865
0.4	0.1554	1.3	0.4032	2.2	0.4861	3.2	0.49931
0.5	0.1915	1.4	0.4192	2.3	0.4893	3.4	0.49966
0.6	0.2257	1.5	0.4332	2.4	0.4918	3.6	0.499841
0.7	0.2580	1.6	0.4452	2.5	0.4938	3.8	0.499928
0.8	0.2881	1.7	0.4554	2.6	0.4953	4.0	0.499968
0.9	0.3159	1.9	0.4641	2.7	0.4965	4.5	0.499997

计算结果表明，工件落在$x\pm 3\sigma$间的概率为 99.73%，而落在该范围以外的概率仅 0.27%，可忽略不计。因此可以认为，正态分布的分散范围为$x\pm 3\sigma$，就是工程上经常用到的 $\pm 3\sigma$原则，或称6σ原则。

6σ原则是一个很重要的概念，在研究加工误差时应用很广。6σ的大小代表了某加工方法在一定的条件下所能达到的加工精度。所以在一般情况下，应使所选择的加工方法的标准差σ与公差带宽度T之间有下列关系：$6\sigma \leqslant T$。

3. 非正态分布

工件的实际分布，有时并不接近正态分布。例如，将同一机床两次调整下加工的工件或两台不同机床加工的工件混在一起，尽管每次调整加工的工件都接近正态分布，但由于

其常值系统误差不同，叠加在一起就得到双峰曲线，如图 4-4a 所示。

当加工中刀具或砂轮的尺寸磨损较快而没有补偿时，变值系统误差占突出地位，工件的实际尺寸分布如图 4-4b 所示。尽管在加工的每一瞬时，工件的尺寸呈正态分布，但随着刀具或砂轮的磨损，其分散中心是逐渐移动的，因此，分布曲线呈平顶状。

再如，用试切法加工轴颈或孔时，由于主观上不愿意产生不可修复的废品，加工轴颈时宁大勿小，加工孔时宁小勿大，使分布曲线呈不对称状态，如图 4-4c 所示。当用调整法加工时，若工艺系统存在显著的热变形，加工结果也常常呈现偏态分布。

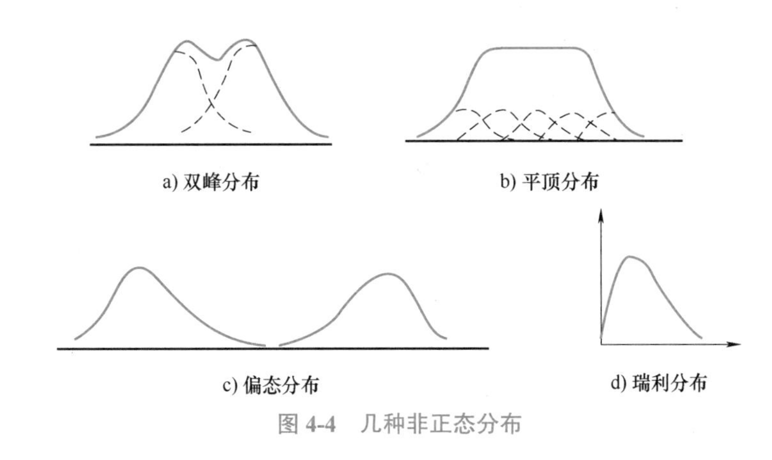

图 4-4　几种非正态分布

对于轴向跳动和径向跳动一类的误差，一般不考虑正负号，所以接近零的误差值较多，远离零的误差值较少，其分布（称为瑞利分布）也是不对称的，如图 4-4d 所示。

4. 分布图分析法的应用

（1）判断加工误差的性质　如前所述，若加工过程中没有明显的变值系统误差，那么其尺寸分布就服从正态分布，这是判别加工误差性质的基本方法。若实际分布与正态分布基本相符，加工过程中就没有变值系统误差（或影响很小）。如果实际分布与正态分布有较大出入，可根据直方图初步判断变值系统误差是什么类型。

若分布图的 $\bar{x}$ 值偏离公差带中心，则加工过程中工艺系统存在常值系统误差，其误差值大小等于分布中心与公差带中心的偏离量。而正态分布的 6σ 大小即表明了工艺系统随机性误差的大小。在例题 4.1（图 4-1）中，常值系统误差为 0.0054mm。这很可能是由于调整所造成的误差，可通过重新调整加以修正。

（2）确定各种加工方法所能达到的加工精度　由于各种加工方法在随机因素的影响下所得到的加工尺寸的分布规律符合正态分布，因而可在多次统计的基础上，为每一种加工方法求得它的标准差 σ 值。按分散范围等于 6σ 的规律，即可确定各种加工方法所能达到的加工精度。

（3）确定工序能力及其等级　工序能力是指工序处于稳定、正常状态时，该工序加工误差正常波动的幅值。当加工尺寸服从正态分布时，其尺寸分散范围是 6σ，因此可以用 6σ 来表示工序能力。

工序能力等级是以工序能力系数来表示的，它代表工序能满足加工精度要求的程度。当工序处于稳定状态时，工序能力系数的计算如下：

$$C_P = \frac{T}{6\sigma} \tag{4-3}$$

式中 T——工件尺寸公差。

根据工序能力系数 C_P 的大小，将工序能力分为五级，见表 4-4。在一般情况下，工序能力不应低于二级。

表 4-4 工序能力等级

工序能力系数	工序能力等级	说明
$C_P>1.67$	特级	工序能力过高，可以允许有异常波动，不经济
$1.67 \geqslant C_P>1.33$	一级	工序能力足够，可以允许有一定的波动
$1.33 \geqslant C_P>1.00$	二级	工序能力勉强，必须密切注意
$1.00 \geqslant C_P>0.67$	三级	工序能力不足，会出现少量不合格品
$1.67 \geqslant C_P$	四级	工序能力很差，必须加以改进

在例题 4.1（图 4-1）中，尺寸分散范围 6σ= 0.0135mm，工件尺寸公差带范围为 0.015mm，工序能力系数 C_P=1.11，工序能力为二级。

（4）估算合格品率或不合格品率　将分布图与工件尺寸公差带进行比较，超出公差带范围的曲线面积代表废品的数量。在例题 4.1（图 4-1）中，$z=\frac{x-\bar{x}}{\sigma}\approx 0.94$，查表 4-3 计算可得 $F(x)=\varphi(z)\approx 0.3261$。所以废品率为 0.5–0.3261=0.1739 ≈ 17.4%，且为不可修复的废品。

在例题 4.1 中，工序能力系数 C_P=1.11>1，常值系统误差 0.0054mm 的存在是产生废品的原因，而随机性误差不是造成废品的原因。只要能消除常值系统误差，加工工件就会全部合格。具体调整方法就是将镗刀的伸出量调短 0.0027mm。

综上所述，分布曲线是一定生产条件下加工精度的客观标志。在大批量生产时对一些关键工序的加工经常采用这种统计方法，根据分布曲线判断加工误差的性质，分析产生废品的原因，以便采取措施，提高加工精度。

但分布图分析法不考虑零件加工的先后顺序，故不能反映误差变化的趋势，不能区别变值系统误差和随机性误差；且只能在一批零件加工后才能绘制分布图，因此不能在加工过程中及时提供控制精度的信息，以便随时调整机床来保证加工精度。采用点图分析法可弥补上述不足。

4.2.3 点图分析法

分析工艺过程的稳定性通常采用点图分析法。以下介绍个值点图和 $\bar{x}$–R 图。

1. 个值点图

按加工顺序逐个测量一批工件的尺寸，以工件加工序号为横坐标，工件尺寸（或误差）为纵坐标，可作出图 4-5a 所示点图。为缩短点图的长度，可将顺次加工的 n 个工件编为一组，以工件组序为横坐标，而纵坐标保持不变，同一组内各工件根据尺寸分别点在同一组号的垂直线上，就可得到图 4-5b 所示的点图。上述点图都反映了每个工件尺寸变化与加工时间的关系，称为个值点图。个值点图上画有上、下两条控制界限线（图 4-5 中用实线表示）和两条极限尺寸线（用虚线表示），作为控制不合格品的参考界限。

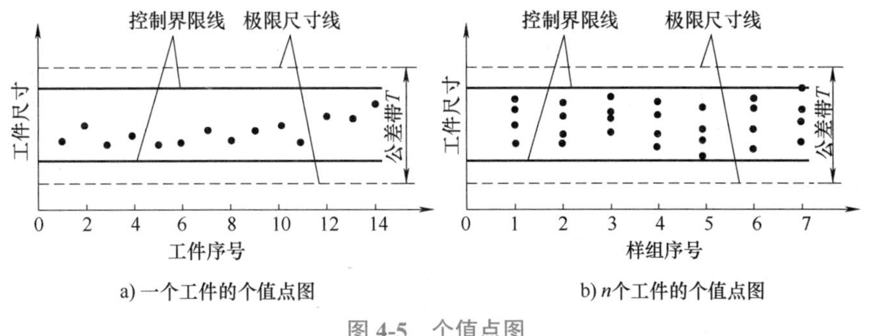

图 4-5 个值点图

假如把点图的上下极限点包络成两根平滑的曲线，并作出这两根曲线的平均值曲线，如图 4-6 所示，就能较清楚地反映出加工过程中误差的性质及其变化趋势。平均值曲线 OO' 表示了每一瞬时的分散中心，其变化情况反映了变值系统误差随时间变化的规律，而起始点 O 则可看出常值系统误差的影响；上下极限曲线 AA' 和 BB' 间的宽度表示每一瞬时的尺寸分散范围，反映了随机性误差的大小，其变化反映了随机性误差随时间变化的影响。

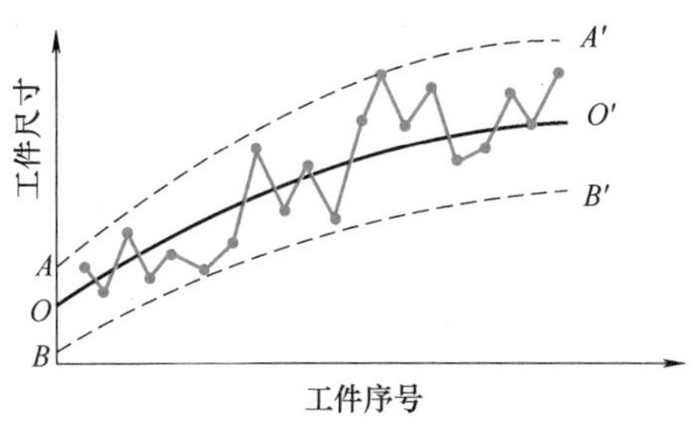

图 4-6 个值点图的平均值曲线

2. $\bar{x}$–R 图

为了能直接反映出加工过程中系统性误差和随机性误差随加工时间的变化趋势，实际生产中常用样组点图来代替个值点图。目前最常用的样组点图是 $\bar{x}$–R 图。$\bar{x}$–R 图是由平均值 $\bar{x}$ 图和极差 R 图组成。绘制 $\bar{x}$–R 图是以小样本顺序随机抽样为基础的。在工艺过程进行中，每隔一定时间连续抽取 m=2~10 个工件为一组，求出每一样组的平均值 $\bar{x}$ 和极差 R 值为

$$\bar{x} = \frac{1}{m}\sum_{i=1}^{m} x_i,\ R = x_{\max} - x_{\min} \tag{4-4}$$

式中 $x_{\max}$、$x_{\min}$——同一样组中工件的最大尺寸和最小尺寸。

以样组序号为横坐标，以 $\bar{x}$ 和 R 为纵坐标，就可分别作出 $\bar{x}$ 图和 R 图，如图 4-7 所示。$\bar{x}$ 图上的点代表了瞬时分散中心的位置，所以 $\bar{x}$ 图主要表明加工过程中系统性误差的变化趋势。R 图上的点代表了瞬时分散范围，所以 R 图主要表明加工过程中随机性误差的变化趋势。两种点图结合应用就能全面地反映加工误差的情况。

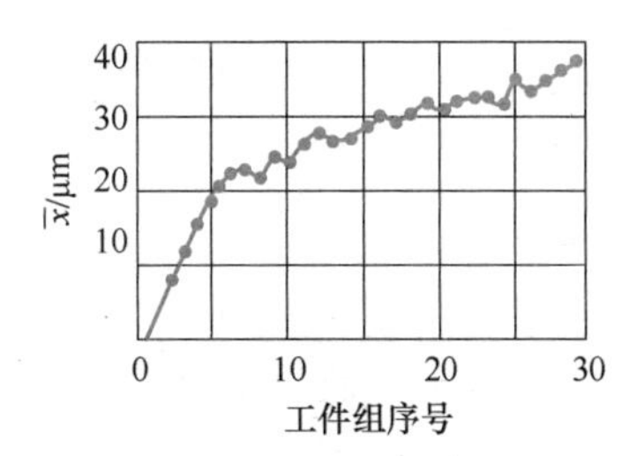

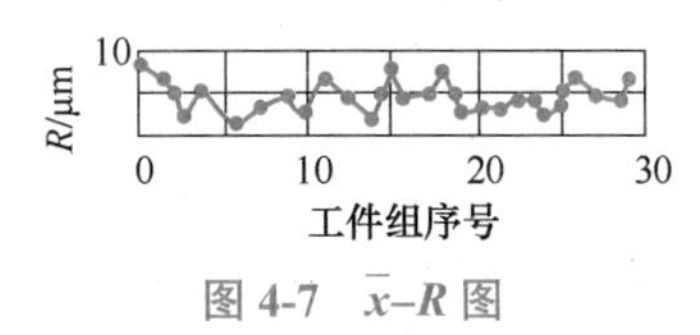

图 4-7 $\bar{x}$–R 图

为判定某工艺是否稳定地满足产品的加工质量要求，要在 $\bar{x}$–R 图上加平均线和上、下控制线。根据概率论可得：

$\bar{x}$ 图的平均线 $\bar{\bar{x}} = \frac{1}{k}\sum_{i=1}^{k}\bar{x}_i$

R 图的平均线 $\bar{R} = \frac{1}{k}\sum_{i=1}^{k}R_i$

式中 $\bar{x}_i$——第 i 组的平均值；

R_i——第 i 组的极差；

k——组数。

$\bar{x}$ 图的上控制线 $\bar{x}_S=\bar{\bar{x}}+A\bar{R}$

$\bar{x}$ 图的下控制线 $\bar{x}_X=\bar{\bar{x}}-A\bar{R}$

R 图的上控制线 $R_S=D_1\bar{R}$

R 图的下控制线 $R_X=D_2\bar{R}$

上面各式中的系数 A、D_1、D_2 值见表 4-5。

表 4-5 系数 A、D_1、D_2 数值

m	2	3	4	5	6	7	8	9	10
A	1.8806	1.0231	0.7285	0.5768	0.4833	0.4193	0.3726	0.3367	0.3082
D_1	3.2681	2.5742	2.2819	2.1145	2.0039	1.9242	1.8641	1.8162	1.7768
D_2	0	0	0	0	0	0.0758	0.1359	0.1838	0.223

3. 点图的应用

点图分析法是全面质量管理中用以控制产品质量的主要方法之一，在实际生产中应用很广。它主要用于判断工艺过程的稳定性，分析加工误差和进行加工过程的质量控制。

任何一批工件的加工尺寸都有波动性，因此各样组的平均值 $\bar{x}$ 和极差 R 也都有波动性。假如加工误差主要是随机性误差，且系统性误差的影响很小，那么这种波动属于正常波动，加工工艺是稳定的。假如加工中存在着影响较大的变值系统误差，或随机性误差的大小有明显的变化，那么这种波动属于异常波动，这个加工工艺被认为是不稳定的。工艺过程是否稳定，点的波动状态是否正常，可用表 4-6 来判别。

表 4-6 正常波动与异常波动的标志

正常波动	异常波动
1. 没有点超出控制线 2. 大部分点在平均线上、下波动，小部分在控制线附近 3. 点波动没有明显的规律性	1. 有点超出控制线 2. 点密集在平均线上、下附近 3. 点密集在控制线附近 4. 连续 7 个以上点出现在平均线一侧 5. 连续 11 个点中有 10 个出现在平均线一侧 6. 连续 14 个点中有 12 个以上出现在平均线一侧 7. 连续 17 个点中有 14 个以上出现在平均线一侧 8. 连续 20 个点中有 16 个以上出现在平均线一侧 9. 点有上升或下降倾向 10. 点有周期性波动

必须指出，工艺过程的稳定性与加工工件是否会出现废品是两个不同的概念。工艺过程是否稳定是由其本身的误差情况（用 $\bar{x}$–R 图）来判定的，工件是否合格是由工件规定的公差来判定的，两者之间没有必然的联系。

【例题 4.2】　在自动车床上加工销轴，直径要求为 $\phi12\pm0.013$mm，现按时间顺序先后抽检 20 个样组，每组取样 5 件。在千分比较仪上测量，比较仪按 $\phi11.987$mm 调整零点，测量数据列于表 4-7 中。试作出 $\bar{x}$–R 图，并判断该工序工艺过程是否稳定。

解：1）计算各样组的平均值和极差，列于表 4-7 中。

表 4-7　测量与计算数据　（单位：μm）

样组号	样件测量值					$\bar{x}$	R	样组号	样件测量值					$\bar{x}$	R
	x_1	x_2	x_3	x_4	x_5				x_1	x_2	x_3	x_4	x_5		
1	28	20	28	14	14	20.8	14	11	16	21	14	15	16	16.4	7
2	20	15	20	20	15	18	5	12	16	17	14	15	15	15.4	3
3	8	3	15	18	18	12.4	15	13	12	12	10	8	12	10.8	4
4	14	15	15	15	17	15.2	3	14	10	10	7	18	15	13.6	11
5	13	17	17	17	13	15.4	4	15	14	15	18	24	10	16.2	14
6	20	10	14	15	19	15.6	10	16	19	18	13	14	24	17.6	11
7	10	15	20	10	13	15.4	10	17	28	25	20	23	20	23.2	8
8	18	18	20	25	20	20.4	7	18	18	17	25	28	21	21.8	11
9	12	8	12	15	18	13	10	19	20	21	19	21	30	22.2	11
10	10	5	11	15	9	10	10	20	18	28	22	18	20	21.2	10

2）计算 $\bar{x}$–R 图控制线，分别为

$\bar{x}$ 图：中心线　　$CL=\bar{\bar{x}}=16.73\mu m$

上控制线　　$UCL=\bar{\bar{x}}+A\bar{R}=21.86\mu m$

下控制线　　$LCL=\bar{\bar{x}}-A\bar{R}=11.60\mu m$

R 图：中心线　　$CL=\bar{R}=8.90\mu m$

上控制线　　$UCL=D_1\bar{R}=18.82\mu m$

下控制线　　$LCL=0$

3）根据以上结果作出 $\bar{x}$–R 图，如图 4-8 所示。

4）判断工艺过程稳定性。由图 4-8 可以看出，有 4 个点越出控制线，表明工艺过程不稳定，应查找原因，加以解决。

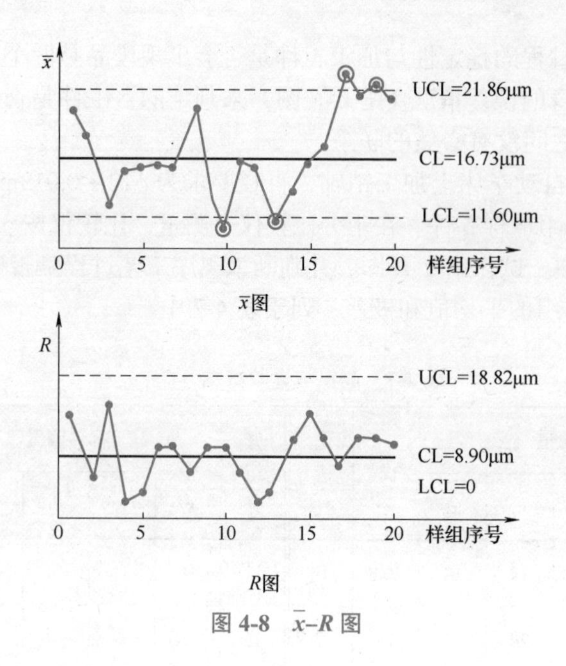

图 4-8 $\bar{x}$–R 图

4.3 加工过程的智能监测与诊断

加工过程的智能监测与诊断是智能制造领域的一个重要研究方向，它涉及利用先进的信息技术、人工智能技术及机器学习技术对加工过程中的各种状态进行实时监控和分析，以实现对加工质量、效率及设备状态的优化控制。可以从以下几个方面来探讨加工过程的智能监测与诊断。

（1）智能监测系统的开发与应用　UJ-PMS 智能加工过程监控系统专为机加工生产场景开发，能够通过智慧感知、特征提取与数据分析，对每把刀具的加工功率曲线进行学习、生成边界，并加以实时监控。这表明了智能监测系统在提高加工精度和效率方面的重要作用。

（2）多传感器信息融合技术　多传感器信息融合技术通过集成多个传感器系统，采集表征加工状态的传感器信号，并通过融合分析以预测或识别或诊断不同加工状态。这种技术的应用可以显著提升被加工工件的表面质量、加工精度和加工效率。

（3）振动状态及刀具磨损的智能监测　切削加工过程中刀具的振动和磨损直接关系着加工过程的可靠性和安全性，对产品的加工质量有着决定性的影响。因此，智能化技术在提高切削加工产品制造的质量和效率方面发挥着重要作用。

（4）工业自动化设备远程监控　工业自动化设备远程监控系统功能包括远程数据监测、设备管理集中化等，这些功能有助于实现对不同地点设备的远程集中实时监控维护，从而提高生产率和设备利用率。

（5）数字孪生技术在质量控制中的应用　数字孪生技术通过历史数据提供可追溯性，有助于消除重复并通过在零件的整个生命周期中快速比较其状况来优化质量控制。这种技术的应用可以显著提高制造业的质量控制水平。

加工过程的智能监测与诊断涉及多种技术和方法，包括但不限于智能监测系统的开发与应用、多传感器信息融合技术、振动状态及刀具磨损的智能监测、工业自动化设备远程监控以及数字孪生技术的应用。这些技术和方法共同作用，能够有效提高加工过程的监控精度、生产率和产品质量，是实现制造业智能化、数字化转型的关键技术之一。

在制造生产实践中，加工过程并非一直处于理想状态，而是伴随着材料的去除出现多种复杂的物理现象，如加工几何误差、热变形、弹性变形及系统振动等。这些复杂的物理现象，导致了产品质量不能满足要求。随着信息技术、传感器技术、计算机技术、互联网技术的飞速发展，以及生产中人们对加工质量要求的不断提高，通过对加工过程参数实施监测并通过主被动控制的方法对不利于产品高质量生产的加工过程进行干预的智能加工技术受到广泛关注。

4.3.1　加工过程的智能监测技术

加工过程的智能监测技术涵盖了从数据采集、分析到实时监控和预警等多个方面，通过集成先进的信息技术和自动化技术，实现了对加工过程的高效管理和优化。随着技术的发展，针对加工过程的智能监控技术呈现如下发展趋势：

1）加工过程监控更适合于精密加工和自适应控制的要求。

2）由单一信号的监控向多传感器、多信号监控发展，充分利用多传感器的功能来消除外界干扰，避免漏报误报情况发生。

3）智能技术与加工过程监控结合更加紧密；充分利用智能技术的优点，突出监控的智能性和柔性。

4）提高监控系统的可靠性和实用性。例如：基于人工智能的状态监测策略、基于统计学习的状态监测策略和基于多传感器信息融合的状态监测策略等方向的研究。

1. 加工过程的无损检测技术

无损检测技术利用电磁、声波、光波和热能等物理原理，通过特定的激励源对金属零件进行检测，分析其内部结构的反馈信息，从而评估是否存在缺陷。目前，工业加工中常用的无损检测技术包括：

1）涡流检测：一种非接触式检测方法，感应线圈不与被测物直接接触，适用于铁磁性材料的表面和近表面缺陷检测，特别适合高速自动化检测。

2）超声检测：利用声波在材料中的传播特性，结合计算机辅助成像技术，直观展现金属零件的内部结构，具有高灵敏度、大检测深度和精确性，广泛应用于金属加工和航空航天领域。

3）射线检测：通过X射线、伽马射线或中子射线穿透材料，根据射线衰减差异判断内部缺陷，适用于复杂形状的金属铸件或锻件，但需注意操作安全。

4）激光检测：利用激光对金属零件施加能量，通过分析形变差异来识别缺陷，适用于高温或难以接近的试件，尽管面临成本和安全性挑战，但显示出巨大潜力。

5）渗透检测：一种表面开口缺陷检测技术，操作简单，成本低廉，但仅限于检测表面光滑且无污染的金属零件。

6）磁粉检测：适用于检测铁磁性材料的表面和近表面缺陷，检测后需对试件进行清洁，是一种简便且成本低廉的检测方法。

7）红外热成像检测：将物体表面的红外辐射转换为可视化热图像，具有实时、快速等优点，但存在信噪比较低等局限性，广泛应用于多个领域。

随着计算机、信息技术和精密加工技术的进步，新兴的无损检测技术，如机器视觉、声发射和热红外技术，已经开始实现加工过程的在线参数检测。这些技术的发展不仅提高了检测效率和准确性，而且为智能制造的实现提供了坚实的基础。未来，金属零件检测将更加智能化和自动化，进一步提升产品质量和生产率。

2. 机器视觉技术

（1）机器视觉的定义、用途及其系统构成　机器视觉技术，也称计算机视觉，是一种模拟人类视觉功能的高科技应用。它通过计算机系统处理由机器视觉设备捕获的图像或视频数据，实现对三维场景的感知、识别和理解。这项技术融合了人工智能、神经生物学、心理物理学、计算机科学、图像处理和模式识别等多个学科领域的知识。其核心目标是模拟或再现与人类视觉相关的智能行为，从图像中提取有用信息，分析其特征，并应用于工业检测、损伤探测、精密测量控制、自动化生产线，以及在危险环境中工作的机器人等多种场景。

机器视觉系统作为光学传感器的一种形式，能够在不接触物体的情况下获取图像信息，并据此产生控制指令。一个完整的机器视觉系统通常由以下三个主要环节构成：

1）图像采集：通过光源、目标和光学系统捕获图像，这是信息拾取的第一步。

2）图像处理与分析：涉及特征提取、模式识别和数据融合等过程，将采集到的图像转换成可为计算机处理和分析的数字化形式。

3）输出或显示：根据处理和分析的结果，系统将输出控制信号或显示图像，供进一步使用或决策。

一个典型的机器视觉系统包括以下几个关键组件（图 4-9）：

1）光源：为图像提供必要的照明，确保图像清晰度。

2）目标：待检测或识别的物体。

3）光学系统：包括镜头等，用于聚焦和调整图像。

4）图像捕捉系统：负责捕获光学系统传递的图像。

5）图像采集与数字化：将模拟图像信号转换为数字信号，以便计算机处理。

6）智能图像处理与决策：应用高级算法对图像进行分析，实现特征识别和决策制定。

7）控制执行器：根据系统决策执行相应的控制动作。

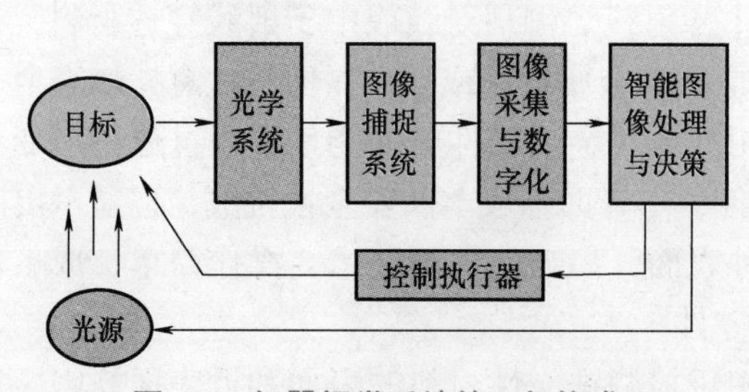

图 4-9　机器视觉系统的一般构成

机器视觉技术的发展，不仅提高了工业自动化和智能化水平，也为复杂环境下的精确操作提供了可能，是现代智能制造和智能系统不可或缺的关键技术之一。机器视觉系统构成示例如图 4-10 所示。

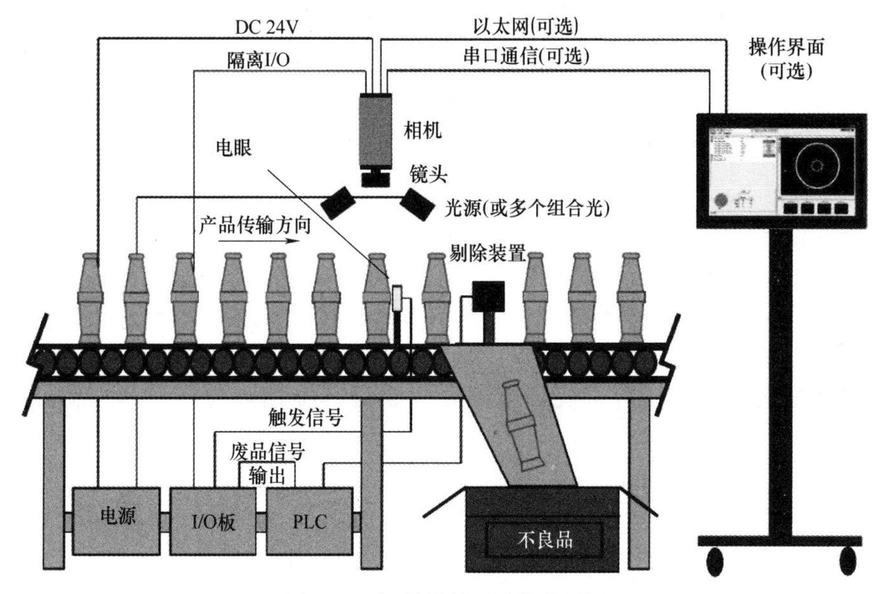

图 4-10 机器视觉系统构成示例

（2）机器视觉测量原理　机器视觉测量技术（或称数字近场摄影测量技术）是一种立体视觉测量技术，其测量系统结构简单，便于移动，数据采集快速、便捷，操作方便，测量成本较低，且具有在线、实时三维测量的潜力，尤其适合于三维空间点位、尺寸或大型工件轮廓的检测。这种非接触测量方法既可以避免对被测对象的损坏又适合被测对象不可接触的情况，如高温、高压、流体、环境危险等场合；同时机器视觉系统可以同时对多个尺寸一起测量，实现了测量工作的快速完成，适用于在线测量；而对于微小尺寸的测量是机器视觉系统的长处，它可以利用高倍镜头放大被测对象，使得测量精度达到微米以上。对于产品尺寸的测量包括产品的一维、二维和三维尺寸测量，运用机器视觉测量方法不但速度快、非接触、易于自动化，而且精度高。其中 CCD 摄像机与显微镜相结合的测量方式，可以进行细微的尺寸测量，如晶圆测量、芯片测量等。

利用 CCD 摄像机可以获得三维物体的二维图像，即可以实现实际空间坐标系与摄像机平面坐标系之间的透视变换。通过由多个摄像机从不同方向拍摄的两帧（或两帧以上）的二维图像，即可综合测出物体的三维曲面轮廓或三维空间点位、尺寸。

目前机器视觉测量技术的最高精度已经达到亚微米级以上，能够满足现阶段绝大部分自动化生产上的精度要求，通过机器视觉系统进行测量定位能让生产线速度更快，生产率更高。

3. 机械零件内部缺陷的红外无损检测技术

（1）红外热成像技术简介　红外热成像技术是一种通过红外摄像机将物体表面不可见的红外热辐射信息转换为可见的热图像的非接触、不破坏、实时、快速检测方法。除了在军事领域广泛应用，它还在冶金机械、航空航天、电力石化、压力容器、生命科学、农业及食品工业、建筑及新材料研发等多个民用领域得到了应用，成为当今世界无损检测领域的研究热点之一。

自然界中，一切高于绝对零度的物体都在不停地向外辐射红外线，这些红外辐射载有物体的特征信息，因此，基于这一特性可以利用红外热像仪记录物体的红外热图像。根据是否需要外部热激励源，红外热成像技术可分为被动式红外热成像（无源红外检测技术）技术和主动式红外热成像（有源红外检测技术）技术。被动式红外热成像技术主要是根据任何物体在绝对零度以上都会不断地发射红外辐射的基本理论，获取载有物体特征信息的红外辐射，无须热激励源。而主动式红外热成像技术则通过对待测物体主动施加特定的外部热激励来获取其特征信息。当被检零件表面或亚表面存在缺陷时，由于材料的各向异性，热波在其内部的扩散率不同，引起局部温度异常，影响了零件表面温度场的分布，用红外热成像仪获取该表面温度场，即可实现对被检零件的非接触温度测量和热状态成像，通过分析评判零件表面或内部是否存在缺陷，从而达到无损检测的目的。红外无损检测原理如图 4-11 所示。红外热像仪是主动检测系统的必备条件。

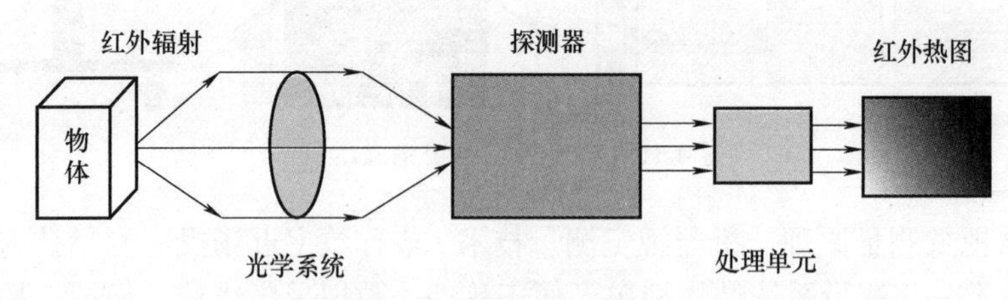

图 4-11　红外无损检测原理

常见的激励方式包括光热激励、脉冲激励、超声激励及激光激励等，但在实际检测中，受限于主动红外热成像技术对加热的均匀性及快速响应性等苛刻的要求，这些激励方式下的红外无损检测效果一直不是太理想。

（2）电磁激励红外无损检测技术

1）检测原理。电磁激励红外热成像技术是最近几年才出现的主动式红外热成像技术中的一种。其基本原理是将电磁原理与涡流效应相结合，最大的特点就是采用电磁激励的方式对被测试件进行加热。这种技术的加热方式属于非接触式加热。其优点在于可以对试件的局部进行检测，所以激励源的均匀性问题基本可以不用考虑，同样不需要参考有无缺陷区域的温度场。此外，电磁激励的激励源采用感应线圈，这样激励源的选取就具有一定的可调性，可以选取不同的频率波形及输出功率等，所以在实际的检测过程中，为达到最佳的检测效果，可以根据样品的不同选择不同的激励参数。

2）含缺陷金属零件的检测示例。

① 检测平台。检测平台由信号发生器、功率放大器、激励线圈、红外热像仪和计算机等部分组成，如图 4-12 所示。

② 检测过程。加热时，假设钢板有缺陷的一面为正面，激励线圈则位于钢板反面的正上方，人工设置激励的强度，通过时间控制器来自动控制加热时长，在加热开始后，就

通过红外热像仪进行采集；加热结束后，再通过红外热像仪采集钢板的散热图；红外热像仪采集的图像称为热像图，通过加热和散热热像图，就可以了解整个检测过程中热量在金属板表面的变化。以下几个方面是在检测中要特别注意的：

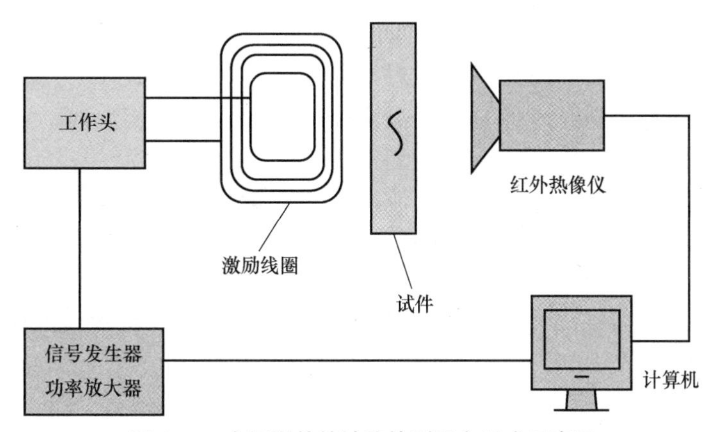

图 4-12　金属零件的缺陷检测平台组成示意图

a. 不同材料的性能有很大的差异，在检测中需根据材料自身的热传导性能确定加热时间和强度。

b. 在对同一块金属板进行多次检测时，需考虑两次检测的时间间隔，保证金属板在上次检测后热量全部散去以免对后面的检测造成影响。

c. 在采集热像图时，需要避免实验室中其他热源对结果的影响。

检测过程中，红外检测容易受到外界因素的干扰，并且仪器本身在成像过程中也会出现一些噪声，所以需要对采集后的图像做如滤波、边缘提取等处理，红外图像处理将为后续对缺陷进行精确的分析提供帮助。

4. 阵列涡流检测技术

阵列涡流检测技术是最近几年发展起来的一种高效的涡流检测技术。相比于常规涡流检测，采用阵列涡流检测时，阵列传感器可以得到更多有关缺陷的信息，灵敏度更高，检测速度更快，而且也不使用任何药液，具有干净环保等优点，在航空航天等领域已经得到了广泛的应用，如飞机涡轮叶片的检测等。同时，阵列涡流检测技术也适用于发电厂汽轮机叶片和叶根槽的缺陷检测，检测速度快，检测无残留，不需要做后续处理，具有优越性和实用性。

（1）阵列涡流检测技术原理　涡流检测以电磁感应为基础，当载有交变电流的检测线圈靠近被检导体时，由于线圈磁场的作用，试件中会感应出涡流。同时，该涡流也会产生磁场，涡流磁场会影响线圈磁场的强弱，进而导致检测线圈电压和阻抗的变化。导体表面或近表面的缺陷会影响涡流的强度和分布，引起检测线圈电压和阻抗的变化，根据这一变化，可以推知导体中缺陷的存在。根据信号的幅值及相位，对缺陷进行判断，是一种快速、简便、可靠的检测技术，可用于检测导电材料的表面和近表面缺陷。但使用常规涡流检测技术对检测面积较大或者检测面形状较复杂的被检部件进行检测时，操作工作量比较大，且常用的笔式探头在移动方向与缺陷方向具有一定取向性，容易产生漏检。近年来，随着计算机技术、电子扫描技术及信号处理技术的发展，阵列涡流检测技术逐渐发展起来。该技术采用阵列式涡流检测线圈，并借助计算机化的涡流仪器强大的分析、计算及处理功能，设定阵列线圈之间的响应关系，实现信号激发与采集（图4-13），通过使用多路技术采集数据，避免了不同线圈之间的互感，忽略互感影响的阵列涡流在检测中对缺陷特征进行提取、分类识别和成像。阵列涡流探头在长度方向上相对尺寸较大，一次检测覆盖面积大，检测效率高；同时，阵列式涡流探头对涡流信号的响应时间极短，只需激励信号的几个周期，在高频时主要由信号处理系统的响应时间决定，各线圈单元通过电子方式快速自动切换，检测扫查速度快；通过设定不同线圈在阵列各方向的相互组合与匹配，达到一次扫查可以检出各方向缺陷的目的，缺陷检出率高。

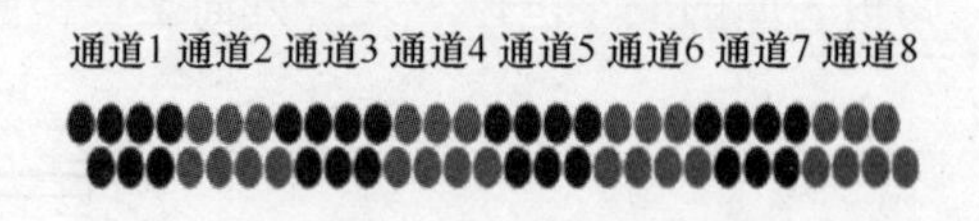

图 4-13　阵列涡流传感器之间的切换

（2）阵列涡流检测技术的特点　阵列涡流检测技术相较于其他检测方式具有以下特点：

1）能够对被检工件被检面进行大面积的高速扫描检测，阵列涡流探头的一次检测过程相当于传统单个涡流探头对被检测部件的往返步进扫描的过程。

2）对被测工件表面（含近表面）有与传统涡流检测同样的测量精度和分辨率，对不同方向、不同深度的缺陷都有良好的检测效果，不存在因缺陷方向导致的漏检问题。

3）能用于检测多种结构形状的检测面，如各种异型管、棒材、板材、轮毂、叶片等部件。

4）能变换线圈的结构类型以形成特殊的阵列能力。

5）可以采用多频和混频的方法，调节灵敏度，改变渗透深度，抑制干扰，提高信噪比。

（3）阵列涡流检测技术在实际中的应用

1）焊缝检测。焊缝检测一直是涡流检测的难点，采用传统探头检测对铁磁性材料的磁导率极其敏感，焊缝表面高低不平和热影响区变化会造成严重的干扰信号，无法进行可靠检测。而采用阵列涡流检测时，阵列涡流能采集焊缝区域的相关信号数据，信号清晰稳定，利用计算机归一化处理，从图像中可以看出焊缝表面存在的微小裂纹。

2）金属板材检测。许多重要结构的金属板材需要进行100%涡流检测，常规的涡流检测需要配备自动化驱动系统，设备昂贵，并且耗时长。而使用阵列涡流检测，仅需要配备简单的直线驱动装置或者手动操作即可完成检验工作，因此工作效率大幅度提高。相比传统表面检测（如磁粉检测、渗透检测），阵列涡流检测费用和时间更为节省，检测效果更为优越，并且无污染。

3）管、棒、条型金属材料的检测。在使用传统涡流技术对管材、棒材等金属材料进行检测时，会受到被检材料的直径大小、断面形状的限制，以及对纵向长裂纹和非相切方向的小缺陷容易造成漏检。而阵列涡流检测此类材料没有这些方面的局限性，也无须机械旋转装置，扫查速度快、噪声小，同时拥有更高的灵敏度。

4）特殊结构金属材料的检测。采用阵列涡流检测技术可以对特殊结构金属材料进行检测，例如对飞机轮毂的检测，因为飞机轮毂形状的不规则，使用传统涡流检测需要配置多种探头，而且手动操作时间长、检测可靠性不足。而采用阵列涡流检测技术，使用柔性探头进行检测，无须更换探头，与工件表面耦合更良好，可大大降低提离效应的影响，既省时又可靠。

5. 加工过程刀具振动检测

随着难加工材料的应用和超高速切削技术的不断推广，刀具振动成了提高机床加工效率的障碍之一。特别是铣削加工等方式，刀具具有较大的长径比，因此刀具是机床刚度最薄弱的环节，刀具振动（如不平衡振动与颤振）的产生直接影响了加工精度和表面粗糙度，如图4-14所示。加工中刀具的振动还会导致刀具与工件间产生相对位移，使刀具磨损加快，甚至产生崩刃现象，严重降低刀具寿命。此外，振动使得机床各部件之间的配合受损，机床连接特性受到破坏，严重时甚至使切削加工无法继续进行。为减小振动，有时不得不降低切削用量，使机床加工的生产率大大降低。因此，为提高机床加工效率，保障产品加工质量和精度，对高速铣削过程中刀具的振动监测具有重要意义。

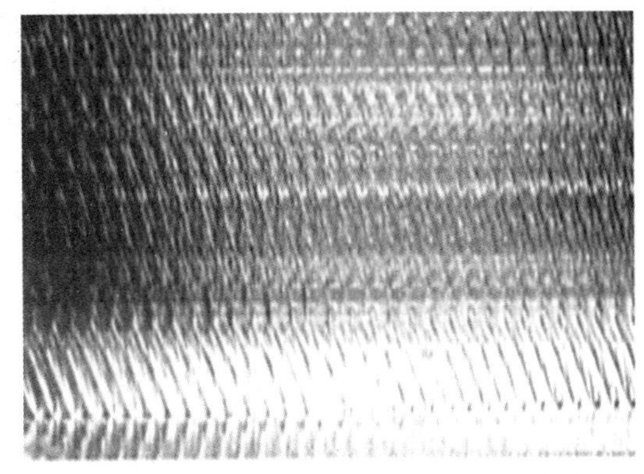

图4-14　刀具振动导致零件表面产生波纹

实际上，刀具振动是刀具在切削过程中因主轴-刀具-工件系统在内外力或系统刚性动态变化下在三维空间内所发生的不稳定运动，它的位移具有方向性，且是一个空间概念：①刀具刀尖平面到工件表面纵向的垂直位移；②刀具刀尖在平行于工件表面的平面内所产生的横向位移；③因刀具扭转振动所产生的刀尖平面与工件表面的夹角。图4-15所示为刀具空间三维振动特征参数示意图。在高速铣削加工过程中，外部扰动、切削本身的断续性或切屑形成的不连续性激起的强迫振动，因加工系统本身特性所导致的自激振动和切削系统在随机因素作用下引起的随机振动直接导致刀具三维振动轨迹在时间、方向和空间上的变化。因此，刀具的三维振动特征，即纵向振动位移、横向振动位移和刀具扭转振动角度的动态检测，能帮助快速、全面、准确地识别高速铣削刀具的不稳定振动行为。

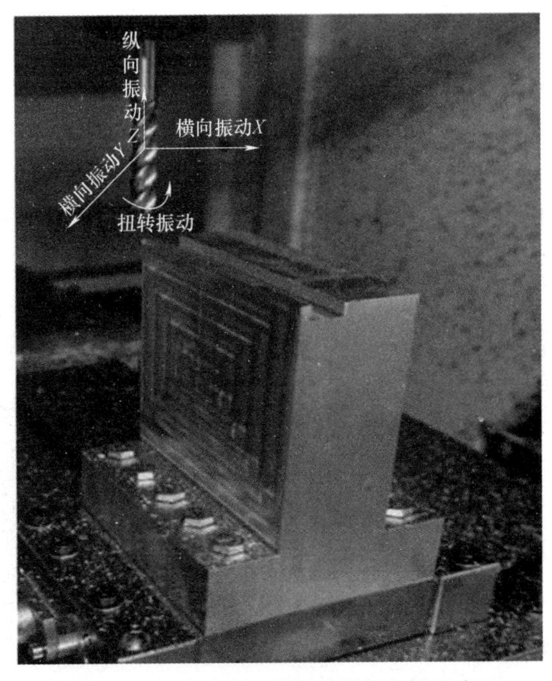

图4-15　刀具空间三维振动特征参数示意图

4.3.2 加工过程的智能诊断技术

目前，机械状态监测和故障诊断的研究主要集中在以下几个问题：

1）故障机理的研究。通过理论分析和实验分析找出反映监测信号和设备故障的参数化模型。

2）信号提取与多信息融合。为了全面获取监测对象的信息，目前大多数监测方案都采集多种传感器进行监测，这就需要对传感器的种类、型号进行选择和安装。

3）信号分析与特征提取。目前常用的信号分析技术包括传统的时域分析、频域分析，还包括随机共振、小波分析、盲信源分离等现代信号分析算法。

4）智能诊断与混合诊断。目前常用的诊断方法包括神经网络、粗糙集、支持向量机、遗传算法、隐马尔可夫模型等。近年来充分利用多种诊断算法组合的混合智能诊断技术得到了充分的发展，包括遗传算法与支持向量机混合、粒子群算法与支持向量机混合、模糊与神经网络混合等。

智能诊断技术的研究和应用是一个多学科、多技术融合的领域，它的发展需要机械工程、电子工程、计算机科学、人工智能等多个领域的知识和技术。随着技术的不断进步，未来的智能诊断系统将更加智能化、自动化和精准化，为制造业的高质量发展提供强有力的技术支撑。

1. 颤振及其危害

切削颤振是机床闭环切削系统的动态不稳定现象，它是发生在切削刀具与工件之间的剧烈振动。颤振的发生会影响生产率及加工质量，同时还可引起过度噪声、刀具损坏等，对产品质量、刀具及机床设备等的危害已毋庸置疑。随着现代制造业向高度自动化和精密化方向发展的不断深入，妥善解决加工过程中引发的颤振问题，发展切削颤振的控制技术已成为生产工程界广泛关注的热点之一。为了有效地控制颤振，很多学者做过颤振控制方面的研究，如可变的阻尼或开放式控制器，然而有效颤振控制必须依靠可靠的颤振检测。机床主轴磨损、工作温度变化、工件刚度变化等因素导致加工过程是非平稳的，因此在线的颤振检测就更加重要。颤振检测方面的研究主要可分为以下三类：第一类是信号频率域的分析，如傅里叶变换、小波分解和希尔伯特变换等；第二类是统计学方法，如排列熵、近似熵等，这类方法中熵的计算具有较高的计算复杂度；第三类是模式识别方法，主要有人工神经网络、案例推理、支持向量机等，这种方法将颤振问题转化为分类问题，可利用多个特征综合判断颤振的发生，同时这类方法易将人工智能理论引入颤振检测中，使检测系统具有自适应能力。

2. 颤振在线智能检测系统构成

颤振检测属于机械故障检测，在线检测过程中，如果能根据输出结果实时调整和进化检测模型，以反映系统最新的状态，检测系统就具有一定智能性。一个有效的在线智能检测系统应具有如下特征：

1）检测故障。在线故障检测系统能很好地评价机械部件的性能并检测出故障。

2）较少的用户设定参数。用户设定的参数应尽量少，同时这些参数可以通过优化来获取。

3）适应性。故障智能检测系统应该能在检测中不断更新模型，即可以在线学习。

4）计算复杂度。为了适应在线检测的需要，检测机制的计算复杂度应该尽可能的小，可以在线训练，即先使用部分离线数据训练模型，然后逐渐加入数据更新出新的模型。

颤振在线智能检测系统如图 4-16 所示，主要包括以下几个步骤：

1）离线训练 LS-OC-SVM。根据历史稳定加工信号，提取出特征矢量，对特征矢量组成的数据集，训练出颤振 LS-OC-SVM 模型，包括超平面方程和半径，并得到数据集的字典 D。

2）在线颤振识别。在实时加工过程中，随着时间的推移，得到一个新的特征矢量 x_{n+1}，并计算与超平面的距离。通过与半径（阈值 1）比较，判断是否发生颤振。

3）模型更新与进化。若发生颤振，则控制相关机构抑制颤振。若没有发生颤振，判断其是否是绝对稳定状态（阈值 2）。对于确定的稳定样本，根据相关准则更新模型的字典，得到新的特征库来更新 LS-OC-SVM 模型。这样随着时间推移，检测数据不断增多，模型特征库不断充实，达到模型进化的效果。

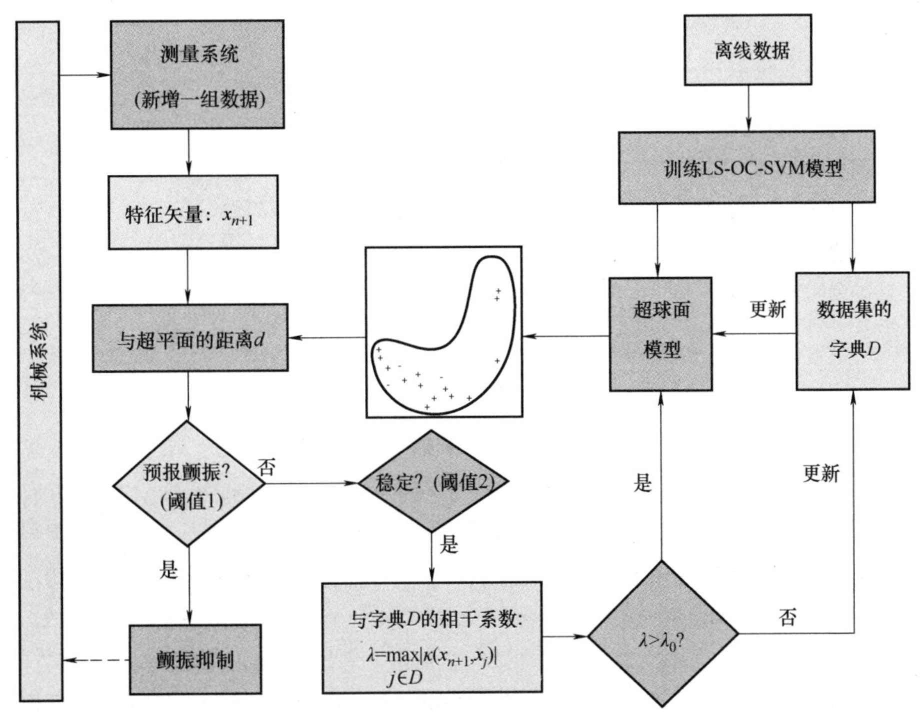

图 4-16　颤振在线智能检测系统

3. 颤振识别技术

颤振识别过程是对切削加工状态的分类过程，是颤振在线监测的最后一步，也是最关键的一步。目前，常用的颤振识别方法有阈值法和模式识别法，由于颤振伴随着频率和能量的再分配，所以通过提取颤振频率并结合特殊指标（能量指标、熵特征等）的方式可通过阈值法实现颤振识别，在本文频域分析中有具体阐述。另外有较多学者为提高阈值法在颤振识别中的精确性，分别提出了参数获取方法、相对阈值算法、颤振信号增强方法及频率消除算法等方法。阈值法虽能迅速判断工件加工状态，但难点在于如何确定一个自适应阈值。

当前依靠模式识别法实现切削加工颤振识别仍然普遍。模式识别法是将采集的原始数据对机器学习模型进行训练，然后对数据进行分类的过程。下文从有监督和无监督学习两个方面来阐述模式识别的特点和应用情况。

（1）有监督颤振识别技术　有监督学习是通过利用若干有标记的样本，对相关机器学习进行有指导性的训练，从而得到一个分类模型，利用该模型可对未知标签的数据完成分类。此类算法可充分利用标记信息实现方向性学习，因此具备良好的颤振识别准确率。

支持向量机能解决神经网络学习推广能力差、局部收敛和欠学习的问题，在刀具的故障监测中得到了广泛的应用。支持向量机可以在小样本下有效实现刀具的故障监测，其参数的优化程度是其识别精度的重要影响因素。比如，通过 Adaboost 算法集成多个支持向量机弱分类器，以组成性能更佳的强分类器 Adaboost-SVM，避免了因样本标签错误导致颤振分类精度下降的问题，如图 4-17 所示。

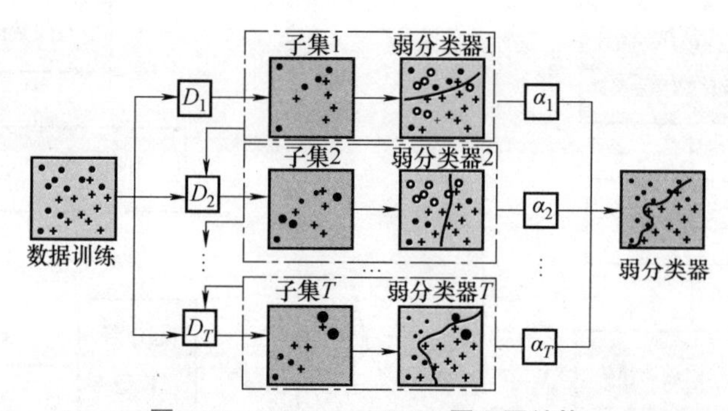

图 4-17　Adaboost-SVM 原理图结构

（2）无监督颤振识别技术　无监督学习无须预先训练出模型，可通过输入无标签数据，依靠数据中蕴含的结构构造模型，适用于实时、高速的处理场景。相较于有监督学习，无监督学习在挖掘数据潜在信息上更具优势，避免了依赖大量人工标记数据导致的标记成本高的问题。随着计算机硬件和算法的发展，无监督学习开始逐步应用于切削加工颤振识别，如聚类法和高斯混合模型。

相较于有监督学习，无监督学习在精度上稍逊一筹，因此，须选择更加合适的特征。有研究者从峭度概率密度函数（Kurtosis Possibility Density Function，KPDF）中提取了相交距离和交叉面积两种颤振指标，这两种指标与 K-means 聚类法相结合，聚类精度有明显提高，如图 4-18 所示。由于 K-means 聚类法的 K 个初始聚类中心的选择是随机的，易导致算法对异常数据格外敏感，从而影响分类精度。

无监督学习法发展相对缓慢，目前仍缺乏较好的逻辑推理和记忆能力，当前基于无监督颤振识别技术的研究还须增加相应评估，如聚类趋势、数据簇数以及聚类质量等。在实际生产生活中，无标签数据占主体，采用无监督学习发现数据的内在关系，可获得更好的颤振监测效率，在未来有更广阔的发展空间。

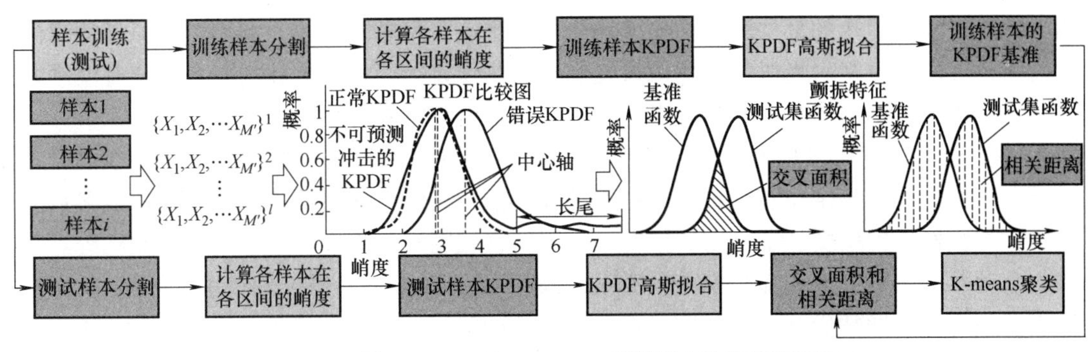

图 4-18　基于 KPDF 和 K-means 的颤振在线监测流程图

4.4　机械加工质量的智能检测和控制方法

4.4.1　加工精度智能检测和控制技术

加工精度智能检测和控制技术主要涉及机床的定位精度、速度控制以及动态精度的监控。这些技术通过集成高级传感器和先进的控制算法来实现对机床性能的实时监控和调整，以确保加工过程中的精度和稳定性。

1. 数控机床精度检测

数控机床的精度检测是非常重要的一环，它直接影响到加工零件的精度。在数控机床的故障检测过程中，借助一些仪器是必要的也是有效的，这些专用的仪器能从定量分析角度直接反映故障点状况，起到决定性作用。

（1）测振仪　测振仪是振动检测中最常用、最基本的仪器，它将测振传感器输出的微弱信号放大、变换、积分、检波后，在仪器仪表或显示屏上直接显示被测设备的振动值大小。为了适应现场测试的要求，测振仪一般都做成便携式与笔式测振仪。测振仪用来测量数控机床主轴的运行情况、电机的运行情况，甚至整机的运行情况，可根据所需测定的参数、振动频率和动态范围，传感器的安装条件，机床的轴承形式（滚动轴承或滑动轴承）等因素，分别选用不同类型的传感器，如涡流式位移传感器、磁电式速度传感器和压电式加速度传感器。

关于测振判断的标准，一般情况下在现场最便于使用的是绝对判断标准，它是针对各种典型对象制定的，如国际通用标准 ISO 2372 和 ISO 3945。

相对判断标准适用于同台设备。当振动值的变化达到 4dB 时，即可认为设备状态已经发生变化。所以，对于低频振动，通常实测值达到原始值的 1.5~2 倍时为注意区，约 4 倍时为异常区；对于高频振动，将原始值的 3 倍定为注意区，约 6 倍时为异常区。实践表明，评价机器状态比较准确可靠的办法是用相对标准。

（2）红外测温仪　红外测温是利用红外辐射原理，对物体表面温度的测量转换成对其辐射功率的测量，采用红外探测器和相应的光学系统接收被测物不可见的红外辐射能量，并将其变成便于检测的其他能量形式予以显示和记录。

按红外辐射的不同响应形式，分为光电探测器和热敏探测器两类。红外测温仪用于检测数控机床容易发热的部件，如功率模块、导线接点、主轴轴承等。利用红外原理测温的仪器还有红外热电视、光机扫描热像仪及焦平面热像仪等。红外诊断的判定主要有温度判断法、同类比较法、档案分析法、相对温差法以及热像异常法。

（3）运动精度检测仪器　数控机床精度检测主要利用激光干涉仪。激光干涉仪可对机床、三测机及各种定位装置进行高精度的（位置和几何）精度校正，可完成各项参数的测量，如线性位置精度、重复定位精度、角度、直线度、垂直度、平行度及平面度等。其次，它还具有一些选择功能，如自动螺距误差补偿（适用于大多数控系统）、机床动态特性测量与评估、回转坐标分度精度标定、触发脉冲输入／输出功能等。激光干涉仪用于机床精度的检测及长度、角度、直线度、直角等的测量，精度高、效率高、使用方便，测量长度可达十几米甚至几十米，精度达微米级。图 4-19 所示为 SJ6000 激光干涉仪及其应用。

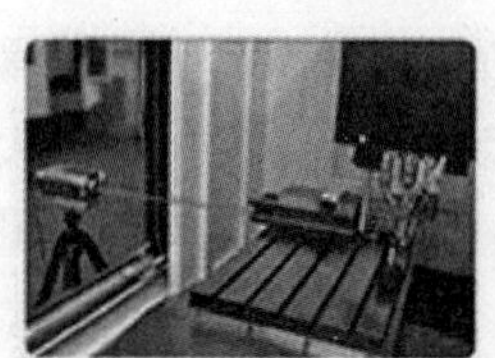
数控机床的线性测量

线性模组的定位精度测量

实验室作为长度基准

自动化设备导轨的装调检测

直驱电机的角度测量

运动导轨的直线度测量

三坐标的垂直度测量

大理石平台的平面度测量

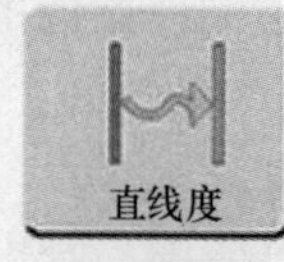

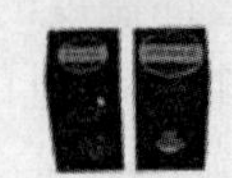

SJ6000功能模块

图 4-19　SJ6000 激光干涉仪及其应用

此外，基于线性回归理论，可以采用激光干涉仪为检测工具，建立数据检测的精度检测与补偿模型。

线性回归理论又称为最小二乘法理论，是一种数据拟合技术，利用最小误差寻求数据的最佳匹配函数，可以便捷地求得未知数据，起到预测作用，并且使预测的数据与实际数据的误差达到最小，从而达到误差拟合补偿的目的。该方法主要运用于曲线拟合问题。

采集一系列数据（x_1，y_1），（x_2，y_2），…，（x_m，y_m）并将其描绘到直角坐标系中，若发现这些数据都在一条直线附近，那么令这条直线为

$$\hat{Y}_l = ax_i + b \tag{4-5}$$

式（4-5）为拟合函数，其中 a、b 为任意实数。现在需要当 x 取值为 x_i，预测值 Y_i 与回归方程所预测的$\hat{Y}_l$之间的差值最小，对于整个回归方程而言，所有预测值与实际值之间的差值最小。故建立式（4-6）：

$$\sum_{i=1}^{n}(Y_i - \hat{Y}_l)^2 = Q(a,b) \tag{4-6}$$

式中　Q——关于预测方程中 a、b 的函数。

此时将拟合函数式（4-5）代入式（4-6）得

$$\sum_{i=1}^{n}[Y_i - (ax_i + b)]^2 = Q(a,b) \tag{4-7}$$

若使函数 Q 的取值最小，需要对函数 Q 分别对 a、b 求一阶偏导数，且令一阶偏导后的值为 0，即得

$$\frac{\partial Q}{\partial a} = -2\sum_{i=1}^{n}(Y_i - ax_i - b)x_i = 0 \tag{4-8}$$

$$\frac{\partial Q}{\partial b} = -2\sum_{i=1}^{n}(Y_i - ax_i - b) = 0 \tag{4-9}$$

接下来需要对参数 a、b 进行变换求解，得到参数 a、b 关于 x 和 y 的表达式为

$$a = \frac{n\sum_{i=1}^{n}x_iy_i - \sum_{i=1}^{n}x_i\sum_{i=1}^{n}y_i}{n\sum_{i=1}^{n}x_i^2 - \left(\sum_{i=1}^{n}x_i\right)^2} \tag{4-10}$$

$$b = \frac{\sum_{i=1}^{n}y_i}{n} - a\frac{\sum_{i=1}^{n}x_i}{n} \tag{4-11}$$

以 BF-850B 立式高精度数控机床（图 4-20）平台为例搭建数控机床精度测量平台（图 4-21），步骤如下：

1）首先在对应的坐标轴上分别安装光学镜组中的干涉镜和反光镜。

2）固定三脚架使之水平，并将激光头固定在三脚架上部。

3）调整激光头，使激光干涉仪的光轴与机床移动的轴线共线，保证反射回的光束进入光学镜中。

4）待激光预热且稳定后，输入相应精度测量数据。

5）制定测量程序，根据测量的误差判断定位精度，误差补偿结束后再进行多次精度测试，直到各部分参数都符合标准为止。

图 4-20 立式高精度数控机床

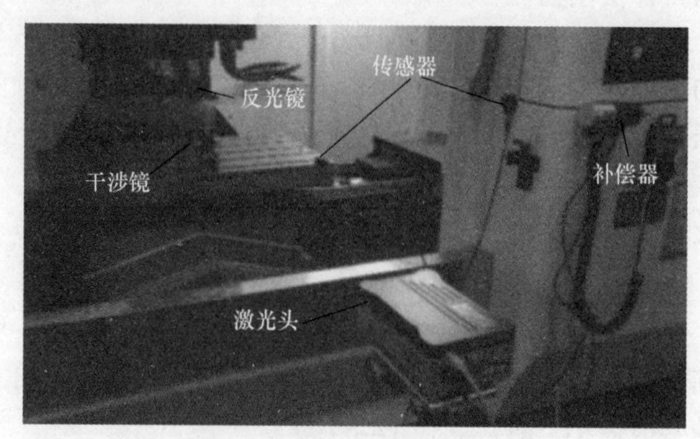

图 4-21 数控机床精度测量平台

根据国标 GB/T 18400.4—2010 中关于机床定位精度和重复定位精度的判定准则，可得单向定位精度的数学模型为

$$A\uparrow=\max[\bar{x}_l\uparrow+2s_i\uparrow]-\min[\bar{x}_l\uparrow+2s_i\uparrow] \tag{4-12}$$

$$A\downarrow=\max[\bar{x}_l\downarrow+2s_i\downarrow]-\min[x_l\downarrow+2s_i\downarrow] \tag{4-13}$$

单向重复定位精度的数学模型为

$$R_i\uparrow=\max[4s_i\uparrow] \tag{4-14}$$

$$R_i\downarrow=\max[4s_i\downarrow] \tag{4-15}$$

符号“↑”“↓”表示从正、负方向趋于所得的参数。$\bar{x}_l$、s_i 为第 i 个测量点位的平均位置偏差和标准不确定性。即

$$\bar{x}_l=\frac{1}{n}\sum_{j=1}^{n}x_{ij}=\frac{1}{n}\sum_{j=1}^{n}(P_{ij}-P_i) \tag{4-16}$$

$$s_i=\sqrt{\frac{1}{n-1}\sum_{j=1}^{n}(x_{ij}-\bar{x}_l)^2}=\sqrt{\frac{1}{n-1}\sum_{j=1}^{n}(P_{ij}-P_i-\bar{x}_l)^2} \tag{4-17}$$

式中 j——循环次数；

P_i——第 i 个点位的理论位置值；

P_{ij}、x_{ij}——第 j 次循环下第 i 个点位的实际位置和位置偏差。

通过运用激光干涉仪基于线性回归理论对数控机床进行精度检测与补偿，对各个测量点进行大量数据采集，分析各个点位的数据特性，通过曲线图采用一次性线性补偿和多段式线性补偿的方式降低数控机床的系统误差，对机床的系统误差都有很好的补偿作用。

2. 加工尺寸智能精度控制与预测

在现代机械加工领域，加工尺寸的智能精度控制与预测已成为推动行业高质量发展的关键驱动力。这一研究方向深度融合了统计学习、模糊控制、时间序列分析、神经网络、自动化技术、主动测量及 AI 人工智能等多种前沿技术，旨在通过智能化手段显著提升加工精度，降低误差，确保生产出的零件严格符合设计要求。

统计学习方法在磨削加工中的应用尤为突出，其中模糊神经网络以其独特的优势，

在控制磨削尺寸精度方面展现了显著成效，通过仿真验证，证明其控制精度超越了传统方法。同时，自寻优模糊控制器的引入，为金属切削加工提供了强大的在线智能监控能力，试验结果显示该控制器不仅精确且具备出色的鲁棒性，有效应对了加工过程中的不确定性。

为了进一步提升加工精度的稳定性，研究者们提出了将加工尺寸预测与工艺能力预测相结合的策略，并发展了反馈补偿控制方法。这一创新思路通过计算机仿真与实际加工试验的双重验证，证明了其能够有效将加工尺寸精准控制在公差范围内，极大降低了不合格品的产生率，保障了生产率和产品质量。此外，大数据与 AI 技术的融合，则为三维尺寸数据管理带来了革命性变化。以 eMMA 为代表的平台，利用 AI 预测尺寸数据变化趋势，实现了产品全生命周期的标准化管理和质量的持续改进，为制造业的智能化转型提供了有力支撑。

加工尺寸智能精度控制与预测技术的综合应用，是现代机械加工领域的一次深刻变革。它不仅提升了加工精度和生产率，还推动了制造业向更加智能化、高效化、精准化的方向发展。

（1）加工尺寸智能精度控制　加工尺寸智能精度控制是指通过先进的控制技术和算法，对加工过程中的尺寸精度进行实时监测和调整，以确保最终产品的尺寸符合设计要求。这一技术通常包括以下几个方面：

1）实时监测系统。实时监测系统是实现加工尺寸智能精度控制的基础。该系统利用高精度传感器和测量设备，对加工过程中的工件尺寸进行不间断的监测和测量。这些传感器和测量设备具有极高的灵敏度和精度，能够实时捕捉工件尺寸的变化情况，并将数据准确传输至控制系统。通过实时监测，可以及时发现加工过程中的尺寸偏差，为后续的控制调整提供可靠依据。

在现代制造业中，金属切削、磨削等高精密加工环节对尺寸精度的要求极高。影响工件尺寸精度的因素众多且复杂，传统的数学模型难以精确描述这些非线性因素，因此需要采用智能化方法来实现尺寸控制。例如，在金属切削加工中，模糊智能控制技术被广泛应用于在线监控和自寻优控制器的设计，以提高系统的鲁棒性和控制效果。

基于统计学习的磨削加工尺寸精度智能预测控制技术也得到了研究和应用。这种技术通过分析历史数据和实时反馈信息，预测并控制加工过程中的尺寸变化，从而提升整体加工精度。此外，激光测距传感器在高精度测量中发挥了重要作用，其非接触式测量方式不仅提高了测量速度，还减小了因机械磨损带来的误差。

智能工厂中的尺寸检测和质量控制系统通常采用高精度的位移传感器和测长传感器，这些传感器可以达到微米级甚至纳米级的测量分辨率。例如，堡盟（Baumer）公司的激光测距传感器具有出色的可靠性和重复精度，适用于各种材料的高精度测量（图 4-22）。而欧姆龙（OMRON）工业自动化提供的高精度位移传感器则支持大范围准确测量，适合各种高精度检测标准。

在实际应用中，数控系统与传感器技术的集成可以显著优化加工精度、效率和稳定性。传感器可以实时监测工件的尺寸和形状，并将数据反馈给数控系统，使系统能够根据实际工件尺寸进行补偿和调整。例如，在切削过程中，传感器可以监测刀具与工件的接触力，数控系统可以根据实时数据调整进给速度和切削力，以保持稳定的切削过程，并降低切削力对机床和工件的影响。

a) b)

图 4-22 生产过程中机械手的精确定位（左）与产品尺寸测量（右）

此外，传感器还可以监测加工过程中的温度变化、振动和切削力等参数。通过对这些数据的分析，数控系统可以识别加工过程中存在的潜在问题，并进行优化，包括调整加工参数、改善工艺和刀具选择等，从而提高加工精度。例如，当检测到刀具磨损超过阈值时，数控系统可以自动更换刀具或调整切削参数，以确保切削精度。

为了进一步提升系统的智能化水平，现代监测系统还集成了数据分析和机器学习技术。通过实时采集和分析大量加工数据，系统可以识别出加工过程中的异常情况，并提前预警和报警。例如，腾讯云的大数据组件可以通过流计算实现系统和应用级的实时监控，及时反馈监控告警信息，保障系统的稳健运行。

总之，实时监测系统在现代精密加工中扮演着至关重要的角色。通过高精度传感器和测量设备的广泛应用，结合智能控制技术和数据分析方法，可以有效提升加工精度、效率和质量控制水平。未来，随着技术的不断进步和创新，实时监测系统将在智能制造领域发挥更大的作用，为企业带来更大的竞争优势和经济效益。

2）智能控制算法。智能控制算法是加工尺寸智能精度控制的核心。基于实时监测到的尺寸数据，控制系统运用智能控制算法对加工参数进行动态调整。这些算法包括但不限于神经网络、模糊控制、遗传算法等，它们具有强大的数据处理和决策能力，能够根据实时数据快速计算出最优的加工参数调整方案。通过智能控制算法的应用，可以实现对加工过程中误差的自动补偿和修正，从而提高尺寸精度和加工稳定性。

① 模糊控制与遗传算法的结合。在实际应用中，模糊控制常用于处理系统的不确定性和非线性问题。通过模糊逻辑可以将复杂的控制规则简化为易于理解和实现的形式。而遗传算法则用于优化模糊控制器中的隶属函数和控制规则，从而提高系统的性能和精度。例如，利用遗传算法优化模糊 PID 控制器的研究表明，经过优化后的模糊控制器明显改善了系统的动态性能，并且能使系统达到满意的控制效果。

② 神经网络的应用。神经网络在智能控制中也扮演着重要角色。它通过模拟人类神经系统的结构和工作方式，能够自动学习和适应新的任务。在磨削加工尺寸精度控制中，采用模糊神经网络方法进行控制，证明了其可行性并优于传统方法。此外，神经网络还可以与遗传算法结合使用，进一步提升控制系统的性能。

③ 实时监测与自动补偿。智能控制算法的一个关键优势在于其能够实时监测加工过

程中的各种参数（如温度、压力等），并根据这些数据动态调整加工参数，以确保加工精度和稳定性。这种实时反馈机制使得系统能够及时发现并纠正误差，从而减小加工过程中的波动和偏差。

3）闭环反馈系统。闭环反馈系统是确保加工尺寸智能精度控制有效性的关键。该系统将监测到的尺寸数据与设定值进行比较，形成偏差信号。根据偏差信号的大小和方向，控制系统自动调整加工参数以减小偏差。这一调整过程不断重复进行，形成闭环控制回路。通过闭环反馈系统的作用，可以实现对加工过程的持续监控和调整，确保工件尺寸始终保持在设定范围内，从而实现高精度的加工控制。

（2）加工尺寸预测　加工尺寸预测是指利用历史数据和数学模型，对加工过程中工件的尺寸变化进行预测，以便提前采取措施进行干预，提高加工效率和质量。加工尺寸预测通常包括以下几个步骤：

1）数据收集。数据收集是加工尺寸预测的第一步，其目的是获取足够的历史数据用于后续的分析和建模。这些数据通常包括以下几类：

加工参数：如切削速度、进给速度、切削深度等。

工件尺寸：初始尺寸、中间尺寸和最终尺寸。

环境条件：如温度、湿度、机床状态等。

其他因素：如材料性质、刀具磨损情况等。

例如，在注塑成型产品尺寸预测中，基于轻量级梯度提升机（Light Gradient Boosting Machine，LightGBM）框架设计了基于加工过程数据及参数的模型。此外，针对珩磨加工尺寸精度问题，建立了预报模型和优化算法。

2）数据分析。数据分析是处理和分析收集到的数据，提取出影响尺寸精度的关键因素，常用的方法包括统计学方法和机器学习方法。

统计学方法：如回归分析、方差分析等。

机器学习方法：如支持向量机（Support Vector Machine，SVM）、神经网络、决策树、随机森林等。

例如，改进的灰色模型及其在珩磨尺寸预测中的应用，通过经典 GM（1，1）预测模型的研究，提高了预测模型的精度和可靠性。另外，基于多算法融合的多目标工艺参数智能优化方法，采用改进的广义回归神经网络算法进行预测。

3）模型建立。根据数据分析的结果，建立适合的预测模型是关键一步。常用的预测模型有：

支持向量机（SVM）：适用于非线性问题的分类和回归。

灰色关联分析：用于处理小样本数据的预测。

神经网络：能够处理复杂的非线性关系。

遗传算法：用于优化模型参数。

例如，使用 MATLAB 软件建立了三种预报模型算法，并分析了机械加工尺寸预报模型的适应性问题。此外，基于主轴测头、坐标测量机的加工参数影响验证也探讨了加工参数对加工质量的影响。

4）预测与优化。利用建立的预测模型对加工过程中的尺寸进行预测，并根据预测结果对加工参数进行优化调整，以提高加工精度和效率。

预测：将实际加工参数输入预测模型中，得到预期的尺寸变化。

优化：根据预测结果，调整加工参数，如切削速度、进给速度等，以达到最佳的加工效果。

例如，一种基于强化学习的制造过程工艺参数优化方法，通过采集生产系统的工艺参数数据并建立强化学习系统的马尔可夫策略，实现了工艺参数的优化。此外，基于遗传算法的切削工艺参数优化也证明了其有效性。

4.4.2　表面质量智能检测和控制

在制造业的生产流程中，受限于当前的技术水平和工作环境等因素，成品的质量常常会受到影响。表面缺陷往往是产品质量问题最明显的体现。为了确保产品的合格率和质量的可靠性，对产品表面进行缺陷检测显得尤为重要。所谓缺陷，通常指的是与标准样本相比的任何不一致之处，如缺失、瑕疵或不规则区域。工业产品的标准样本与存在缺陷的样本的对比可以通过图 4-23 进行直观展示。表面缺陷检测的目的是识别样品表面的刮痕、瑕疵、异物、颜色污点、孔洞等问题，以收集关于缺陷的类型、形状、位置和尺寸等详细信息。传统的人工缺陷检测方法虽然曾经普遍使用，但因其效率不高且检测结果容易受到检测人员主观判断的影响，已逐渐不能满足现代制造业对高效率和客观性的需求。随着技术的发展，人工检测方法正在被更先进的自动化检测技术所替代。

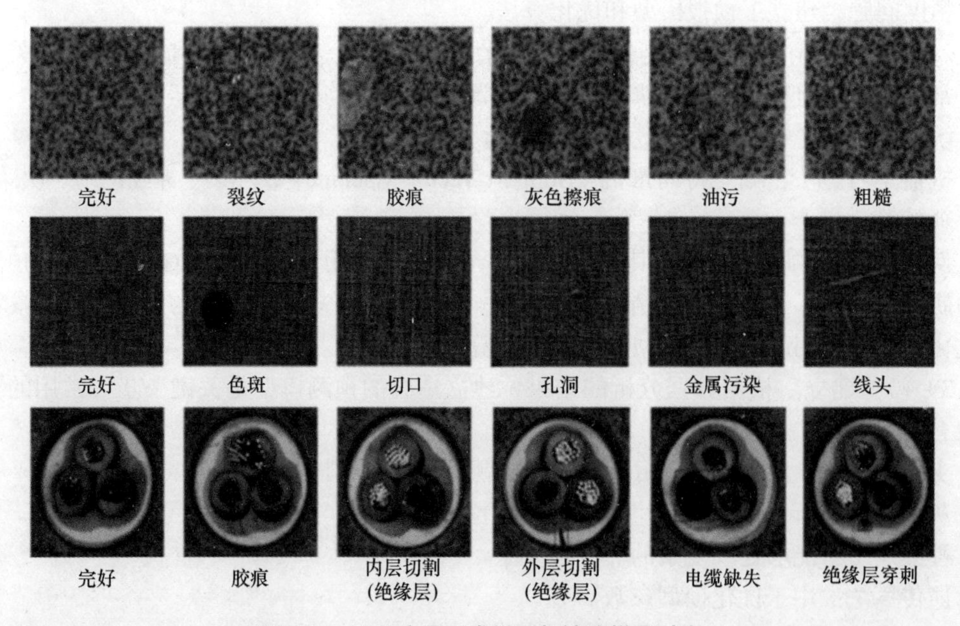

图 4-23　工业产品正常样品与缺陷样品对比

未来表面质量智能检测技术的发展将结合传感器技术、机器视觉、深度学习等多种先进技术，通过收集和分析制造过程中的数据，实现对产品表面质量的实时监测和预测。

1. 表面质量智能检测技术

表面质量智能检测技术是工业产品生产中的关键环节，它利用先进的图像处理和模式识别技术来自动检测产品表面的缺陷。这项技术可以显著提高检测效率，减少人为因素的干扰，并实现24h连续作业，对于提升产品质量和生产率具有重要意义。

表面质量智能检测技术主要通过工业相机捕捉产品的图像信息，再通过图像处理算法进行形态分析和形态检测，实现高效的表面缺陷检测。这种技术能够识别出不同形状、大小和深浅的瑕疵，还能实现在不用光照环境下的正常工作，大幅度提升生产线的生产率，提升制造企业的整体竞争力。相对于传统的表面质量检测技术，智能检测技术体现了如下优势：

（1）高精度与高稳定性　借助先进的图像处理算法和深度学习模型，AI视觉检测系统能够实现对目标物体的高精度识别与测量，同时保持高度的稳定性，确保检测结果的准确性和可靠性。AI视觉检测系统的核心在于其强大的图像处理算法。这些算法通过模拟人类视觉系统的运作机制，对采集到的图像进行精细化处理和分析。具体而言，图像处理算法包括以下几个关键步骤：

1）图像采集：利用高分辨率的工业相机，结合适宜的光源和成像技术，获取待检测物体的清晰图像。这一过程要求相机具备高灵敏度和低噪声特性，以确保图像质量。

2）图像预处理：对采集到的原始图像进行初步处理，包括增强图像对比度、调整清晰度、消除噪声和干扰等。这些操作旨在提高图像质量，为后续的特征提取和目标识别打下坚实基础。

3）特征提取：从预处理后的图像中提取关键特征，如形状、颜色、纹理等。这些特征是后续目标识别和测量的重要依据。特征提取算法需要具备良好的鲁棒性和泛化能力，以应对不同种类和复杂度的检测对象。

4）目标识别与测量：基于提取的特征，利用深度学习模型或传统图像识别算法，对目标物体进行精确识别和测量。这一过程涉及复杂的比对、匹配和计算，以确保识别结果的准确性和测量精度。

深度学习作为人工智能领域的重要分支，为AI视觉检测系统提供了强大的技术支持。通过构建复杂的神经网络模型，深度学习能够自动学习并提取图像中的高层次特征，从而实现对目标物体的精确识别与测量。常见的基于深度学习的工业产品表面缺陷检测方法如图4-24所示。

（2）灵活性与可扩展性　在智能制造、质量控制、安全监测等领域，检测任务的多样性和复杂性日益增加。传统的视觉检测系统往往受限于固定的算法和硬件配置，难以适应快速变化的需求。而具备灵活性与可扩展性的AI视觉检测系统，则能够灵活应对各种挑战，快速适应新的应用场景，确保检测任务的高效完成。同时，这种能力也为系统的持续升级和优化提供了便利，使得系统能够紧跟技术发展的步伐，保持领先地位。灵活性是指AI视觉检测系统能够根据不同的检测需求、应用场景或环境条件，快速调整和优化其检测策略、算法参数或硬件配置，以达到最佳检测效果的能力。可扩展性则是指系统能够通过添加新的功能模块、算法模型或与其他系统接口集成，不断扩展其检测功能和应用范围，满足日益复杂和多样化的检测需求。

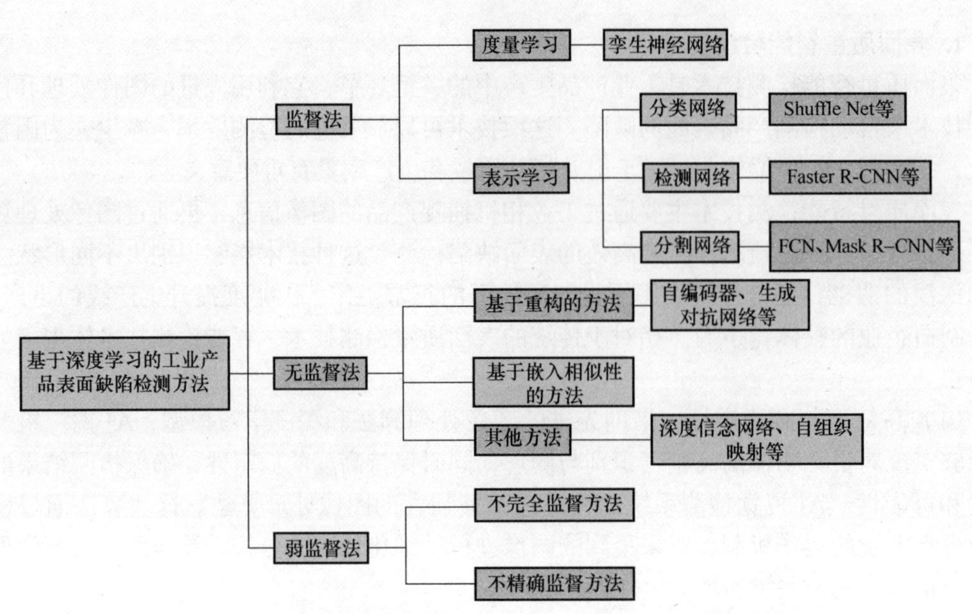

图 4-24 常见的基于深度学习的工业产品表面缺陷检测方法

针对卷材质量检测的难题，AI+ 机器视觉实时检测解决方案应运而生。该方案通过集成先进的图像处理算法、深度学习模型及高速图像采集技术，实现了对卷材表面缺陷的高精度、高速度检测，如图 4-25 所示。其中，AI 视觉检测系统的灵活性体现为以下方面：

1）自适应算法调整：系统能够根据卷材的种类、规格和表面特性，自动调整图像处理算法和深度学习模型的参数，以适应不同的检测需求。例如：对于表面纹理复杂的卷材，系统可以增强纹理特征的提取能力；对于微小缺陷的检测，系统可以提高图像的分辨率和对比度。

2）多模式检测：系统支持多种检测模式，如静态检测、动态检测、在线检测等。用户可以根据实际生产情况选择合适的检测模式，以实现最佳的检测效果。

3）环境适应性：系统能够自动适应不同的光照条件、温度湿度等环境因素，确保检测结果的稳定性和可靠性。例如，通过自动调节相机曝光时间和增益值，系统可以在不同光照条件下保持图像的清晰度和对比度。

系统的可扩展性体现为以下方面：

1）新增检测功能：随着技术的不断进步和检测需求的增加，系统可以方便地添加新的检测功能。例如，除了传统的表面缺陷检测，还可以增加尺寸测量、形状识别、颜色分析等功能，以满足更全面的质量检测需求。

2）算法模型升级：系统支持深度学习模型的在线更新和训练。当新的缺陷类型或更高效的算法出现时，用户可以通过简单的操作将新的模型导入系统，实现检测能力的即时提升。

3）系统集成与扩展：系统提供丰富的接口和协议支持，可以与其他自动化设备和信息系统进行无缝集成。例如：可以与生产线控制系统集成，实现检测结果的实时反馈和自动化处理；也可以与数据分析平台集成，对检测数据进行深度挖掘和分析，为生产决策提供有力支持。

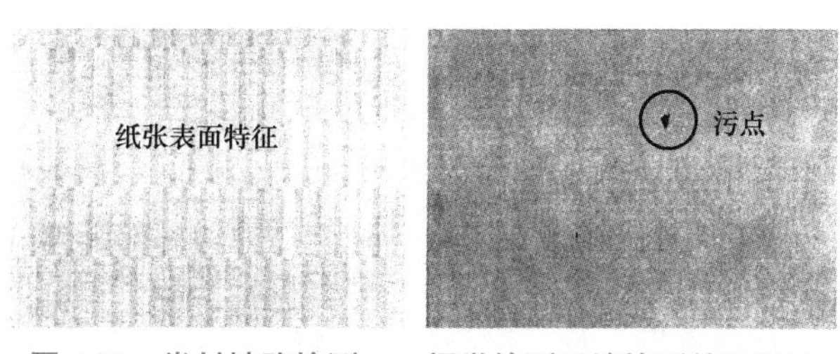

图 4-25　卷材缺陷检测——视觉检测系统检测效果展示

（3）自动化与智能化　智能质检系统，简而言之，是综合运用了机器视觉、人工智能、大数据分析、物联网等先进技术，实现对产品生产过程及成品质量的自动化检测、分析与评估的智能化系统。该系统通常由以下几个核心部分构成：

1）硬件层：包括高清摄像头、红外传感器、激光扫描仪、机械臂等硬件设备，负责采集产品的图像、尺寸、重量、温度等多维度信息。这些设备的高精度与稳定性是确保检测准确性的基础。

2）软件层：涵盖图像处理算法、机器学习模型、深度学习框架等，用于对采集到的数据进行处理与分析。通过训练与优化算法，系统能够自动识别产品表面的微小缺陷、异物混入、尺寸偏差等问题，甚至能预测潜在的质量风险。

3）数据管理层：负责收集、存储、处理质检过程中产生的大量数据，并利用大数据分析技术挖掘数据背后的价值，为企业提供生产优化建议、质量趋势预测等决策支持。

4）人机交互界面：提供直观易用的操作界面，让非专业人士也能轻松上手。同时，支持实时报告生成、异常报警、远程监控等功能，确保生产线的透明化与高效管理。

相较于人工质检，智能质检系统能够在极短的时间内完成大量产品的检测任务，且不受疲劳、情绪波动等人为因素影响，大大提高了检测的准确性和一致性。特别是对于微小缺陷和隐蔽瑕疵的识别，智能系统往往能展现出超越人类的能力。同时，虽然智能质检系统的初期投入较大，但长期来看，它能有效减少人工成本，降低因漏检或误检导致的返工率和废品率，从而显著降低总体运营成本。此外，通过优化生产流程、减少浪费，还能进一步提升企业的盈利能力。除此之外，智能质检系统能够记录每一次检测的详细数据，包括检测时间、检测项目、检测结果等，为产品的全生命周期管理提供了可靠的数据支持。一旦产品出现质量问题，企业可以迅速追溯到具体的生产环节，快速定位问题根源，采取有效措施加以解决。

2. 表面质量智能控制技术

表面质量智能控制技术基于智能检测的结果，通过自动化设备和控制系统对生产过程进行调整和优化，以实现对产品表面质量的控制。这包括调整生产参数、优化工艺流程、实施预测性维护等措施，以减少表面缺陷的产生。

（1）基于智能检测结果的生产参数调整　一旦智能检测系统识别出产品表面的缺陷，生产控制系统将立即响应，根据缺陷类型和严重程度精准调整生产参数。例如，在注塑成型过程中，如果检测到产品表面存在气泡或缩痕，系统可以自动调整注塑压力、保压时间、模具温度等参数，以减少这些缺陷的发生。这种即时反馈和快速调整的能力，使得生产过程更加灵活和高效。

除了即时调整，智能控制技术还具备持续优化生产参数的能力。通过收集大量生产数据和缺陷信息，系统可以运用机器学习算法对生产参数进行不断优化。例如，系统可以分析不同生产批次下缺陷率与生产参数之间的关系，找出最优的参数组合，以实现质量稳定性的持续提升。这种持续优化机制有助于企业建立稳定可靠的生产过程，提高产品的整体质量水平。

（2）工艺流程的优化与重构　智能检测技术不仅关注产品表面的缺陷，还通过数据分析揭示生产过程中的瓶颈和低效环节。系统可以统计各工序的生产率、设备利用率、故障率等关键指标，帮助生产管理人员识别出制约生产率和产品质量的瓶颈环节。这些信息为工艺流程的优化和重构提供了有力支持。基于智能检测的结果和数据分析的洞见，企业可以对现有工艺流程进行优化和重构。例如，通过调整工序顺序、引入并行作业、改进设备布局等措施，可以缩短生产周期、提高生产率。同时，针对频繁出现的缺陷问题，企业可以优化生产工艺参数、改进设备性能或引入新的生产技术，以从根本上减少缺陷的产生。这种工艺流程的优化与重构有助于企业实现生产率和质量水平的双重提升。

（3）预测性维护的实施　预测性维护是表面质量智能控制技术的重要组成部分。通过实时监测生产设备的运行状态和性能参数，系统能够提前发现设备故障的迹象和潜在问题。当设备性能偏离正常范围或达到预设的维护阈值时，系统会发出预警信号，提示生产管理人员进行预防性维修。这种预警和预防性维修的机制有助于减少设备故障对生产过程的干扰和影响，确保生产过程的连续性和稳定性。

预测性维护不仅提高了设备的可靠性和稳定性，还降低了维修成本，缩短了停机时间。相比传统的定期维修和故障后维修方式，预测性维护能够更准确地把握设备的维修时机和维修内容。通过精准维修和更换关键部件，企业可以延长设备的使用寿命和降低维修成本。同时，由于维修工作能够在设备故障前完成，也减少了因设备故障导致的停机时间和生产损失。

（4）智能质量控制系统的集成与应用　表面质量智能控制技术趋向于构建集成化的智能质量控制系统。这一系统集成了智能检测、数据分析、生产控制、预测性维护等多个功能模块，形成了一个闭环的、高度自动化的生产过程管理体系。

在这个集成化的系统中，智能检测设备作为前端数据采集单元，实时收集产品表面的图像、纹理、尺寸等多维度信息，并通过高速通信接口将数据传输至数据处理中心。数据处理中心则利用先进的图像处理算法、机器学习模型和大数据分析技术，对采集到的数据进行深度挖掘和分析，以识别出潜在的表面缺陷和质量问题。

一旦系统识别出缺陷或问题，立即触发生产控制系统的响应机制。生产控制系统根据预设的控制策略和优化算法，自动调整生产参数、优化工艺流程，甚至启动紧急停机程序，以防止缺陷产品的进一步生产。同时，系统还会将缺陷信息和调整结果反馈至数据分析中心，用于持续优化控制策略和算法模型，形成一个不断迭代、自我完善的闭环控制体系。

此外，智能质量控制系统还具备强大的数据可视化和报表生成功能。通过直观的数据图表和详细的报表，生产管理人员可以实时了解生产过程中的质量状况、设备运行状态和性能指标等信息，为决策制定提供有力的数据支持。这些数据还可以与企业的ERP（企业资源计划）、MES（制造执行系统）等信息系统进行集成，实现生产数据的全面共享和协同管理。

（5）跨领域融合与技术创新　随着科技的不断发展，表面质量智能控制技术正逐步向跨领域融合和技术创新的方向发展。一方面，该技术正与其他领域的先进技术进行深度融合，如物联网、云计算、边缘计算等，以实现更加高效、智能的生产过程管理。例如，通过物联网技术实现生产设备的远程监控和故障诊断，通过云计算技术实现生产数据的云端存储和实时分析，通过边缘计算技术提高数据处理的速度和实时性。

另一方面，表面质量智能控制技术也在不断创新和突破。例如，基于深度学习的图像识别技术正在不断提高缺陷检测的准确率和鲁棒性，基于机器视觉的三维测量技术正在逐步应用于复杂形状和微小尺寸产品的表面质量检测，基于增强现实（Augmented Reality，AR）和虚拟现实（Virtual Reality，VR）技术的人机交互界面正在为生产管理人员提供更加直观、便捷的操作体验。

综上所述，表面质量智能控制技术通过调整生产参数、优化工艺流程、实施预测性维护，以及构建集成化的智能质量控制系统等措施，实现了对产品表面质量的全面控制与优化。随着技术的不断发展和创新，该技术将在更多领域得到广泛应用和推广，为制造业的转型升级和高质量发展提供有力支持。

3. 机械加工表面缺陷智能检测的关键问题与解决方法

机械加工表面缺陷智能检测是现代制造业中至关重要的环节，其关键问题涉及以下多个方面：

1）低对比度与背景差异小：在复杂的工业环境中，缺陷与背景之间的对比度往往较低，这使得缺陷难以被准确识别。

2）噪声干扰：表面缺陷检测过程中容易受到环境噪声的影响，导致检测结果不准确。

3）缺陷尺度变化大且类型多样：不同类型的缺陷具有不同的尺寸、形状和特性，这对检测系统的适应性和准确性提出了更高的要求。

4）实时性要求高：在生产线上进行在线检测时，需要快速且高效地完成检测任务，以保证生产的连续性和效率。

5）复杂几何结构的检测：对于一些复杂的几何形状（如弧面和圆柱面），传统的机器视觉方法可能无法有效检测到微小的缺陷。

针对机械加工表面缺陷智能检测中的关键问题，以下是一些有效的解决方法：

1）低对比度与背景差异小。

① 图像增强技术：利用直方图均衡化、对比度受限的自适应直方图均衡化、伽马校正等方法增强图像对比度，使缺陷更加突出。

② 特征提取与增强：通过深度学习中的卷积神经网络（CNN）等算法，自动学习并提取缺陷特征，忽略背景信息，提高识别精度。

③ 背景建模与差分：建立背景模型，通过差分算法将当前图像与背景模型进行比较，从而凸显出缺陷区域。

2）噪声干扰。

① 滤波技术：采用中值滤波、高斯滤波等图像去噪方法，减少环境噪声对检测结果的影响。

② 深度学习去噪：利用深度学习模型（如去噪自动编码器）对图像进行去噪处理，特别是在噪声特性复杂时效果更佳。

③ 多帧融合：在视频流中通过多帧融合技术，利用时间连续性减少随机噪声的干扰。

3）缺陷尺度变化大且类型多样。

① 多尺度检测：使用金字塔结构或多尺度特征金字塔网络等方法，在不同尺度上检测缺陷，提高对不同尺寸缺陷的适应性。

② 迁移学习：利用在大规模数据集上预训练的模型进行迁移学习，快速适应不同类型的缺陷检测任务。

③ 自定义数据集：针对特定类型的缺陷，构建大规模、多样化的数据集进行训练，提高模型的泛化能力。

4）实时性要求高。

① 轻量级模型：采用 MobileNet、ShuffleNet 等轻量级网络架构，减少模型参数量，降低计算复杂度，提高检测速度。

② 模型压缩与量化：对深度学习模型进行剪枝、量化等操作，减小模型体积，缩短运行时间。

③ 硬件加速：利用 GPU、FPGA 等硬件加速技术，实现模型的并行处理和高速计算。

5）复杂几何结构的检测。

① 3D 成像技术：结合激光扫描、结构光等 3D 成像技术，获取工件的三维形貌信息，更准确地检测复杂表面的缺陷。

② 多视角检测：设置多个相机，从不同角度拍摄工件，通过多视角融合技术提高检测精度。

③ 自适应检测算法：开发能够自适应调整检测参数和策略的算法，根据工件的几何形状和表面特性动态调整检测方案。

综上所述，通过综合运用图像增强、滤波去噪、多尺度检测、轻量级模型、硬件加速及 3D 成像等技术手段，可以有效解决机械加工表面缺陷智能检测中的关键问题，提高检测的准确性和效率。

思考与练习题

4-1　为什么机械加工精度对于产品质量至关重要？请举例说明尺寸精度、形状精度、位置精度和表面精度如何影响零件的功能。

4-2　分析表面粗糙度对零件耐磨性和耐蚀性的具体影响，并讨论如何通过加工方法改善表面质量。

4-3　在选择加工误差的统计分析工具时，应考虑哪些因素？请解释控制图和直方图在质量控制中的作用。

4-4　调研并描述当前智能监测技术在机械加工中的应用，以及它们如何提高加工过程的监控精度和生产率。

4-5　机器视觉技术如何帮助实现刀具磨损和零件表面缺陷的自动检测？讨论其优势和可能面临的挑战。

4-6　设计一个简单的智能诊断系统框架，用于监测和诊断机械加工过程中的常见故障。

4-7　在工业产品表面缺陷检测中，实时性问题和小样本问题是如何影响检测系统的性能的？提出可能的解决方案。

4-8　如果在一个缺陷检测数据集中，正常样本数量远大于缺陷样本，如何通过采样或算法调整来解决数据不均衡问题？

科学家科学史
“两弹一星”功勋
科学家：孙家栋

第 5 章

智能工艺系统设计

课程视频

PPT 课件

5.1 概述

工艺设计为机械产品生产制造流程中的重要组成环节，工艺选取的合理性、设计周期的长短、设计效率的高低等，对生产组织、产品质量、产品成本、生产率、生产周期等有着极大的影响。而工艺设计面向不同需求展开，通常包括分析、选择、规划、优化等不同性质的功能需求，同时工艺设计具有复杂化特征，所涉及的知识和信息量相当庞大，与具体的生产环境，如空气湿度、环境温度、设备自动化程度等有着密切关联，还严重依赖经验知识。正如新中国最早的万吨水压机研制历程，其整体铸造工艺、焊接工艺等方面所需要的复杂工艺设计存在极大难度，但在多位中国工程师的齐心聚力下，最终攻克工艺设计难题成功实现 12500t 水压机投产运行，为我国制造业发展奠定坚实基础。工艺设计在产品制造过程中的基本联系结构（图 5-1）可以概括如下：①考虑制定工艺计划中所有条件 / 约束的决策过程，涉及各种不同的决策；②在车间或工厂内制造资源的限制下将制造工艺知识与具体设计相结合，准备其具体操作说明的活动；③连接产品设计与制造的桥梁。

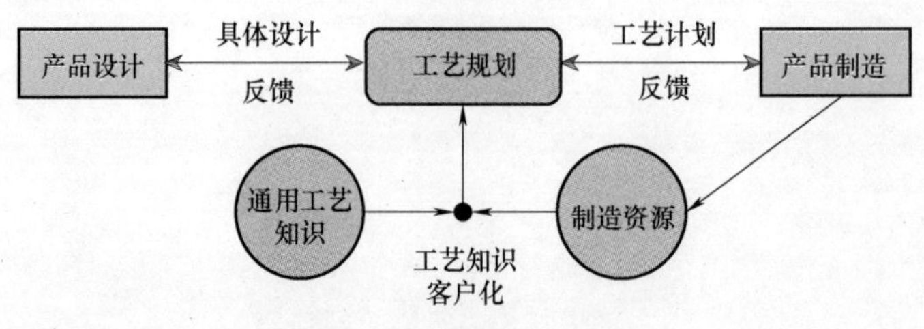

图 5-1　工艺设计联系结构

计算机辅助工艺设计（Computer Aided Process Planning，CAPP）是工艺设计人员应用信息技术、计算机技术及智能化技术，把企业的产品设计数据转化为产品制造数据的一种技术，是工艺设计的重要组成。而智能工艺设计通过人工智能等技术的大量引入，在传统 CAPP 的基础上进一步包含了以下两个方面的内容：一是工艺设计流程显性化、流程化和模块化；二是工艺设计活动智能化、闭环化。结合传统计算机辅助设计的概念，智能工艺设计的含义为：以数字化方式创建工艺设计过程的虚拟实体，利用智能传感、云计算、大数据处理及物联网等技术来实现历史及实时工艺设计数据与知识的感知，借助于计算机软、硬件技术和支撑环境，通过数值计算、逻辑判断、仿真和推理等的功能来模拟、验证、预测、决策、控制设计过程，从而形成零件从原材料到成品整个设计过程中的数据感知—实时分析—智能决策—精准执行的闭环，最终实现工艺设计的智能化、实时化、显性化、流程化、模块化和闭环化。智能工艺设计技术的发展历程如图 5-2 所示，其包括了 CAPP 系统的不同类型及阶段，将在下文中予以详细展开。

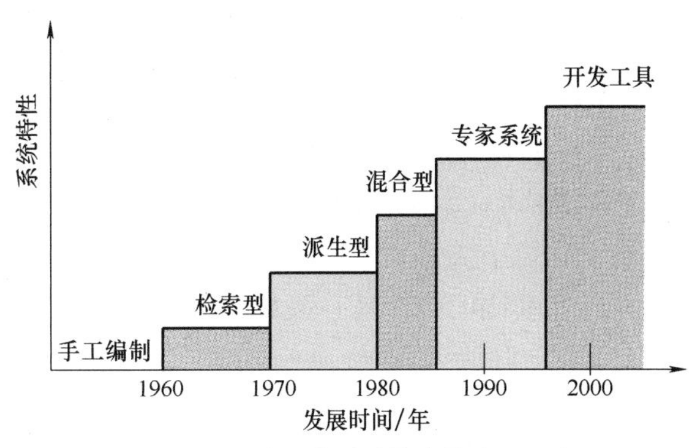

图 5-2 智能工艺设计技术的发展历程

而在智能工艺设计基础上发展形成的智能工艺系统为设计型专家系统和工艺支持系统两类系统的总称，该系统形式通过最大限度地挖掘和利用企业在产品开发过程中积累的工艺设计知识，从而实现工艺设计质量的提升与工艺设计过程的智能化。而智能工艺系统的性能将直接影响工艺智能化设计中信息数据知识的利用情况及效率。

智能工艺系统的设计必须涵盖整个工艺过程，全面考虑与设计过程相关的各个环节。智能工艺系统需要实现的主要功能是在智能化技术应用前提下，结合企业现有技术，能够最大限度地实现企业已有的工艺、加工信息和知识的重用，为工艺设计的高效率、高精度及高质量打下基础。整体上，智能工艺系统应具备以下基本功能：

1）数据与知识管理功能。智能工艺系统应包含相关数据库与知识库，以便于企业的设计、管理人员直接查询数据。数据库与知识库中应包含机床、工件等基础信息数据，以及加工过程中工艺实例与工艺知识规则的经验数据和决策数据。系统拥有这些数据之后，用户可以根据自身的实际需求方便地查询和调用这些数据，在提高系统可操作性的同时又确保了数据的准确性。只有合理地存储好这些数据，才能更好地实现工艺智能设计功能，因此数据与知识的管理功能是系统应具备的基本功能。

2）用户管理功能。智能工艺系统作为企业级的应用系统，其操作过程涉及大量用户，必然会对工艺软件进行大量的操作，包括实现数据信息的增加、删除、修改、查找等功能操作，其要求用户可便捷实现系统管理，同时对系统具有安全性方面的需求。系统开发时应设置用户管理功能，保护工艺软件信息，以确保软件的安全性。

3）数据安全性功能。智能工艺系统功能实施中需要借助大量数据实现，而数据信息主要存放在底层数据库中，因此，在调用底层数据库信息时需要对关键数据加密处理，以确保数据信息的安全性。

4）工艺决策与优化功能。工艺方案的决策与优化是系统功能的核心组成部分。此功能主要以效率、质量、成本等为目标，根据建立的目标函数模型及约束条件，寻找出最合适的工艺路线及工艺参数，以达成工艺方案的合理决策与进一步优化的目的。

5）工艺仿真功能。智能工艺系统通常需具备工艺仿真功能，通过基于三维产品模型的数字化建模与仿真等技术来模拟加工工艺过程，得到较为准确的力、热、应力、应变等加工过程参数，为工艺选择、工具选择及工艺参数优化等提供指导，同时大幅度缩短工艺设计研发周期，提高工艺研发效率。

6）基于数字孪生的工艺设计功能。基于数字孪生的工艺设计功能将产品运行维护（以下简称运维）阶段的质量状况、使用状况、技术状态等反映产品实际功能和性能的数据在虚拟空间记录下来，并实时将产品的运维数据回溯到产品的工艺过程，从产品功能实现的角度对产品研制阶段采用的工艺方法进行评价和比较。同时可通过人工智能、机器学习等手段，基于产品全生命周期的孪生数据挖掘获取有意义的工艺知识，为产品工艺设计的优化和改进提供数据知识支持。

从智能工艺系统的发展历程来看，从20世纪末开始至今，在人工智能技术的发展支持下，智能工艺系统的发展从未止步。目前已经出现了多种类型的智能工艺系统，具体包括以下若干方向：

（1）基于人工神经网络的CAPP系统　人工神经网络（Artificial Neural Network，ANN）技术特征为其具有强自学习能力和容错能力。一方面，通过数据样本训练，ANN可以自动学习获取知识；另一方面，通过知识的分布式存储和并行处理，ANN具有较强的容错能力，有效地弥补了专家系统的“窄台阶效应”。但是，用ANN来模拟工艺设计决策过程也有其本质缺陷，如ANN的性能在很大程度上受到所选择的训练样本的限制，样本的好坏直接决定系统性能的优劣，再如ANN的知识表达和处理都是隐性的，用户只能看到输入和输出，不能了解中间的推理过程。因此，对于工艺设计来说，ANN只能模拟一些具有直接对应因果或输入-输出关系的简单决策活动。综合ANN技术的优缺点，基于ANN的CAPP系统为智能工艺系统的常见形式。

（2）基于实例推理的CAPP系统　基于实例推理的CAPP技术是人工智能技术中类比问题求解方法在工艺设计中的应用，也可视为派生型CAPP技术的进一步发展。实例是对工艺设计知识的一种整体性描述，不仅包括问题的求解结果，而且包括问题的求解条件，与人类工艺设计知识的记忆结构有很好的一致性。因而，实例知识的获取比规则获取要容易得多。实例推理是对过去求解结果的复用，而不是再次从头推导，具有较高的问题求解效率和实用性。因此，基于实例推理的CAPP系统为智能工艺系统的重要组成类型。

（3）基于知识工程的智能工艺系统　知识工程的多种知识表达和推理技术大大丰富和拓宽了传统专家系统的知识分析处理能力，使得专家系统可以处理一些较为复杂的工艺决策问题。但是，随着研究与应用的深入，专家系统传统的知识表示和推理技术的固有缺陷逐渐暴露出来，如知识获取的瓶颈、系统性能的“窄台阶效应”，以及在处理模糊、非单调和常识性等问题上的局限性。大量早期智能工艺系统研究都基于专家系统展开，在工艺决策模块中可使用专家系统插件计算工具，把基于规则的知识表示语言与过程语言结合起来，进而通过使用产生式规则构建知识库，并基于演绎推理式推理机进行分析，理论上可完成工艺决策工作。但实际上，传统专家系统仅为早期工艺系统的智能化研究提供了参考，主要受早期软硬件条件限制，并未涉及过多人工智能算法，也未建成实用性的智能工艺系统。因此，基于知识工程的智能工艺系统目前仍有着很大发展空间。

（4）基于分布式人工智能工艺系统　人类活动大多涉及社会群体，大型复杂问题的求解需要多个专业人员或组织协作完成。随着计算机网络、计算机通信和并行程序设计技术的发展，高效并行分布智能技术逐渐成为新的研究热点。21世纪初，以人工智能技术为代表的工艺设计越来越受到研究者们的关注，可能会成为下一代智能工艺系统软件开发的重要突破口。构建包含CAPP系统和智能工艺系统的分布式智能工艺系统可以克服原有集中式知识系统的弱点，极大地提高系统的性能，包括问题求解能力、求解效率，以及降低系统的复杂性，从而综合降低智能工艺系统的研发门槛，提高其实用性及适用性。

（5）其他智能技术与算法的应用　模糊推理技术、进化计算技术、粒子计算理论等人工智能技术也在工艺设计中不同程度地得到了应用，同时遗传算法、蚁群算法等智能算法的应用在拓宽智能工艺设计系统信息处理能力、提高系统性能等方面起到了积极的作用。产品数字孪生技术通过不断持续积累产品设计、制造和检验全生命周期过程的相关数据和知识，实现赛博空间（Cyberspace）和物理空间的虚拟 - 现实映射，为计算机辅助工艺设计技术的发展和瓶颈问题的解决提供了有效的途径。上述若干智能技术及算法也逐渐在智能工艺系统设计中得到相关应用。

5.2　CAPP系统

5.2.1　CAPP系统的概念、组成和分类

1. 概念

工艺规程设计是生产技术准备工作的第一步，也是连接产品设计与产品制造之间的桥梁，因此在实际生产中扮演重要角色。CAPP 的定义具体为借助于计算机软、硬件技术和支撑环境，利用计算机实现数值计算、逻辑判断及推理等功能来设计产品零件加工工艺的过程，可实现工艺过程设计的自动化。CAPP 系统层次组成如图 5-3 所示。

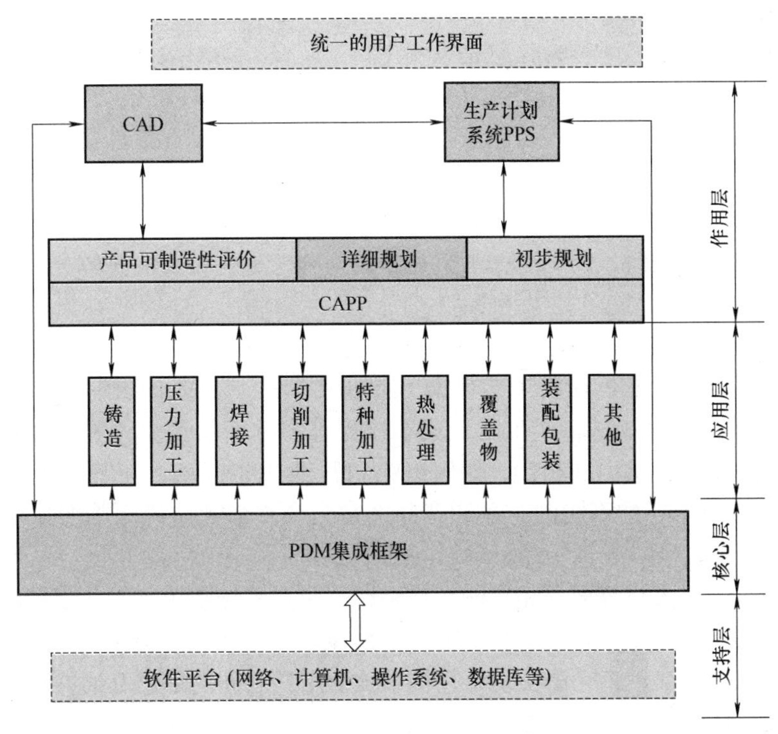

图 5-3　CAPP 系统层次组成

CAPP系统的发展及出现可从以下工艺需求演化角度进行理解。当代机械制造领域中，由于新工艺、新技术的飞速发展，社会需求趋向多样化。市场竞争激烈，迫使产品更新周期逐渐缩短。多品种小批量生产模式的企业数量大量增加，制造系统正逐渐从刚性（专业化大批量生产模式）向柔性（高效多品种小批量生产模式）转变，其要求将计算机技术贯穿于产品策划、设计、工艺规划、制造与管理的全过程。显然，传统的手工工艺设计方式已无法满足实际需求。

目前高速发展的计算机技术为工艺设计的智能化等奠定了基础。我国在计算机技术发展道路上硕果累累，如我国在探月工程方面取得的重大突破离不开“追逐梦想，勇于探索，协同攻坚，合作共赢”探月精神的引领，早期为有效克服望远镜测控技术的限制，创新地采用了基于计算机数字协同技术下的4片大型望远镜的一体运作模式，进而实现了探月一期工程的“中国制造”。计算机能有效地管理大量数据库，进行快速、准确的计算及各种工艺形式的比较和选择，因此CAPP系统应运而生。CAPP系统不但能利用工艺人员的经验知识和各种工艺数据进行科学决策，自动生成工艺规程，还能自动计算工艺尺寸，绘制工序图，选择切削参数和对工艺设计结果进行优化等，从而设计出统一化及优质化的工艺规程，工艺设计研发的效率、质量都得到大幅度提升。而CAPP系统中计算机技术的广泛应用，对于工艺分析选取的智能化及自动化思路，也为智能工艺系统中大量人工智能技术、算法的引入提供支撑，因此CAPP系统也是智能工艺系统的重要基础形式。

2. 组成

尽管CAPP系统类型较多，但其基本组成结构均包括零件信息的输入、工艺决策、工艺数据/知识库、人机界面、工艺文件管理及输出五大部分。

（1）零件信息的输入　零件信息是系统进行工艺设计的对象和依据，计算机目前无法像人一样识别零件图上的所有信息，所以在计算机内部必须具备相关零件信息获取方式，并设立专门的数据结构来对零件信息进行描述。如何输入和描述零件信息是CAPP系统的关键问题之一，也是CAPP系统的重要组成部分。

（2）工艺决策　工艺决策是系统的控制指挥中心，它的作用是：以零件信息为依据，按预先规定的顺序或逻辑，调用有关工艺数据或规则，进行必要的比较、计算和决策，生成零件的工艺规程。

（3）工艺数据/知识库　工艺数据/知识库是CAPP系统的支撑工具及必备组成，它包含了工艺设计所要求的所有工艺数据（如加工方法、余量、切削用量、机床、刀具、夹具、量具、辅具，以及材料、工时、成本核算等多方面的信息）和规则（包括工艺决策逻辑、决策习惯、经验等内容）。如何组织和管理这些信息，使其便于使用、扩充和维护，并使之适用于各种不同的企业和产品，是当今CAPP系统面临的迫切需要解决的问题。

（4）人机界面　人机界面是用户的工作平台，包括系统菜单、工艺设计的界面、工艺数据/知识的输入和管理界面，以及工艺文件的显示、编辑与管理界面等。CAPP系统的组成中若缺失人机界面，将无法实现计算机系统与用户之间的信息互通，从而无法完成整个工艺规程设计环节。

（5）工艺文件管理及输出　对大量工艺文件的合理管理及输出既是CAPP系统的重要

组成，也是整个 CAD/CAPP/CAM 集成系统的重要组成部分。输出部分包括工艺文件的显示、保存、打印等。系统一般能输出各种格式的工艺文件，有些系统还允许用户自定义输出格式及 NC 程序自动化输出等。

3. 分类

CAPP 系统从其设计原理上可以分为派生式 CAPP 系统和创成式 CAPP 系统，以及两者的结合形式（混合式 CAPP 系统），目前随着人工智能技术大量引入，在创成式 CAPP 系统基础上也逐渐形成了智能型 CAPP 系统的新形式。派生式 CAPP 系统利用零件结构的相似性，通过对系统中已有零件工艺规程的检索得到相似零件的工艺规程，并对此进行编辑修改。派生式 CAPP 系统是以企业现有的工艺规程为基础，同时让设计人员参与工艺的规划，充分发挥了人的主观能动性，是目前企业常用的系统。创成式 CAPP 系统是在数据知识库的基础上，通过相应的决策逻辑推理，创造性地解决工艺设计问题。创成式 CAPP 系统实现了工艺规程生成的自动化，减少了工艺设计人员的工作量，但知识提取的困难、推理机构造的局限性、决策逻辑的复杂性等，造成创成式 CAPP 系统的实用性限制。混合式 CAPP 系统是利用派生式 CAPP 系统的框架，在具体工艺设计的环节上采用创成式工艺生成的方法，充分利用工艺设计人员和计算机系统各自的优势，将派生式 CAPP 系统中的数据库检索、管理的优势，与创成式 CAPP 系统中针对某种特定零件工艺自动生成的优势集合在一起，而在与企业制造资源联系比较紧密、计算机判断容易出错的地方，仍由设计人员进行交互处理，从而实现人机一体化系统设计，大幅度提高系统的运行效率。

派生式 CAPP 系统的主要特征是检索预置的零件工艺规程，实现零件工艺设计的借鉴与编辑。根据零件工艺规程预置的方式不同，可以分为基于成组技术的 CAPP 系统、基于特征技术的 CAPP 系统两种主要形式，其他形式的系统是这两种形式的延伸。其工作原理如图 5-4 所示。

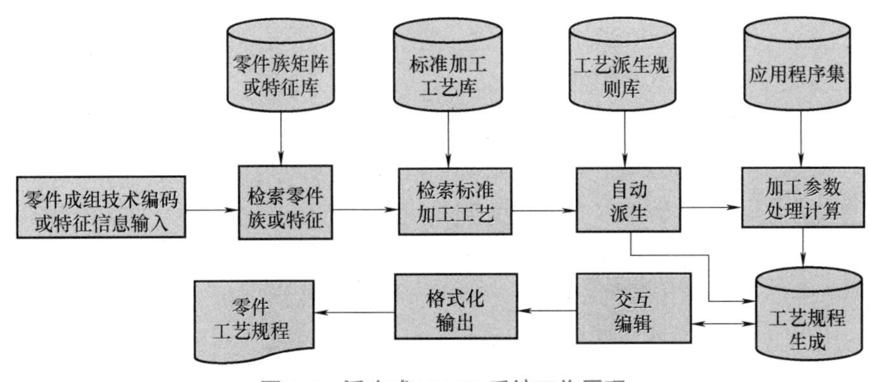

图 5-4　派生式 CAPP 系统工作原理

创成式 CAPP 系统可定义为在综合加工信息基础上，可自动为一个新零件制定工艺过程的系统。依据输入零件的有关信息，系统可以模仿工艺专家，应用各种工艺决策规则，在没有人工干预的条件下，从无到有，自动生成该零件的工艺规程。创成式 CAPP 系统的核心是工艺决策推理机和知识库。其工作原理如图 5-5 所示。

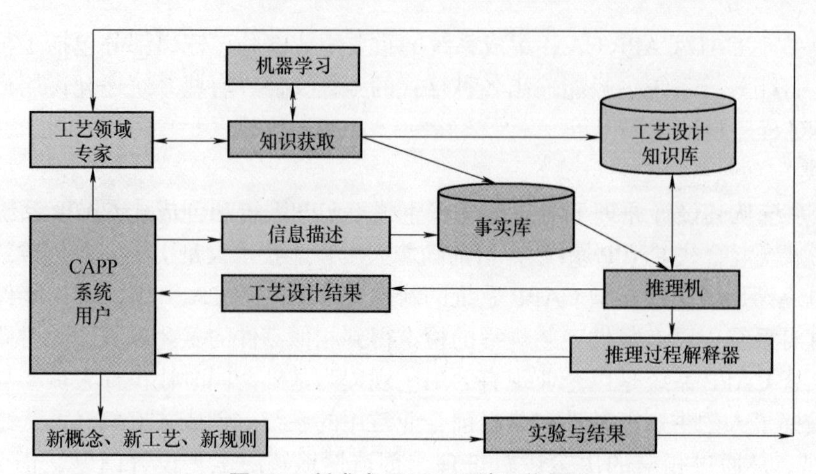

图 5-5　创成式 CAPP 系统工作原理

近年来，随着人工智能技术的出现，智能型 CAPP 系统也逐渐出现。智能型 CAPP 系统是应用人工智能技术来解决工艺设计中的问题，即用包含智能算法的专家系统来解决工艺设计中经验性强、模糊的、难确定的问题，它是目前 CAPP 发展的重要方向。我国在人工智能算法技术等方面的快速发展，也奠定了智能型 CAPP 系统发展的根基，如我国为世界上第四个成功研发外骨骼机器人的国家，而外骨骼机器人的仿生过程中需要涉及大量人工智能机器学习算法问题，均在我国科学家的共同努力钻研下予以解决。虽然智能型 CAPP 系统的基础是创成式 CAPP 系统，但是，两者存在一定区别。智能型 CAPP 系统和创成式 CAPP 系统都可自动地生成工艺规程，但创成式 CAPP 系统是以逻辑算法加决策表为其特征，而智能型 CAPP 系统则以推理、知识及自学习能力为其特征。此外，智能型 CAPP 系统目前还发展到了三维智能型 CAPP 系统，该系统是以三维 CAD 为平台采用特征造型技术，将几何信息和工艺信息汇集到三维零件中，在相对高的层次上集成零件的工艺信息和几何信息来表达设计者的设计思想，具有更强的直观表达能力，但目前仍处于发展阶段。因此，智能型 CAPP 系统无论是在理论上还是在实际应用上，都具有极大的发展空间，是 CAPP 系统目前重要的发展方向。

5.2.2　CAPP专家系统

智能型 CAPP 系统多数以专家系统的形式出现。所谓专家系统指的是在特定领域里具有与该领域的人类专家相当的智能水平的计算机知识处理软件系统。

CAPP 专家系统主要由零件信息输入模块、知识库及推理机三部分组成，其中知识库和推理机是相互独立的。从其工作原理来看，CAPP 专家系统不再像常规 CAPP 系统那样在程序运行中直接生成工艺规程，而是根据输入的零件描述信息去频繁地访问知识库，并通过推理机的控制及分析策略，从知识库中搜索能够处理零件当前状态的规则，然后执行这条规则，并把每一次执行规则得到的结论部分按先后次序记录下来，直到零件加工达到终结状态，其记录就是零件加工所要求的工艺规程。

CAPP 专家系统是以知识结构为核心，按数据、知识、控制三级结构来组织系统，其知识库和推理机相互分离，从而促使系统构建灵活性大幅度增强。当生产环境有变化时，可通过修改知识库来增加新规则，使之适应新的要求，因此解决问题的能力大为加强。CAPP 专家系统能处理多义性和不确定的知识，可以在一定程度上模拟人脑进行工艺设计，使工艺设计中很多模糊问题得以解决。特别是对复杂产品零件的工艺设计，由于它们结构形状复杂，加工工序多，工艺流程长，而且可能存在多种不同流程加工方案，工艺设计的优劣主要取决于人的经验和智慧，因此采用一般原理设计的 CAPP 系统很难满足它们的工艺设计要求。而 CAPP 专家系统能汇集众多工艺专家的知识和经验，借助人工智能技术模拟专家思考等过程充分利用这些知识，进行逻辑推理，探索解决问题的途径和方法，因而能给出合理甚至最优的工艺决策。因此，CAPP 专家系统为智能型 CAPP 系统及智能工艺系统的基础形式，可在智能工艺系统设计中起到重要作用。

5.2.3 CAPP在CAD/CAM集成系统中的作用

计算机辅助设计（Computer Aided Design，CAD）的结果能否有效地应用于生产实践，数控机床能否充分发挥功用，CAD 与计算机辅助制造（Computer Aided Manufacturing，CAM）能否真正实现集成，都与工艺设计的自动化具有紧密联系。因此，作为将 CAD 与 CAM 进行联系的技术形式及手段，CAPP 便应运而生，并受到越来越广泛的关注。

智能工艺系统通常在 CAPP 系统基础上实现，然而，在 CAPP 基础上进一步实现智能工艺设计的难度极大。首先，工艺设计过程要处理的信息量大。工艺设计过程中的信息主要包含工件几何特征信息、工件材料信息、工序排列信息、加工设备信息、加工结果信息、加工人员信息等。其次，各种工艺设计信息之间的关系又极为错综复杂。常见的工艺设计信息关系包括并列型关系、从属型关系、关联型关系及无关型关系等。再次，以往的工艺设计主要靠工艺人员实践总结经验进行。此类工艺设计经验无法固化成文字或逻辑规则，从而无法系统学习、改进与程序化。可知，现有的工艺规程的设计质量完全取决于工艺人员的技术水平和经验，编制获取的工艺规程一致性、标准性差，往往无法得到最佳方案。最后，熟练的工艺人员日益短缺，而年轻的工艺人员则需要时间来积累经验，再加上工艺人员退休时无法将他们的“经验知识”进行保留传承。以上原因综合导致工艺设计成为机械产品零件制造过程中的薄弱环节。CAPP 技术的出现和发展使得利用计算机辅助编制工艺规程成为可能，同时使智能工艺系统的设计逐渐具体化。

CAPP 的集成指的是 CAD/CAPP/CAM 的集成，而 CAPP 是以计算机为辅助手段，解决产品制造过程中存在的有关材料、工装、过程等工艺问题，它是 CAD 和 CAM 之间的过渡环节，具体描述了产品在整个生产过程中（包括零件加工、产品装配等）相关的条件和过程，是产品制造必不可少的重要组成部分。为实现 CAPP 在 CAD/CAM 之间的过渡桥梁作用，关键点为 CAPP 系统须具备零件信息的描述、零件信息的输入及零件信息的交互共享三方面能力。

1. CAPP 系统零件信息的描述

零件信息包括总体信息（如零件名称、图号、材料等）、几何信息（如结构形状）和工艺信息（尺寸、公差、表面粗糙度、热处理及其他技术要求）等。CAPP 系统零件信息的描述就是如何对产品或零件进行表达，让计算机能够“读懂”零件图，即在计算机中必须有一个合理的数据结构或零件模型来对零件信息进行描述。在 CAPP 集成中若无法对零件信息进行准确描述，将直接影响相关信息的传递。

从一般意义上讲，零件信息的描述方法是，采用数字、文字或图形对零件的信息进行定义，这种定义实质上是对 CAPP 系统中的零件进行标识，然后采用链式或树式叠加方法将标识信息组合起来进而形成 CAPP 系统识别的零件信息。主要方法有数字编码描述法、语言文字描述法和特征信息描述法等。

（1）数字编码描述法　数字编码描述法是在成组技术（Group Technology，GT）的基础上，采用数字对零件各有关特征进行描述和识别，并建立一套特定的规则和依据组成的分类编码系统的方法，按照该分类编码系统的规则描述零件的过程就是对零件进行编码。零件编码的目的是将零件图上的信息代码化，使计算机易于识别和处理。比较著名的编码系统有德国 Aachen 大学的 OPITZ 系统和我国的 JLBM-1 系统等。

JLBM-1 系统是原机械工业部颁发的机械零件分类编码系统，它是由零件名称类别码、形状及加工码、辅助码所组成的 15 位分类编码系统，每一码位用 0~9 共十个数字表示不同的特征项。图 5-6 所示为 JLBM-1 编码系统的基本结构，图 5-7 所示为采用该编码系统对某法兰盘零件进行编码的实例。

采用编码对零件的信息进行描述，只能描述零件的类型，不能描述零件的具体信息（如零件上具体结构的位置、零件的几何尺寸、零件的精度信息等），同时由于编码较长，工艺设计人员难以对编码定义进行直接记忆，需要借助计算机存储编码词典。该方法一般用大批量、系列化生产产品的企业。

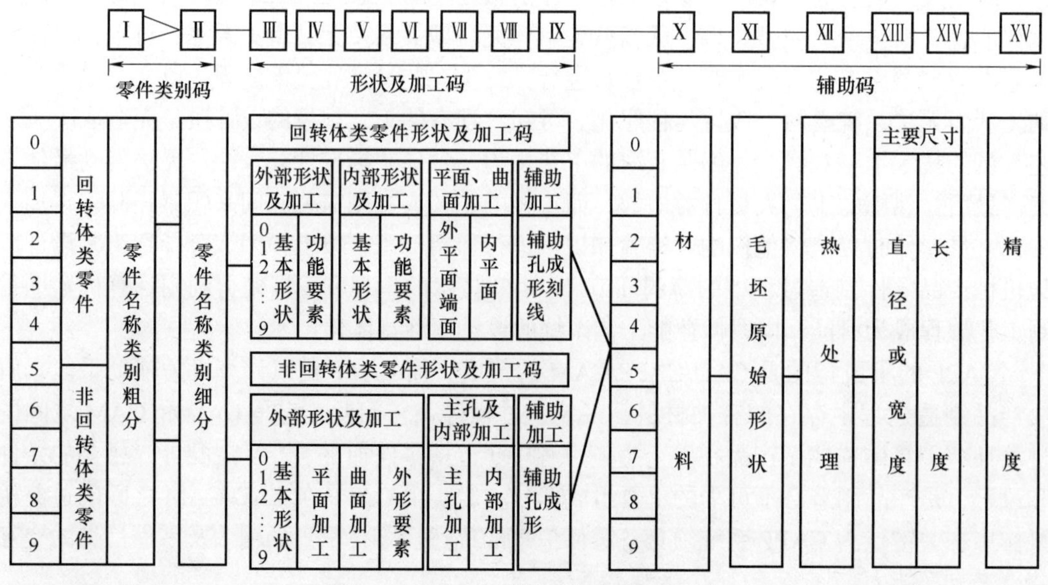

图 5-6　JLBM-1 编码系统的基本结构

（2）语言文字描述法　语言文字描述法是采用语言对零件各有关特征进行描述和识别，并建立一套特定的规则组成的语言描述系统的方法。该方法的关键是研发一种计算机能识别的语言来对零件信息进行描述，或者是建立一个语言描述表，用户采用其中语言规定的词汇、语句和语法对零件信息进行描述，然后由计算机编译系统对描述结果进行编译，形成计算机能够识别的零件信息代码。

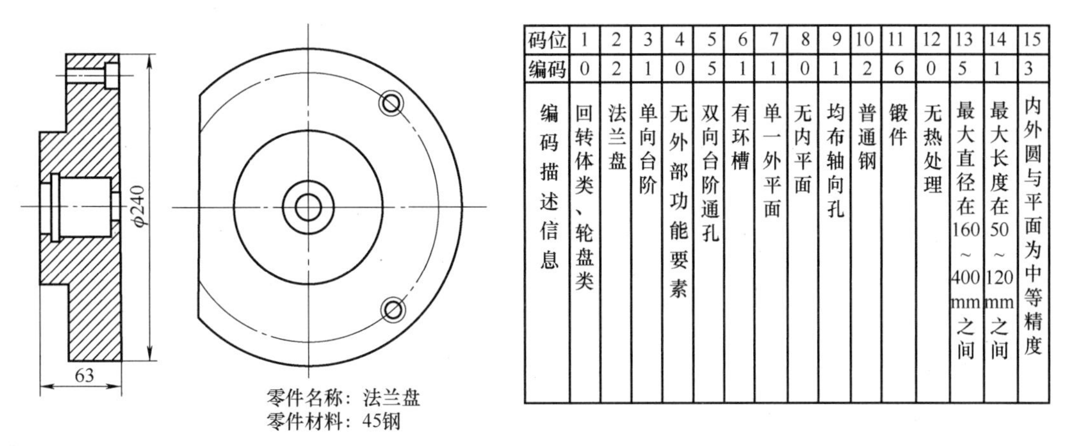

码位	1	2	3	4	5	6	7	8	9	10	11	12	13	14	15
编码	0	2	1	0	5	1	1	0	1	2	6	0	5	1	3
编码描述信息	回转体类、轮盘类	法兰盘	单向台阶	无外部功能要素	双向台阶通孔	有环槽	单一外平面	无内平面	均布轴向孔	普通钢	锻件	无热处理	最大直径在160~400mm之间	最大长度在50~120mm之间	内外圆与平面为中等精度

图 5-7　示例零件及其编码

采用语言文字对零件的信息进行描述，与数字编码描述方法类似，是一种间接的描述方法，对几何信息的描述只停留在特征的层面上，同时还需要工艺设计人员专门学习并掌握一门专用语言，因此，目前该方法逐步被其他方法替代。

（3）特征信息描述法　特征信息描述法是采用经过定义的特征（包括几何特征、技术特征等）对零件进行描述，并建立一套主要由图形叠加规则组成的特征描述系统的方法。这种方法的基本思想是按照零件加工过程中所形成的零件结构型面来定义零件的几何特征，并在这些型面特征中关联相应的工艺信息（包括零件的精度、材料、热处理等技术要求）作为技术特征，以几何特征信息集的形式对零件进行描述。采用特征信息描述零件最主要的环节是让工艺设计人员理解特征（尤其是几何特征）的建立规则和特征信息的叠加方法。

几何特征是零件几何要素的组合，具有相对独立性。零件的加工过程实际上是各种几何面的成形过程，各种面的大小决定了零件的几何尺寸，它们之间的相对位置则决定了零件的形状要求。目前常用的特征分类方法是将零件按照几何面分解，进而采用它们加工的最小单元组合作为工艺设计特征。这种分类方法比较容易实现特征级的工艺生成，却大大提升了零件级工艺生成的难度，且不利于输入过程中几何特征的识别与提取。

在传统的零件分类方法的基础上，根据几何特征分类方式进行特征信息描述，主要是以特征输入、特征及零件工艺生成难度最小作为目标，将决定零件加工主干工艺路线、描述零件主要轮廓的部分确定为基本特征。零件的基本特征是加工中首先成形的形状。将描述零件细节结构的部分确定为附加特征，零件的附加特征一般需要增加工序或工步才能形成，即零件需要重新装夹或重新换刀才可加工。零件的基本特征具体可分为回转件的轴类和盘类、非回转件的箱体类、支架类、块类、板类和杆类共七大类，如图 5-8 所示。而零件的附加特征具体由基准线（面）和要素面两部分组成。基准线（面）的形成是工艺规程中首先考虑的工序，要素面的相对位置以基准线（面）为参照系。附加特征通常有齿、孔、键、螺纹、槽、筋、倒角、滚花、型腔、平面十大类组成，如图 5-9 所示。

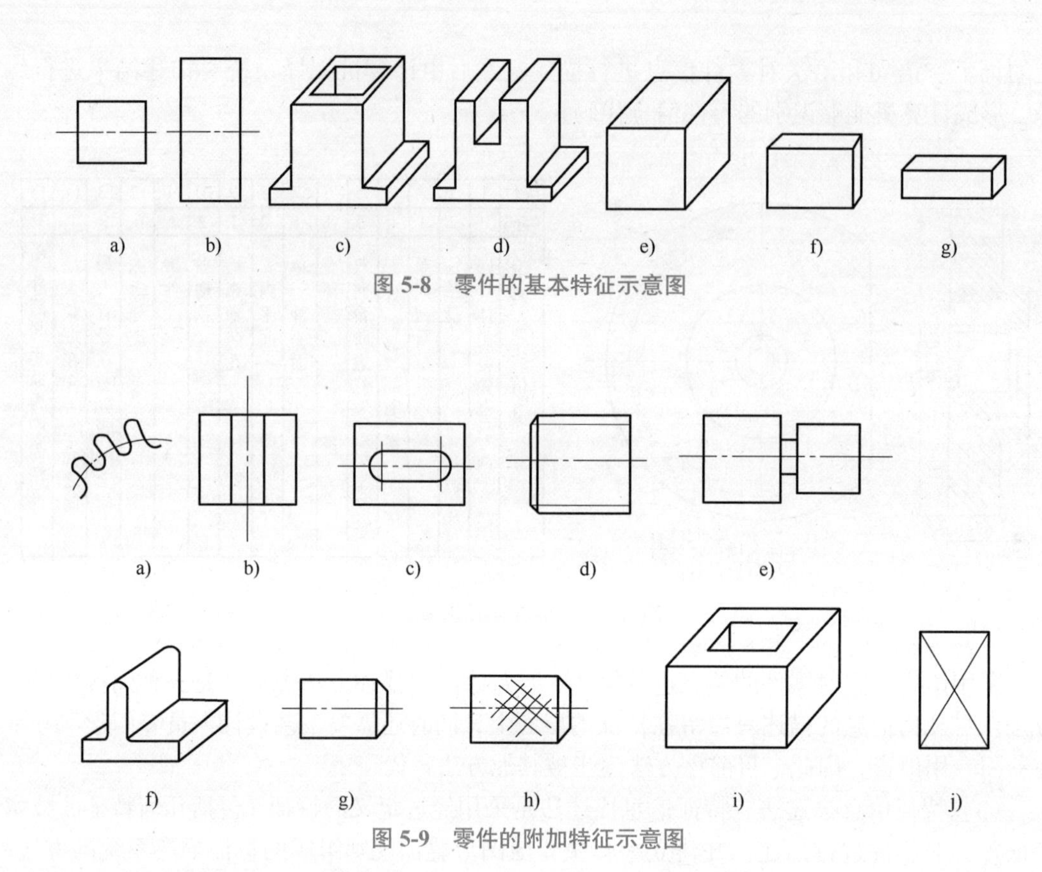

图 5-8　零件的基本特征示意图

图 5-9　零件的附加特征示意图

2. CAPP 系统零件信息的输入

CAPP 系统零件信息的输入是指将所描述零件的信息输入 CAPP 系统中，在对零件信息进行准确描述的基础上，还需要确定零件信息的输入方式，才能进一步实现 CAPP 系统的集成。常用的输入方式有三种：第一种是采用人机交互方式输入零件的各种信息；第二种是通过与 CAD 系统的交互，从 CAD 系统中直接提取零件的几何信息和技术信息；第三种为基于产品数据交换规范实现产品建模与信息输入。

（1）人机交互信息输入　人机交互信息输入是指采用上述零件信息描述方法，由工艺设计人员通过计算机键盘等输入设备，从系统的输入界面窗口中进行零件信息输入的一种方式。目前商品化 CAPP 系统对 CAD 系统零件的信息处理方式有：不保留 CAD 系统的零件信息，只是一次性利用该信息；部分保留 CAD 系统的零件信息，对一些具有明显加工特征的几何图形进行提取和应用；采用零件信息编码系统对输入零件进行编码输入。上述方法不是缺少完整的零件工艺信息，无法实现工艺的创成，就是信息输入的过程十分复杂，输入方法不实用，工艺人员难以接受。

因此，本书介绍一种以特征技术为基础，以概念提取为操作手段，以产品数据管理（Product Data Management，PDM）资源数据库为信息支持的人机交互输入方法，如图 5-10 所示。其原理是保留工艺设计人员长期形成的对零件的分类规范，将零件的几何特征按照这种规范进行分类，在此基础上，建立以几何特征为信息柄的工艺信息集，存放于 PDM 系统的基础资源库中。输入信息时，工艺设计人员从零件图中提取有限的几何特征作为工艺特征信息柄，即可完成 CAD/CAPP 系统间通过概念进行的信息迁移与转换。

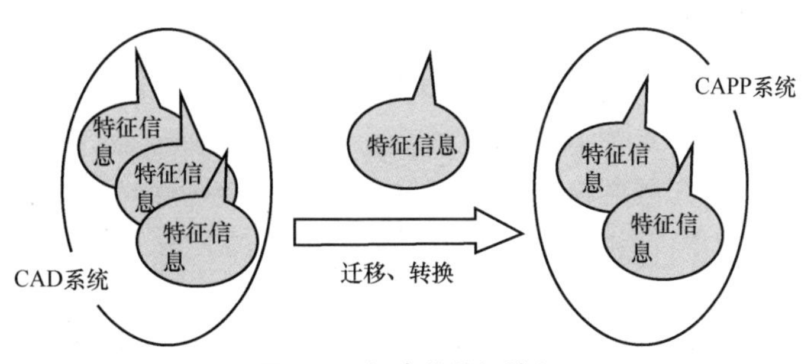

图 5-10　概念化特征输入

从人的记忆规律分析，将工艺设计人员熟悉的几何特征制成相关工艺信息集的信息柄，进行概念化零件图工艺信息的识别与提取，使得 CAPP 系统的信息输入具有下列特点：

1）从特征的概念入手，将围绕几何特征展开的工艺信息打包处理，并制作成信息柄，采用信息柄进行信息的激活与传递，提高了 CAPP 系统信息输入的准确性。

2）CAD/CAPP 系统之间信息传递的主要手段是信息柄的迁移，这种迁移是以人为的概念约定以及 CAPP 系统的信息预制为基础，同时受到 PDM 资源数据库的支持，便于进行信息输入的扩充。

3）工艺特征信息柄继承了传统的零件分类方法，它是工艺设计人员长期工作中形成的概念，比较容易接受，也便于工艺设计。

4）仅经过有限的几次信息提取，即可完整输入零件特征的全部信息，不仅输入的效率高，还适用于创成式工艺生成，以及基于内容的工艺匹配与查询。

概念化特征输入的实现过程如图 5-11 所示。CAPP 系统预置了表达各种几何特征的名称、尺寸、精度、基准等相关信息集，待工艺设计人员输入时在屏幕上点选，CAPP 系统便将点选输入的信息存入数据库中。零件特征信息输入的数据流程如图 5-12 所示。

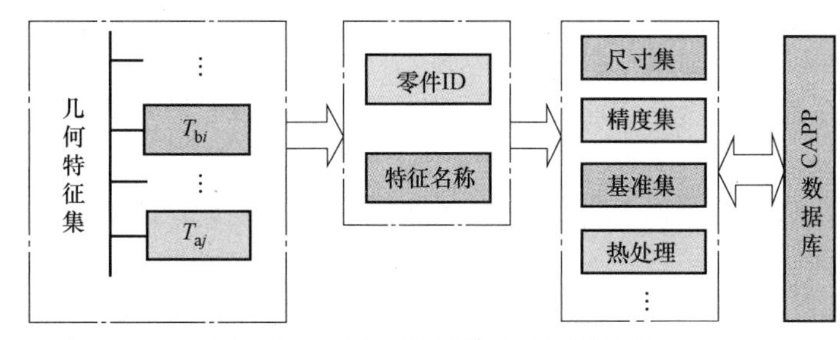

图 5-11　概念化特征输入的实现过程

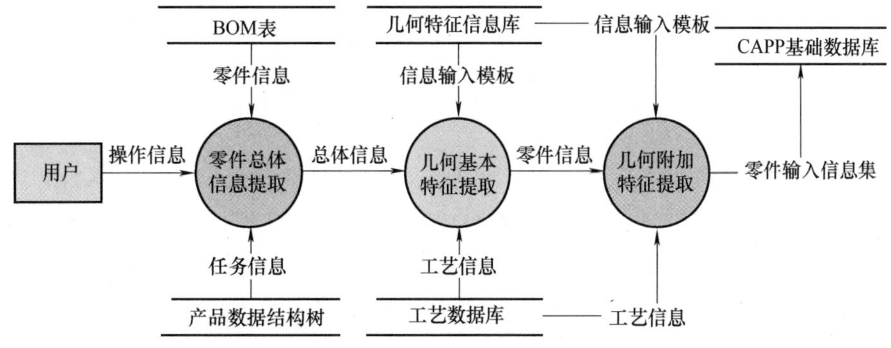

图 5-12　零件特征信息输入的数据流程

（2）从 CAD 系统中直接提取信息 从 CAD 系统中直接提取信息是指利用 CAD 系统中已有的信息，并直接提取到 CAPP 系统中，这种提取一般在 PDM 系统平台上实现，需要 CAD 系统的输出接口。对于文字信息的提取，PDM 系统已经做了大量的工作，目前已能将 CAD 系统中零件图标题栏和装配图明细栏中的信息统一存放在系统的资源信息库中，形成产品的设计物料清单（Bill of Materials，BOM）。CAPP 系统只需要与 PDM 共用数据库，即可方便地从 BOM 中提取 CAD 系统的有关信息。

而对于图形表达的零件几何信息的提取，涉及对 CAD 系统中几何图形的识别，即对 CAD 系统的输出图形进行分析，按一定的算法识别、抽取出零件的几何及工艺信息。这显然是一种理想方法，它无疑可以克服上述手工输入零件信息的种种弊端，实现零件信息向 CAPP、CAM 等系统的自动转换。由于目前采用的 CAD 系统中数据结构各异，既有二维图形又有三维图形，要实现图形信息的有效提取非常困难，迄今为止，在较简单零件的识别上进展较快，而在复杂机器零件的自动识别上存在较大难度。人工智能技术中的深度学习等为该问题的解决提供了一定思路与帮助。

（3）基于产品数据交换规范（STEP 等）的产品建模与信息输入 实现 CAD/CAPP/CAM 的无缝集成，最理想的方法是为产品建立一个完整的、语义一致的产品信息模型，以满足产品生命周期各阶段（产品需求分析、工程设计、产品设计、加工、装配、测试、销售和售后服务）对产品信息的不同需求和保证对产品信息理解的一致性，使得各应用领域（如 CAD、CAPP、CAM 等）可以直接从该模型抽取所需信息。该模型是采用通用的数据结构规范实现的。显然，只要各 CAD 系统对产品或零件的描述符合这个数据规范，其输出的信息既包含了点、线、面以及它们之间的拓扑关系等底层的信息，又包含了几何形状特征以及加工和管理等方面的高层信息，那么 CAD 系统的输出结果就能被其下游工程，如 CAPP、CAM 等系统接收。目前较为流行的是美国的 PDES，以及国际标准化组织（ISO）的 STEP 产品定义数据交换标准等。

3. CAPP 系统零件信息的交互共享

CAD/CAM 系统的集成关键是实现面向零件信息的集成，即零件信息的交互和共享功能。具体零件信息的交互共享手段包含通过专用数据结构实现集成、利用数据交换标准格式接口文件实现集成、基于统一产品模型和数据库的信息集成、基于特征面向并行工程的设计与制造集成这四类。

1）通过专用数据结构实现集成，需要保证各个子系统都是在各自独立的专用数据接口模式下工作。如图 5-13 所示，当系统 A 需要系统 B 的数据时，需要设计一个专用的数据接口程序，将系统 B 的数据格式直接转换成系统 A 的数据格式，反之亦然。这种集成方式原理简单，运行效率较高，但开发的专用数据接口无通用性，不同的 CAD、CAPP、CAM 系统之间要开发不同的接口，且当其中一个系统的数据结构发生变化时，与之相关的所有接口程序都要修改。

2）利用数据交换标准格式接口文件实现集成，主要基于包括 IGES、STEP 等在内的信息标准接口进行。目前，几乎所有的 CAD/CAM 系统都配置了原始图形交互规范 IGES 接口，但 IGES 处理数据是以图形描述数据为主，已不适应信息集成发展的需要。其局限性表现在：数据交换效率低；仅提供一个总的规范，对不同领域的应用不能确定相应的子规范；规范的可扩充性差。这种集成方式的思路是建立一个与各子系统无关的公用接口文件，如图 5-14 所示。各子系统的数据通过前置处理转换成标准格式的文件。各子系统也可以通过后置处理，将标准格式文件转换为本系统所需要的数据。这种集成方式中，每个子系统只与标准格式文件进行信息交互，为系统的开发者和使用者提供了较大的方便，并可以减少集成系统内的接口数，当某一个系统的数据结构发生变化时，只需要修改此系统的前置、后置处理程序即可。

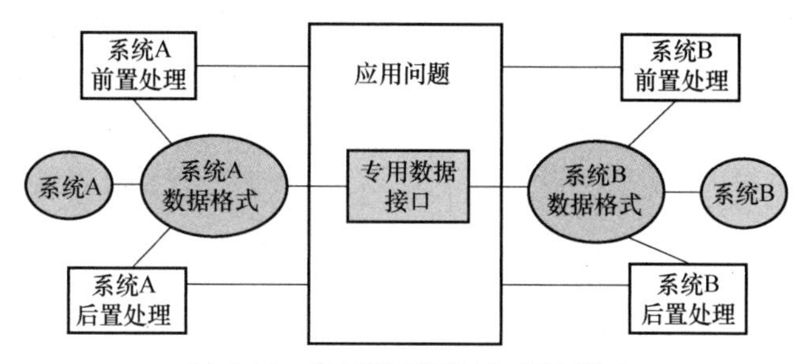

图 5-13　专用数据接口集成示意图

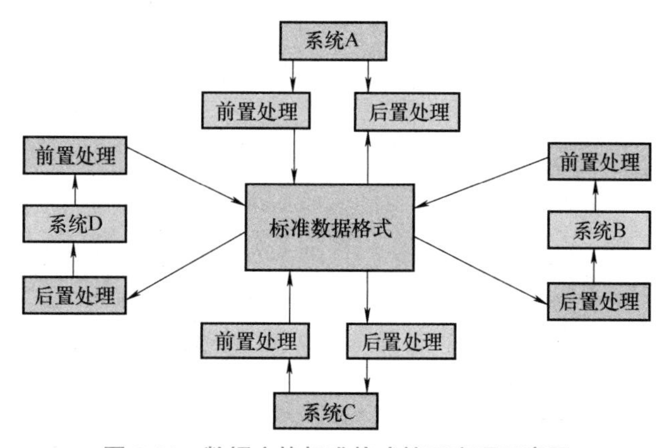

图 5-14　数据交换标准格式接口实现示意图

3）基于统一产品模型和数据库的信息集成，这是一种将 CAD、CAPP、CAM 作为一个整体来规划和开发，从而实现信息高度集成和共享的方案。集成产品模型是实现集成的核心，统一工程数据库是实现集成的基础。各功能模块通过公共数据库及统一的数据库管理系统实现数据信息的交换和共享，从而避免了数据文件格式的转换，消除了数据冗余，保证了数据的一致性、安全性和保密性。

4）基于特征面向并行工程的设计与制造集成，主要采用并行工程思路实现信息集成。面向并行工程的方法使产品在设计阶段就可进行工艺分析和设计、生产计划控制 / 生产数据采集，并在整个过程中贯穿着质量控制和价格控制，使集成达到更高的程度。每个子系统的修改可以通过对数据库（包括特征库、知识库）的修改而改变系统的数据。它在设计产品的同时，同步地设计与产品生命周期有关的全部过程，包括设计、分析、制造、装配、检验、维护等。设计人员要在每一个设计阶段同时考虑该设计结果能否在现有的制造环境中以最优的方式制造，整个设计过程是一个并行的动态设计过程。这种基于并行工程的集成方法要求有特征库、工程知识库的支持。

5.3 工艺规划的智能化

5.3.1 工艺规划智能化目标

传统工艺设计及规划主要由工艺人员针对各个产品分别进行工艺设计，再经由企业自主规划工艺过程，因此对于多品种小批量的产品生产模式往往存在效率低等诸多局限性，同时工艺规划的质量很大程度上取决于工艺规划人员的主观因素。而对于同一产品加工往往无加工工艺统一标准，其工艺多样性不仅使加工同类零件所用的工艺装备品种、规格、数量产生不必要的增加，还造成生产计划管理的复杂性，从而影响生产周期及生产投入。

此外，由于传统工艺规划是孤立地针对一类零件设计一份单独的工艺，忽视了它与同类零件的联系，同时忽略了同类零件之间在工艺上本该具有的继承性和一致性。随着产品的不断更新迭代，工艺部门逐渐陷入应付繁重的新产品工艺准备工作中，使工艺人员不得不把主要精力和时间耗费在一遍遍地逐件设计和填写零件的单独工艺文件上。工艺人员由于长期处于这种被动局面，无力改进、研究或开发新工艺，便造成了多品种小批量生产模式下的工艺规划工作的大量反复及研发落后局面。

要想从根本上解决上述问题，最有效的途径便是在成组技术原理的基础上实现工艺规划的标准化和自动化。在产品制造过程中，提高产品的工艺水平，即全面贯彻、推行工艺标准化是保证产品质量可靠性的有效途径。而随着智能技术的快速发展，其在工艺规划的标准化及自动化方面逐渐发挥更大的作用，如借助深度学习技术可快速学习获取不同产品间的近似表面加工信息，从而实现分类归族等。

工艺规划智能化是以类似于粗糙集及基于实例推理理论等智能算法为基础，建立基于各类不同算法组合的智能工艺规划模块，快速准确地选择工艺方案，使加工最大限度地满足其工艺特点，提高加工效率、精度等。工艺规划智能化的目标是通过智能化手段确保各零部件加工企业的成本、质量、时间、服务在市场竞争中具有一定优势，具体体现为以下三个方面：

1）优化产品制造工艺。这是对具体产品而言，在优化的制造系统中，充分运用系统内的设施、组织、技术，保证产品制造过程的优化，按时、按质、低成本地完成产品制造，此为工艺规划智能化的首要目标。

2）优化制造系统。能按成本、质量、时间、服务的要求，使企业制造系统适应现代生产的需要，包括生产模式、生产组织、工厂布置、现代先进制造技术的应用等，此为工艺规划智能化的更高层次目标。

3）培养适应现代智能制造系统的合格工艺人才。在任何系统中，包括目前发展主流的智能制造系统，人机一体化形式均为重要组成，而人是最积极的因素，生产系统的优化、产品工艺的优化都是由人完成的，所以企业实现工艺设计智能化的目标必须建立在合格工艺人员的基础上，并最终希望通过工艺设计智能化培养新型复合工艺人才，此为工艺规划智能化的最高目标。

5.3.2 工艺规划智能化功能模块构建

在工艺规划智能化目标牵引下，工艺规划智能化通常需要借助工艺问题定义模块、工艺知识库模块、工艺智能优选模块、工艺智能推理模块等功能模块综合构建而成。

1. 工艺问题定义模块

工艺问题定义是针对一个工艺问题的具体描述进行“填空”，完成对一个工艺问题的完整描述，从而建立起工艺问题模型的实例，其结构流程图如图 5-15 所示。工艺问题定义模块是用规范化的定义进行工艺问题的解决，用户通过该模块输入必要的基本工艺要素信息，如待加工对象的基本物理特性、加工质量要求、材质种类、基本几何要素等信息。用户输入基本原始要素信息后，该模块将生成一个规范化的标准工艺问题定义文件，提供给其他模块调用。该模块主要用于待求解工艺问题的输入、修改等实际操作，处理完毕之后定义为一个新的工艺问题，再交给后续模块做工艺求解处理，因此工艺问题定义模块也是工艺规划智能化其他功能模块的基础。工艺问题定义模块的主要目标是准确、全面、简洁地表达加工工艺问题信息。该模块通常可采用框架表示法来表达加工对象的工艺问题信息。

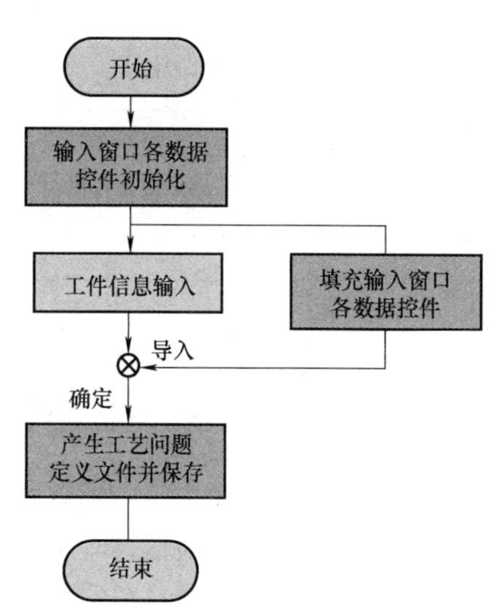

图 5-15 工艺问题模块结构流程图

2. 工艺知识库模块

工艺知识库模块是工艺规划中进行各种推理和决策的基础，零件的工艺知识及知识表达是加工工艺规划智能化的重要基础。知识库虽然在本质上仍然是数据库，但它拥有更多的实体，远比传统数据库复杂得多。知识库存放着推理所需的事实、规则及实例，是专家系统运行的基础，为推理机的检索、语义识别、相似性判断和混合推理等提供知识支撑，其构建的好坏直接影响专家系统智能推理的效率及效果，也会对智能工艺规划中的其他模块如工艺智能推理模块等造成显著影响。

工艺知识库模块在智能化工艺规划中的作用是支持 CAPP 系统中的智能决策，提供快速、实用的信息服务，其包括制造资源库、工艺实例库和工艺规则库三部分，具体结构组成如图 5-16 所示。模块中的输入输出接口主要用于零件信息、工艺知识的输入，以及零件特征加工方法、工艺路线等的输出；工艺知识经过推理机的控制策略，实现对工艺问题的求解，即实现零件的加工工艺设计；工艺知识库模块中的工艺知识可进行删减或添加，输出的零件工艺路线经过评定后也可作为新的工艺知识存储于工艺知识库中，实现工艺知识的不断更新。智能化的工艺规划过程必须包含具有丰富知识的工艺知识库，各种知识的组织和表达形式对工艺规划智能化过程有着决定性的作用。

3. 工艺智能优选模块

工艺智能优选模块主要是用于有效检索、匹配出与目标实例零件相似的源实例零件，进一步重用或修改后重用该相似源实例零件的加工工艺解决方案。模块中的功能实现主要包括目标实例零件特征信息的获取、基本信息的完善和工艺实例的检索等。

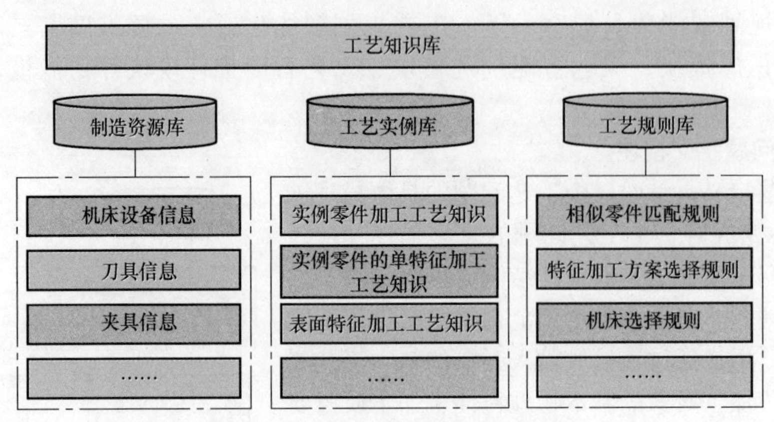

图 5-16 工艺知识库模块结构组成

1）获取特征信息。目标实例的零件特征信息主要是根据零件的模型上标注的尺寸信息进行提取，并生成文件。

2）完善基本信息。工艺智能优选还需要获取目标实例零件的基本信息，如零件分类号、零件材料、零件关键词等。该部分信息无法通过零件的三维模型获取，因此需要工艺人员根据零件的基本信息在系统中手动进行添加完善。

3）检索工艺实例。工艺实例检索用于检索出与目标实例零件最相似的源实例零件，若有完全匹配实例零件则直接选取，没有完全匹配实例零件则选取接近零件实例形式，并给出该源实例零件的加工工艺解决方案以供参考。工艺人员进行审核后可对该工艺方案直接重用，或进行修改后重用。

4. 工艺智能推理模块

当工艺知识库中缺少可重用的工艺实例时，可通过工艺智能推理模块重新对目标实例零件进行初步的加工工艺规划。工艺智能推理模块的功能实现主要包括目标实例零件的特征信息获取、对智能算法参数的调整和加工工艺的排序规划等。

1）导入实例信息。同样，该模块中需要实现对实例信息文件的读取，得到实例零件的特征信息。同时，工艺人员还可对特征信息进行修改操作。

2）调整算法参数。工艺智能推理模块中主要采用人工智能算法进行工艺排序及参数优选等。在进行参数设置时，系统会给出默认参考值，而工艺人员也可依据自身经验进行参数的重新设置。

3）规划工艺过程。工艺智能推理模块需实现获取待加工表面的加工方法链、加工基元的生成及加工基元的排序等功能。工艺人员可对结果进行修改，并添加完善如倒角、清洗、热处理等辅助工艺，最终形成目标实例零件的加工工艺完整过程。

上述工艺规划智能化功能模块的构建中，需要在人机一体化指导原则下，考虑到人机交互问题。各功能模块通常通过人机交互界面与操作人员实现信息交流。例如：操作人员需要从工艺智能优选模块优选获得的工艺实例集中选择最符合当前加工的实例，需要对工艺智能推理模块的推理结果进行验证。此外，各功能模块将工艺数据库存储的实例、规则、算法及机床数据等运用于自身运行过程，并根据模块运行结果对数据库进行自动修改、扩充或删减。

5.4 智能数据库

5.4.1 智能切削数据库

1. 智能切削数据库概述

切削加工作为产品零件减材加工制造的主要手段，目前在各个领域中都得到广泛应用，包括交通运输领域、航天航空领域、军事工程领域、机械工程领域等。据估计，全世界接近 15% 的产品零件都是通过以切削加工为主的工艺手段来获取的。

金属切削加工作为加工的一个重要分支，研究其智能化具有重要的意义。在目前的切削加工过程中，通常需要借助数控机床等自动化加工设备来完成加工过程，而从事数控加工的编程人员往往根据自己的经验来确定加工工艺和选取切削用量等工艺参数。但由于编程人员水平参差不齐，容易造成切削参数选取不准确、不规范等问题，进而造成刀具损坏和加工零件报废，甚至带来加工安全隐患，给企业和个人带来巨大的经济损失。在切削加工工艺人工编制基础上实现智能化切削系统构建，有利于提高切削工艺编制精度及工艺参数选取的合理性、标准性，而智能切削加工过程与智能切削数据库紧密联系。建立智能切削数据库系统，为智能切削加工提供数据和知识支撑显得尤为重要。智能切削数据库系统能够利用基于知识库的规则推理机或者专家系统实现切削加工工艺路线、零件加工方案的智能决策，也能够利用基于模型库的优化系统智能地为用户提供优化的切削参数。在切削加工中引入智能切削数据库系统能够大大提高加工效率，减少经济成本，并在一定程度上减少人的主观因素对最终决策的影响，从而为先进智能高效切削加工提供保障。

切削数据是衡量切削水平高低的重要准则，顾名思义，切削数据库是对切削数据进行存储的仓库，它是计算机技术发展到一定阶段的产物，也是实现高效智能切削加工的需要。切削数据库的建立能够为加工过程提供强大的数据信息支撑，根据数据库提供的合理及优化的切削数据进行加工是提高切削加工效率和经济效益的一种有效措施。此外，智能切削数据库还是发展各种现代先进制造技术（如快速成形制造、敏捷制造等）的重要基础，是这些技术实现的公共数据库中的一个重要组成部分。

在建立智能切削数据库的过程中，通常需要对影响切削参数的因素进行分析，根据影响程度的大小，主要有以下五种：

1）零件材料。零件材料首先决定了切削参数的选取，不同的零件材料，切削参数往往差别很大。例如钢铁类零件和铝合金类零件，切削参数差别很大，包括进给量等，对刀具的要求也不同。针对不同硬度的同一种材料，切削参数也会不同。所以，零件材料是影响切削参数选取的第一因素。

2）刀具材料。刀具材料直接决定了刀具的切削性能。当加工同一种材料的零件时，不同刀具材料的刀具切削参数必然不同。

3）切削方法。不同的切削方法会使每道工序、工步的切削用量有所不同，刀具的切削工况也不相同，所以必然影响切削参数的选取。

4）刀具直径。显然，刀具直径不同时，刀具的刚性就会不同。通常情况下，刀具直径越大，刚性越好，理论上可以选用更大的切削参数。但同时，刀具承受的转矩也越大，离心力增大，振动增加，对刀具的性能要求也提高。例如，在高速切削过程中的刀具直径不能太大。因此，刀具直径对切削参数的选取影响也较大。

5）刀具长度。这里的刀具长度是指刀具装在刀柄上露出的长度。当刀具露出越长，刚性就会越差，切削参数就应适当降低，从而影响切削参数的选取。

在智能切削数据库的构建过程中，需要根据上述切削参数的影响因素，建立一系列的子数据库，以便进行切削工艺条件的匹配和过渡。总体上需要建立以下五种数据库：

1）零件材料库。该库主要是列出被加工零件的材料。对于一般材料，一种牌号的材料作为库中的一条记录，形成一个匹配条件。特别地对于有些材料，如奥氏体钢，同一材料牌号的材料由于硬度不同，切削参数变化会很大。所以，同一牌号不同硬度范围的材料需要按不同材料处理。

2）刀具材料库。根据刀具材料建立相应的数据库。不同的刀具材料形成一条记录。由于同一类刀具材料的牌号也很多，而牌号的变化对切削参数的影响有大有小，所以，应该进行适当的分类。例如将刀具材料分为高速钢、高速钢带涂层、硬质合金、硬质合金带涂层材料等。

3）切削方法库。切削方法按大类可以分为车、铣、钻等。每一大类可进一步细分，如钻可以分为钻孔、铰孔、镗孔等。采用不同的切削方法，切削参数相差会很大，如钻孔，切削参数一般较大，而镗孔往往由于精度和表面粗糙度要求较高，切削参数要低得多。具体切削方法细分小类可结合具体智能切削数据库需求制定，便于进行操作使用和数据管理即可。

4）刀具库。刀具库数据主要面向 CAM 过程，该库如果能和刀具管理系统关联起来则效果更好。刀具库主要是方便刀具选取和规范使用管理，从切削参数选择的角度来看，实际上创建切削参数库是可以不需要刀具库的。刀具库的主要作用体现在 CAM 中创建刀具的需要，以及 CAM 中创建刀具和操作后可自动选择切削参数，自动进行工艺规程编制等。

5）切削参数库。该库为进行切削参数选择的必备数据库，内容包括刀具直径、刀具长度、刀具材料编号、零件材料编号、切削深度、切削线速度、每齿进给量等数据。在进行切削参数选择时，实际上是从数据库汇总读取数据进行分析判断，计算出合理的切削参数的过程。

上述五个数据库往往以独立数据库形式存在，而智能切削数据库需要依赖上述数据库关联、交互构成。智能切削数据库集成构建方式如图 5-17 所示。

2. 智能切削数据库实例

下面将进一步结合一智能切削数据库研发实例进行介绍，使读者更好地理解智能切削数据库在实际工艺智能规划问题中的应用。

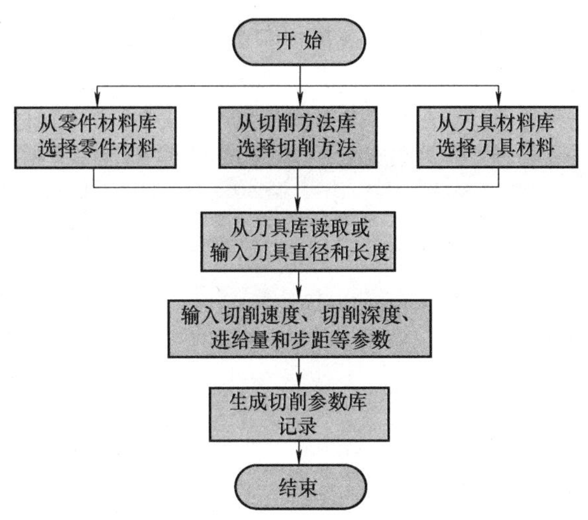

图 5-17　智能切削数据库集成构建方式

本数据库实例为基于特征的智能车削数据库系统。其主要包含三大功能组，即基础信息查询功能组、智能推荐优化预测功能组和系统管理功能组，同时各大功能组的实现依赖上文提到的零件材料库、切削方法库、刀具库等各个具体数据库组成。基础信息查询功能组包含刀具、材料和机床信息的查询模块。智能推荐优化预测功能组是数据库系统的核心功能部分，主要包括切削力预测模型模块、基于特征的推荐模块、加工工艺的优化模块和基于特征的预测模块。系统管理功能组主要面向系统数据和用户人员的管理，不做详细介绍。下面将围绕该智能切削数据库中的基础信息查询及智能推荐优化预测两大功能组进行详述。

基础信息查询功能组模块主要包括刀具信息、材料信息和机床信息三类切削加工所需的基础信息，单击相应的节点即可进入各自的查询界面。以单击“刀具信息”为例，单击后可看到图 5-18 所示界面，包括刀片列表、刀杆列表和详细信息选项卡等。在“刀片名称”文本框处输入需要查询的刀片名称即可查询得到符合该字段的所有刀片，同时在下方得到所有适用的刀杆，单击刀片或者刀杆列表中某一行即可进行修改或者删除。同理，可以通过搜索刀杆名称获得匹配字段的所有刀杆及适用刀片。通过刀片和刀杆列表的单选框进行选择，则在刀杆列表下方将显示指定的刀片和刀杆组合后的详细信息，包括已选刀片信息、已选刀杆信息、组装与配件信息、应用信息、切削实例和库存采购信息，均以选项卡的形式显示，方便用户单击标签名查看。材料信息和机床信息界面都为列表显示查询结果，选项卡显示选定条目信息的统一模式，不一一列出。

智能推荐优化预测功能组包括切削力预测模型、基于特征的推荐、加工工艺的优化和基于特征的预测四大具体功能模块。

（1）切削力预测模型　切削力预测模型界面主要分为左右两部分。左半部分为实验数据的录入、修改和删除界面，以列表方式显示。右半部分为执行拟合的操作界面，其运行操作主要分为三步。

第一步为模型公式的展示及刀具 / 工件几何信息的输入，当信息输入完毕以后，用户可以单击“执行拟合”按钮执行默认的拟合操作并输出运算结果。进入快速拟合或者下一步时，系统会自动将实验数据按照切削深度进行分组，并根据已输入的刀具 / 工件参数计算所需的初始化参数。若用户单击“下一步”则执行自定义拟合操作。

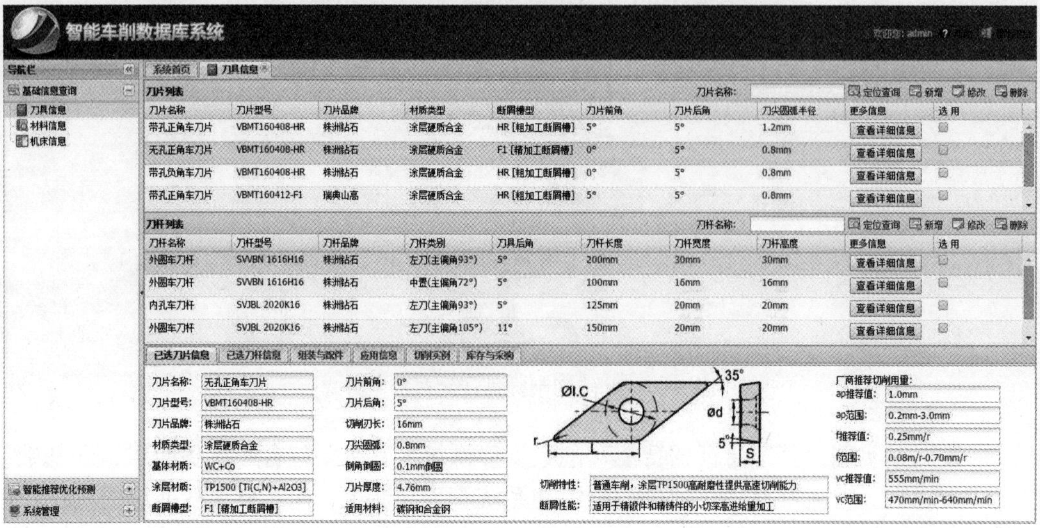

图 5-18　基础信息查询管理界面

第二步为摩擦力系数 K_e（包括 K_{te} 和 K_{fre}）方程的拟合。由于 K_e 的拟合需要在切削深度一定的情况下执行，因而用户需要选择切削速度、进给量或二者作为 K_e 方程的因变量。选择拟合表达式类型，有对数式、指数式和多项式等可供选择，再选择拟合方法如最小二乘法、偏最小二乘法、NUBS 多次曲线和 RBF 曲线等，便可执行拟合。而后在 K_{te} 和 K_{fre} 变化图中能直观显示拟合情况。若用户录入的实验数据组别较多，拟合曲线将有若干条，用户根据需要选择拟合的曲线，系统通过运算得到的默认曲线为平均系数曲线。用户选定某一曲线后最下方将显示拟合结果，包括系数方程、拟合的相关系数、残差和显著水平。

第三步为切削力系数 K_c（包括 K_{tc}、K_{frc1} 和 K_{frc2}）拟合。在执行之前同样需要选择各自的因变量、表达式类型及拟合方法，单击“执行拟合”按钮后即可得到拟合的曲线及拟合结果，如图 5-19 所示。在所有操作都执行结束后，用户可以选择保存结果到数据库中供后期查询和预测调用。

（2）基于特征的推荐　基于特征的推荐功能包括加工特征选择、工件材料选择及匹配、加工条件及要求选择 / 输入、刀具 / 切削参数选用推荐四个步骤。图 5-20 所示为工件加工特征选择界面。首先，选择加工类型及刀具切削方向后，在左下方将显示可选择的加工特征，单击某一特征即可弹出尺寸等信息输入框。输入后即可在右下方查看到已选的特征，单击已选特征可以修改其信息，双击可移除该特征。

选定工件加工特征后，单击“下一步”按钮进入工件材料选择及匹配，在工件材料主界面右侧提供了三个可选项：根据材料牌号选择、根据材料组别选择和匹配相似材料。根据材料牌号选择为精确选择，材料组别选择为查询选择，匹配选择为模糊选择。在选定材料后，主界面右侧会显示该材料的详细信息供用户参考。

序号	切削速度 m/min	进给量 mm/min	切削深度 mm	切向力 N	轴向力 N	径向力 N	摩擦力 N	合力 N
1	60	0.05	1.4	266.22	181.3	111.2	212.69	340.75
2	60	0.1	1.4	467.01	303.85	152.72	340.07	577.71
3	60	0.15	1.4	621.67	350.04	179.25	393.27	735.62
4	60	0.2	1.4	781.19	407.11	231.45	468.3	910.8
5	60	0.25	1.4	944.26	465.72	231.45	520.06	1078
6	100	0.05	1.4	279.74	192.11	119.36	226.17	359.73
7	100	0.1	1.4	442.4	260.72	176.78	315	543.09
8	100	0.15	1.4	586.51	301.06	176.78	349.13	682.56
9	100	0.2	1.4	729.52	341.43	190.43	390.95	827.67
10	100	0.25	1.4	890.88	397.01	211.56	449.86	998.02
11	140	0.05	1.4	272.91	194.65	119.71	228.52	355.95
12	140	0.1	1.4	428.36	251.67	147.53	291.72	518.26
13	140	0.15	1.4	574.32	293.85	168.8	338.88	666.85
14	140	0.2	1.4	726.31	328.81	178.37	374.07	816.98
15	140	0.25	1.4	863.55	369.53	203.04	421.64	960.99
16	180	0.05	1.4	264.53	197.98	117	229.97	350.52
17	180	0.1	1.4	418.22	246.69	145.33	286.32	506.84
18	180	0.15	1.4	561.01	282.82	166.75	328.32	650.02
19	180	0.2	1.4	699.04	314.05	187.42	365.72	788.93
20	180	0.25	1.4	846.35	355.65	209.39	412.71	941.62
21	220	0.05	1.4	246.98	179.73	99.03	205.21	321.11
22	220	0.1	1.4	396.3	220.88	126.69	254.63	471.05

图 5-19 切削力预测模型界面

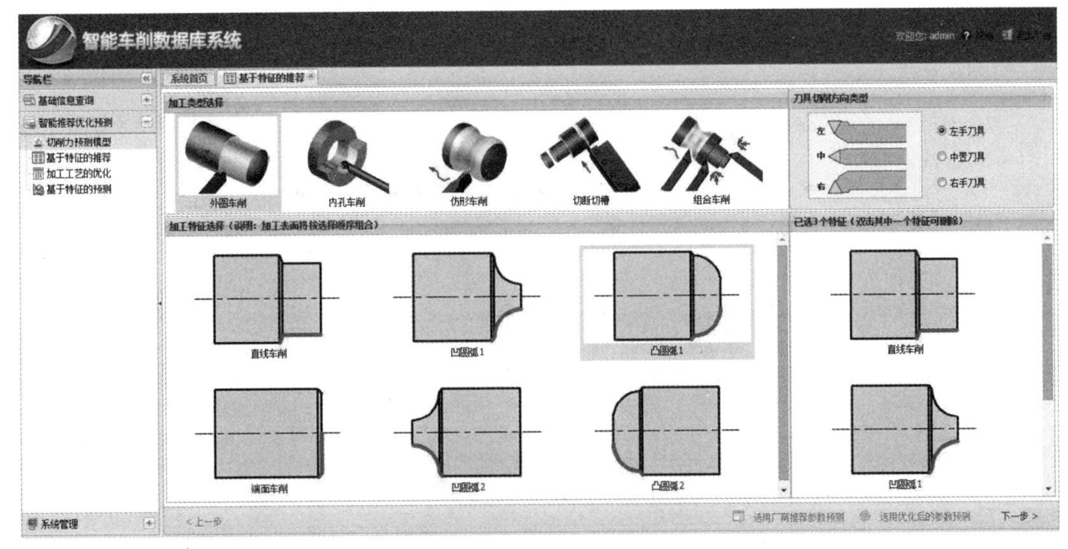

图 5-20 加工特征选取界面

用户选定材料并执行下一步后，加工特征及材料信息将被提交到后台服务器进行可用刀具和机床的初步查询，但刀具信息列表不会展示到前台，而用户下一步操作是选择加工条件及要求。用户需要选定机床，填写刀具装夹信息，选择工序类型、冷却方式和切削类型，并填写加工要求。

选择和填写加工条件及要求以后，进入下一步，服务器将获取用户输入的所有信息并根据匹配算法和规则知识执行刀具的最后筛选，并将适用刀具以列表方式显示，且最优刀具组合将显示在刀片列表和刀杆列表第一行，用户可以选择该刀具组合，也可以选择其他组合。刀具选定后，在刀杆列表左下方将显示刀具厂商推荐的切削参数，其右侧为用户提供切削参数的进一步优化目标。用户单击“执行切削参数优化”按钮后将以厂商推荐的参数为初始值，系统将收集约束条件按照默认算法及选定的目标进行优化，结果显示在右侧，如图 5-21 所示。

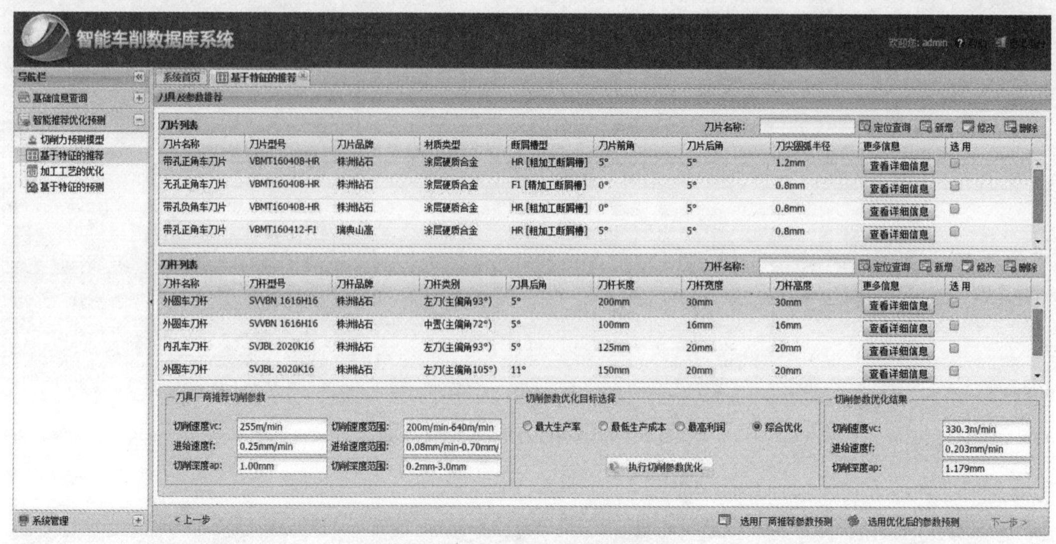

图 5-21　刀具及切削参数推荐界面

（3）加工工艺的优化　加工工艺的优化功能主要基于加工特征几何属性的切削参数及刀具路径优化原始加工工艺，用户需要通过数据库现有的数据信息选择相应的刀具、填写机床参数信息、优化之前的切削参数并选填优化参数范围。

用户可通过输入或在线导入的方式确定切削力模型，如图 5-22 所示。用户选择需要优化的目标及恒转速或恒线速度优化形式。单击“执行优化”按钮后得到优化后的切削参数、优化前后的切削合力对比情况及各段预切圆弧的几何参数信息等。

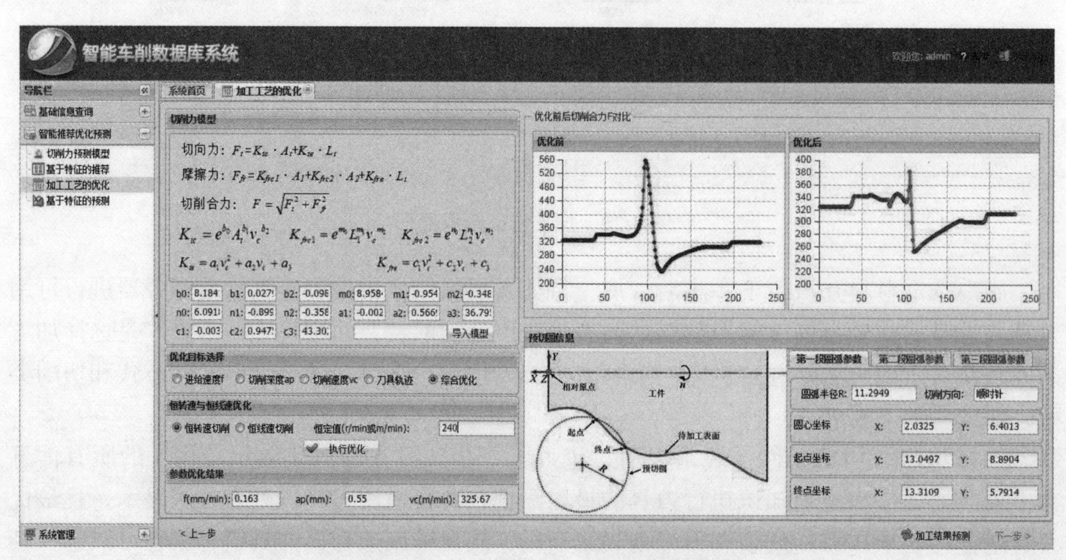

图 5-22　加工工艺的优化界面

（4）基于特征的预测 基于特征的预测功能主要基于加工特征预测切削力、刀具使用寿命、加工质量和功率需求等。第一步仍为加工特征的选择。下一步为选择刀具、填写机床信息和切削参数。此外用户需要选择导入或修改预测模型功能，如果不导入则使用系统默认预测模型。

单击“下一步”，系统将收集所有输入量并进行预测运算，预测结果包括切削力变化曲线、表面粗糙度值、刀具使用寿命和磨损信息及功率需求，如图 5-23 所示。切削力的预测结果处还提供预测与实际采集的数据对比功能，并提供根据实际采集自适应调整预测模型的功能。用户还可以复位模型到原始状态或保存结果。

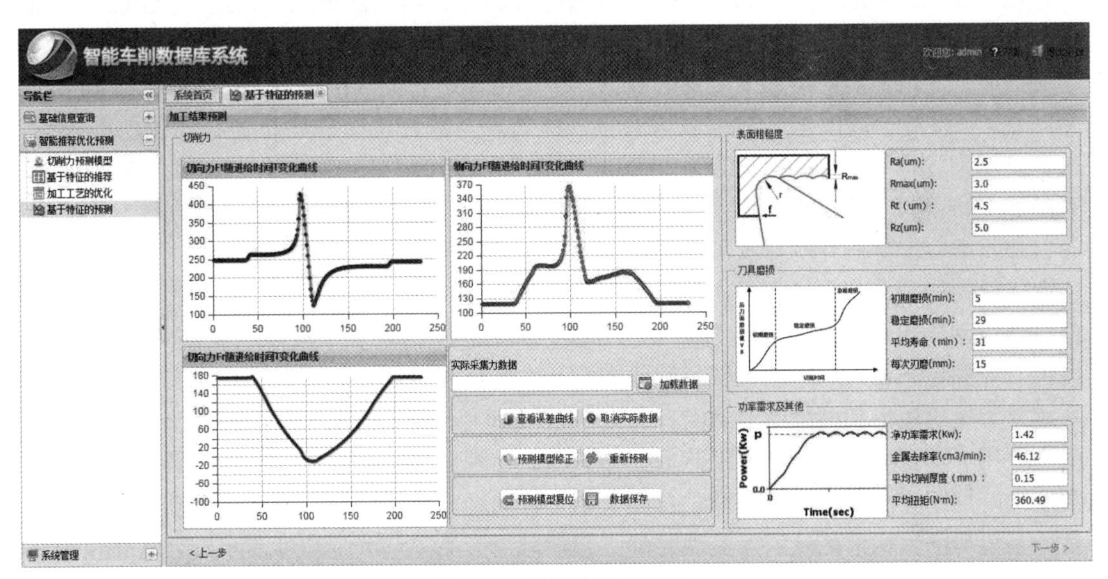

图 5-23 基于特征的预测

5.4.2 智能磨削数据库

1. 智能磨削数据库概述

随着科技的飞速发展和社会的不断进步，制造业对机械产品零部件的精度、质量、成本等提出了更高的要求。而对于用车削、铣削、钻削等加工工艺方法难以达到机械产品零部件加工精度要求的情况，通常可采用进一步的磨削加工工艺予以实现。

磨削是机械制造中一种重要的精密加工方法，大多数情况下作为最终工序，其工艺直接决定着最终工件加工质量的好坏。而影响工件加工质量最为显著的因素是磨削工艺方案设计。磨削本质上为较为复杂的加工过程，其特性表现为多输入、多输出、非线性、强耦合。传统的方法是采用经验、分析数学、数值仿真等方法建立加工关系模型，揭示磨削加工过程中所隐含的规律或机理，进而进行工艺方案优选，获取更佳的加工质量。而上述常规方法一般基于诸多假设与实际情况简化，或者仅针对小部分实际加工物理量进行建模，不能满足工件加工质量最优化的要求。由于人工智能技术在解决高度非线性领域问题及“黑箱”问题时具有其独有的优势，当前磨削工艺方案的智能决策逐渐成为研究的重点。而为实现磨削工艺方案的智能决策，需要有相关加工工艺数据库的支持，智能磨削数据库因此逐渐得到广泛应用。

对于智能磨削数据库，在磨削加工过程中，磨削数据包括磨床、磨具、磨削液、工件材料与几何形状，以及工艺参数、磨削现象与结果等。磨削加工过程同时具备高速微切削和高速摩擦的复杂性和不稳定性等特点，所涉及工艺参数庞杂，使得磨削数据库的开发技术难度较大。已有的大部分磨削数据库均附加于切削数据库之上，数据量基本无法与切削数据相比，即目前智能磨削数据库基本是在上文所述智能切削数据库基础上进行进一步研发应用形成，其整体研发进程落后于智能切削数据库。

分析国内外目前研发形成的磨削数据库，国外成功应用于工业生产的大型磨削数据库包括：美国的MDC、德国的SWS、德国的INFOS、英国的IGA和美国的GIGAS。其中前三者都是在通用切削数据库中插入磨削工艺数据，后两者为专门面向磨削加工而建立的数据库。专门面向磨削加工建立的数据库中，IGA为智能磨削辅助（Intelligent Grinding Assistant）系统，磨削工艺数据较为齐全，能实现与数控机床的联机协作。GIGAS为广义智能磨削咨询系统（Generalized Intelligent Grinding Advisory System），主要适用于平面磨削和外圆磨削工艺，其底层知识库包括试验数据、数学模型及启发式规则等。国内方面，郑州磨料磨具研究所开发了磨削数据库及相关应用软件，其中的磨削数据通过各生产企业成熟的加工工艺和具有丰富经验的领域专家总结获取，软件系统可根据不同工件的工艺特点自动检索出与之匹配的磨削工艺方案，同时实现磨削加工故障与缺陷的智能诊断，提出对应的控制策略。中国机械科学研究院开发了机械设计与制造通用技术支持系统，该系统分为单机版本和网络版本两类，其中单机版本主要用于技术人员单独查询数据，网络版主要用于实现局域网内磨削工艺数据的共享，实现磨削工艺参数、磨料磨具、磨削液及磨削缺陷抑制方法等信息的查询。总体来看，目前磨削数据库及智能磨削数据库的研究尚有很多值得深入探索之处，如实现磨削工艺参数与产品零件磨削精度需求的自动化快速匹配等。

2. 智能磨削数据库实例

下文将结合一智能磨削数据库研发及其在机床主轴智能磨削工艺软件中的实际应用实例进行介绍，使读者更好地理解智能磨削数据库内容。

针对机床主轴零件的磨削工艺规划问题，采用实例推理、规则推理以及人工智能算法的集成推理技术，开发了机床主轴智能磨削工艺软件，并建立与之配套的智能磨削数据库和知识库。开发的工艺软件能与机床数控系统相匹配，并与机床进行集成，从而实现其智能化加工流程。机床主轴智能磨削工艺软件开发技术流程如图5-24所示。

该智能磨削工艺软件包括六个模块：工艺问题定义、基础工艺数据库、知识库、决策优化、自动编程和磨削应用。工艺问题定义模块可明确实际工艺需求及问题；基础工艺数据库模块存储了机床、砂轮、材料、磨削液等大量数据信息；知识库模块存储了机床主轴智能磨削过程中所用到的工艺实例、模型、算法、规则及图表；决策优化模块能帮助操作人员推理出高效率、高精度的工艺方案；自动编程和磨削应用模块将软件推理的工艺信息传递给机床，指导机床加工，实现智能磨削制造。同时该软件有完整的增、删、改、查功能，人机交互功能，以及高稳定和高效率等特点。图5-25所示为机床主轴智能磨削工艺软件的整体架构。

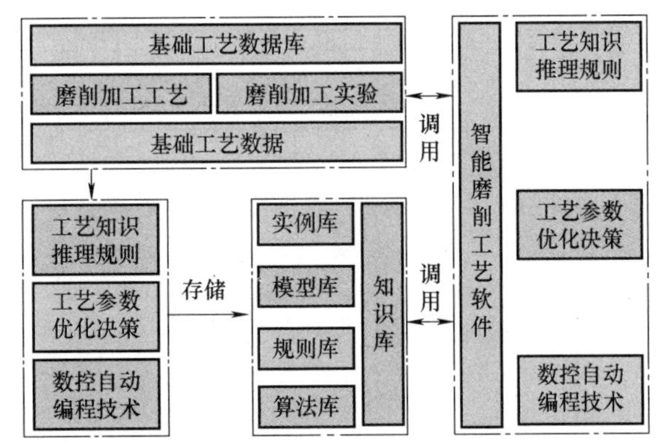

图 5-24　机床主轴智能磨削工艺软件开发技术流程

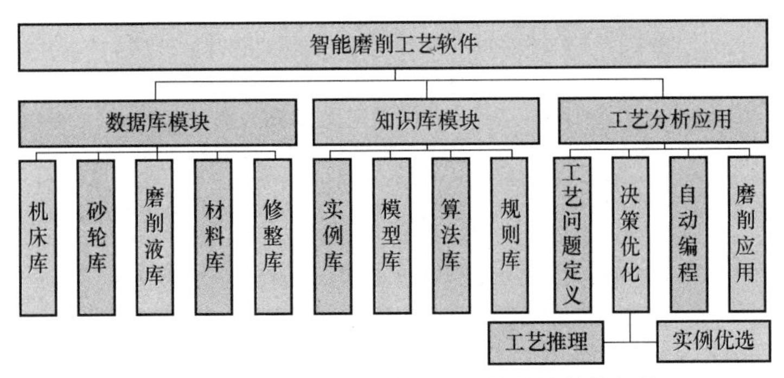

图 5-25　机床主轴智能磨削工艺软件的整体架构

下面介绍智能磨削工艺软件各个主要模块的工作原理。

（1）工艺问题定义模块　针对待加工零件的加工过程，本质为求解对应零件的完整加工方案，包括确定加工设备、刀具或砂轮类型及加工工艺参数的合理设定等。而初始阶段首选需要明确相关工艺问题，工艺问题定义模块主要需要完成对工艺问题的问题空间进行具体的信息定义，并最终形成描述特定工艺问题的信息描述模型。具体针对机床主轴的加工工艺问题信息描述模型包括主轴加工设备资源信息、主轴加工质量特征信息及系统属性信息三部分。

如前文所述，工艺问题定义模块涉及的主要技术要领是如何准确、全面、简洁地表达主轴工艺问题信息。该模块采用框架表示法来表达主轴工艺问题的机床加工设备、系统属性和加工质量需求等信息。对应模块界面如图 5-26 所示。

（2）决策优化模块　决策优化模块中包含有实例优选与工艺推理两个子模块。磨削加工工艺问题定义完成后，软件将首先启动决策优化模块下的磨削工艺实例优选子模块。磨削工艺实例优选子模块使用 CRITIC 法（一种客观权重赋权法）进行计算，获得机床主轴磨削加工的特征属性客观权重大小，并使用层次分析法计算主观特征属性权重，最后综合主、客观权重，使用线性加权原理，组合赋权后得到最终的特征属性权重大小。计算得到特征属性权重后，再利用实例推理模型进行实例检索、重用、修改、评价，匹配与目前工艺问题最相似的实例，并且可进一步通过智能判别来实现工艺实例的自动扩充与回收。图 5-27 所示为实例优选子模块界面。

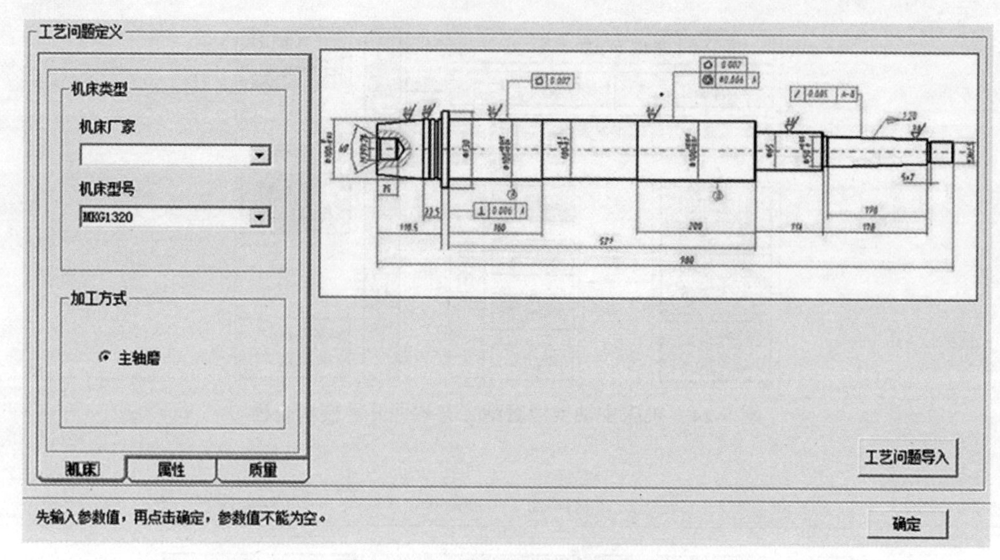

图 5-26　工艺问题定义模块界面

图 5-27　实例优选子模块界面

若实例库中实例与该工艺问题的综合评价因子过低，没有达到设定阈值时，实例优选子模块将无法推理出令操作人员满意的工艺实例集，软件将会自动进入磨削工艺推理子模块。磨削工艺推理子模块包含两种推理模型，即遗传 - 神经网络模型和基于规则的推理模型，可分别用于确定智能推理主轴磨削工艺方案中的不同工艺参数。例如：主轴磨削余量、无火花磨削圈数、基圆转速等参数采用遗传 - 神经网络模型的非线性映射推理所得；磨削液类型、砂轮修整方式、砂轮类型等参数，则采用基于规则的推理模型来选择。最后，将两部分推理所得的磨削工艺参数进行组合得到最终完备的工艺方案。图 5-28 所示为工艺推理子模块界面。

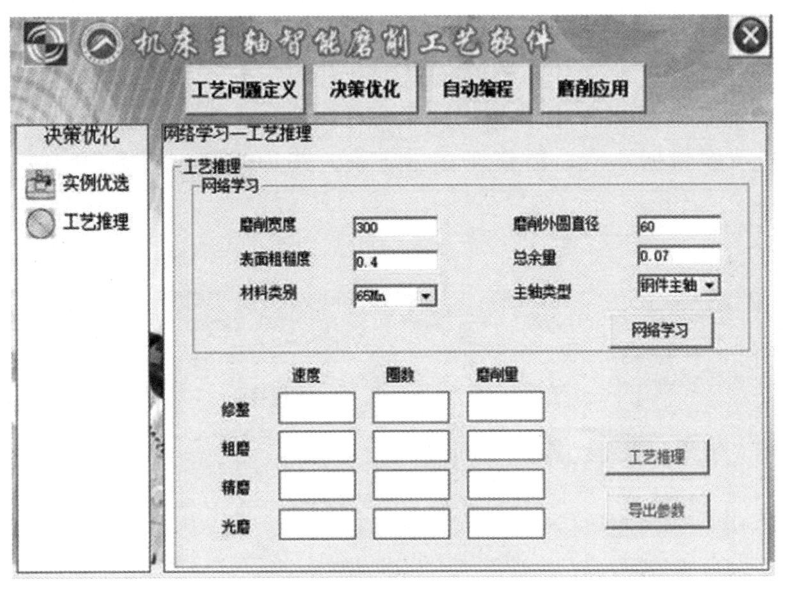

图 5-28　工艺推理子模块界面

（3）自动编程模块　自动编程模块基于主轴的几何尺寸等参数，通过计算获取砂轮的运动轨迹。根据决策优化模块得到的工艺参数，将砂轮运动轨迹转化成相应机床轴的运动，并结合所选的机床数控系统的信息，进行自动数控编程，编译出带有工艺方案的、机床可读取识别的标准文件，为自动化磨削加工程序文件，传递给数控机床提供支持。图 5-29 所示为该模块界面。

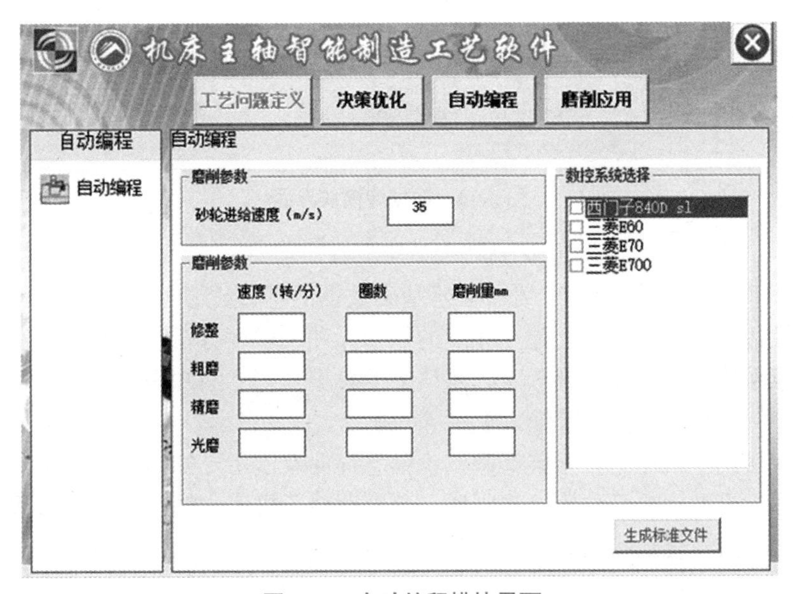

图 5-29　自动编程模块界面

（4）数据库模块　该模块基于机床主轴零件的工艺问题信息描述模型，功能为研究并设计符合工艺问题处理要求的工艺数据库的库结构及具体的工艺数据结构。该模块以机床主轴的基础工艺加工过程和设备为分析对象，在提出不同的生产工况条件下的工艺数据采集方案和量化方法的基础上，进一步获取基础工艺综合数据清单，从而建立机床库、砂轮库、材料库、磨削液库、修整库基础数据库。

该机床主轴基础数据库中有机床库数据 13 条，砂轮库数据 20 条，材料库数据 158 条，磨削液库数据 6 条，修整库数据 7 条，共 204 条。图 5-30 所示为数据库模块界面。

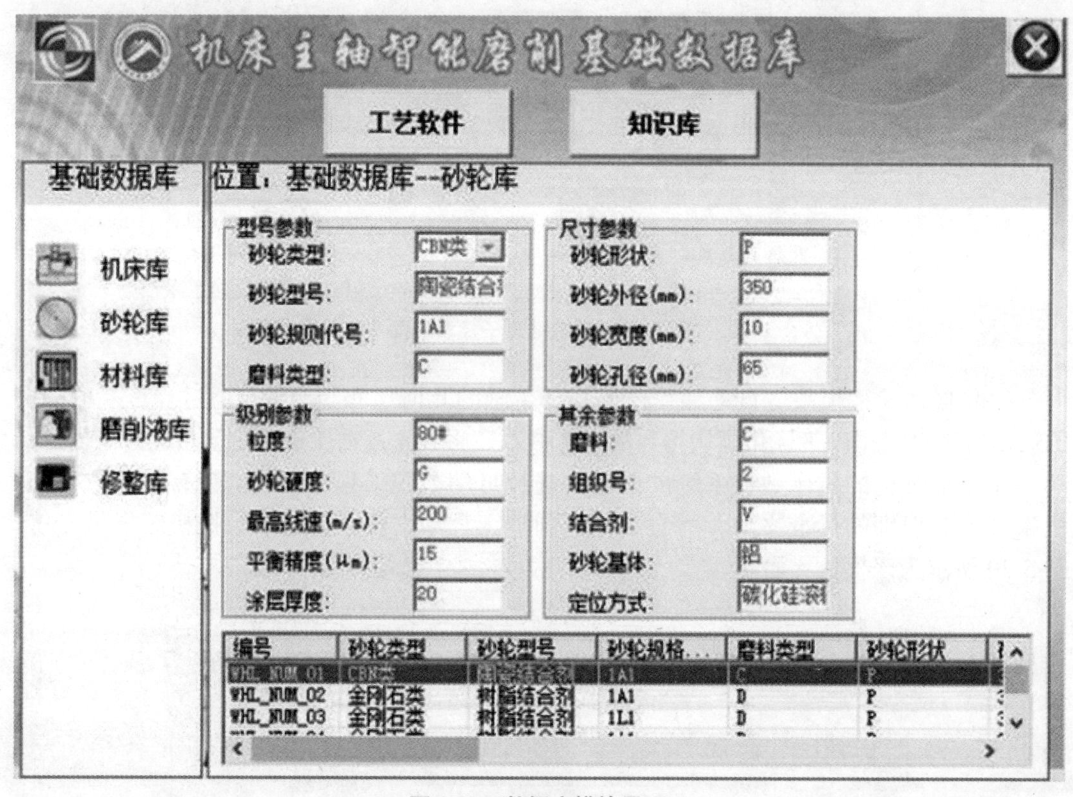

图 5-30　数据库模块界面

（5）知识库模块　在工艺实例和工艺基础数据的基础上，建立专家知识库模型，在分析库结构及数据结构基础上，建立相应的规则库和关联度分析模型。结合实例库和规则库，基于专家系统形式，建立整个工艺路线上的典型工艺专家知识库模块，整合专家知识库的管理技术，解决工艺实例及知识重用等问题。

知识库模块用于机床主轴智能磨削知识信息存储及演示。知识库模块中包括四个子模块，即实例库、模型库、算法库、规则库，分别存储了机床主轴智能磨削过程中所用到的实例、模型、算法、规则和相关图表。图 5-31 所示为该模块界面。

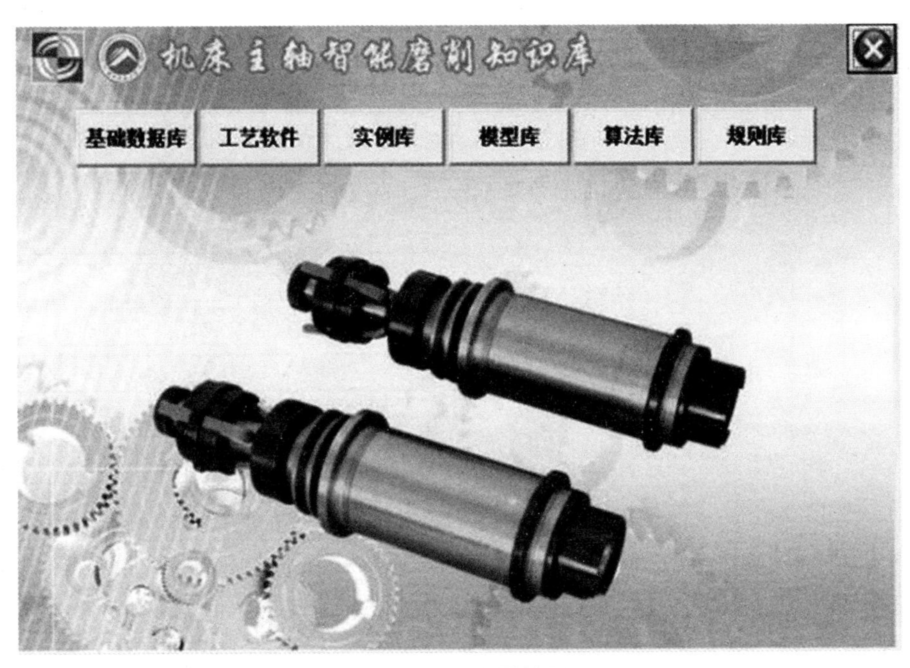

图 5-31　知识库模块界面

5.5 智能工艺系统设计实例

本节将在上一节了解两类智能数据库知识及其工程应用的基础上，综合智能工艺系统相关知识内容，进一步引入两个具体实例说明智能工艺系统的设计内容，以期使读者更好地理解智能工艺系统设计的实际对象及其在机械制造工程中的应用。

1. 导管加工智能工艺系统实例

本实例介绍针对导管制造加工过程的智能工艺系统，该智能工艺系统以提高金属导管加工产品质量、工艺规划及生产效率为目标，结合了数字化建模技术、数值仿真技术及人工智能技术等多元化技术，采用知识工程驱动原理实现该智能工艺系统设计。其技术集成系统框图如图 5-32 所示。

该智能工艺系统的主要功能和特点如下：

1）采用统一的建模规范，实现管路系统（含导管、法兰盘、接头、管嘴等）规范化建模。

2）开发导管三维数模与机床代码的双向转换接口，无须人工干预，实现导管三维数模与导管机床代码的一对一双向数据转换，保证数据的可靠性。

3）收集导管数字化制造工艺知识、工艺方法、典型实例等，进行规范化处理，建立导管数字化制造工艺知识库。

4）采用参数化驱动，建立导管弯曲模、夹模、压力模、防皱模、芯棒、机床的三维数模，基于导管、模具、机床的三维数模和工艺知识库，进行导管数字化制造常规工艺分析、弯曲几何仿真、弯曲有限元分析等，实现导管数字化工艺设计，优化工艺参数。

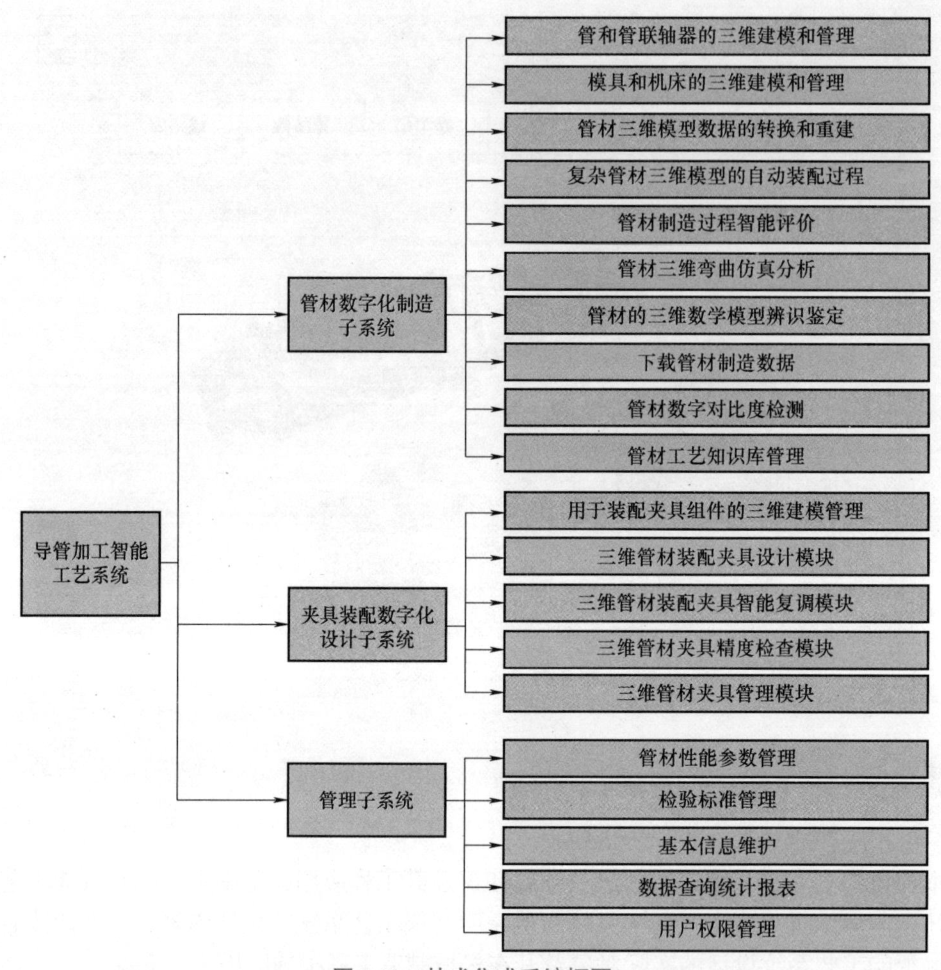

图 5-32 技术集成系统框图

5）采用参数化驱动，建立支座、压块、接头、销钉等夹具装配标准单元，基于导管、夹具装配标准单元的三维数模，实现导管装配夹具数字化智能推理、设计。

6）以导管机床代码为依据，实现简单导管数控弯曲、激光测量与检验。

7）以导管装配夹具三维数模为依据，进行导管装配夹具的实物拼装与精度检验，并在装配夹具上进行复杂焊接导管的生产与检验。

8）统一管理导管数字化制造过程中的各种接口、数据库，用导管三维数模代替传统的导管实样，以三维数模为依据，实现导管数字化快速制造。

导管加工智能工艺系统具体由管材数字化制造子系统、夹具装配数字化设计子系统、管理子系统三个模块所构成。管材数字化制造子系统主要为导管三维数模与工艺数据的管理系统，能够实现导管三维数模、工艺数据的计算机管理。其中较为关键的管材三维模型数据的转换和重建流程如图 5-33 所示。复杂管材三维模型的自动化装配过程如图 5-34 所示。

导管夹具装配数字化设计子系统通过对导管装配夹具典型结构进行分析，并收集、整理夹具的典型结构与工艺要求，充分利用导管数模和标准元件数模，在计算机系统的管理下，实现装配夹具数字化设计。该系统集工装设计专家知识的总结、保存、检索、复用，工装的推理设计，虚拟装配，以及最终工程图自动化绘制为一体，充分体现了专家系统指导下，以专家设计知识为核心、专家知识的保存和复用为前提的设计思路。导管夹具装配数字化设计流程如图 5-35 所示。

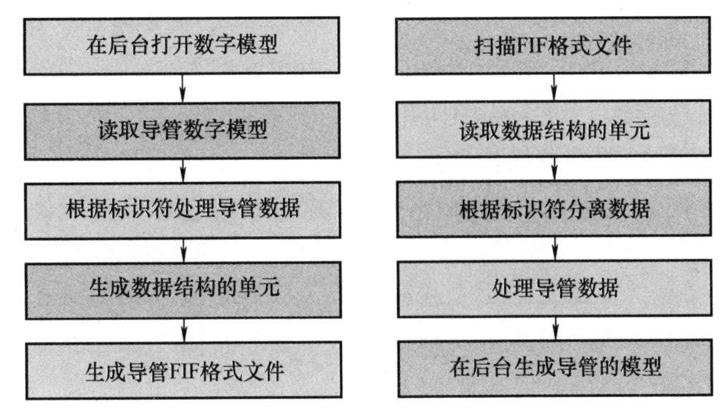

图 5-33　管材三维模型数据的转换和重建流程

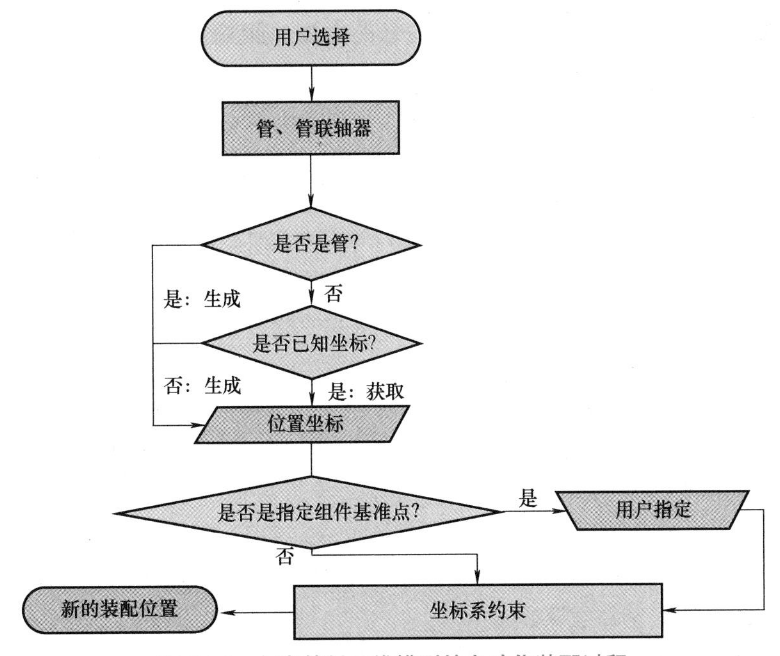

图 5-34　复杂管材三维模型的自动化装配过程

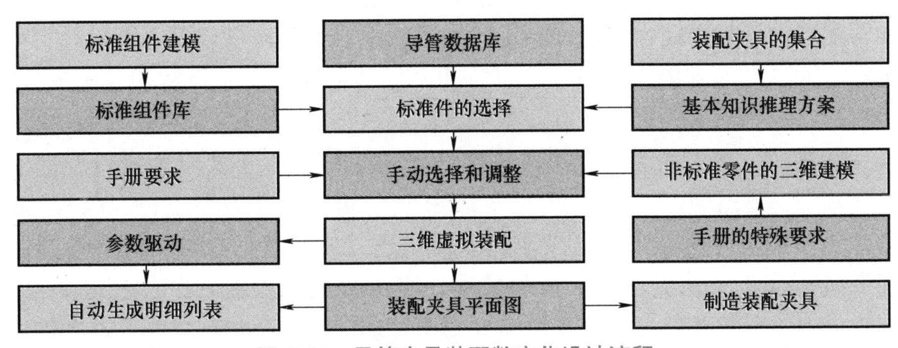

图 5-35　导管夹具装配数字化设计流程

导管加工智能工艺系统中的管理子系统主要功能是对导管加工智能工艺系统运行的基本信息数据进行管理，主要包括管材性能参数管理、检验标准管理、基本信息维护、数据查询统计报表、用户权限管理、系统集成等模块，各个模块具体作用如下：

1）管材性能参数管理。对系统中所用到的材料牌号统一进行增加、修改、删除、统计、查询、数据导入等日常维护操作。

2）检验标准管理。对系统中用到的导管检验标准信息参数进行规范化数据处理，建立检验标准模块，以实现导管数字化自动对比检验。主要的检验标准有导管矢量检验标准、装配导管检验标准、导管装配夹具检验标准。导管矢量检验标准包括轴向公差、径向公差、长度公差；装配导管检验标准包括测量点公差、长度公差、角度公差；导管装配夹具检验标准主要是测量点公差。

3）基本信息维护。在基本信息维护模块中可维护导管加工智能工艺系统中经常使用的数据，包含常用名词、型号、导管外径、导管壁厚、弯曲半径、工艺线路、系统代码、接头类型等。具体维护操作包括基本信息的增加、删除、修改、统计、查询、数据导入等。

4）数据查询统计报表。该系统包括查询、统计和报表三个通用模块，针对用户当前界面使用的后台数据库建立不同的查询、统计条件，从而按用户要求实现不同数据库的综合查询、分类统计功能。

5）用户权限管理。用户权限管理模块包括用户管理模块、角色管理模块、数据库配置模块、密码修改模块。用户管理模块主要用于对使用导管加工智能工艺系统的用户进行增加、删除、修改等日常维护工作，并设置相应的使用权限，系统用户的使用权限可分配到每个角色。

6）系统集成。为方便不同单位、不同部门的人员使用，导管加工智能工艺系统在统一的数据源下进行编辑、管理、查询、统计和系统维护工作，从接收导管三维数模开始到导管安装，配置必要的网络环境条件，将所需的导管数据、模具数据、机床数据、工艺参数、制造和检验信息等信息集成并实现资源共享。管理子系统组成网络结构如图 5-36 所示。

2. 模具智能加工工艺系统实例

本实例将分析以模具零件的智能化加工制造为目标的模具智能加工工艺系统。其可基于模具零件三维模型自动获取零件特征信息，并结合智能推理决策等技术，进行加工工艺的自动匹配、设计与存储，从而提升模具制造加工效率、质量以及工艺设计自动化、智能化程度。下面介绍该智能工艺系统设计需求、整体架构、工艺流程与各组成模块内容、功能。

模具智能加工工艺系统架构的开发基于以下五个要求：①要求能进行零件模型自动下载，实现零件模型信息自动输入；②系统可以自动对零件模型进行多线程特征分析，实现零件数据模型的并行获取；③要求高效、快速完成零件信息的处理、计算及数据存储；④需要进行加工工艺流程的决策和推理，实现加工工艺自主智能化决策；⑤要求系统能智能生成加工工艺文件，同时系统需要便于管理和维护。分布性强、共享性好、同步更新、开发过程简单的 B/S（Browser/Server）是一种浏览器 / 服务器架构，常用于构建企业层级的系统。因此，采用如图 5-37 所示的基于 B/S 架构的智能加工工艺设计系统整体框架，系统整体架构包括用户层、中间层和数据层，各个层级相互之间可完成数据信息交互等过程。

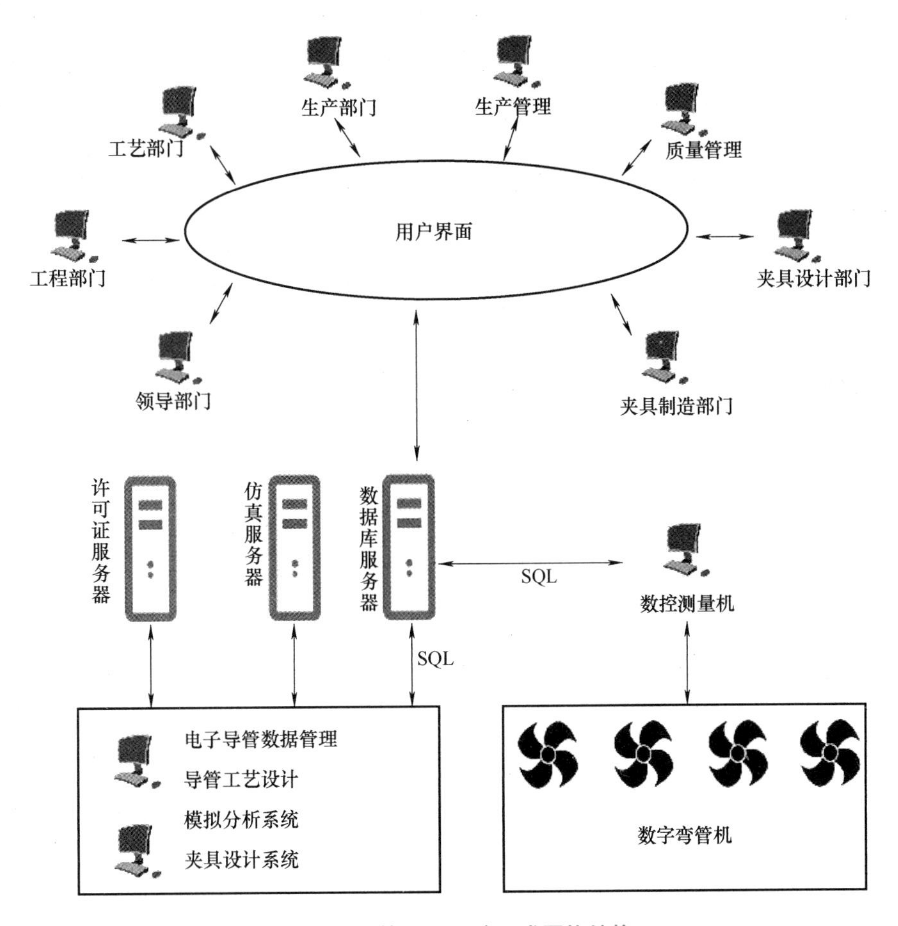

图 5-36 管理子系统组成网络结构

模具智能工艺系统总体设计方案的主要目的为保证模具零件加工工艺可进行快速、高效、智能规划，减少人为操作的失误并提高工艺设计效率。其对应的智能加工工艺流程如图 5-38 所示。针对模具智能加工工艺流程，模具零件智能工艺设计系统主要由零件信息获取（包括零件信息、工艺模板、工艺方法、生产资源、零件特征）和加工工艺生成两大模块组成，而在加工工艺生成功能实现中主要采用模板匹配法和工艺自动决策法。其中模板匹配法是指将满足实际生产要求的模具零件存储在数据库中，当对目标模具零件进行工艺设计时，可根据唯一工艺编号进行搜索，查找与工艺编号相匹配的工艺文件，如果有对应的零件模板，那么直接生成模具零件加工工艺文件。工艺自动决策法是指利用零件信息模块获取的信息进行相似度计算，再通过工艺决策算法进行计算和推理，得到最佳加工工艺文件。针对不同零件形式可分别判断选取上述两类方法：

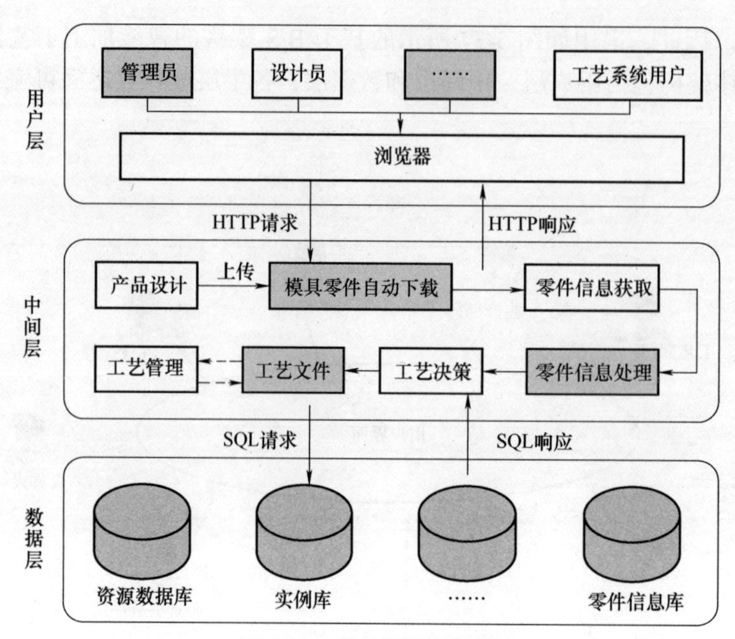

图 5-37 系统整体框架图

1）针对模具制造业常用的标准零件，采用模板匹配法可快速生成零件加工工艺；结合生产实际并采用成组技术可将模具零件分为四大类，即小镶件、二次件、辅件、主体钢件，如图 5-38 中的路线 1 所示。

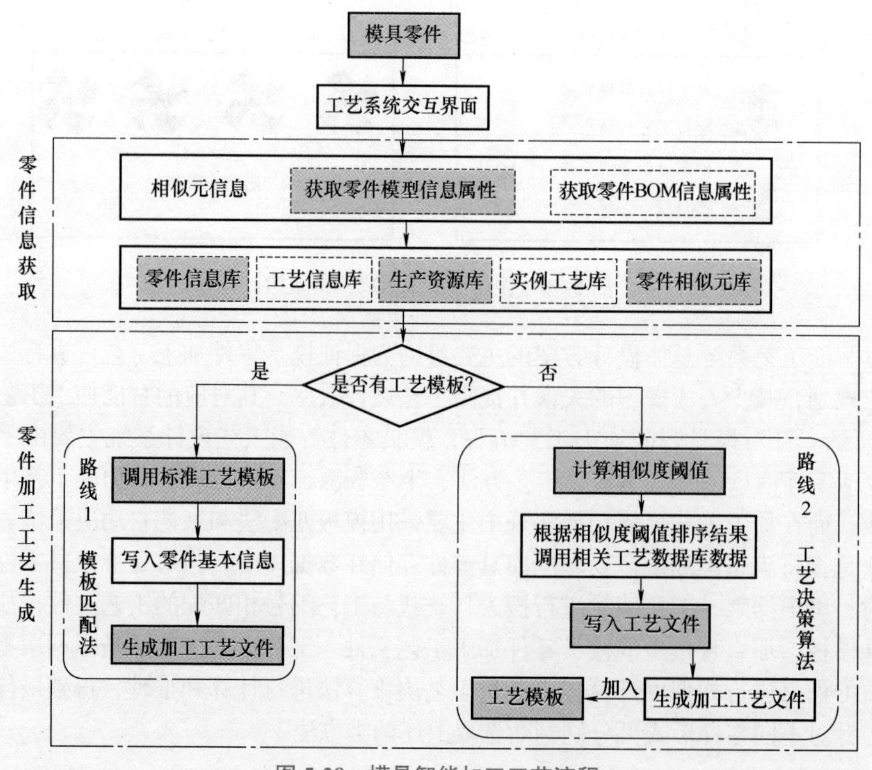

图 5-38 模具智能加工工艺流程

2）针对没有标准工艺模板的新零件，通过工艺系统自动决策，并结合决策算法实现对已有工艺知识的重用，生成零件加工工艺。此外，工艺自动决策获得的模具零件加工方法，还可通过机器自学习将方法导入工艺模板库，并对零件加工工艺数据库实时更新，如图 5-38 中的线路 2 所示。

从模具零件加工智能工艺系统的设计技术支持及组成模块内容、功能角度进行分析，模具零件加工智能工艺系统的设计采用 SQL Server 数据库，在 PowerMill 软件平台上结合 C# 编程语言，采用开放式数据库互联技术，以模具零件信息获取和工艺决策为核心，实现了用户登录、零件模型自动下载、模型格式自动转换、零件信息获取、工艺决策、工艺文件管理等功能。模具智能工艺系统主要功能模块框架如图 5-39 所示，总体上主要包括四个系统层级：应用层、功能层、接口层、数据层。

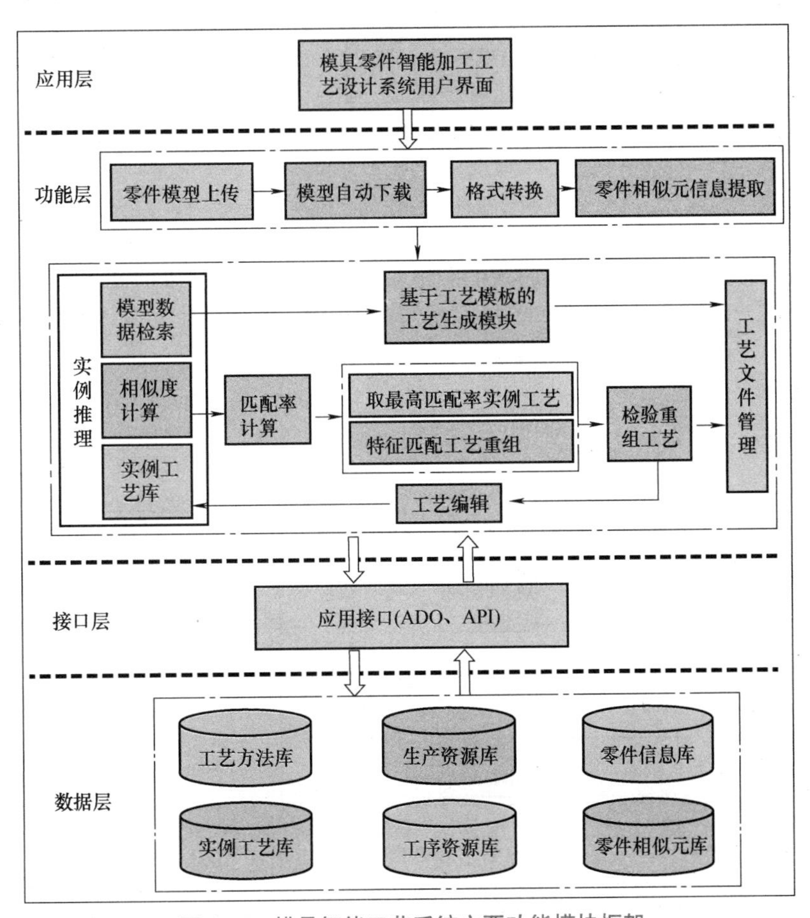

图 5-39　模具智能工艺系统主要功能模块框架

各模块具体功能及设计原理如下：

1）用户界面：主要通过账号、密码登录，具有保护系统安全的作用。

2）模型自动下载：通过读取存放文件路径的地址，从 FTP 服务器上搜索、下载相关零件模型文件，实现文件的自动下载，提高工作效率。其自动下载程序流程如图 5-40 所示。

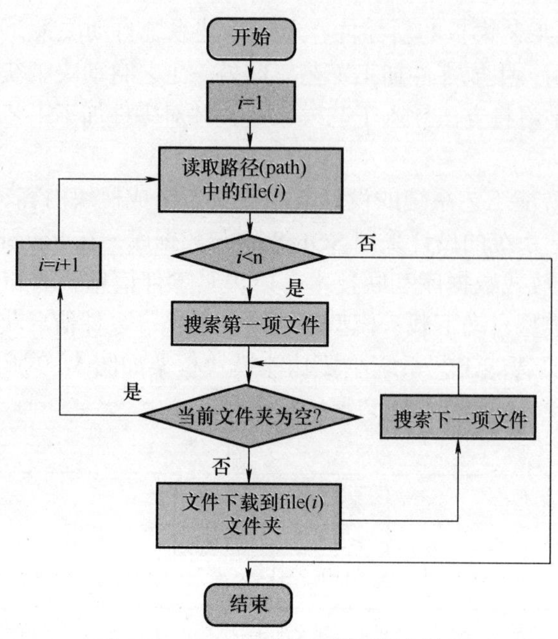

图 5-40　零件模型自动下载程序流程

3）零件相似元信息获取：通过 PowerMill 软件的二次开发技术和 SQL Server 技术自动获取零件相似元信息，实现 CAD 与本系统的有效集成。可对模具零件颜色信息、零件类型、孔信息、体积信息、曲面信息、刀具轨迹信息等相似元信息进行自动获取，将分析到的每个模具零件信息写入零件相似元数据表，并存储到系统数据库中。零件信息获取过程如图 5-41 所示。

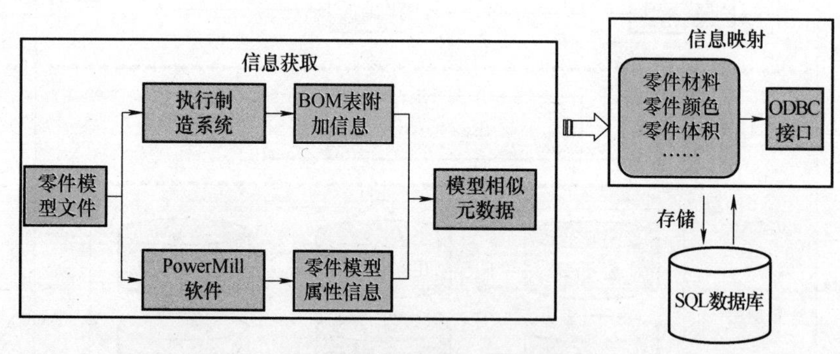

图 5-41　零件信息获取过程

4）实例计算：主要包括数据检索、相似度计算、工艺实例库存储，基于相似度计算模型，完成对相似元属性权值和局部相似度计算，从而实现对总体相似度计算。支持实例计算的模具零件工艺数据库内容包括零件特征 BOM 表、零件特征工艺 BOM 表、操作名表、零件 BOM 表、零件特征表、零件匹配数据表、零件尺寸表、零件模型 RGB 表、生产资源表、工艺方法 BOM 表、工艺模板表、工艺模板数据表，以及工艺模板类型表等。

5）实例推理：主要通过粗糙集理论确定权值，在结合上述局部相似度的基础上得到零件总体相似度，并结合聚类算法和实例推理算法，完成对零件加工工艺文件的快速生成。加工工艺文件生成示例如图 5-42 所示。

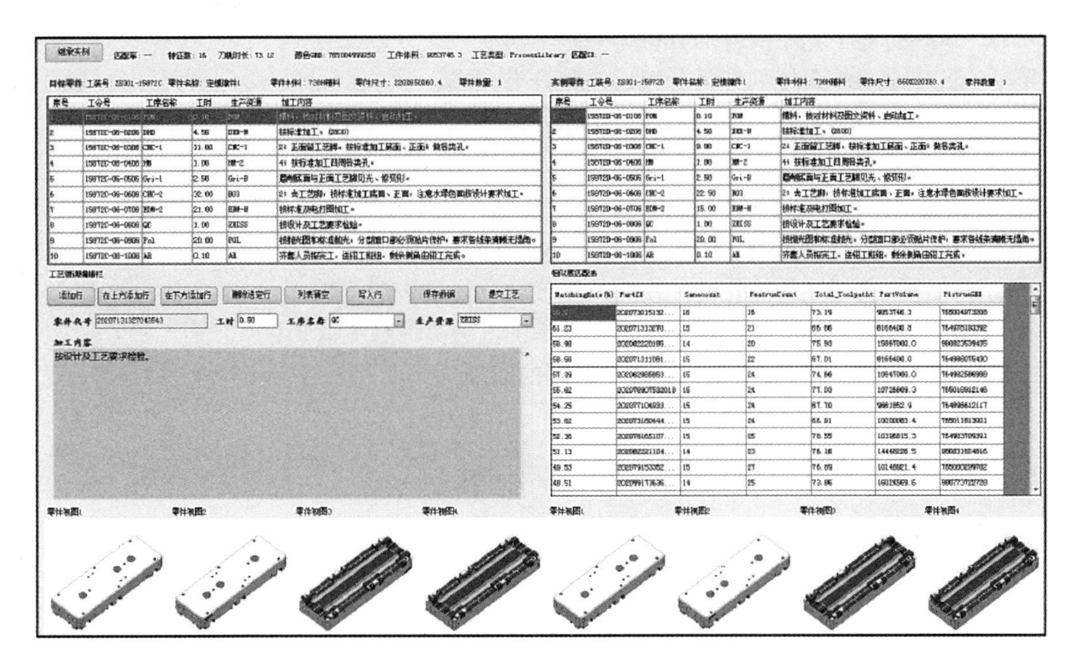

图 5-42　加工工艺文件生成示例

6）工艺文件管理：主要对不满足本系统阈值的实例工艺文件进行删除、插入、重载、检索等修正工作，从而得到满足实际需求的工艺文件，并存储到实例库，迭代扩展知识库，以便于下次直接调用。工艺编辑模块示意图如图 5-43 所示。

图 5-43　工艺编辑模块示意图

思考与练习题

5-1 试述工艺设计的内涵及其基本联系结构。

5-2 试述智能工艺系统应当具备哪些基本功能。

5-3 试述 CAPP 系统的各部分组成及其分类方式。

5-4 试述 CAPP 专家系统的构成及工作原理。

5-5 试述 CAPP 系统零件信息的描述方式及特点。

5-6 试述 CAPP 系统零件信息的输入方式及特点。

5-7 试述工艺规划智能化的三个主要目标。

5-8 试述工艺规划智能化功能模块的组成及其设计构建流程。

5-9 试述智能切削数据库构建中需要考虑的五类具体数据库形式。

5-10 试述智能磨削数据库得到广泛应用的原因。

科学家科学史
“两弹一星”功勋
科学家：杨嘉墀

第 6 章

智能加工技术

6.1 数控加工中心加工技术

6.1.1 加工中心基础

1. 分类及特点

（1）数控加工中心的分类

1）按主轴与工作台的相对位置分类。加工中心按主轴与工作台相对位置可以分为四类，分别为立式加工中心、卧式加工中心、龙门加工中心和复合加工中心。

① 立式加工中心。立式加工中心是指主轴为竖直状态的加工中心，如图 6-1 所示。其结构形式多为固定立柱，工作台为长方形，无分度回转功能，适合加工盘、套、板类零件。它一般具有三个直线运动坐标轴，并可在工作台上安装一个沿水平轴旋转的回转台，用以加工螺旋线类零件。立式加工中心装夹方便，便于操作，易于观察加工情况，调试程序容易，应用广泛。但受立柱高度及换刀装置的限制，不能加工太高的零件，在加工型腔或下凹的型面时，切屑不易排出，严重时会损坏刀具，破坏已加工表面，影响加工的顺利进行。

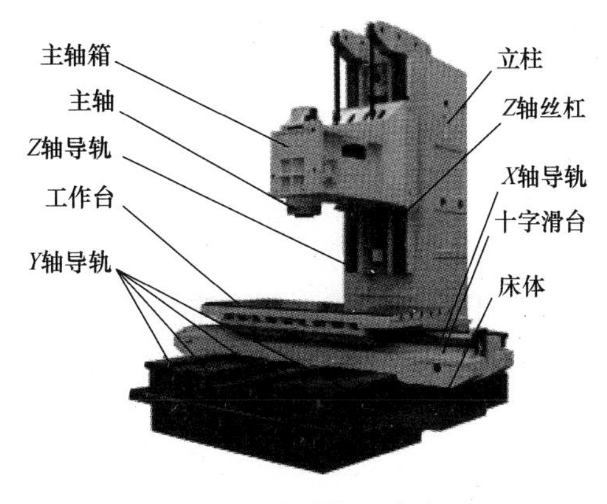

图 6-1 立式加工中心

② 卧式加工中心。卧式加工中心是指主轴为水平状态的加工中心，如图 6-2 所示。

它通常都带有自动分度的回转工作台，一般具有三～五个运动坐标，常见的是三个直线运动坐标加一个回转运动坐标，工件在一次装夹后，可完成除安装面和顶面以外的其余四个表面的加工。它最适合加工箱体类零件。与立式加工中心相比较，卧式加工中心加工时排屑容易，对加工有利，但结构复杂、价格较高。

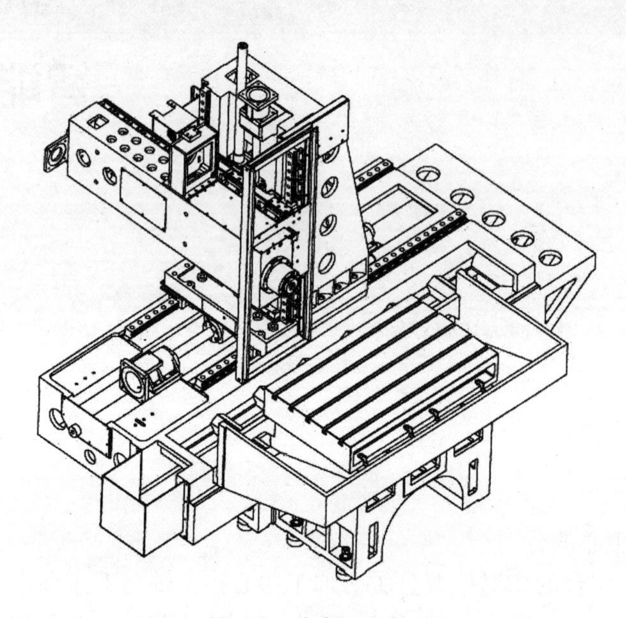

图 6-2　卧式加工中心

③ 龙门加工中心。龙门加工中心是指主轴（Z 轴）的轴线与工作台垂直设置的加工中心，整体结构是由双立柱和顶梁构成门式结构框架，双立柱中间还有横梁。它尤其适用于加工大型工件和形状复杂的工件。

④ 复合加工中心　复合加工中心是指通过主轴轴线与机床工作台之间的角度变化可联动控制加工角度的加工中心。此类加工中心可加工复杂的空间曲面，如叶轮转子等。

2）按加工工序分类。

① 镗铣加工中心。这类加工中心专为箱体类零件的加工而设计，配备有分度转台或数控转台，能够对工件的各个侧面进行加工。它们具有较强的铣削和镗孔能力，可以进行多轴联动加工，实现对复杂轮廓和空间曲面的精确加工，适用于航空航天、汽车制造、重型机械、模具制造等领域中大型、复杂的箱体结构件，如发动机缸体、齿轮箱壳体、焊接件框架等。

② 车铣加工中心。车铣加工中心集车削与铣削功能于一体，特别适合于加工板类、盘类、模具及小型壳体类复杂零件。它们通常采用立式结构，不带转台，主要用于对工件顶部进行加工。部分车铣加工中心还配备了立、卧两个主轴，或是主轴可调整为立轴或卧轴，从而实现对工件五个面的加工。车铣加工中心广泛应用于轴类、盘类、法兰、阀门、涡轮叶片等具有回转对称特性的零件，以及需要复合加工（车、铣、钻、攻螺纹等）的复杂零件，如精密仪器零件、医疗器械组件、汽车零部件等。

③ 万能加工中心（多轴联动型加工中心）。这类加工中心具有极高的灵活性和加工能

力，其加工主轴轴线与工作台回转轴线的角度可控制联动变化，能够实现对复杂空间曲面的高效、精密加工。它们通常配备有多个旋转轴和直线轴，可以进行五轴乃至更多轴的联动加工。万能加工中心适用于航空航天、能源、精密模具、医疗设备等领域中具有复杂空间曲面的高附加值零件，如叶轮转子、航空发动机叶片、精密模具镶件、复杂医疗器械组件等。

3）按加工精度分类。

① 普通精度加工中心。这类加工中心能满足大多数常规制造业对零件精度的一般要求。它们具有较高的性价比，适用于大批量生产中对精度要求不是特别严苛的零部件加工。它们的定位精度一般在 ±（0.01~0.05）mm，重复定位精度在 ±（0.005~0.015）mm，表面粗糙度 *Ra* 可达 1.6~6.3μm，适用于 IT10~IT16 级别的公差要求。

② 精密加工中心。精密加工中心在设计、制造和装配过程中采用了更高精度的零部件和更严格的工艺控制，具有更高的稳定性和精度保持性。它们通常配备有精密主轴、高精度滚珠丝杠、精密线性导轨等组件，以及先进的温度补偿和振动抑制技术。它们的定位精度一般在 ±（0.005~0.01）mm，重复定位精度高于 ±0.005mm，表面粗糙度 *Ra* 可达 0.8~1.6μm，适用于 IT7~IT9 级别的公差要求。这类加工中心常用于航空航天、精密仪器、医疗设备、精密模具等行业对精度要求较高的零部件制造。

③ 超精密加工中心。超精密加工中心代表了数控加工技术的最高水平，其设计、制造和使用环境均要求极高。它们通常配备有超高精度主轴、空气静压轴承、磁浮轴承、光栅尺或激光干涉仪等高精度测量反馈系统，以及精密恒温恒湿环境控制设施。定位精度可达 ±0.001mm 甚至更高，重复定位精度高于 ±0.001mm，表面粗糙度 *Ra* 可小于 0.1 μm，甚至达到纳米级别，适用于IT5~IT6级别的严苛公差要求。这类加工中心主要用于半导体、光学元件、精密钟表、微机电系统等高科技领域对极高精度要求的微细加工。

（2）数控加工中心的特点

1）自动化程度高。

程序控制：通过计算机编程，将零件的几何形状、尺寸、加工工艺等信息转化为数控代码，输入数控系统。机床按照指令自动完成工件的定位、刀具选择、进给速度控制、切削参数调整等操作，无须人工干预，大大提高了生产率和加工精度。

2）加工精度高。

精密传动系统：采用精密滚珠丝杠、直线导轨、静压导轨等高精度传动装置，确保各轴运动的平稳性和定位精度。

高精度主轴：采用高速、高精度主轴，配合精密轴承，确保旋转精度和加工稳定性。

闭环控制：配备光栅尺、磁栅尺、编码器等高精度反馈装置，形成全闭环控制，实时监测并修正各轴的位移误差，确保加工精度。

3）加工范围广。

多轴联动：常见的有三轴、四轴、五轴加工中心，甚至更高轴数，能够实现复杂空间曲面的加工，适用于各种形状复杂、精度要求高的零件。

多功能集成：集铣削、钻孔、镗孔、攻螺纹、雕刻等多种加工功能于一体，一次装夹即可完成零件的大部分或全部加工，减少了工件装夹次数和定位误差，提高了加工效率和精度。

4）加工效率高。

高速切削：配备高转速主轴、大功率伺服电动机和高速进给系统，能够实现高速切削，缩短加工时间。

自动换刀：通过刀库和自动换刀装置，可在短时间内自动更换所需刀具，无须人工干预，大大缩短辅助时间。

干切、湿切或油雾冷却：根据加工需要和材料特性，可选择干切削、切削液冷却或油雾冷却等方式，提高切削效率和刀具寿命。

5）适应性强。

柔性化生产：通过修改数控程序，即可快速适应不同零件的加工需求，实现小批量、多品种的柔性化生产。

材料适应性广：适用于各种金属材料（如钢、铝、钛合金、高温合金等）、非金属材料（如塑料、陶瓷、石墨等）以及复合材料的加工。

6）智能化程度不断提高。

自适应控制：具备自适应加工功能，可根据工件材料特性、刀具磨损、切削力变化等实时调整加工参数，提高加工质量和刀具寿命。

故障诊断与预防性维护：内置诊断系统，能实时监测机床状态，预测潜在故障，实现预防性维护，减少停机时间。

物联网与大数据应用：与工厂信息系统集成，实现远程监控、数据分析、生产优化等功能，助力智能制造。

数控加工中心具有自动化程度高、加工精度高、加工范围广、加工效率高、适应性强、智能化程度高等特点，是现代制造业中实现高效、精密、复杂零件加工的核心设备。

2. 结构及功能

数控加工中心从主体上主要由以下几个部分组成：基础部件、主轴部件、数控系统、自动换刀装置、辅助装置。以立式加工中心为例，其结构如图 6-3 所示。

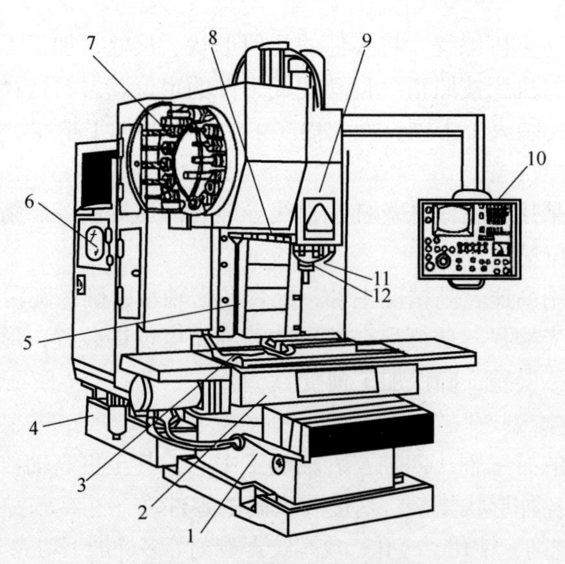

图 6-3　立式加工中心结构

1—床身　2—滑座　3—工作台　4—润滑油箱　5—立柱　6—数控柜　7—刀库　8—机械手　9—主轴箱　10—操纵面板　11—控制柜　12—主轴

（1）基础部件 基础部件通常包括以下几个主要组成部分：

1）床身（床架）。床身是数控加工中心的基础结构，支撑和固定整个机床的各个部件。

2）立柱。立柱是床身上竖直的支撑结构，连接着床身和横梁。

3）横梁。横梁位于立柱之间，连接着两个立柱，形成了机床的横向支撑结构。

4）工作台。工作台是用于安放和固定工件的平台，通常位于机床的床身上。

5）导轨和丝杠。导轨和丝杠是数控加工中心的运动部件，用于实现各个轴向的直线运动。

6）主轴。主轴是数控加工中心的核心部件，负责旋转刀具以进行工件的加工。

7）刀具和刀库。刀具是数控加工中心进行加工的关键工具，包括铣刀、钻头、车刀等。刀库用于存放和管理不同类型和规格的刀具。

8）冷却润滑系统。冷却润滑系统负责为加工过程提供冷却剂和润滑油，以降低加工温度、延长刀具寿命，并清洗加工过程中产生的切屑和切削液。

（2）主轴部件 数控加工中心的主轴部件是实现工件加工的核心组成部分，它负责旋转刀具以进行切削和加工。主轴部件通常包括以下几个主要组成部分：

1）主轴驱动装置。主轴驱动装置是主轴旋转运动的动力来源，通常采用电动机作为驱动装置。电动机类型包括交流电动机、直流电动机或者伺服电动机，具体选择取决于加工中心的设计要求和性能需求。

2）主轴轴承。主轴轴承负责支承和固定主轴，同时承受主轴的径向和轴向载荷。高精度的主轴轴承能够保证主轴的稳定性和转动精度，从而影响加工质量和加工效率。

3）主轴头部。主轴头部是安装刀具的部件，通常包括主轴锥孔、夹紧装置和刀具接口等。主轴头部的设计能够影响刀具的安装和更换方式，同时也会影响加工中心的适用范围和加工能力。

4）主轴箱体。主轴箱体是主轴的外部保护结构，用于固定和支承主轴轴承，并提供冷却润滑和散热功能。主轴箱体通常采用铸铁或钢板焊接而成，具有足够的刚性和稳定性。

5）冷却润滑系统。冷却润滑系统负责为主轴轴承和主轴头部提供冷却剂和润滑油，以降低摩擦和磨损，延长主轴和刀具的使用寿命。

6）主轴驱动系统。主轴驱动系统包括电动机、变速箱和传动装置等，用于控制主轴的转速和转向，以适应不同的加工需求和工件材料。

（3）数控系统 数控加工中心的数控系统是整个设备的智能控制核心，它负责接收用户输入的加工程序、生成加工路径和指令、控制机床各轴运动，并监控加工过程中的各种参数。数控系统通常包括以下几个主要组成部分：

1）数控控制器。数控控制器是数控系统的核心部件，它接收并解释用户输入的加工程序，生成相应的运动轨迹和指令，并将其发送给机床的各个执行部件，如伺服驱动器和主轴驱动器。数控控制器通常具有高性能的处理器和大容量的存储器，能够完成复杂的运算和控制任务。

2）数控程序。数控程序是由用户编写的加工程序，其中包含了工件的加工路径、切削参数、工艺要求等信息。数控程序通常采用特定的编程语言编写，如G代码和M代码，用户可以通过编程软件或CAM软件生成数控程序。

3）人机界面。人机界面是用户与数控系统进行交互的界面，通常采用触摸屏或键盘等输入设备，并配备有显示屏和操作按钮。通过人机界面，操作人员可以输入加工参数、启动和停止加工过程、监控加工状态等。

4）轴控制系统。轴控制系统负责控制机床各个轴的运动，包括直线轴（如*X*轴、*Y*轴、*Z*轴）和旋转轴（如主轴）。轴控制系统通常由伺服驱动器、编码器和电动机等组成，能够实现精确的位置控制和运动控制。

5）加工监控系统。加工监控系统用于监控加工过程中的各种参数，如切削力、温度、加工速度等，并根据监控结果进行实时调整和优化，以确保加工质量和安全性。

（4）自动换刀装置　数控加工中心通常配备自动换刀装置，这个装置的作用是在加工过程中自动更换不同类型或规格的刀具，以满足不同加工工序的需求，提高生产率。自动换刀装置通常包括以下几个主要组成部分：

1）刀库。刀库是存放刀具的载体，通常安装在机床的一侧或顶部。它可以容纳多个刀具，并通过数控系统的控制来自动选取和更换需要的刀具。

2）刀具托架。刀具托架是安装在刀库内的支撑结构，用于固定和支撑各种类型和规格的刀具。刀具托架通常具有标准化的接口，以便于刀具的安装和更换。

3）换刀装置。换刀装置是用于实现刀具的自动选取和更换的机械装置，它通常包括夹紧装置、旋转装置和移动装置等。通过换刀装置，数控系统可以控制刀库中的刀具被选取并安装到主轴上，从而实现自动换刀的功能。

4）传感器和检测装置。为了确保换刀过程的准确性和安全性，自动换刀装置通常配备有传感器和检测装置，用于检测刀具的位置、状态和安装情况，并及时反馈给数控系统进行控制和调整。

（5）辅助装置　数控加工中心常配备各种辅助装置，以提高加工效率、便利操作和确保加工质量。辅助装置通常包括以下几个主要组成部分：

1）自动润滑系统。自动润滑系统负责为机床各部件提供必要的润滑油，以减少摩擦和磨损，延长机床的使用寿命，并提高加工精度。

2）冷却系统。冷却系统用于在加工过程中冷却刀具和工件，以降低加工温度、延长刀具寿命，并排出切削过程中产生的热量和切屑。

3）切削液系统。切削液系统将切削液送入切削区域，用于冷却刀具和工件、润滑切削过程，并清洗切屑和工件表面，以提高加工质量和改善工作环境。

4）工件夹持装置。工件夹持装置用于固定和夹持工件，以确保加工过程中工件的稳定性和安全性。常见的夹持装置包括机械钳、气动钳和真空吸盘等。

5）自动工具测量装置。自动工具测量装置用于测量和校准刀具的长度和直径等参数，以确保刀具的精确性和一致性，提高加工精度和质量。

6）自动工件测量装置。自动工件测量装置用于测量和检查加工后工件的尺寸、形状和表面质量，以确保加工结果符合要求，并及时调整加工参数。

7）集尘装置。集尘装置用于收集加工过程中产生的切屑和废料，以保持加工环境清洁，减少切屑对机床和刀具的损坏，并方便废料的处理和回收利用。

3. 加工对象

数控加工中心的加工对象主要分为以下四大类：箱体类零件、复杂曲面、异形件、盘类或者板类零件。

（1）箱体类零件　箱体类零件通常是指各种外形为箱子或盒子形状的工件，常见于机械设备、电子产品、汽车零部件等领域。这些零件一般由金属、塑料或复合材料制成，形状简单且具有一定的结构稳定性。

箱体类零件的形状通常较为复杂，壁薄且不均匀，内部呈现为腔形，加工部位多。箱壁上既有许多精度较高的轴承支承孔和平面，也有许多精度较低的紧固孔。这些加工部位不仅数量多，而且加工难度大，尺寸和表面精度要求高。箱体类零件的尺寸精度要求较高，以确保设备的性能和精度。此外，支承孔的尺寸精度、形状精度和表面粗糙度等都对机器设备的旋转精度和使用寿命有重要影响。

（2）复杂曲面　自由曲面是在工程中经常遇到的复杂曲面。自由曲面是指在三维空间中没有特定几何规律、不受限制的曲面。与传统的几何形状（如球面、圆柱面）不同，自由曲面通常是由复杂的曲线和曲面组成，其形状可能因设计需求而变化，不受传统几何体的限制。

在工程和设计领域中，自由曲面通常用于设计各种复杂的产品、零件，如汽车车身、航空器外壳、艺术品等。自由曲面的形状可能非常复杂且多变，因此对加工工艺和技术要求较高。

在数学上，自由曲面通常由多项式、样条曲线、Bezier 曲线、NURBS（非均匀有理 B 样条）等数学模型描述。这些数学模型能够提供足够的灵活性，以描述各种形状的自由曲面，并在 CAD 和 CAM 中得到广泛应用。

（3）异形件　异形件是指在形状、结构或功能方面与常规部件或标准件有所不同的零件或工件。它们通常具有非常规的外形、复杂的结构或特殊的功能设计，与传统的标准件相比，更具有个性化、定制化和专用化的特点。

异形件可以是由各种材料制成的，如金属、塑料、陶瓷等，用途广泛，涉及机械制造、电子产品、航空航天、汽车、医疗设备等各个领域。异形件的形状、结构或功能与常规部件不同，因此它们通常需要定制设计和生产，以满足特定的需求和应用场景。

在制造过程中，异形件的加工可能需要采用特殊的工艺和设备，如数控加工中心、激光切割、电火花加工等，以确保能够精确地制造出符合设计要求的零件。

（4）盘类或者板类零件　盘类或者板类零件一般是带有键槽、径向孔，端面有分布孔系或曲面的零件。加工部位集中在单一端面上的盘类或板类零件宜选择立式加工中心，加工部位不是位于同一方向表面上的零件宜选择卧式加工中心。

6.1.2　加工中心自动换刀装置

加工中心自动换刀装置由刀库、选刀机构、刀具交换机构，以及刀具在主轴上的自动装卸机构等部分组成。

1. 刀库系统

刀库系统是机械加工中常见的一种自动化设备，用于存放、管理和自动更换加工所需的刀具。它主要由以下几个部分构成：

1）刀具存储区。刀库系统通常包含一个或多个刀具存储区，用于存放各种类型和规格的刀具。这些存储区可以采用不同的结构设计，如盘式（图 6-4）、链式（图 6-5）等，以满足不同的空间和刀具存储需求。

2）刀具管理系统。刀库系统配备了刀具管理软件或系统，用于记录和管理刀具的种类、数量、位置、状态等信息。通过这一系统，操作人员可以实时了解刀具的库存情况，进行刀具的选取、更换和管理。

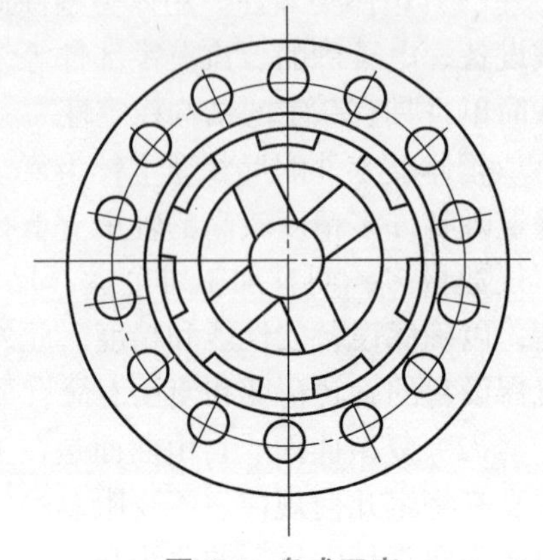

图 6-4　盘式刀库

3）刀具识别系统。为了确保刀具的准确识别和管理，刀库系统通常配备了刀具识别系统，用于识别刀具的类型、规格、编号等信息。这些识别系统可以采用条形码、RFID（射频识别）等技术，以实现自动化的刀具管理和跟踪。

4）安全保护装置。为了保障操作人员和设备的安全，刀库系统通常配备了各种安全保护装置，如防护罩、安全传感器等，以防止意外伤害和设备损坏。

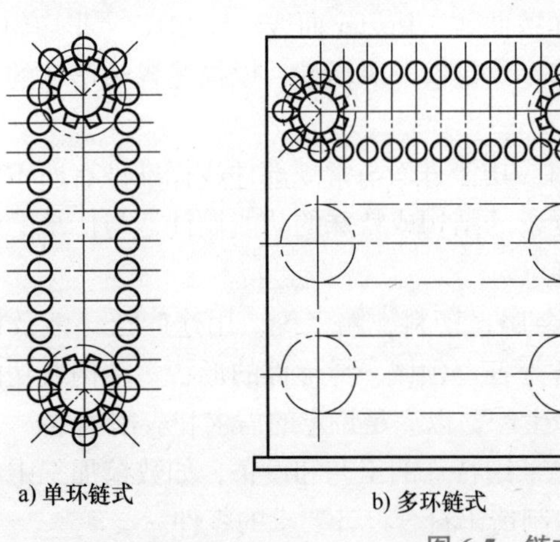

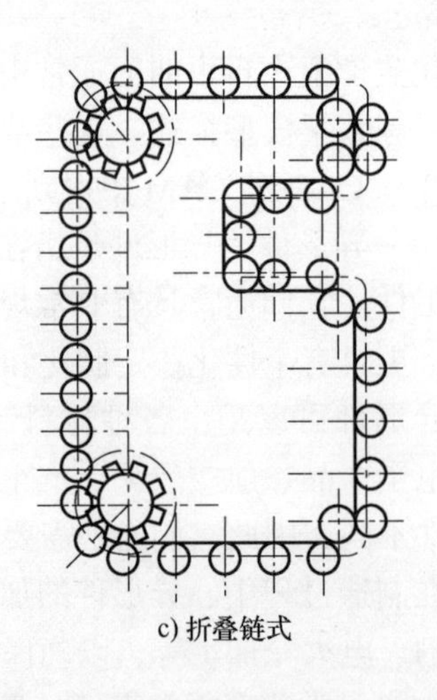

a) 单环链式　　b) 多环链式　　c) 折叠链式

图 6-5　链式刀库

2. 选刀方式

自动换刀的选刀方式主要有两种：顺序选刀和软件选刀。顺序选刀是一种自动化选刀方式，特指在加工过程中，按照预先设定的顺序依次选取刀具进行加工。这种方式通常在数控机床或自动化加工线中应用广泛。软件选刀是一种利用计算机软件进行刀具选择和优化的方式。这种方式通常结合了刀具数据库、加工参数和加工任务要求，通过算法和模拟技术，自动选择最优的刀具方案。

3. 刀具交换机构

刀具交换机构是指机床或自动化系统中负责实现刀具的自动更换和装卸的机构。这种机构的设计旨在提高加工效率和灵活性，减少人工干预和生产停机时间。

刀具交换机构通常由以下几个部分构成：

1）刀具传递装置。这是刀具交换机构的核心部件，负责将刀具从刀库或刀具储存区传递到机床主轴处。传递装置可以采用各种不同的技术，如机械臂、传送带、滑轨等，以实现快速、准确的刀具更换。

2）夹持装置：夹持装置用于固定和释放刀具，确保刀具在传递过程中不会发生脱落或损坏。夹持装置的设计需要考虑到刀具的类型、规格和尺寸，以确保夹持的安全和稳定。

3）传感器和控制系统：刀具交换机构通常配备了传感器和控制系统，用于检测刀具的位置、状态和安全性。这些传感器可以监测刀具的夹持情况、传递轨迹和相对位置，以确保刀具交换过程的安全和可靠性。

刀具的交换方式有两种：由刀库与机床主轴的相对运动实现刀具交换，以及采用机械手交换刀具。利用刀库与机床主轴的相对运动实现刀具交换的装置在换刀时必须首先将用过的刀具送回刀库，再从刀库中取出新刀具，两个动作不能同时进行，换刀时间较长。而采用机械手换刀装置在换刀时能够同时抓取和装卸机床主轴和刀库中的刀具，因此换刀时间进一步缩短。采用机械手进行刀具交换的方式应用最广泛，特别适用于大批量生产和复杂加工任务，换刀过程如图6-6所示。通过自动化的刀具更换，可以减少生产停机时间和人工干预，提高生产率和加工质量。因此，在现代制造业中，刀具交换机构已成为机床和自动化生产线中不可或缺的重要组成部分。

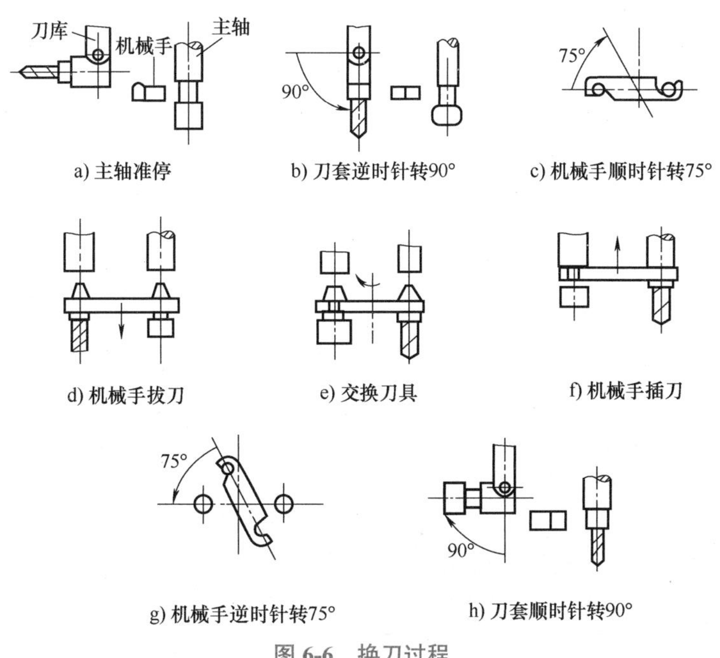

图6-6　换刀过程

4. 刀具

数控加工中心使用的刀具主要分为两大类：铣削用刀具和孔加工用刀具。

1）铣削用刀具包括面铣刀、立铣刀、模具铣刀、键槽铣刀、成形铣刀、锯片铣刀等。以下简要介绍常见的铣削用刀具类型。各类铣削用刀具如图 6-7 所示。

面铣刀：主要用于铣平面，材料大多采用硬质合金。在切削效率和加工质量上，硬质合金面铣刀比高速钢面铣刀更高。面铣刀生产率高，刚性好，通用性好，能采用较大的进给量，精度高，刀具寿命长。

立铣刀：数控加工中心中运用较广的一种铣刀。立铣刀的圆柱表面和端面上都有切削刃，它们可同时进行切削，也可单独进行切削。主要用于平面铣削、凹槽铣削、台阶面铣削和仿形铣削。

模具铣刀：由立铣刀演变而来，主要用于加工模具型腔成形表面，型腔部分的加工主要还是依靠各种立铣刀。

键槽铣刀：主要用于加工各类键槽，如平键键槽、半圆键键槽等。键槽铣刀的主切削刃是在圆柱面上，而端面上的切削刃是副切削刃。

成形铣刀：主要用于加工外成形表面的专用铣刀。成形铣刀的刀具轮廓形状要根据工件廓形设计。成形铣刀可加工复杂形状表面，且可获得高精度、高质量、高生产率的产品。成形铣刀常用于加工成形直沟和成形螺旋沟。

锯片铣刀：既是锯片也是铣刀。主要用于铁、铝、铜等中等硬度金属材料窄而深的槽的加工或切断，也可用于塑料、木材等非金属的铣削加工。超硬材料的锯片铣刀或硬质合金锯片铣刀主要用于难切削材料的铣削加工。

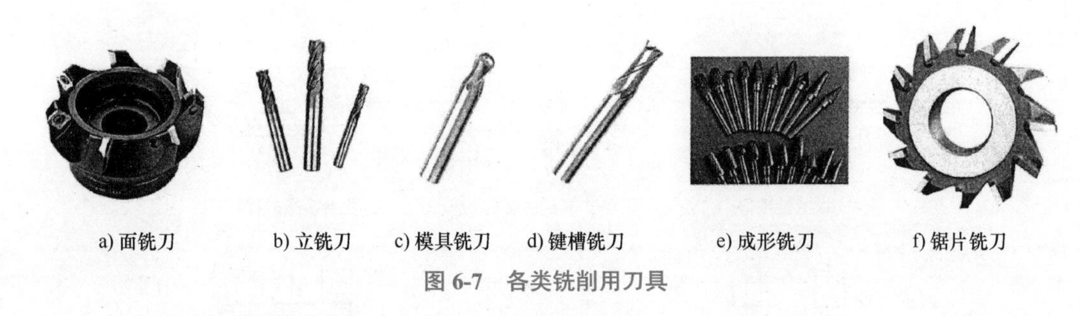

a) 面铣刀　b) 立铣刀　c) 模具铣刀　d) 键槽铣刀　e) 成形铣刀　f) 锯片铣刀

图 6-7　各类铣削用刀具

2）孔加工用刀具包括钻头、铰刀、镗刀、丝锥、扩（锪）孔刀等。以下简要介绍常见的孔加工用刀具类型。各类孔加工刀具如图 6-8 所示。

钻头：钻头有多种类型，常用的钻头有定心钻、中心钻、麻花钻。钻头的材料有多种，表面呈现黑色时，材质为高速钢或硬质合金钢；表面镀有稀有硬金属薄膜呈现金色时，是工具钢之类的材质经过热处理变硬的。

铰刀：一个或多个刀齿，用以切除已加工孔表面薄层金属的旋转刀具，是具有直刃或螺旋刃的旋转精加工刀具，用于扩孔或修孔。材料为硬质合金。铰孔精度可达 IT6~IT7。

镗刀：一般为圆柄，根据刃口的多少和是否可调，常有单刃镗刀、双刃镗刀、微调镗刀。常用于孔加工、扩孔、仿形等。

丝锥：一种加工内螺纹的刀具，按照形状可以分为螺旋丝锥和直刃丝锥。

锪孔刀：为了保证孔口与孔中心线的垂直度，用锪孔刀将孔口端面锪平，并与孔中心线垂直，能使连接螺栓（或螺母）的端面与连接件保持良好接触。

以上是常见的数控加工中心刀具类型，每种刀具都有特定的用途和适用范围，根据加工任务的要求和工件的材料特性，选择合适的刀具类型和规格是确保加工质量和效率的关键。

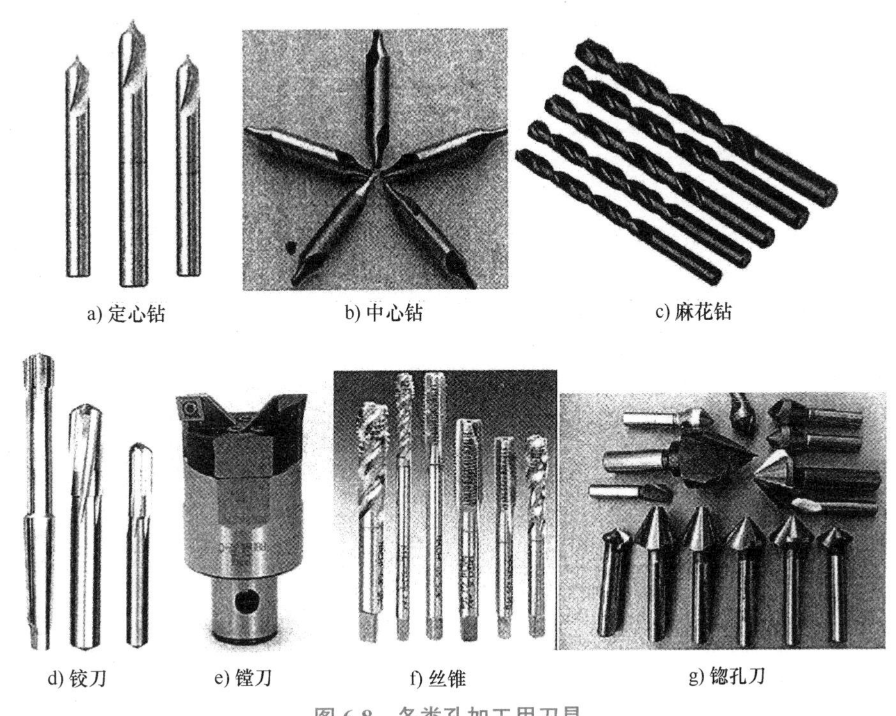

a) 定心钻　b) 中心钻　c) 麻花钻

d) 铰刀　e) 镗刀　f) 丝锥　g) 锪孔刀

图 6-8　各类孔加工用刀具

6.1.3　加工中心程序编写

本小节关于加工中心程序的编写，主要以 FANUC 系统加工中心程序指令编制与使用为基础。下面分别对数控系统功能和加工中心自动编程进行介绍。

1. 数控系统功能

数控系统中所使用的加工程序指令，主要划分为五大类别：准备功能 G、辅助功能 M、刀具功能 T、主轴转速功能 S 及进给速度功能 F。以下对这些指令类型进行逐一介绍。

（1）准备功能 G　准备功能 G 作为数控系统中调控机床或确定其工作模式的关键指令，其结构包含地址符 G 及紧跟其后的两位数字，如 G00、G01 等。这些 G 代码可进一步细分为模态代码与非模态代码两类。

模态 G 代码在被编程指定后，其设定的状态将持续保持有效，直至遇到同功能组内的后续 G 代码进行替换。例如，若程序开始时执行了直线插补指令 G01，机床将在此后所有未被其他插补指令覆盖的区域持续执行直线插补操作，直至遇见圆弧插补指令 G02，直线插补模式才会被圆弧插补模式所替代。

相反，非模态 G 代码仅在其所在的程序段内生效，若在后续程序段中仍需执行相同功能，必须重新输入该代码。例如，使用暂停指令 G04 时，其暂停效果仅限于该指令所在的程序段，若后续需要再次暂停，必须重新插入 G04 指令。

表 6-1 列出了 FANUC 0*i*M 系统中常用的准备功能 G 代码，为用户在编写数控加工程序时提供便捷的查阅参考。

表 6-1 FANUC 0*i*M 系统中常用的准备功能 G 代码

代码	组别	功能	备注	代码	组别	功能	备注
G00	01	点定位		G57	14	选择工件坐标系 4	
G01		直线插补		G58		选择工件坐标系 5	
G02		顺时针方向圆弧插补		G59		选择工件坐标系 6	
G03		逆时针方向圆弧插补		G65	00	宏程序调用	非模态
G04	00	暂停	非模态	G66	12	宏程序模态调用	
G15	17	极坐标指令取消		*G67		宏程序模态调用取消	
G16		极坐标指令		G68	16	坐标旋转有效	
G17	02	*XY* 平面选择		*G69		坐标旋转取消	
G18		*XZ* 平面选择		G73	09	高速深孔啄钻循环	非模态
G19		*YZ* 平面选择		G74		左旋攻螺纹循环	非模态
G20	06	英制（in）输入		G76		精镗孔循环	非模态
G21		米制（mm）输入		*G80		取消固定循环	
G27	00	机床返回参考点检查	非模态	G81		钻孔循环	
G28		机床返回参考点	非模态	G82		深孔循环	
G29		从参考点返回	非模态	G83		深孔啄钻循环	
G30		返回第 2、3、4 参考点	非模态	G84		右旋攻螺纹循环	
G31		跳转功能	非模态	G85		绞孔循环	
G33	01	螺纹切削		G86		镗孔循环	
*G40	07	刀具半径补偿取消		G87		反镗孔循环	
G41		刀具半径补偿——左		G88		镗孔循环	
G42		刀具半径补偿——右		G89		镗孔循环	
G43		刀具长度补偿——正		*G90	03	绝对尺寸	
G44		刀具长度补偿——负		G91		增量尺寸	
*G49		刀具长度补偿取消		G92	00	设定工作坐标系	非模态
*G50	11	比例缩放取消		*G94	05	每分进给	
G51		比例缩放有效		G95		每转进给	
G52	00	局部坐标系设定	非模态	*G96	13	恒周速控制方式	
G53		选择机床坐标系	非模态	G97		恒周速控制取消	
G54	14	选择工件坐标系 1		G98	10	固定循环返回起始点方式	
G55		选择工件坐标系 2		*G99		固定循环返回 R 点方式	
G56		选择工件坐标系 3					

在表 6-1 中，当开启机床电源时，带有“*”标识的 G 代码会自动处于激活状态，即

为其默认设置。值得注意的是，对于某些同组内默认的G代码，其状态可根据系统参数设定进行个性化选择，这意味着原始默认状态可能因此发生变更。

G代码依据其各自的功能特性被划分为若干不同的组别。在实际编程过程中，尽管在同一程序段中允许指定多个来自不同组别的G代码，但若在同一程序段内指定了两个或两个以上隶属于同一组的G代码，系统将仅识别并执行最后一个出现的该组G代码。

进一步探讨固定循环操作：如若在固定循环程序段中指定了01组的G代码，那么该固定循环指令将被解除，机床状态相当于执行了G80指令，即退出固定循环模式。然而，反向来看，01组的G代码自身并不受任何固定循环G代码的影响，其功能与有效性独立于固定循环指令之外，确保在特定条件下能按照预期进行精准控制。

（2）辅助功能M　辅助功能M用来表示机床操作时各种辅助指令及其状态。它由地址符M及其后面的两位数字组成。表6-2列出了FANUC 0*i*M系统常用辅助功能M代码。

表6-2　FANUC 0*i*M系统常用辅助功能M代码

代码	功能	备注
M00	程序停止	非模态
M01	程序选择停止	非模态
M02	程序结束	非模态
M03	主轴顺时针方向旋转	模态
M04	主轴逆时针方向旋转	模态
M05	主轴停止	模态
M06	换刀	非模态
M07	切削液打开	模态
M08	切削液关闭	模态
M30	程序结束并返回	非模态
M31	旁路互锁	非模态
M52	自动门打开	模态
M53	自动门关闭	模态
M74	错误检测功能打开	模态
M75	错误检测功能关闭	模态
M98	子程序调用	模态
M99	子程序调用返回	模态

（3）T、S、F功能　T、S、F功能是数控编程中的重要组成部分，分别用于指定刀具、主轴转速及进给速度。

1）T 功能（刀具功能）。T 功能用于指定或调用加工过程中所使用的刀具。在数控程序中，通过指定一个 T 代码（如 T10）来指示机床使用某一编号的刀具进行切削。具体的刀具编号应与机床刀库中预设的刀具对应关系相符。T 代码通常与 M06（换刀指令）配合使用，当程序执行到 M06 时，机床会根据当前 T 代码指定的刀具号进行自动换刀。此外，T 功能也可能包括刀具补偿参数（如 T10D20），其中 D 值表示刀具长度补偿值。

2）S 功能（主轴转速功能）。S 功能用于设定机床主轴的旋转速度，即切削过程中刀具的转速。在程序中，以 S 后跟一个数值（如 S600）来指定主轴的转速（r/min）。例如，S600 表示主轴应以 600r/min 的速度运行。正确的主轴转速选择对加工效率、工件表面质量、刀具寿命等均有直接影响，需根据材料、刀具类型、切削参数等因素合理设定主轴转速。

3）F 功能（进给速度功能）。F 功能定义了刀具沿其切削路径移动时的进给速度，即单位时间内刀具在工件上移动的距离。在程序中，使用 F 后跟一个数值（如 F100）来设定进给速度，单位通常为 mm/min 或 in/min。例如，F100 表示刀具的进给速度为 100mm/min。进给速度的选择同样需要考虑工件材料、刀具强度、加工精度要求等因素，过快可能导致切削力过大、刀具磨损加剧或工件表面质量下降，过慢则可能降低生产率。

2. 加工中心自动编程

（1）编程软件介绍　Mastercam 是最常用的自动编程软件之一，是由美国 CNC Software NC 公司开发的基于 PC 平台的 CAD/CAM 一体化软件，自 Mastercam 5.0 版本后，Mastercam 的操作平台转变成了 Windows 操作系统风格。作为标准的 Windows 应用程序，Mastercam 的操作符合广大用户的使用习惯。在不断的改进中，Mastercam 的功能不断得到加强和完善，在业界赢得了越来越多的用户，并被广泛应用于机械、汽车和航空等领域，特别是在模具制造业中应用最广。目前 Mastercam 的最新版本为 Mastercam X5，Mastercam X5 在 Mastercam X4 的基础上继承了 Mastercam 的一贯风格和绝大多数的传统设置，并辅以新的功能。利用 Mastercam 系统进行自动编程一般分为三个基本步骤：CAD- 产品模型设计，CAM- 计算机辅助制造生产，后处理阶段 - 最终生成加工文件。

Mastercam 作为 CAD 和 CAM 的集成开发系统，其 CAM 模块主要包括 Mill、Lathe、Wire 和 Router 四大部分，分别对应铣削、车削、线切割和刨削加工。

（2）Mastercam X5 的操作界面　加工中心自动编程主要应用的是 Mastercam X5 铣削加工模块。图 6-9 所示界面注明了 Mastercam X5 的 Mill 模块的操作界面名称和位置。

（3）编程操作管理及其应用　Mastercam 自动编程 Mill 模块可以实现二维铣削加工和三维曲面加工。二维铣削主要包括外形铣削、钻孔与镗孔加工、挖槽铣削加工、面铣削加工和文字雕刻。三维曲面加工主要包含平行加工、放射加工、投影加工、等高线加工和挖槽加工等。

在数控机床加工系统中，生成刀具路径之前首先需要对工件的大小、材料及刀具等参数进行设置。以下主要介绍数控铣床加工系统中这些参数的设置方法。

1）工件设置。在主菜单中顺序选择“Toolpaths”→“Job Setup”选项后，打开“Job Setup”（工件设置）对话框，界面如图 6-10 所示。

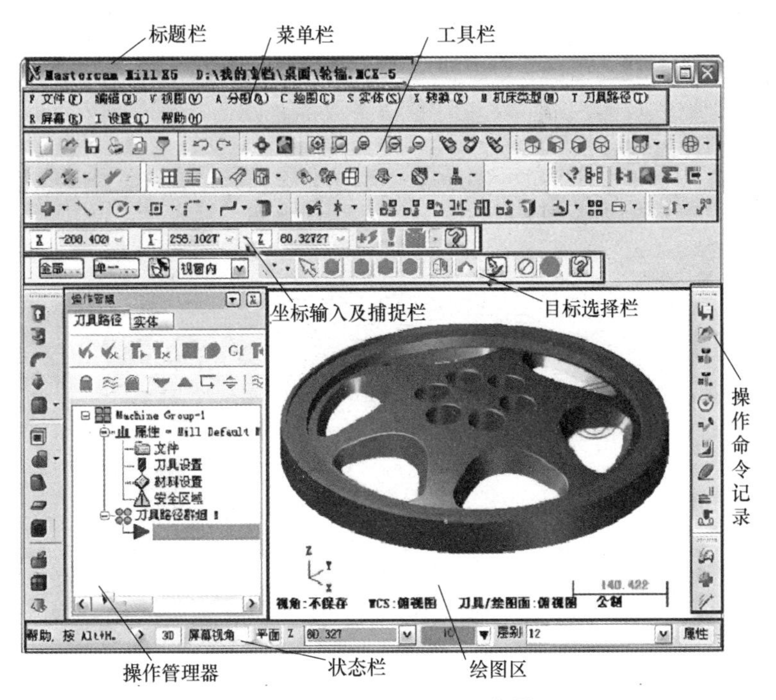

图 6-9 Mastercam X5 用户界面

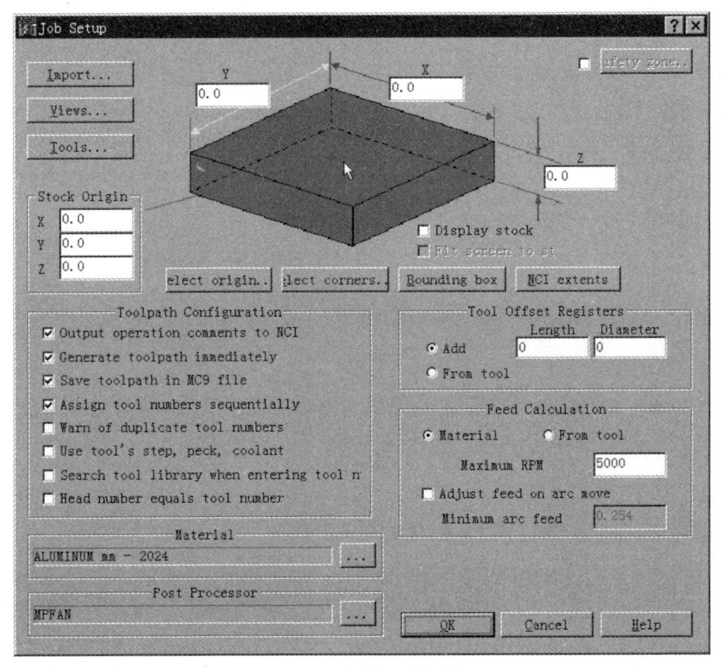

图 6-10 工件设置界面

2）刀具设置。在生成刀具路径前，首先要选取该加工中使用的刀具。加工作业所用刀具由刀具管理器管理。单击“Job Setup”对话框中的“Tools”按钮，或在主菜单中顺序选择“NC utils”→“Def.tools”→“Current”选项，打开图 6-11 所示刀具管理器界面，通过该管理器可以对当前刀具进行设置。

在“Define Tool”对话框中的任意位置单击鼠标右键，打开快捷菜单，可通过该快捷菜单各选项对刀具进行设置。

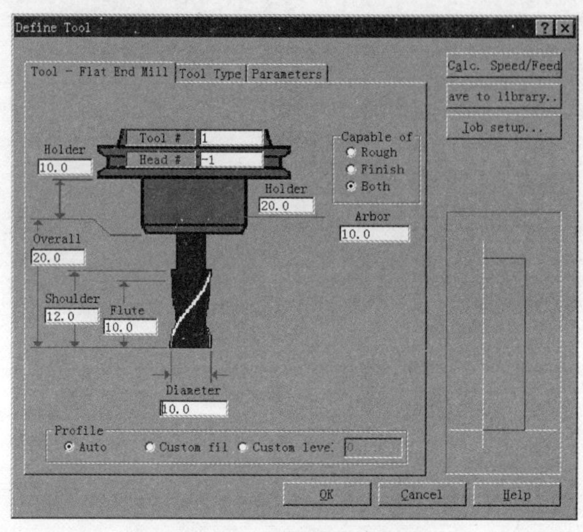

图 6-11　刀具管理器界面

3）材料设置。工件材料的选择直接会影响到进给量、主轴转速等加工参数。工件材料参数的设置与刀具参数设置的方法相似，可以直接从系统材料库中选择要使用的材料，也可以设置不同的参数来定义材料。单击“Job Setup”对话框“Material”选项组的“Select”按钮或在主菜单区顺序选择“NC utils”→“Def.matls”选项，则可打开图 6-12 所示的“Material List”对话框，通过该对话框可以对当前材料列表进行设置并选取工件的材料。

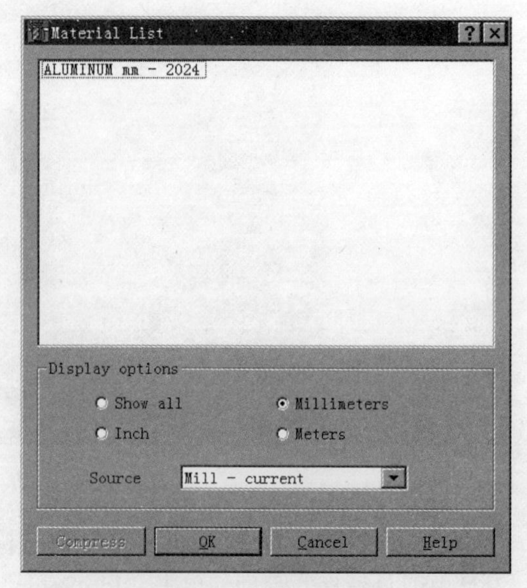

图 6-12　材料设置界面

4）操作管理。对于零件的所有加工操作，可以使用操作管理器来进行管理。使用操作管理器可以产生、编辑、计算新刀具加工路径，并且可以进行加工模拟、仿真模拟、后处理等操作，以验证刀具路径是否正确。

在主菜单中顺序选择“Toolspaths”→“Operations”项，打开“Operations Manager”对话框，可以打开一个 MC9 文件的操作管理器，如图 6-13 所示。可以在此管理器中移动某个操作的位置来改变加工程序，也可以通过改变刀具路径参数、刀具及与刀具路径关联的几何模型等对原刀具路径进行修改。对各类参数进行重新设置后，单击“Regen Path”按钮即可生成新的刀具路径。

5）刀具路径模拟。对一个或多个操作进行刀具路径模拟，可在主菜单中顺序选择“NC utils”→“Backplot”选项或单击操作管理器中的“Backplot”按钮，可打开图 6-14 所示“Backplot”子菜单。“Backplot”子菜单中各选项可以对刀具路径模拟的各项参数进行设置。该功能可以在机床加工前进行检验，提前发现错误。

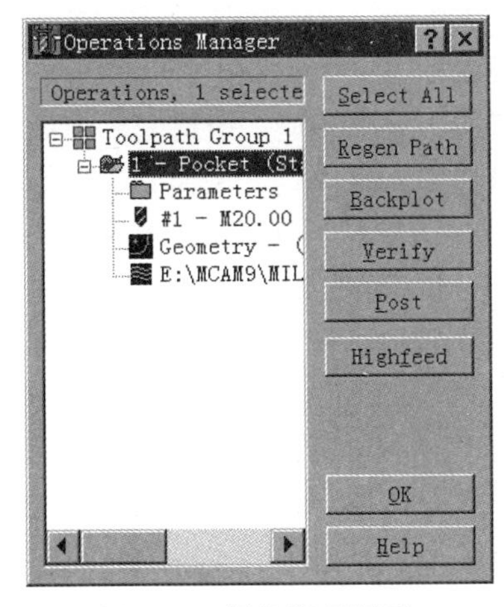

图 6-13 操作管理界面

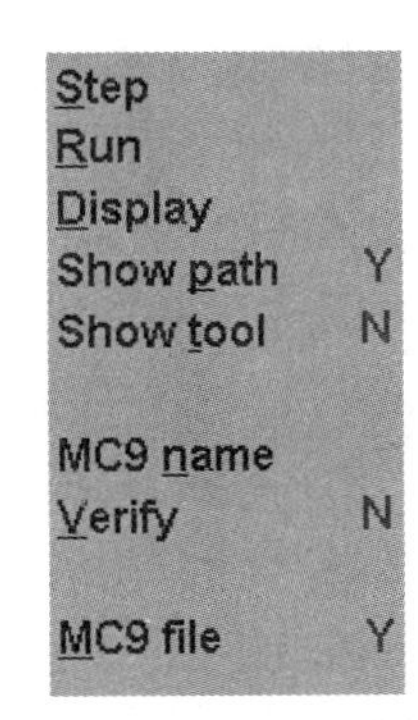

图 6-14 刀具路径模拟界面

6）仿真加工。在主菜单中顺序选择“NC utils”→“Verify”选项或在操作管理器中选择一个或几个操作。生成刀具路径后，可以单击“Verify”按钮，在绘图区显示出工件和 Verify 工具栏，如图 6-15 所示，这时可以对选取的操作进行仿真。

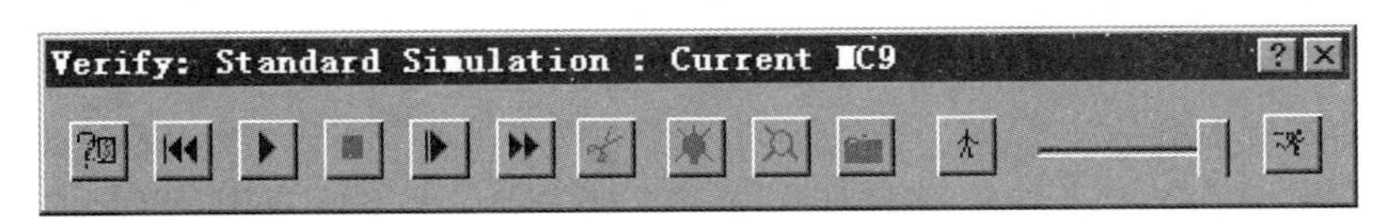

图 6-15 仿真加工界面

7）后处理。经过模拟加工后，如果对加工比较满意，即可进行后处理。后处理就是将 NCI 刀具路径文件翻译成数控程序。在公共管理菜单或操作管理器中单击“Post”按钮，这时打开图 6-16 所示“Post processing”对话框，用来设置有关参数。用户可根据机床数控系统的类型选择相应的后处理器。系统默认的后处理器为 MPFAN.PST（日本 FANUC 控制器），若要使用其他的后处理器，单击“Change Post”按钮，在打开的“Specify File Name to Read”对话框中，选择相对应的后处理器后，单击“Open”按钮，即用该后处理器进行后处理。

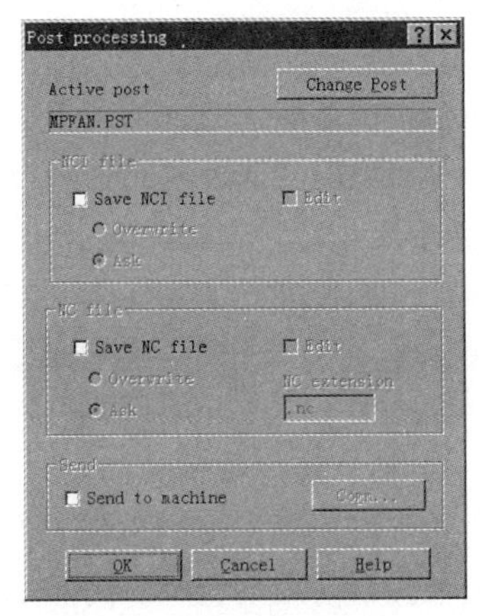

图 6-16 后处理界面

6.2 增材制造技术

6.2.1 增材制造技术概述

1. 增材制造简介

增材制造也被称为3D打印，相对于机械加工“减材制造”而言，它是基于离散-堆积原理，通过材料逐层堆积来实现零件制造的，是继铸造、锻造之后发展起来的又一种先进成形方法。与传统制造技术相比，增材制造不需要模具、型壳、型芯等辅助制品，制造流程短，周期短，设计迭代速度快，可制造复杂零件。通过CAD数据采用材料逐层累加的方法制造实体零件的技术是一种自下而上材料累加的制造方法，可以完成几乎任意几何形状几何体的制造。近年来，增材制造技术逐步发展，该技术也先后被定义为快速原型（Rapid Prototyping）、分层制造（Layered Manufacturing）、实体自由制造（Solid Free-from Fabrication）、3D印（3D Printing）、增材制造（Additive Manufacturing）等。

相比于传统的减材制造，增材制造技术具有其独特的优势。例如，对于具有复杂形状或内部结构的物体，利用传统方法加工十分困难，需要付出大量的时间和经济成本，对某些特殊的结构甚至无法加工成形。而增材制造技术基于逐层堆叠的成形方式，能够成形传统方法无法成形的复杂形状结构，并且其制造的时间与成本基本不受结构复杂程度的影响。

增材制造技术的原材料包括金属材料、无机非金属材料、有机高分子材料及生物材料等，而研究或应用较多的是金属材料的增材制造。例如在航空航天、汽车船舶、模具制造及生物医疗等方面，金属增材制造技术都能得到广泛的应用。增材制造具体流程如图6-17所示。

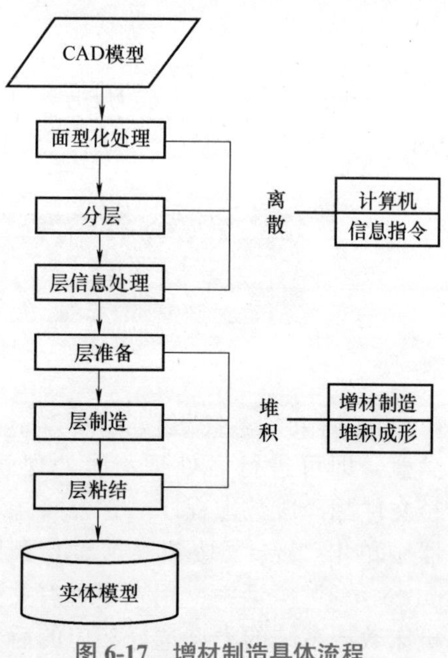

图6-17　增材制造具体流程

根据成形工艺原理的不同，增材制造技术可分为不同的类型，包括常见的光固化快速成型技术（Stereo Lithography Appearance，SLA）、选择性激光烧结技术（Slective Laster Sintering，SLS）、薄型材料叠层制造成型技术（Laminated Object Manufacturing，LOM）、熔融沉积快速成型技术（Fused Deposition Modeling，FDM）等，这些工艺将在6.2.2小节展开介绍。以下简单介绍另外三种工艺。

1）激光近净成形（Laser Engineered Net Shaping，LENS），在LENS技术过程中，计算机首先将三维CAD模型按照一定的厚度切片分层，每一层的二维平面数据转化为打印设备数控台的运动轨迹。高能量激光束会在底板上生成熔池，同时将金属粉末同步送入熔池中并快速熔化凝固，使之由点到线、由线到面的顺序凝固，从而完成一个层截面的打印工作。这样层层叠加，制造出近净形的零部件实体。

2）电子束选区熔化（Electron Beam Selective Melting，EBSM），是一种增材制造工艺，通过电子束扫描熔化粉末材料，逐层沉积制造三维金属零件，用于钛合金、钛铝基合金等难熔的高性能金属材料的成形制造。

3）选区激光熔化（Selective Laser Melting，SLM），是金属材料增材制造中的一种主要技术途径。该技术选用激光作为能量源，按照三维 CAD 切片模型中规划好的路径在金属粉末床层进行逐层扫描，扫描过的金属粉末通过熔化、凝固从而达到冶金结合的效果，最终获得模型所设计的金属零件。

2. 增材制造技术的产生和发展

增材制造技术被认为将会为个性化产品的设计及生产带来革新。《经济学人》杂志在其 2012 年的一期专题中谈到，增材制造技术的发展与逐渐成熟是第三次工业革命的重要标志之一。同年，2012 年，美国政府正式宣布建立国家增材制造创新机构，推动增材制造技术向国家主流制造技术发展，也促使各国政府开始重视增材制造。增材制造的技术研究和产业化发展也受到各国政府的充分重视。2015 年 2 月，国家三部委正式发布了《国家增材制造产业发展推进计划（2015—2016 年）》，其中明确提出我国增材制造的发展目标为“到 2016 年，初步建立较为完善的增材制造产业体系，整体技术水平保持与国际同步，在航空航天等制造领域达到国际先进水平，在国际市场上占有较大的市场份额”，这为我国的增材制造产业带来了新一轮的发展契机。

增材制造技术思想萌芽于20世纪40年代，增材制造技术发展简要历程如图6-18所示。当前增材制造的工艺种类繁多，使用的材料广泛，已有塑料、陶瓷、树脂、金属与生物材料等多种材料可供应用。

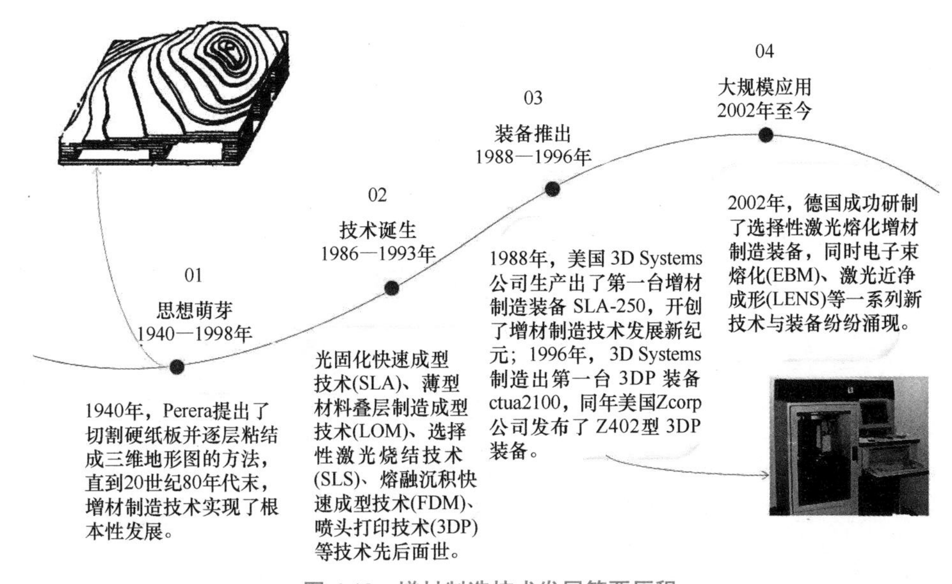

图 6-18 增材制造技术发展简要历程

增材制造的历史基础几乎可以追溯到 150 年前，当时人们利用二维图层叠加来成型三维的地形图。20 世纪 60 年代和 70 年代的研究工作验证了第一批现代增材制造工艺，包括20世纪60年代末的光聚合技术、1972年的粉末熔融工艺，以及1979年的薄片叠层技术。

到20世纪80年代末和90年代初，增材制造相关专利和学术出版物的数量明显增多，出现了很多创新的增材制造技术，如1989年麻省理工学院的3D打印技术（3DP）、90年代的激光束熔化工艺。同一时期，一些增材制造技术被成功商业化，包括光固化技术、固体熔融沉积技术，以及激光烧结技术。但是在当时，高成本、有限的材料选择、尺寸限制及有限的精度，限制了增材制造技术在工业上的应用，只能用于小量快速原型件或模型的制作。

20世纪90年代和21世纪初是增材制造的增长期。电子束熔化等新技术实现了商业化，而现有技术得到了改进。研究者的注意力开始转向开发增材制造相关软件。出现了增材制造的专用文件格式，增材制造的专用软件，如Materialise的Magics开发完成。设备的改进和工艺的开发使3D增材制造产品的质量得到了很大提高，开始被用于工具甚至最终零件。

金属的增材制造技术在诸多增材制造技术中脱颖而出，成为市场关注的重点。金属增材制造技术的设备、材料和工艺相互促进发展，多种不同的金属增材技术互相竞争，互相促进，不同的技术特点开始展现，应用方向也逐渐明朗。

6.2.2 增材制造工艺技术基础

1. 光固化快速成型技术（SLA）

1983年，Charles Hull发明了光固化快速成型技术，并在1986年获得申请专利。同年，Charles Hull在加利福尼亚州成立了3D Systems公司，致力于将光固化技术商业化。1988年，3D Systems推出第一台商业设备SLA-250，光固化快速成型技术在世界范围内得到了迅速而广泛的应用。

研究该方法的有3D Systems公司、EOS公司、CME公司、D-MEC公司、Teijin Seiki公司、Mitsui Zosen公司等。3D Systems公司于1999年推出sla-7000机型，售价80万美元/台，扫描速度可达9.52m/s，层厚最小可达0.025mm。Autostrade公司使用680mm左右波长的半导体激光器作为光源，并开发出针对该波长的可见光树脂。

（1）光固化快速成型工艺的原理 具有一定波长和强度的光束，在微机控制下按加工零件各分层截面的形状对液态树脂逐点扫描，被光照射到的薄层树脂发生聚合反应，从而形成一个固化的层面。当一层扫描完成后，未被照射的地方仍是液态树脂。然后升降台带动基板再下降一层高度，已成型的层面上方又填充一层树脂，接着进行第二层扫描。新固化的一层牢固地粘在前一层上，如此重复直到整个零件制造完毕。光固化快速成型工艺的原理如图6-19所示。

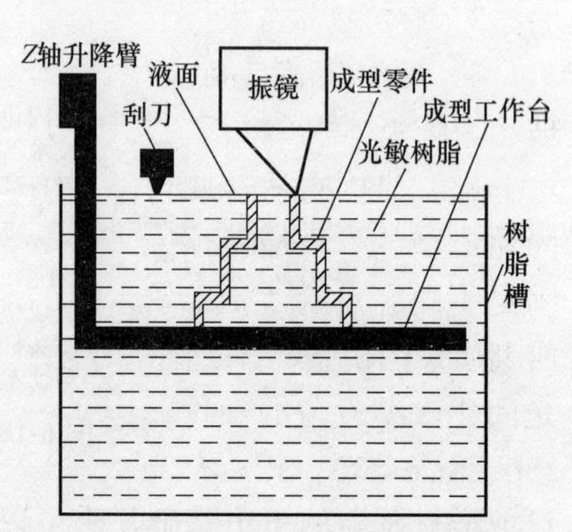

图6-19 光固化快速成型工艺的原理

（2）光固化快速成型工艺的技术特点 从光固化快速成型的原理和它所使用的材料来看，光固化快速成型主要有如下优点：

1）光固化快速成型技术是最早出现的快速成型制造工艺，成熟度最高，已经过时间的检验。

2）成型速度较快，系统工作相对稳定。

3）可以打印的尺寸比较大，可以做到 2m 的大件，后期处理特别是上色比较容易。

4）尺寸精度高，可以做到微米级别。

5）表面质量较好，比较适合做小件及较精细件。

光固化快速成型的不足之处在于：

1）SLA 设备造价高昂，使用和维护成本高。SLA 系统是要对液体进行操作的精密设备，对工作环境要求苛刻。

2）成型件多为树脂类，材料价格贵，强度、刚度、耐热性有限，不利于长时间保存。

3）这种成型产品对贮藏环境有很高的要求，温度过高会熔化，工作温度不能超过 100℃。光敏树脂固化后较脆，易断裂，可加工性不好。成型件易吸湿膨胀，耐蚀能力弱。

4）需要设计工件的支撑结构，以便确保在成型过程中制作的每一个结构部位都能可靠定位，支撑结构需在未完全固化时手工去除，容易破坏成型件。

（3）光固化快速成型工艺的材料　光固化快速成型技术从诞生至今，光敏树脂一直都作为该技术的主要成型材料之一。光敏树脂的主要成分包括低聚物、活性单体、光引发剂和少量其他助剂。光固化成型材料需具备两个最基本的条件，即能否成型及成型后的形状、尺寸精度。具体来说，应满足以下条件：

1）成型材料易于固化，且成型后具有一定的粘结强度。

2）成型材料对光有一定的透过深度，以获得具有一定固化深度的层片。

3）成型材料本身的热影响区小，收缩应力小。

4）成型材料的黏度不能太高，以保证加工层平整并减少液体流平时间。

光敏树脂材料的优点如下：

1）固化速度快，生产率高。

2）能量利用率高，节约能源。

3）有机挥发分少，对环境友好。

4）可涂装各种基材，如纸张、塑料、皮革、金属、玻璃、陶瓷等。

（4）光固化快速成型工艺的设备　目前，美国在光固化成型技术领域处于领先地位。在成型设备方面，为满足不同客户的使用要求，推出了各种成型尺寸和不同成型质量的机型。以美国最著名的 3D Systems 公司为例，光固化成型设备的种类可达十几种，如 SLA-250、SLA-350、SLA-500、SLA-3500、SLA-5000 和 SLA-7000 等。目前 3D Systems 推出了打印速度更快的 SLA3D 打印机 SLA-750，如图 6-20 所示，下一步希望将增材制造集成

图 6-20　SLA-750

到其工厂车间的生态系统中。不同机型之间的硬件设备有所差异，其成型工艺也有所不同。

3D Systems 公司和德国 EOS 公司在材料方面的研究最为广泛，制备的光敏树脂材料固化性能较好，成型零件强度较高，固化收缩变形较小。另外，国外对光固化成型技术软件控制系统的研究较为深入，具有较好的软件平台，成型工艺参数配置较完善，可以成型精度较高的零件。3D Systems 公司拥有完备的光固化快速成型系统，主要分为非接触的数字光处理（Digtial Light Processing，DLP）成型系统和 SLA 成型系统。其中 DLP 成型系统采用连续光固化成型，打破了打印速度的瓶颈，使打印效率达到了极限；SLA 成型系统几乎可以成型任意不同尺寸的产品，其应用范围十分广泛。

随着制造业需求的不断增加，国内 3D 打印技术受到高度重视。2012 年 10 月，我国成立了第一个 3D 打印产业联盟，将 3D 打印推向热潮。近年来，国内开展 3D 打印技术研究的单位较多，主要集中在高校和科研院所，研究成果在各个行业领域均有应用。从 20 世纪 90 年代开始，清华大学和华中科技大学等高校相继开展了 3D 打印设备、材料、控制软件和成型工艺等方面的研究。国内几所知名高校在 3D 打印技术方面取得了重大科研成果，一些设备的使用性能已达到了国际水准。另外，国内一些科研院所也在同步开展 3D 打印技术方面的相关研究。除此之外，诸多知名企业也在不断地进行 3D 打印技术相关的研究与探索。在 3D 打印行业中，上海联泰科技股份有限公司是最具有代表性的企业之一，对光固化快速成型技术的研究最为深入，其产业规模位居国内前列，推动了 3D 打印光固化成型技术的极大进步。

2. 选择性激光烧结技术（SLS）

选择性激光烧结技术的概念是在 1986 年由美国得克萨斯大学的研究生 Deckard 提出来的，他在 1989 年获得了第一个 SLS 技术专利，随后成立了 DTM 公司。SLS 采用 CO_2 激光器作为能量源，通过选择性地熔化高分子粉末材料来制作三维实体零件。SLS 技术具有成型材料多样化、用途广泛、成型过程简单、材料利用率高等优点，是最具发展前景的 3D 打印技术之一。

选择性激光烧结技术根据是否往成型材料中添加黏结剂可以分为两种。不往成型材料中添加黏结剂，依靠激光器直接熔化成型材料来成型的烧结技术称为直接烧结技术。往成型材料中添加黏结剂，通过黏结剂的熔化来粘结成型的技术称为间接烧结技术。间接烧结技术对于激光器的功率要求较低，对于成型材料的要求不高，通过添加合适的黏结剂即可成型。

（1）选择性激光烧结技术的基本原理　CAD 模型需要在计算机程序中利用分层软件逐层切割以获得每层的加工数据信息。在选择性激光烧结成型时，工艺条件如预热温度、激光功率、扫描速度、扫描路径、分层厚度等应根据制件要求进行调节，工作室中的预热温度升高到预定值并保持其不变。送料筒上升，铺粉滚筒移动，在平台上铺一层粉末，由精密导轨、伺服控制系统控制激光束对粉末进行扫描烧结，形成一层实体轮廓。第一层烧结完成，工作台下降一个分层厚度，由铺粉滚筒再铺上一层粉末进行下一层烧结，循环往复、层层叠加而形成三维实体。其成型原理如图 6-21 所示。

（2）选择性激光烧结技术的特点

1）优点：

① 高精度和良好表面质量。选择性激光烧结技术能够实现非常精细的打印，产生高精度、复杂度高的零件，并具有优秀的表面质量。

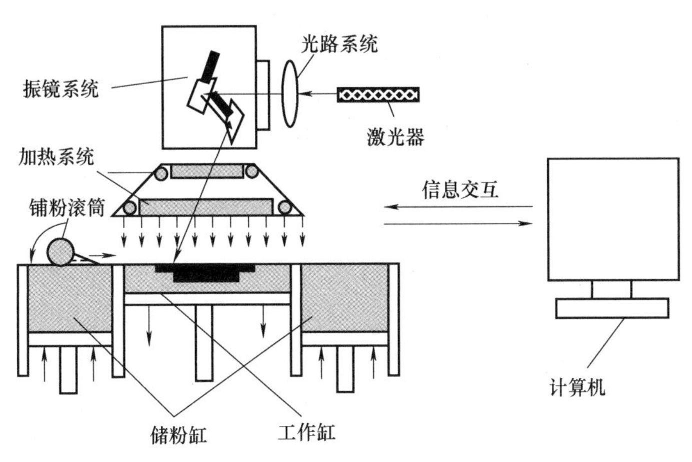

图 6-21　选择性激光烧结技术成型原理

② 多材料打印。该技术可以用于不同类型的材料，包括金属、陶瓷和塑料等，为制造各种功能性零件提供了灵活性。

③ 无须支撑结构。相比其他增材制造技术，选择性激光烧结技术在打印过程中不需要支撑结构，可避免后续去除支撑的步骤，节约时间和成本。

④ 快速生产速度。激光烧结技术通常具有较快的生产速度，尤其适用于生产小批量或单个定制化产品。

⑤ 材料利用率高。由于是粉末床层层烧结，相对于传统加工方式，几乎没有材料浪费。

2）缺点：

① 高昂的设备成本。核心设备（激光器、扫描系统等）价格昂贵，使得设备投资成本较高，限制了中小规模企业的采用。

② 表面处理和后处理复杂。由于制造过程中可能会出现残留粉末，需要进行清洁、后处理和烧结等步骤，增加了生产周期和成本。

③ 建模和设计复杂。部分几何形状和结构的设计可能会受到限制，需要考虑到热应力累积和支撑问题。

④ 生产率受到制约。对于大型或密集的零件，生产率可能降低，因为每一层的照射时间很长。

⑤ 材料选择受限。不同的激光烧结设备可能只能使用特定类型的材料，这会限制材料选择的范围。

（3）选择性激光烧结技术的成型材料　SLS 打印材料多为粉末材料，而用于医药领域的粉末材料一般都具有生物活性，或者生物可降解性。按粉末的性质可分为以下三类：生物金属材料、生物陶瓷材料、高分子材料。

1）生物金属材料。钛、钽、铜基合金和锌基合金等生物金属由于具有优异的抗压强度和较高的抗疲劳性能，往往作为骨替代材料，广泛用于制备多孔金属支架。不锈钢、钛合金、钴铬基合金由于具有良好的力学性能、耐蚀性及足够的生物相容性，在牙科中得到了广泛的应用。

2）生物陶瓷材料。陶瓷材料可以直接进行激光烧结，也可以添加聚合物作为黏结剂，进行间接烧结。常见的生物陶瓷材料有玻璃陶瓷、磷酸钙陶瓷、石墨烯和氮化硼、硅酸钙、磷灰石、三氧化二铝、碳化硅等。其中，K_2O-Al_2O_3-SiO_2 系列玻璃陶瓷修复材料，因具有优异的理化性质、良好的力学性能、自然的颜色和生物相容性高等特点，广泛应用于牙科修复装置的制备。磷酸钙陶瓷以其优异的生物相容性和生物活性被认为是骨组织工程中最有前途的材料。

3）高分子材料。常见的高分子粉末材料可以分为生物高分子材料和药用高分子材料两大类。其中药用高分子材料有 Eudragit®L100-55 和 Kollicoat® IR、Kollidon® VA 64、Kollicoat®RL、乙基纤维素和聚氧乙烯等，主要用于制备口服固体制剂。而生物高分子材料有聚酰胺、聚醚醚酮、聚丙烯、聚乙烯、聚苯乙烯、聚碳酸酯等，主要用于植入体的制备。

（4）选择性激光烧结技术的成型设备　SLS 作为快速成型技术中成长速度最快的技术，目前已有多家公司推出了工业级的 SLS 设备。如 3D Systems 公司的 sPro 系列尼龙 SLS 设备；EOS 公司的 EOSINT P 系列尼龙 SLS 设备、M 系列金属 SLS 设备；湖南华曙高科的 401P、402P、251P 系列尼龙 SLS 设备，271M 系列金属 SLS 设备。值得一提的是，湖南华曙高科在国内的 SLS 设备及 SLS 各项技术的开发方面取得了一系列非常重要的成果：2011 年 9 月，其成功研制出我国首台工业级 SLS 尼龙烧结设备 FS401P；2011 年 9 月，其将可用于 SLS 设备烧结的多种复合尼龙粉末材料推向市场；2012 年 8 月，国内首台出口美国的 SLS 设备启运仪式启动；2014 年 5 月，FS251P、HT251P 系列设备上市，其中高温机型 HT251P 突破了 220℃的烧结温度限制；2014 年 5 月，世界上最快的工业级 SLS 设备 SS402P 上市；2014 年 12 月，该公司拿下国内 SLS 行业中第一个国家重点工程实验室，奠定了我国 SLS 行业龙头企业的地位。

研究 SLS 设备工艺的单位有 DTM 公司、3D Systems 公司、德国的 EOS 公司，以及国内的北京隆源公司和华中科技大学等。图 6-22 所示是 DTM 公司的 Sinterstation 2500 和 2500 Plus 机型。其中 2500 Plus 机型的成型体积比过去增大了 10%，同时通过对加热系统的优化，减少了辅助时间，提高了成型速度。

3. 薄型材料叠层制造成型技术（LOM）

叠层制造成型技术又称分层实体制造法，最初由美国 Helisys 公司的工程师 Michael Feygin 于 1986 年研制成功，后来由于技术合作被引进我国。目前，南京紫金立德电子有限公司成为全球唯一拥有该技术核心专利的公司。分层实体制造法也成为储多快速成型技术中唯一由我国企业掌握的关键技术，基于该技术的商业 3D 打印机也于 2010 年成功推出。

a) DTM公司的Sinterstation 2500机型

b) DTM公司的Sinterstation 2500 Plus机型

图 6-22　DTM 公司设备

Helisys 公司成立于 1985 年。经过几年的研究和不断改进，该公司的 LOM 系统日趋完善，并于 1989 年开发出第一台基于粉末材料的 LOM 自动成型系统，后由于其在尺寸稳定性等方面存在明显缺陷而转向开发基于片状材料的 LOM 技术，并取得了成功。1991 年，该公司向市场推出了第一台功能齐全的商品 LOM 系统。之后，Helisys 公司的 LOM 系统开始被遍布全球的几十个国家的用户所采用。到目前为止，装机台数已超过 300 台，主流产品为 LOM-2030H 和 LOM-1015 PLUS 系统。除 Helisys 公司之外，华中理工大学、KINERGY 公司、清华大学及日本的 KIRA 公司等也相继向市场推出了类似 LOM 又各具特色的激光快速成型系统。

（1）叠层制造成型技术的基本原理　叠层制造是根据三维 CAD 模型每个截面的轮廓线，在计算机控制下，发出控制激光切割系统的指令，使切割头做 X 和 Y 方向的移动。供料机构将涂有热熔胶的箔材（如涂覆纸、涂覆陶瓷箔、金属箔、塑料箔材）一段段地送至工作台的上方。激光切割系统按照计算机提取的横截面轮廓用二氧化碳激光束将工作台上的纸割出轮廓线，并将纸的无轮廓区切割成小碎片。然后，由热压机构将一层层纸压紧并粘合在一起。可升降工作台支撑正在成型的工件，并在每层成型之后，降低一个纸厚，以便送进、粘合和切割新的一层纸，成型原理如图 6-23 所示。最后形成由许多小废料块包围的三维原型零件，取出后，将多余的废料小块剔除，最终获得的三维产品如图 6-24 所示。

（2）叠层制造成型技术的特点

1）优点：

① 成型速度快。由于只要使激光束沿着物体的轮廓进行切割，不用扫描整个断面，所以成型速度很快，因此常用于加工内部结构简单的大型零件，制作成本低。

② 不需要设计和构建支撑结构。

③ 原型精度高，翘曲变形小。

④ 原型能承受高达 200℃的温度，有较高的硬度和较好的力学性能。

⑤ 可以切削加工。

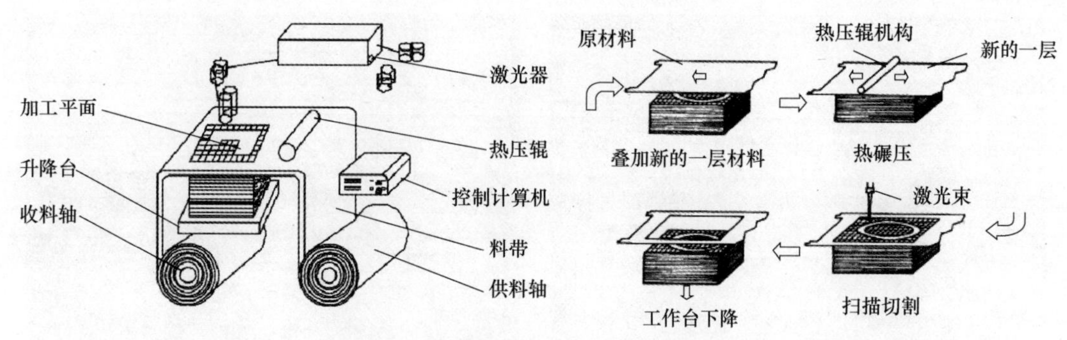

图 6-23 叠层制造成型技术成型原理

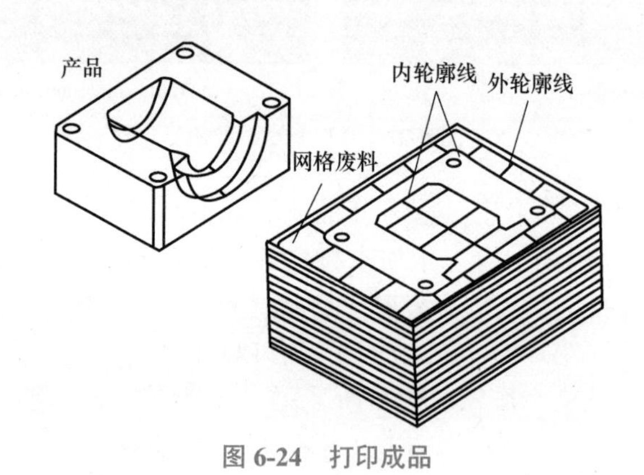

图 6-24 打印成品

⑥ 废料容易从主体剥离，不需要后固化处理。

2）缺点：

① 有激光损耗，并且需要建造专门的实验室，维护费用昂贵。

② 可以应用的原材料种类较少，尽管可选用若干原材料，但目前常用的还是纸，其他还在研发中。

③ 打印出来的模型必须立即进行防潮处理，纸制零件很容易吸湿变形，所以成型后必须用树脂、防潮漆涂覆。

④ 此技术很难构建形状精细、多曲面的零件，仅限于结构简单的零件。

⑤ 制作时，加工室温度过高，容易引发火灾，需要专门的人看守。

（3）叠层制造成型技术的材料

在叠层制造成型工艺中，选择适当的薄层材料、黏结剂和涂布工艺对于保证最终成型零件的质量至关重要。

1）薄层材料。薄层材料通常包括纸、塑料薄膜、金属箔等。纸是常用的薄层材料之一。纸材料应具备以下特性：

抗湿性：确保纸材料不会吸水，避免因水分损失导致变形或粘结不牢。

良好的浸润性：保证胶水能够良好地涂覆在纸上。

抗拉强度：防止纸张在加工过程中断裂。

低收缩率：减少水分损失所引起的变形，可通过纸的伸缩率参数来评估。

良好的剥离性能：确保在剥离过程中破坏发生在纸内而不是界面。

易打磨性：保证表面光滑度。

稳定性：成型零件能够长时间保存。

2）黏结剂。在成型过程中，使用热熔胶作为黏结剂。热熔胶需要具备以下要求：

良好的热熔冷固性：在适当的温度下熔化，并在室温下迅速固化。

物理化学稳定性：在多次熔化和固化循环中保持稳定。

良好的涂覆性和均匀性：在熔融状态下与纸材料有良好的附着性。

适当的粘结强度：与纸材料具有足够的粘结强度。

良好的废料分离性能：便于去除废料和支撑结构。

3）涂布工艺。涂布工艺是将黏结剂均匀涂布在薄层材料上的过程。重要的涂布工艺参数包括涂覆速度、压力和温度等，以确保黏结剂均匀地分布在纸张表面，并与其良好地湿润和粘合。

这些方面的选择和控制对于叠层制造成型工艺的成功和成品质量至关重要。在实际应用中，需要对纸张、黏结剂和涂布工艺进行合理选择和优化，以满足特定零件设计和制造的要求。

（4）叠层制造成型技术的设备　图 6-25 所示为美国 Helisys 公司生产的 LOM-2030 型叠层制造成型机。该方法和设备自问世以来，得到迅速发展，目前世界上已有大量设备投入使用，除了制造模具、模型，还可以直接制造结构件或功能件，具有较广的应用前景。华中科技大学的 HRP 系列薄材叠层制造成型机如图 6-26 所示。

图 6-25　LOM-2030

图 6-26　HRP 系列薄材叠层制造成型机

4. 熔融沉积快速成型技术（FDM）

熔融沉积快速成型技术又称为熔丝沉积，是一种不依靠激光作为成型能源，而将各种丝材［如工程塑料（ABS）、聚碳酸酯（PC）等］加热熔化进而堆积成型的一种成型方法。

（1）熔融沉积快速成型技术的基本原理　FDM 机械系统主要包括喷头、送丝机构、运动机构、加热工作室、工作台五部分，材料上使用成型材料和支撑材料两部分。具体来讲，FDM 技术是将低熔点丝状材料通过加热器的挤压头熔化成液体，然后从喷头挤出，挤压头沿零件截面轮廓运动，挤出的丝状材料沉积固化，形成实件薄层，覆盖于已建造的零件之上。一层成型后，工作台下降一层高度，喷头继续扫描喷丝，如此反复逐层堆积，直至模型或零件完全成型。图 6-27 所示为熔融沉积快速成型原理。FDM 完美地运用了降维原理，把相对复杂的三维模型塑造转化为简单明了的多层二维平面，经无数层二维层面的循环堆积，进而又还原并制造出三维的模型或零件。

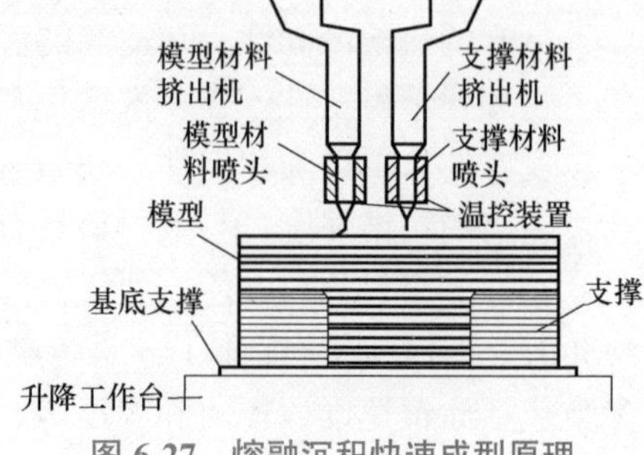

图 6-27 熔融沉积快速成型原理

（2）熔融沉积快速成型技术的特点 FDM 技术相比其他 3D 打印技术有以下优点：

1）使用和维护上比其他 3D 打印机简单。

2）材料的可得性。一般的高分子材料如 ABS、PLA、PC、PPSF 以及尼龙丝、蜡丝均可使用，彩色材料也比其他打印机的多。

3）环境友好。制件过程中无化学变化，不产生粉尘，不污染空气和环境。

4）成本低廉，有利于家庭、个人的普及及应用。

5）材料强度、韧性优良，可以装配进行功能测试。由于在成型过程中无化学变化，也不容易导致制件的翘曲变形。

正是由于 FDM 技术的这些优点，使其降低了产品的研发、生产成本，摒弃了传统生产方式中的开模环节，缩短了生产周期，也缩短了最终产品与客户的见面时间，提高了生产率，从而加速了它向社会各方面渗透的力度和广度，在技术上取得显著进步的同时，也为社会带来了巨大的经济效益。

（3）熔融沉积快速成型技术的材料

1）熔融沉积快速成型工艺对原材料的要求。FDM 加工技术所用的原料通常有 ABS、PLA、石蜡、尼龙丝等，此外，一些低熔点的金属、陶瓷也可以用于熔融沉积快速成型工艺。熔融沉积快速成型工艺对原料的要求主要有以下几点：

① 低熔融温度。如果成型材料熔融温度较高，则会增加丝材成形前后的温差，增加热变形，降低了制件表面的加工质量。

② 低黏度。材料的黏度影响材料的流动性。如果黏度太高，会造成熔融态丝材流动阻力增大，无法顺利挤出，影响成型精度。

③ 较小的收缩率。收缩率对加工精度的影响较大，收缩率太大会增加制件的加工误差，造成制件出现翘曲变形和开裂的现象。可以通过对原料进行改性的方法来降低它的收缩率。

④ 较好的粘结性。FDM 工艺采用分层叠加成型，如果粘结性过低，则在层与层之间的粘结处容易出现开裂现象。可见，粘结性关系着制件的强度。

2）熔融沉积快速成型工艺对支撑材料的要求。FDM 工艺对支撑材料也有比较高的要求。在使用一个喷头的成型设备上，成型材料和支撑材料为同一种材料，在后处理过程中，支撑材料不容易分离，严重时会影响制件的精度甚至破坏零件。现在市场上广泛应用的水溶性支撑材料很好地解决了这个问题，该支撑材料在特定液体里能够熔融分解，并且无毒无污染。

支撑添加技术包括自动设置支撑和手动设置支撑，在实际设置支撑的过程中，应明确支撑添加的原则。查阅文献并结合实际加工的经验，总结出支撑的添加规则如下：

① 支撑的强度与稳定性。添加支撑是为打印件提供定位和支撑的作用，避免零件悬空部分发生塌陷，这就要求支撑具有较好的强度和稳定性。如果支撑强度不足，支撑自身就会容易变形，自然无法起到定位和支撑的作用。如果支撑强度太高，支撑去除困难，甚至破坏打印件。支撑的强度与稳定性主要和支撑的填充形式、填充间距、材料性能等因素有关。

② 少支撑和无支撑原则。FDM 工艺作为快速成型技术的一种，最显著的优势就是迅速和高效。在成型精度满足要求的前提下，应尽量减少支撑的添加，甚至不添加支撑，以节省打印时间和材料。因此，研究零件悬空部分无须添加支撑的技术就很有必要。

③ 支撑的可去除性。在零件打印完成时，支撑结构要容易被去除，以便于成型件的后处理。现在处于研究热点的水溶性支撑材料，很好地解决了这个问题。但是对于单喷头打印机，支撑材料与原型材料一样，支撑材料的可去除性就显得尤为重要。

（4）熔融沉积快速成型技术的设备　Stratasys 公司占据 3D 打印市场的半壁江山，在熔融沉积快速成型设备制造中处于领导地位。1988 年，首先由 Scott Crump 提出了熔融沉积制造的思想。在 1993 年，Stratasys 公司就研究出了第一台 FDM 1650 机型（图 6-28），随后又生产出了 FDM 2000、FDM 3000 和 FDM 8000 等一系列的机型。其中，FDM 8000 最大打印尺寸实现了突破，为 457mm × 457mm × 609mm。1998 年，该公司又生产制造出 FDM Quantum 机型，最大成型尺寸达到了 600mm × 500mm × 600mm，它拥有两个独立的挤出喷头。在 1998 年，Stratasys 公司与其他公司合作研发出一种 Med Modeler 专用机型，并在 2008 年，推出了一种真正意义上工业级快速成型设备。

图 6-28　FDM 1650

国内，FDM 产品的研发起步较晚，其中主要以清华大学研究的熔融挤压沉积成型工艺（melted extrusion modeling，MEM）的机型为代表。1996 年，清华大学与北京殷华公司合作研究了熔融沉积快速成型系统，侧重于喷嘴和设备结构的开发，并成功研发出 MEM-250 成型设备。MEM 系列机型在喷嘴部分采用启停补偿控制，保证了成型的精度，机身抗振性好，扫描精度高，稳定性好。另外，同济大学和上海富力奇公司合作推出了 TJS 系列 3D 打印机，其关键部件是一种螺旋挤压式喷头，具有柱塞式喷头无法比拟的优点，已申请专利。

6.2.3　增材制造工艺过程

增材制造的主要工艺过程包括数字建模、STL 文件处理、切片、材料准备、制造过程、后处理及检验与测试，这些步骤的顺序和具体内容会根据不同的增材制造技术和应用领域而有所差异。随着增材制造技术的不断发展和创新，工艺过程也在不断完善，为制造业带来了更多的可能性和机遇。在整个工艺过程中，最重要的是数字建模和 STL 文件处理。下面对这两个工艺过程进行展开论述。

1. 数字建模

3D 打印技术的数字化设计主要有两种类型，第一种是通过软件进行数字化设计建模，第二种是通过扫描设备对实物进行扫描得到数字模型文件。

3D 打印设计过程中常用的商业设计软件有通用型和工业型两大类。汽车的设计制造使用工业型设计软件，主要有克莱斯勒、宝马、奔驰等知名汽车企业使用的 CATIA，美国通用汽车公司使用的 UG，还有 Creo、AutoCAD 等软件。国内开发的有 CAXA 电子图板、开目 CAD 等，也使用较多。表 6-3 所列是国内外一些流行的建模软件。

表 6-3 国内外一些流行的建模软件

软件名称	开发公司
UG	Unigraphics Solutions
AutoCAD	Autodesk
CATIA	Dassault Systemes
SolidWorks	Dassault Systemes
Cimatron	Cimatron
Creo	Parametric Technology Corporation
IDEAS	SDRC
CAXA	北京数码大方科技股份有限公司

2. STL 文件处理

STL 文件格式能够被 3D 打印机识别，是现在 CAD/CAM 的标准文件格式，这种文件格式易于分割的特点非常适合 3D 打印的分层打印方式。

将 3D 数字模型沿某一个轴的方向离散为一系列的二维层面，得到一系列的二维平面信息，使 3D 打印机能以平面加工方式根据不同工艺要求有序连续加工出每个薄层，这个得到二维平面信息的过程即为切片。由此可见，数据处理切片是快速成型技术最重要的过程，如果数据分层处理出现问题将直接影响打印出产品的质量。

数字模型完成后需要对模型进行分层切片处理，使打印机按层工作。切片工作同样使用软件解决。切片软件主要有 Cura 与 Miracl Grue 等，由各大打印机生产商自己开发的如 QuickCast、Rapid Tool 等数十种。Cura 是一款前台控制软件，其中就包含了切片软件工具和打印软件工具，可对 3D 模型文件进行切片处理。CAD 文件经过软件切片处理就可以得到能被 3D 打印机识别的 Gcode 控制文件。Gcode 控制文件包含了控制打印机动作的完整指令步骤。工业级 3D 打印机使用的切片软件有 CatalystEX，3D 打印机生产企业 Stratasys 将其应用于 Dimension 1200es 系列打印机，安装在工作台上用于从工作站中处理要打印的 STL 文件以及与打印机进行通信。同一公司的另一款产品 uPrint 使用的软件也是这款软件。现在切片软件的分层算法主要有基于STL模型几何特征分类的分层算法，基于几何拓扑信息提取的分层算法，基于分组切片的分层算法。其中基于分组切片的分层算法效率最高。基于分组切片的分层算法实际上是“整体分组排序，建立活性三角面片表，局部建立拓扑关系”，首先建立分组矩阵，然后生成活性面片表确定各三角片之间的相邻关系，最后用求交算法生成切片轮廓。

STL格式是3D Systems公司开发的文件格式。当前绝大多数3D打印厂商都采用该格式作为CAD和打印机之间的数据接口，几乎所有3D打印机内置的切片软件都支持该格式，STL已成为行业内的默认标准，很多CAD/CAM软件系统都增加了输出STL文件的功能模块，如UG、3Dmax、AutoCAD、Maya、Creo、SolidWorks等都支持STL文件的输出。STL格式虽然简单易懂，应用广泛，但无法保存模型的颜色、纹理、材质等信息，也无法表达物体的中空结构。

相对于其他数据格式，STL文件主要的优势在于数据格式简单，通用性良好，切片算法易于实现。但STL模型是对CAD模型的表面描述，存在很多缺陷，如对几何模型描述的误差大、拓扑信息丢失较多、数据冗余大、文件尺寸大、STL文件容易出现错误和缺陷，无论STL文件格式及基于STL的软件如何改进，也很难满足高精度零件的加工。

常见的3D建模工具所支持的文件格式非常丰富，多达数百种，由于使用习惯和适用性等问题，每个行业都有自己主流的3D文件格式，通常这样的本地格式不能直接用于3D打印，但大部分的CAD软件都可导出STL格式。STL是最常用的3D打印模型数据格式，另外适用于3D打印的格式还有OBJ、3MF、AMF等。

STL格式作为3D打印中最广泛使用的格式，已经成为行业内的默认标准。STL采用三角形小面片来近似地表示三维实体模型的形状，它可包含很少或很多个三角形面片，同时三角形面片也可大可小。STL文件分为ASCII文本和二进制两种格式。

正确的STL文件应满足下列条件：

1）共顶点规则：每相邻的两个三角形面片只能共2个顶点，如图6-29所示。图6-29a中有三角形的顶点落在了另一个三角形的边上，图6-29b为修正结果。

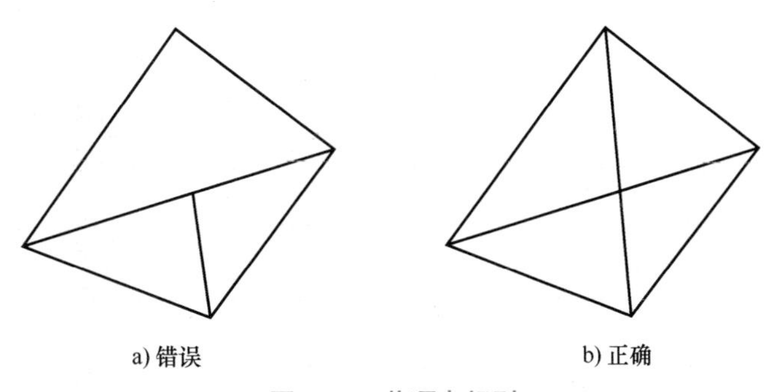

图6-29　共顶点规则

2）右手规则；三角形面片的3个顶点次序沿指向模型外部的法向量方向呈逆时针方向排列，如图6-30所示。

3）取值规则：每个三角形面片顶点的坐标取值必须为正值，不应存在零值和负值。

4）充满规则：一维模型表面上必须布满三角形面片，不能有空缺处。

常见的 STL 文件错误及造成的原因如下：

1）逆向法向量。也就是三角形面片三条边的转向发生逆转，即违反了 STL 文件的右手规则。产生的原因主要是在形成 STL 文件时，三角形面片的顶点记录顺序错误。

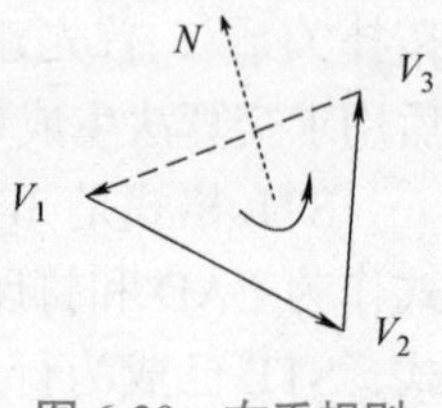

图 6-30　右手规则

2）孔洞。孔洞是 STL 文件中最常见的错误，它是因丢失三角形面片而造成的，特别是一些大曲率曲面组成模型在进行三角化处理时，如果拼接该模型的三角形非常小或者数目非常多，就很容易丢失小三角形，导致孔洞错误。

3）裂缝。裂缝主要是在转换中因数据不准确或取舍的误差而导致的，孔洞和裂缝都是违反了 STL 文件的充满规则。

4）不共顶点。即违反 STL 文件的共顶点规则。这是由于顶点没有重合而导致两个相邻的三角形面片重合的顶点数目少于两个，但并没有出现裂缝。

6.3　智能制造系统与未来工厂

6.3.1　智能制造系统

智能制造系统是实现智能制造理念的具体技术体系和组织架构，它是一个高度集成的复杂系统，涵盖了从产品设计、生产规划、生产执行到售后服务等制造业全价值链的各个环节。智能制造系统通过软硬件结合、虚实融合的方式，将先进的信息技术、自动化技术、人工智能技术等应用于制造过程，实现制造资源的优化配置、生产活动的智能控制、业务流程的高效协同，以及服务模式的创新拓展。智能制造系统流程如图 6-31 所示。

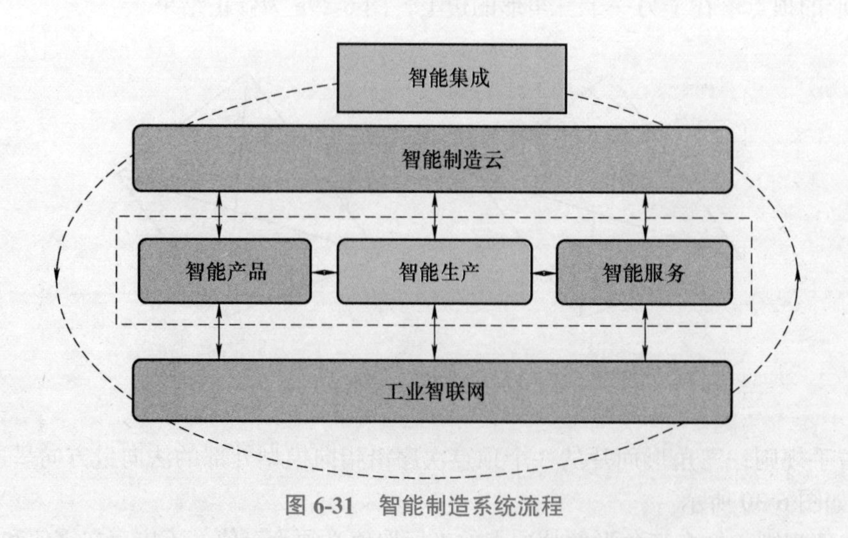

图 6-31　智能制造系统流程

1. 智能制造系统的基本概念

智能制造系统是一种高度集成的制造体系，它结合了现代信息技术、先进制造技术、人工智能技术、物联网技术、大数据分析技术等，旨在通过模拟、扩展和增强人类专家的智能活动，对制造业的全价值链（包括产品设计、生产、物流、服务等）进行深度智能化改造，以实现生产率、产品质量、资源利用率、市场响应速度，以及环境友好性的显著提升。它在制造过程中能进行智能活动，如分析、推理、判断、构思和决策等。通过人与智能机器的合作共事，去扩大、延伸和部分地取代人类专家在制造过程中的脑力劳动。它把制造自动化的概念更新、扩展到柔性化、智能化和高度集成化。智能制造系统作为一种综合性的制造解决方案，通过深度的数据融合、智能决策、高度灵活性和持续创新能力，重塑了现代制造业的生产模式与价值创造方式，是推动制造业实现数字化、网络化、智能化转型升级的关键基础设施。

2. 智能制造系统的主要特点和关键技术

（1）智能制造系统的主要特点

1）高度信息化与网络化：智能化制造系统基于物联网、工业互联网等技术实现设备、物料、产品等制造资源的全面互联，形成实时数据流，支撑制造过程的透明化、远程监控与协同作业。

2）数据驱动决策：通过大数据分析技术，智能制造系统能够对海量生产数据进行深度挖掘，为生产计划、资源配置、质量控制、故障预测等提供精准数据支持，实现从经验决策向数据驱动决策的转变。

3）智能优化与自适应：运用人工智能（AI）算法（如机器学习、深度学习、运筹优化等）进行生产过程的智能优化，如自动排产、动态调度、自适应控制等。系统能够根据市场变化、生产条件等实时调整生产策略，具有高度的自适应性和灵活性。

4）智能感知与实时监控：配备各类智能传感器、视觉系统、检测设备等，智能制造系统能够实时感知生产现场的状态，进行质量在线检测、设备状态监测、能耗监控等，实现生产过程的全面透明化与实时监控。

5）人机协同与人因工程：强调人与智能机器的有效协作，通过人机交互技术、增强现实（AR）、虚拟现实（VR）等手段提升工作效率，同时注重人因工程设计，优化工作环境，提升工人满意度与安全性。

6）服务化延伸与生态构建：智能制造不仅关注产品制造过程，还延伸至产品全生命周期管理、远程运维、预测性维护等增值服务，构建开放、互信、协同的制造生态系统，推动制造业向服务型制造转型。

7）绿色与可持续发展：注重资源高效利用与环境保护，通过能源管理系统优化能源消耗，采用清洁生产技术，推动废弃物减量化、资源化，支持循环经济，降低制造业对环境的影响。

8）安全与韧性：强化工控安全防护，构建主动防御、实时监测、快速响应的安全体系，保障生产系统的稳定运行。同时，系统具备一定的韧性，能够在面临突发事件、市场波动等不确定性状况时保持或迅速恢复生产效能。

综上所述，智能制造以高度信息化、网络化、数据驱动、智能优化、人机协同、服务化延伸、绿色可持续、安全等特点，实现了制造业从传统生产模式向智能化、网络化、服务化、绿色化模式的深度转型。

（2）智能制造系统的关键技术　在智能制造过程中，关键性的技术主要是指智能数控系统技术、智能感知技术和自适应控制技术，同时还包含神经元网络技术、智能专家系统和智能云计算技术等。

1）关于智能化数控系统的研究。在数控设备的发展过程中，智能化是一种突破，主要是在数控系统中对软件和硬件进行高灵敏度及高精准度的感知，以适应现代工业所要求的智能化和信息化之间的集成。为了使信息数控设备在制造业中能够拥有更高的效率和更突出的工作质量，需要数控系统不仅拥有自动编程系统、模糊控制、自学习控制、三维刀具补偿，还要有机器故障的诊断系统。因为只有这样，机器的自我诊断和故障的监控功能才会更加完善和健全。在数控系统中，伺服驱动系统的智能化发展，可以对系统负载的变化进行有效感知，并且在感知的基础上自我调节参数。例如，数控系统中的高响应矢量控制原理，它主要是利用共振理论，建立追随型的高响应矢量过滤器，从而有效地对设备的频率变动产生反应，进而造成整个设备的共振。利用融合旋转的方式，使用伺服电动机，可以在更高的精度状态下，实现高响应和高分辨率的脉冲编码器之间的整合，从而实现对系统高速和高精度的伺服控制，平稳保障进刀动作的完成。

2）智能自适应控制技术。在制造业智能化发展中，自适应控制技术有两种类型：一种是工艺自适应，另一种是几何自适应。在工艺自适应中，涉及最佳自适应控制系统和约束自适应系统。但是，这种技术在生产中应用还不是特别普遍，当前广受欢迎的是自适应巡航系统。

3）智能化神经元网络技术的研究。人工神经元网络主要是从人的神经结构出发进行模拟，即这种神经元与人的大脑非常类似，神经突触结构能够处理一些比较复杂的网络系统。人工神经元网络具有一定优势，主要表现在自主学习方面、联想方面、非线性映射和高速寻找机器故障、化解问题方面。当前情况下，神经元网络多数都用在对数控设备的可靠性检测方面，有时也用在机床工艺的优化上。但是，神经元网络在制造业数控设备端的研究还需要进一步深化。伴随神经元网络形式的延伸，它在数控机床上的使用还有非常广阔的空间。例如，可以把数控系统在智能化水平上再晋升一个台阶，以促使未来的制造技术更加高速地发展。

4）智能化专家系统。智能化专家系统是计算机中的一个主要程序。由于专家往往具有领域的大量经验与相关知识，而从这些经验出发不仅能够解决这个领域中的相关技术问题，还能处理一些复杂的故障。专家系统可以使用人工智能技术，在知识和经验的基础上，模拟专家对系统进行决策的整个过程。当前情况下，数控领域尚需要加强此方面技术的研究。

5）云计算的应用。当前，很多先进企业或者发达国家都大量使用云计算技术。例如：在美国，宇航局和汽车公司都会使用云计算；我国首都建立了云计算的专业发展研究基地；著名智能手机品牌——华为公司也非常关注云计算在手机技术中的应用。我国的制造业使用云计算是以 2012 年的利丰集团为开端的。2012 年，利丰集团与中科院建立联系，正式签署了关于云计算技术在机床制造业中的应用合作协议。

3. 智能制造系统的形成与特征

智能制造系统的形成是制造业在应对全球化竞争加剧、客户需求多样化、生产成本上升、资源环境约束等挑战时，通过深度融合信息技术、先进制造技术、人工智能技术等新兴科技力量，对传统制造模式进行深度变革与升级的结果。计算机辅助设计（CAD）、计算机辅助制造（CAM）、企业资源计划（ERP）、制造执行系统（MES）等信息技术的应用，以及工业机器人、数控机床等自动化设备的普及，为智能制造系统奠定了技术基础。互联网技术使得信息交换、远程协作成为可能，物联网则实现了设备、物料、产品等制造资源的互联互通，为数据采集与实时监控提供了条件。大数据分析技术使得海量制造数据得以有效利用，为决策支持、故障预测、质量控制等提供数据支撑；云计算提供了弹性的计算资源与存储空间，降低了信息化建设成本，促进了制造资源的共享与协同。人工智能算法如深度学习、强化学习等在制造业中的应用，使得制造系统具备了自主学习、推理决策、优化控制等高级智能功能，推动了制造过程的智能化升级。各国政府推出工业4.0、工业互联网、智能制造等国家战略，通过政策扶持、标准制定、示范项目等方式推动智能制造发展，图6-32所示为涵盖软硬件、服务、平台等在内的智能制造产业链与生态系统。

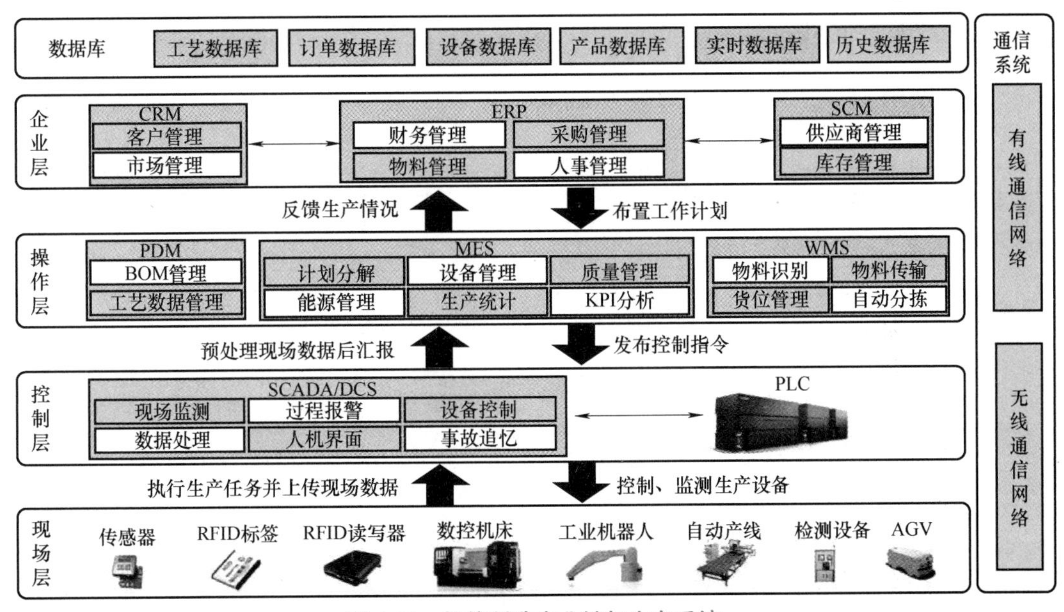

图6-32　智能制造产业链与生态系统

智能制造系统呈现出一系列显著特征，体现了其相较于传统制造模式的显著优势：

（1）人机一体化　人类专家与智能机器紧密协作，人负责复杂决策、创新活动与异常处理，机器承担重复性、高强度、高精度作业及数据分析任务，形成高效的人机交互与协同工作环境。

（2）数据驱动　系统基于实时采集的大量数据进行决策与优化，实现生产过程的透明化、可追溯化，支持基于数据的精细化管理与智能决策。

（3）智能决策与优化　运用人工智能、运筹学等方法进行生产计划、资源配置、工艺参数等的自主决策与动态优化，提升生产率与资源利用率。

（4）高度柔性与自适应　系统能够快速响应市场需求变化，灵活调整生产流程、切换产品型号，实现小批量、多品种、定制化的生产模式；设备具备自适应控制能力，能根据工况自动调整运行参数。

（5）闭环反馈与持续改进　通过实时监控与数据分析，实现生产过程的闭环控制与持续改进，推动工艺优化、设备维护、产品设计等领域的持续创新与精益管理。

（6）服务延伸与生态构建　超越传统制造边界，提供产品全生命周期管理、远程运维、预测性维护等增值服务，构建开放、互信、协同的制造生态系统。

（7）绿色与可持续发展　强调资源高效利用与环境友好，采用节能设备、优化能源管理、回收利用废弃物，支持循环经济模式，减少环境污染与碳排放。

综上所述，智能制造系统的形成是科技进步与产业变革共同作用的结果，其特征充分体现了制造业向数字化、网络化、智能化转型的趋势，旨在通过提升制造系统的整体智慧水平，实现高效、灵活、绿色、服务化的新型制造模式。

4. 智能制造系统的发展趋势

智能制造系统作为制造业数字化、网络化、智能化的核心载体，其发展趋势紧密呼应全球科技创新的步伐与市场需求的变化，图 6-33 列举了制造业发展的四次工业革命。智能制造系统发展的趋势如下。

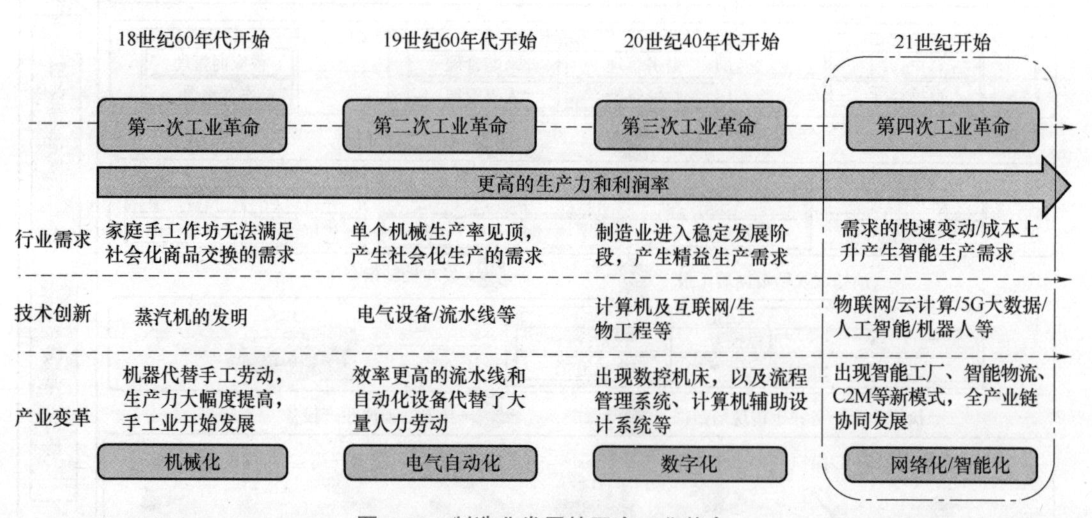

图 6-33　制造业发展的四次工业革命

（1）系统集成与跨界融合

1）系统集成：将进一步强化横向（不同制造环节）与纵向（从设备层到管理层）的系统集成，打破信息孤岛，实现设计、生产、物流、服务等全价值链的无缝协同。

2）跨界融合：与云计算、边缘计算、5G、区块链等新兴技术深度融合，构建云边协同、安全可信、低延迟的智能制造基础设施，支持远程监控、分布式生产、供应链金融等新场景。

（2）人工智能广泛应用

1）深度学习：将在图像识别、语音处理、故障诊断等领域发挥更大作用，提升设备智能感知与自主决策能力。

2）强化学习：应用于优化控制、路径规划、资源配置等场景，实现制造系统的自我优化与持续学习。

3）自然语言处理：支持人机自然对话，提升人机交互效率，简化操作指令，便于非专业人员使用。

（3）数字孪生深化应用

1）全生命周期数字孪生：从产品设计、生产规划、生产执行到运维服务，全面构建产品与生产系统的数字孪生模型，实现虚实融合、双向互动。

2）预测性维护与远程运维：基于数字孪生进行设备状态监测、故障预警、性能预测，实现预防性维护，降低停机风险；支持远程诊断、远程调试、远程升级等服务。

（4）个性化定制与敏捷制造

1）消费者参与设计：通过互联网平台让消费者直接参与产品设计，满足个性化需求，缩短产品上市周期。

2）模块化设计与柔性生产：采用模块化设计，配合灵活的生产线与智能仓储物流系统，实现快速换线、小批量定制生产。

（5）绿色制造与循环经济

1）能源管理智能化：采用智能能源管理系统，实时监测能耗，优化能源调度，推广清洁能源与能效提升技术。

2）资源循环利用：推动废弃物分类回收、再制造、资源化利用，实现生产过程的节能减排与资源闭环管理。

（6）安全保障与合规性

1）工业信息安全：加强工业互联网安全防护，构建主动防御、实时监测、快速响应的安全体系，保护知识产权、防止数据泄漏。

2）数据合规与隐私保护：遵循国内外数据法规，强化数据治理，确保数据采集、传输、存储、使用的合规性，保护用户隐私。

（7）标准规范与生态系统构建

1）统一标准与协议：推动智能制造相关标准、接口协议的制定与推广，促进设备互操作、数据互通。

2）开放创新平台：搭建跨行业、跨领域的创新合作平台，鼓励企业、科研机构、高校等多方参与，共建智能制造生态。

综上所述，智能制造系统的发展趋势表现为系统集成、人工智能深化应用、数字孪生技术的深化、个性化定制与敏捷制造、绿色制造与循环经济、安全保障与合规性提升，以及标准规范与生态系统构建。这些趋势共同指向一个更为智能、高效、绿色、安全、开放的制造业未来。

6.3.2　未来工厂

1. 未来工厂概述

提到“工厂”，常会联想到充满油污的车间、轰鸣笨重的机器。事实上，随着数字技术和手段加快应用，越来越多的工厂华丽转身为“未来工厂”。它们广泛应用数字孪生、人工智能、大数据等新一代信息技术革新生产方式，以数据驱动生产流程再造，以数字化设计、智能化生产、数字化管理、绿色化制造、安全化管控为基础，引领新制造发展。数字孪生、人工智能、大数据等几个前沿技术关键词叠加，展现了这样一家工厂——听不到机器轰鸣声，几乎看不到忙碌的工人，“聪明”的工厂能自己干活了。“未来工厂”的未来感，究竟体现在哪里？在浙江省新的拟认定“未来工厂”——晶科能源（海宁）有限公司，人们或许能找到真切的感受。未来工厂和车间如图 6-34 所示。

图 6-34　未来工厂和车间

自动化智能流水线正在高速运转，作业人员正在监控着生产线的运行状态和各项生产数据。在电池生产车间，几乎没有员工。整个车间有 300 多台自动引导车正在进行智能搬运，从物料调配到封装打包入库，全面实现自动化生产。晶科通过高智能化生产线与信息化深度融合，采用数字化车间智能制造新模式，建立从研发到生产再到产品的全套数字化企业生产平台，实现了电池人工成本降低 36%、生产率提高 32.5%、良品率提升至 99.65%。类似场景在“未来工厂”随处可见。信息技术与先进制造技术深度融合，让“未来工厂”实现连接人、机、料、信息，贯通设计、研发、管理、销售等端口，不断优化企业生产和组织方式。

2. 产品研发

随着工业 4.0 时代的到来及数字化转型的持续推进，现代制造业中的产品研发格局发生了深刻变革。未来智能化工厂，以其先进的自动化、互联性和数据驱动决策为特征，正在颠覆新产品构思、设计、测试及市场化的方式。下面将深入探讨构建未来智能化工厂中创新型产品研发生态系统的关键特征、流程和技术。

（1）集成化开发平台　未来智能化工厂采用高度集成的产品开发平台，将计算机辅助设计（CAD）、计算机辅助工程（CAE）、计算机辅助制造（CAM）及产品生命周期管理（PLM）系统融为一体。这些平台实现了从概念设计、详细工程到仿真验证、工艺规划直至生产准备的全流程数字化。这样的集成环境有助于多学科团队并行处理产品不同层面的工作，大幅度缩短上市时间，提升整体效率。

（2）协同创新与知识共享　借助云计算、物联网和区块链技术，未来智能化工厂促进了跨部门、跨地域，以及供应链伙伴之间的协同创新与知识共享。设计数据、材料属性、工艺参数等关键信息的实时共享，使得设计师、工程师、供应商、分包商及物流服务商等利益相关方能够高效沟通，共同参与到产品设计、工艺优化、成本控制等关键决策中来，加速产品迭代进程，提高市场响应速度。

（3）大数据驱动决策　大数据分析和人工智能技术在智能化工厂产品研发中发挥着重要作用，为企业在产品定位、功能优化、成本控制等重要决策上提供精确的数据支持。通过对历史研发数据、市场反馈、竞品分析等海量信息的挖掘，企业能够提前识别潜在问题，优化研发路径，降低风险。此外，通过预测性数据分析，企业还能预见产品在实际应用场景中的表现，进一步指导产品研发。

（4）虚拟仿真与数字化试验　三维数字化技术、虚拟现实（VR）和增强现实（AR）的应用使研发团队能在虚拟环境中完成产品设计、装配模拟、工艺仿真、性能测试等工作，极大降低了实物原型制作和物理试验的成本并缩短了时间。这种“虚拟试制”模式有助于快速迭代设计方案，确保产品在实际生产前达到预期性能，甚至可预测其在实际工况下的行为表现。

（5）智能化设计与优化　AI算法和机器学习技术被广泛应用于产品设计过程，自动执行设计优化、材料选择、结构分析等工作。例如，遗传算法、神经网络等方法可用于探索最优设计方案，深度学习则可用于复杂系统性能的预测。此外，AI还可辅助进行专利检索、规避设计，确保研发成果的知识产权合规性。

（6）敏捷响应与个性化定制　未来智能化工厂基于模块化、标准化的设计原则，能够快速响应市场需求变化，实现产品的敏捷开发和定制化生产。消费者需求可直接反馈至研发环节，通过参数化设计工具快速生成满足个性化需求的产品配置，以应对市场对多样化、定制化产品日益增长的需求。

（7）绿色可持续研发　产品研发阶段即考虑产品的全生命周期环境影响，运用生命周期评估工具进行碳足迹计算、资源利用率分析等，推动研发设计向低碳、节能、环保方向发展。智能化工厂还可能利用AI预测产品的回收利用率和再生材料适用性，以促进循环经济的实施。

3. 资源计划与来源

一旦产品被设计出来，下一步便是计划如何使其进行批量生产。通常需要收集零件供应商、材料制作商、大规模生产零件的制造商的信息。但是寻找可靠的供应商的过程费时费力，科技如何帮助应对这个困境呢?

（1）数字化供应链平台与市场　科技提供了专门的数字化供应链平台和在线市场，如B2B电子商务网站、行业特定的采购平台、电子招标系统等。这些平台汇聚了大量的供应商信息，包括它们的产品目录、资质认证、过往交易记录、用户评价等，让采购人员能够一站式浏览、比较和联系潜在供应商。这些平台通常具备强大的搜索引擎和过滤功能，可帮助快速定位符合特定需求的供应商，大大节省了信息搜集的时间和精力。

（2）去中心化制造　分散制造也许是趋势之一，通过与IT技术合作，可以利用物理上分散的制造商们来制造中小批量的零件。当需要大规模加工时，也可以依赖此种分散制造网络来制造零件。

（3）数据分析与人工智能辅助决策　通过大数据分析和人工智能技术，采购人员可以更科学、精准地评估供应商的资质与绩效。例如：数据分析，利用数据分析工具对供应商的历史交货时间、质量合格率、价格波动等关键绩效指标进行深度分析，揭示供应商的稳定性和可靠性；人工智能，AI算法可以自动分析大量公开信息（如新闻报道、社交媒体、企业财务报告等），以及内部数据（如采购历史、质量投诉记录等），预测供应商的风险等级、信用状况和未来表现。

（4）供应链关系管理系统　供应链关系管理系统整合了供应商信息管理、采购流程自动化、绩效监控等功能，实现供应商全生命周期的数字化管理。通过供应链关系管理系统，企业可以：标准化供应商注册与评估流程，在线提交、审核供应商资质文件，自动触发背景调查、风险评估等流程；实时跟踪供应商绩效，系统自动采集并更新供应商的交付、质量、成本等绩效数据，实时生成可视化仪表板，便于采购人员监控供应商表现；协同与沟通，内置通信工具、项目管理模块，促进企业与供应商之间的高效沟通与协作，减少信息不对称和误解。

（5）区块链技术　区块链技术为供应链透明度和信任构建提供了新的解决方案。通过区块链，企业可以追溯供应链源头，区块链上的交易信息不可篡改，有助于追踪原材料来源、生产过程、物流轨迹等，确保供应商符合社会责任、环保和合规要求。企业区块链平台如图 6-35 所示。

验证资质与证书：区块链可以存储并验证供应商的资质证书，检测报告等重要文档，防止伪造和欺诈。

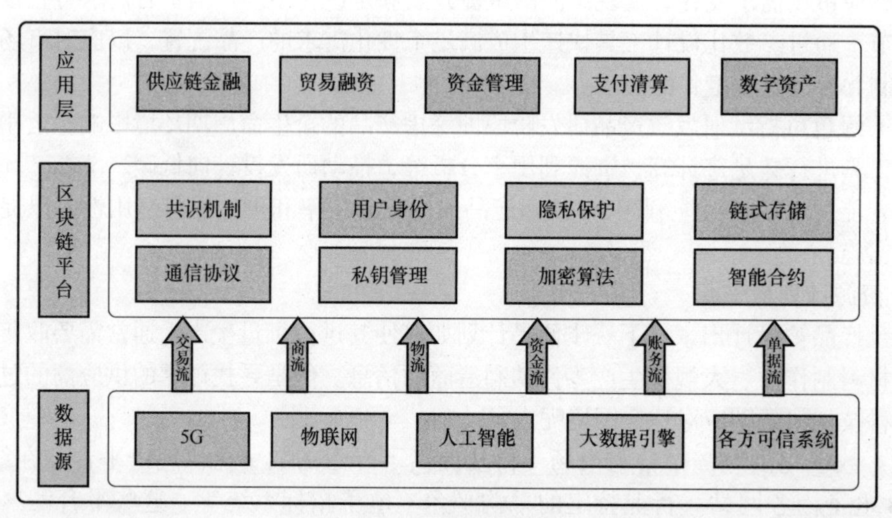

图 6-35　企业区块链平台

智能合约：自动执行预定义的商业条款和条件，如自动支付、自动触发补货等，简化采购流程，降低操作风险。

4. 制造、生产和装配

在实际生活中，智能化工厂的制造、生产和装配过程体现为一系列高度集成、自动化、数字化和智能化的操作场景，这些场景不仅提升了生产率、产品质量，还实现了资源优化和环境友好。以下是一些具体实例，描绘了智能化工厂中这些环节的实际运作。

（1）智能制造

1）数字化设计与协同：在一家汽车制造企业的智能设计中心，设计师们利用先进的

CAD 软件进行车辆的三维数字化设计，部件间配合关系清晰可见。设计团队通过云端平台进行远程协作，实时共享设计文件，并借助 VR/AR 技术进行沉浸式预览和虚拟装配，确保设计的可制造性和装配的无干涉性。

2）智能工艺规划与仿真：在研发一款新型智能手机时，工程师使用 AI 辅助的工艺规划系统，输入产品设计数据和生产线能力参数，系统自动计算出最优的工艺流程、加工参数和工装配置。同时，通过数字化仿真软件，模拟整个生产过程，预测可能出现的问题，如瓶颈工序、设备冲突等，提前进行工艺优化和产线布局调整。

（2）智能生产

1）实时监控与透明化管理：走进一家智能化工厂的生产车间，可以看到各种生产设备上安装着传感器和 RFID 标签，它们实时采集设备状态、生产进度、物料消耗等数据，并通过无线网络传输至中央控制系统。管理人员在数字化看板上一览无遗地监控整个生产流程，任何异常情况（如设备故障、物料短缺）都会触发警报，并自动触发相应的应对措施。

2）预测性维护与自适应生产：一台关键的数控机床突然发出预警信号，提示主轴轴承即将达到磨损阈值。基于机器学习的预测性维护系统已经提前一周识别到这一趋势，并自动向维修部门提交了维护请求。维修人员及时更换了轴承，避免了可能的设备停机。同时，生产调度系统根据预测的维护窗口，动态调整生产计划，确保生产连续性不受影响。

（3）智能装配

1）灵活的自动化装配线：在一家家电制造商的智能装配车间，一条由协作机器人、自动导引车、智能拧紧工具等组成的柔性装配线上，各工位根据电子工单自动调整装配流程，以适应不同型号产品的混线生产。机器人精准抓取零件，通过视觉定位系统确保精确装配，而智能拧紧工具则能记录每个螺栓的转矩数据，确保装配质量符合标准。

2）智能质量控制与追溯：在完成一台高端便携式计算机的装配后，产品会经过全自动光学检测站，利用高精度摄像头和深度学习算法检测外壳平整度、接缝间隙、屏幕显示效果等多维度质量指标。合格产品获得唯一的二维码标识，关联其生产批次、零部件供应商信息、质检数据等，实现全生命周期追溯。一旦市场反馈质量问题，企业能迅速定位到具体批次和零部件，进行精准召回或改进。

5. 质检和品控

未来的质检环节将进一步融入生产流程，形成实时在线、深度集成的智能质检体系。通过物联网技术，生产设备、传感器、智能相机等将无缝连接，实时监测并采集生产过程中的各类质量相关数据。AI 算法将对这些数据进行实时分析，实现产品缺陷的即时识别与分类，甚至预测潜在的质量风险。例如，机器视觉结合深度学习可以精确检测微米级的产品细节，确保高精度零部件的制造质量。

基于大数据和高级分析技术，智能化工厂将更加擅长预测性品控。通过对历史生产数据、设备状态数据、环境因素等多元信息的深度挖掘，AI 模型能够提前识别可能导致质量问题的模式和趋势，触发预防性维护或工艺调整，减少不良品的产生。此外，预测性维护将扩展到质检设备本身，确保检测系统的稳定性和准确性。

未来的智能化工厂将构建完整的闭环质量管理生态系统，实现从原材料入厂、生产过程监控、成品检验到售后服务的全程质量数据跟踪与反馈。一旦发现质量问题，系统能够迅速追溯至源头，精准定位问题环节，并自动触发纠正与预防措施。这种闭环系统有助于持续优化生产流程，缩短问题响应时间，提升整体品控效能。

随着智能制造标准体系的不断完善，智能化工厂将更严格地遵循国际、国内的质量与合规标准。质量管理系统将内置相关法规要求，自动检查并确保生产过程、产品规格及测试结果符合规定。AI 算法也将用于实时更新法规知识库，及时提醒工厂应对法规变更，降低合规风险。

质检与品控将受益于跨学科知识的深度融合，如材料科学、工程力学、统计学等领域的专业知识将被嵌入 AI 模型中，提升复杂质量问题的诊断能力。智能专家系统将能模拟人类质检专家的经验与直觉，对疑难问题提供决策支持，尤其是在新材料、新工艺的应用场景下。

随着云计算和边缘计算技术的发展，质检数据与分析能力将更加集中化、云化。工厂内部及供应链上的多个节点可以共享质检信息，实现远程协同质检与质量决策。这将促进跨地域、跨企业的质量数据交换与合作，共同提升整个产业链的品控水平。

未来的智能质检系统将具备更强的自主学习能力，通过持续收集新的质检数据和用户反馈，自动调整和优化算法模型，不断提升检测精度和泛化能力。同时，工厂将利用数字孪生等先进技术进行虚拟实验，模拟不同质量控制策略的效果，以数据驱动的方式不断优化品控流程。

6.3.3　智能制造系统与未来工厂的关系

智能制造系统与未来工厂代表了制造业在科技进步驱动下的最新形态和发展趋势，其核心目标是通过深度融合信息技术、先进制造技术、人工智能、物联网、大数据等前沿科技，实现制造业的高度自动化、数字化、网络化、智能化，以提升生产率、产品质量、资源利用率和灵活性，同时降低运营成本、缩短产品上市时间并促进可持续发展。

智能制造系统与未来工厂是制造业数字化、网络化、智能化进程中两个密切关联且互为支撑的概念。它们共同构成了制造业转型升级的新范式，通过技术创新与融合，推动制造业向更高附加值、更高竞争力、更高可持续性的方向迈进。下面详细概述两者之间的关系。

1. 智能制造系统：软件与算法层面的支撑框架

智能制造系统是一个涵盖了产品设计、生产计划、工艺优化、资源调度、质量控制、售后服务等全过程的智能化管理体系。它主要体现在以下几个方面：

1）数据采集与处理：通过物联网技术实现设备、物料、产品等制造资源的互联互通，实时采集海量生产数据，利用大数据分析技术进行数据清洗、存储、分析与挖掘，为决策支持、质量控制、预测维护等提供精准依据。

2）智能决策与优化：运用人工智能算法进行数据分析、推理与预测，实现生产计划、资源配置、工艺参数等方面的自主决策与动态优化。通过数字孪生技术构建产品与生产系统的虚拟模型，进行仿真与优化，提前预见并解决实际生产中的问题。

3）闭环反馈与持续改进：实现生产过程的实时监控与闭环控制，通过传感器、检测设备收集过程数据，进行质量控制、异常检测与故障诊断。利用持续的数据反馈与分析，推动工艺改进、设备维护、产品设计等方面的持续创新与精益管理。

4）服务延伸与生态构建：不仅涵盖产品全生命周期管理、远程运维、预测性维护等增值服务，还通过云平台、区块链等技术实现供应链协同、资源共享，构建开放、互信、协同的制造生态系统。

2. 未来工厂：智能制造理念的实体化落地

未来工厂是智能制造技术、自动化设备、信息技术、绿色技术等在实际生产场景中的集成应用，是智能制造系统在物理空间的具体体现。未来智能生产车间如图 6-36 所示。其主要特点包括：

1）高度自动化生产线：采用工业机器人、自动化装配设备、无人搬运系统等构建高效、精准、少人或无人值守的生产流水线，显著提升生产率与产品质量。

2）智能仓储与物流：运用自动化立体仓库、智能拣选系统、智能配送系统等，实现物料的精确存储、快速周转与精准配送，消除物流瓶颈，提高供应链响应速度。

3）数字孪生与虚拟仿真：在工厂内部，构建产品与生产系统的数字孪生模型，进行设计验证、工艺优化、故障预测，减少实物试验成本，加速产品迭代与创新。

4）能源与环境管理：集成智能能源管理系统，监测并优化能源消耗，采用可再生能源技术，践行绿色制造理念；同时利用环境监测与调控技术，营造安全、舒适、环保的生产环境。

5）定制化生产与敏捷响应：依托柔性制造系统与个性化定制平台，快速响应消费者多元化、个性化需求，实现小批量、多品种、短周期的生产模式，提升市场竞争力。

图 6-36 未来智能生产车间

6）持续创新与学习型组织：倡导开放创新文化，鼓励员工参与创新活动，利用知识管理系统沉淀与共享知识，构建持续学习与改进的企业文化，提升组织敏捷性与创新能力。

3. 二者关系：软硬一体、虚实交融

（1）相互依赖　智能制造系统为未来工厂提供了智能化的“大脑”，通过软件与算法层面的支撑，驱动工厂内各要素高效协同、智能决策。未来工厂则是智能制造系统的实体承载，为智能制造技术提供了实施平台和应用场景，使理论上的智能解决方案能够在实际生产环境中落地生效。

（2）互为支撑　智能制造系统的先进理念和技术应用，推动未来工厂实现高度自动化、智能化、绿色化和个性化，提升了生产率、产品质量和资源利用率。反过来，未来工厂的实际运行效果又为智能制造系统的优化升级提供了真实反馈，促使系统不断学习、迭代和完善。

（3）深度融合　智能制造系统与未来工厂在数据采集、处理、分析、决策等各个环节深度集成，形成数据驱动的闭环反馈机制。未来工厂的设备、生产线、仓储物流等物理设施与智能制造系统的软件、算法、平台等虚拟要素紧密融合，形成虚实交融的智能生产环境。

（4）共同目标　两者共同致力于实现制造业的数字化转型，提升制造业的全球竞争力，推动制造业向服务型制造、绿色制造、智能制造的方向发展，助力实现可持续发展目标。

综上所述，智能制造系统与未来工厂在制造业转型升级过程中扮演着相辅相成的角色，前者提供智能化的软件与算法支撑，后者作为实体化落地场景，两者深度融合、相互促进，共同构建了制造业未来的生产模式与生态环境。

思考与练习题

6-1　加工中心按主轴与工作台相对位置可以分为哪几类？

6-2　加工中心按加工工序可以分为哪几类？

6-3　加工中心按加工精度可以分为哪几类？

6-4　数控加工中心的特点有哪些？

6-5　数控加工中心从主体上，主要由哪几个部分组成?

6-6　数控加工中心的加工对象主要有哪几类？

6-7　数控加工中心自动换刀系统由哪几部分组成？

6-8　常见的铣削用刀具和孔加工用刀具的类型有哪些？

6-9　简述光固化快速成型的原理。

6-10　光固化快速成型的特点有哪些？

6-11　光固化材料的优点有哪些？光固化树脂主要分为几大类？

6-12　简述叠层制造成型工艺的基本原理。

6-13　简述叠层制造成型工艺的特点。

6-14　当前开发出来的叠层制造成型材料主要有几种？其中常用的是什么？

6-15　简述选择性激光烧结工艺的基本原理。

6-16 选择性激光烧结工艺的特点有哪些？

6-17 简述熔融沉积快速成型工艺的基本原理。

6-18 熔融沉积快速成型工艺的特点有哪些？

6-19 双喷头熔融沉积快速成型工艺的突出优势是什么？

6-20 智能制造系统相较于传统制造模式呈现出哪些特征？

6-21 简述智能制造系统的发展趋势。

科学家科学史
“两弹一星”功勋
科学家：钱学森

参考文献

[1] 葛友华 .CAD/CAM 技术［M］. 2 版 . 北京：机械工业出版社，2013.

[2] 邓朝晖，刘伟，万林林，等 . 智能工艺设计［M］. 北京：清华大学出版社，2023.

[3] 黄卫东，周宏甫 . 机械制造技术基础［M］. 3 版 . 北京：高等教育出版社，2021.

[4] 喻秀 . 智能切削数据库及其数据挖掘技术的研究 ［D］. 天津：天津大学，2010.

[5] 夏爱宏，何卿功 . 面向 CAM 的智能切削数据库的研究与应用［J］. 航空制造技术 2014（s1）：1–4.

[6] 谭方浩 . 基于特征的智能型车削数据库系统研究与开发［D］. 北京：北京理工大学，2015.

[7] 李伯民，赵波 . 现代磨削技术［M］. 北京：机械工业出版社，2003.

[8] 邓朝晖，陶能如，唐浩，等. 磨削加工仿真预报系统的研究现状及发展趋势［J］. 金刚石与磨料磨具工程，2012，32（3）：64-68.

[9] 彭思为 . 基于自适应控制的智能磨削数据库研究［D］. 长沙：湖南大学，2011.

[10] 葛智光，邓朝晖，刘伟，等 . 机床主轴智能磨削工艺软件的研究与开发［J］. 金刚石与磨料磨具工程，2018，38（4）：72-76；82.

[11] 刘伟，商圆圆，邓朝晖 . 磨削工艺智能决策与数据库研究进展［J］. 机械研究与应用，2017，30（2）：171-174.

[12] 杨佩旋，王成勇 . 磨削数据库的研究现状与发展［J］. 精密制造与自动化，2008（3）：33-36.

[13] 刘伟，李希晨，邓朝晖 . 凸轮轴磨削数据库系统的设计与开发［J］. 湖南科技大学学报（自然科学版），2019，34（4）：67-73.

[14] 王巧玲，李光俊，曾元松，等 . 基于知识工程驱动的导管智能工艺设计系统的开发与应用［J］. 精密成形工程，2023，15（6）：201-208.

[15] 曾伟国 . 模具零件智能加工工艺设计系统的开发与实现［D］. 广州：华南理工大学，2021.

[16] 邓朝晖，唐浩，刘伟，等 . 凸轮轴数控磨削工艺智能应用系统研究与开发［J］. 计算机集成制造系统，2012，18（8）：1845-1853.

[17] CAI R， ROWE W B， MORUZZI J L， et al. Intelligent grinding assistant（IGA（©））-system development part Ⅰ intelligent grinding database［J］.The international journal of advanced manufacturing technology，2007，35（1/2）：75-85.

[18] MORGAN M N， CAI R， GUIDOTTI A， et al. Design and implementation of an intelligent grinding assistant system［J］. International journal of abrasive technology，2007，1（1）；106-135.

[19] ABUKHSHIM N A， MATIVENGA P T， SHEIKH M A. An investigation of the tool-chip contact length and wear in high-speed turning of EN19 steel［J］.Proceedings of the institution of mchanical engineers part B： journal of engineering manufacture，2004，218（8）：889-903.